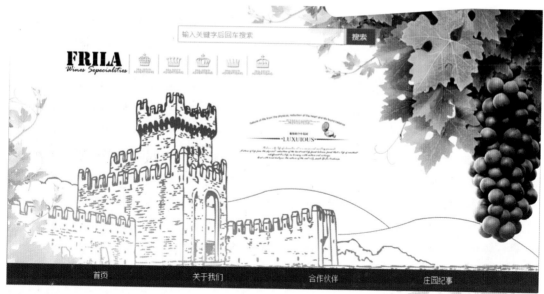

红酒（Red wine）是葡萄酒的一种，并不一定特指红葡萄酒。

红酒的成分相当简单，是经自然发酵酿造出来的果酒，含有最多的是葡萄汁，葡萄酒有许多分类方式。

以成品颜色来说，可分为红葡萄酒、白葡萄酒及粉红葡萄酒三类。

其中红葡萄酒又可细分为干红葡萄酒、半干红葡萄酒、半甜红葡萄酒和甜红葡萄酒。

白葡萄酒则细分为干白葡萄酒、半干白葡萄酒、半甜白葡萄酒和甜白葡萄酒。

粉红葡萄酒也叫桃红酒、玫瑰红酒。杨梅酿制的叫作杨梅红酒。

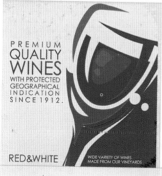

想要喝红酒美容，最好能够选择在睡觉前一小时左右饮用。睡前喝红酒除了能够帮助美容养颜之外，还能够帮助缓解身心压力，改善睡眠质量。

红酒中含有的抗氧化物质，能够帮助加强身体的新陈代谢，有效帮助肌肤避免出现色素沉着、肤色暗沉、皮肤松弛、长皱纹等等问题。另外，红酒还能够帮助去角质，有效嫩白肌肤。而红酒中的白藜芦醇确实拥有预防癌症和糖尿病，以及促进心脏健康的功效。不过从红酒外的其他途径也一样能获得白藜芦醇，并非一定是喝了红酒才能有这个功效。

| 园内介绍 | 家园互动 | 宝贝风采 | 特色课程 | 教师天地 | 信息中心 | 健康快车 | | 查找 |

公告板

中秋节放假按国家规定为期三天，分别为9月15、16和17日，即周四、周五和周六，周日照常上课。预祝您节日愉快！

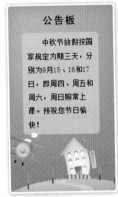

- 园长信箱
- 资源共享
- 互助论坛
- 党员之家

 近期事项

家长您好！经过近三周的幼儿园生活，孩子们到现在已经了解了一些幼儿园的常规，也认识了一些好朋友；对老师也很熟悉了。为了避免因放假时间较长，开学时影响孩子情绪。建议您在家经常和孩子聊聊幼儿园的事情。例如：幼儿园的老师；小朋友或者幼儿园的玩具等等。路过幼儿园时可以让孩子停留一会，增强孩子对幼儿园的感情。

 热门活动

- ♥ 今天：金秋十月，爱心传递 —— 幼儿十月精彩图集大放送，萌娃的幼儿园生活，爸爸妈妈看过来（图）。
- ♥ 9月20日：快乐中秋，幸福童年 —— 幼儿园大型月饼DIY活动纪实，看小厨师如何嗨翻天（图）。
- ♥ 9月14日：为留守儿童献爱心 —— 9月12日，幼儿园小朋友为留守儿童送出玩具和图书（图）。
- ♥ 8月16日：幼儿歌咏会 —— "我是小歌手"大型亲子演唱会8月6日隆重开唱（图）。
- ♥ 5月15日：快乐六一，欢乐童年 —— 大一班小朋友积极排练木偶剧匹诺曹（图）。

版权所有© 清华大学出版社 本书编委

唔咪信息技术有限公司　　设为首页　登录　注册

回到首页　公司简介　资质证书　新闻动态　人才招聘　在线留言　关于我们

♥ 公司简介

　　唔咪信息技术有限公司始创于2006年10月，为专业从事卖萌领域的高科技公司。公司总部设在喵星，在上海、深圳、成都、西安、北京等地设有分公司和办事处。公司是中关村科技园区高新技术企业、中关村信用联盟星级会员、北京市守信企业、国家民盟标准ISO90001A质量体系认证企业、世界首席卖萌设计公司－MMQ在中国首家的授权培训中心。公司还获得了国家表情管理局颁发的"卖萌专用表情产品销售许可证"、"卖萌表情电子产品生产定点单位"证书。

　　自成立以来，公司一直专注于卖萌技术研发、市场开拓。公司拥有优秀的研发团队和坚实的技术储备，拥有强大的科研开发和创新能力。公司的产品已经形成系列，很多技术和产品已经形成产业化规模。

　　公司以人为本、励精图治，管理水平不断跃上新的台阶。公司已拥有一支以高学历、高素质、年富力强、稳定的管理人才和专业技术人才团队。整个集团公司有100名员工，有博士后2 人、博士8 人、硕士35人、高级工程师28人。

关于我们-服务条款-加盟我们-联系方式-唔咪推广
ICP备案：喵28-789123569
技术支持：科特数码

走近夏至　　夏至餐饮　　闲叙咖啡　　加盟夏至　　夏至资讯　　招聘英才　　门店地图　　联系我们

咖啡是用经过烘焙的咖啡豆制作出来的饮料，与可可、茶同为流行于世界的主要饮品。咖啡树是属茜草科常绿小乔木，日常饮用的咖啡是用咖啡豆配合各种不同的烹煮器具制作出来的，而咖啡豆就是指咖啡果实里面的果仁，再用适当的方法烘焙而成，品尝起来是苦涩味道。

咖啡树原产于非洲埃塞俄比亚西南部的高原地区。据说一千多年以前一位牧羊人发现羊吃了一种植物后，变得非常兴奋活泼，进而发现了咖啡。还有说法称是因野火偶然烧毁了一片咖啡林，烧烤咖啡的香味引起周围居民注意。当地土著人经常把咖啡树的果实磨碎，再把它与动物脂肪掺在一起揉捏，做成许多球状的丸子。这些土著部落的人将这些咖啡丸子当成珍贵的食物，专供那些即将出征的战士享用。直到11世纪左右。人们才开始用水煮咖啡作为饮料，13世纪时，埃塞俄比亚军队入侵也门，将咖啡带到了阿拉伯世界。因为伊斯兰教义禁止教徒饮酒，有的宗教人士认为这种饮料刺激神经，违反教义，曾一度禁止并关闭咖啡店，但埃及苏丹认为咖啡不违反教义，因而解禁，咖啡饮料迅速在阿拉伯地区流行开来。咖啡Coffee这个词，就是来源于阿拉伯语Qahwa，意思是"植物饮料"，后来传到土耳其，成为欧洲语言中这个词的来源。咖啡种植、制作的方法也被阿拉伯人不断地改进而逐渐完善。

17世纪咖啡的种植和生产一直为阿拉伯人所垄断。当时主要被使用在医学和宗教上，医生和僧侣们承认咖啡具有提神、醒脑、健胃、强身、止血等功效；15世纪初开始有文献记载饮用咖啡的使用方式，并且在此时期融入宗教仪式中，同时也出现在民间作为日常饮品。因伊斯兰教严禁饮酒，因此咖啡成为当时很重要的社交饮品。1570年，土耳其军队围攻维也纳，失败撤退时，有人在土耳其军队的营帐中发现一口袋黑色的种子，谁也不知道是什么东西。一个曾在土耳其生活过的波兰人，拿走了这袋咖啡，在维也纳开了第一家咖啡店。16世纪末，咖啡以"伊斯兰酒"的名义通过意大利开始大规模传入欧洲。相传当时一些天主教人士认为咖啡是"魔鬼饮料"，怂恿当时的教皇克莱门八世禁止这种饮料，但教皇品尝后认为可以饮用，并且祝福了咖啡，因此咖啡在欧洲逐步普及。起初咖啡在欧洲价格不菲，只有贵族才能饮用咖啡，咖啡甚至被称为"黑色金子"。直到1690年，一位荷兰船长航行到也门，得到几棵咖啡苗，在印度尼西亚种植成功。1727年荷属圭亚那的一位外交官的妻子，将几粒咖啡种子送给一位在巴西的西班牙人，他在巴西试种取得很好的效果。巴西的气候非常适宜咖啡生长，从此咖啡在南美洲迅速蔓延。因大量生产而价格下降的咖啡开始成为欧洲人的重要饮料。

关于我们　|　用户反馈　|　版权所有本书编委　豫ICP备0810898789号
地址：印度尼西亚黑金大道188号附6号

网站首页 | 会员中心 | English

旅游 | 自驾 | 目的地 | 发现 | 大咖 | 精彩专题 | 预定 | 联系我们

旅行家推荐 | MORE

出境最高立减2000元
入驻微欢

酷暑快要终于来了，白天我们躲在空调房里躲避夜晚的来临，可夜晚到了你有没有想

—— 户外商城hot ——

运动礼品 野营帐篷
睡袋地席 登山背包
充气用品 折叠桌椅
攀岩救援 运动手表

畅销排行榜

| 热销 | 国内 | 出境 |

《海岛大城云票岛气...
欧马上购 ￥150起

《云台山2日游》住宿...
金秋旅游 ￥260起

《重庆东方汽车2日游》...
坪江阔见，奇观 ￥223起

《都乡邕羌汽车2日游》...
仁爱亭古 ￥76起

《清道一少旅游一现少...
品滇东文化，故山...
￥290起

最新活动 | MORE

桂林 醉山水 最桂林
¥ 2639 起 ¥ 3639 满意度 100%

新西兰 感受百分之百纯净梦境
¥ 12639 起 ¥ 15099 满意度 100%

西藏山南 游神奇西藏 品藏源山南
¥ 5639 起 ¥ 7639 满意度 100%

巴厘岛 纯净大海过滤一切烦恼
¥ 7426 起 ¥ 9854 满意度 100%

精彩游记 | MORE

很多人选择清迈或许是因为一部电影，《泰囧》，又或许是因为一个人，邓丽君；再或者是一个日子，万人水灯节or泼水节。 而我在年初爱不犹豫地敲定清迈的行程，并不是因为这些，清迈真正吸引我的是那里有我心中所追寻的色彩。 心中的清迈，一个古朴的小城，没什么大风采，却处处充满色彩。

那里有金碧辉煌的庙宇，那里有小清新的街道，那里有触手可及的蓝天，那里有色彩绚烂的拜县，那里还有灯火辉煌的夜市……已经迫不及待地开启一段清迈之旅，追寻我心中清迈的色彩！ 我是Nazario罗尼，爱生活，爱旅行，爱摄影，爱腾讯自己的游记，希望大家喜欢！

Hello, Chiang Mai! 清迈，我们来了！ 在一个并不完美的季节， 用我们的方式感受着小城清晨的古朴和宁静， 在下一转角邂逅金碧辉煌或安静清闲的佛寺， 在拜县轻装很唯美，留下我们最美的光与影，在因他农山朝拜天空，触碰那一片蓝天白云，漫步在色彩绚烂的宁曼路，找寻那一抹清新， 迎着夕阳在夜市等待着华灯初上的那份妖娆。 清迈，我们曾经来过！

详细进入 >>

用户登录

用户名 [_____]
密码 [_____]

[登陆]

会员注册 找回密码

热门头条 | MORE

【爆款】上海迪士尼乐园 门票 买1送1
【特惠】三亚狂欢节 第2人半价
【促销】暑期银行特惠 部分减4000元
【游游】欧洲第2人5折 中行卡折上惠

热门目的地

韩国 欧洲 马尔代夫

国内游 | MORE

青山清水客家人
超详细三亚自由行游记
沿着海岸去纳京
全家香港亲子游
去玩哦旅游 烟雨凤凰3日游
浪漫海南辽宁4地5日
山不在高：浙江·台州之旅
维吾尔族的历史，你了解吗

出境游 | MORE

北欧4峡湾9日冰纯天净之旅
热浪岛休闲度假6日游
爱尔摩沙度假村+云顶欢乐游
马尔代夫6日逍遥游
悠游巴厘岛半自助8日行
超值香港+长滩岛6日游
韩国济州休闲3日游
赴国际电影节主办地
暑假出境游回馈

商家服务 | 新手上路 | 网站荣誉 | 友情链接 | 关注我们

Copyright©2016-2017 All Rights Reserved

| 优惠活动 | 产品特色 | 行程介绍 | 费用说明 | 预订须知 | 游客点评 | 签证信息 | 在线问答 |

普吉岛属于泰王国普吉府管辖，面积543平方千米，是泰国最大的岛，也是泰国最小的府，2014年，岛民共计超过60万人。普吉岛位于泰国西南方，安达曼海东南部海面之上，是一座南北较长（最长处48.7千米）、东西稍窄（最宽处21.3千米）的狭长状岛屿，北以巴帕海峡与泰国本土的攀牙府相邻，而东侧则是隔着攀牙湾与对岸的甲米府呼应，西岸及南岸则都濒临安达曼海。普吉岛由于面临安达曼海，气候备受海洋季风影响，上半年炎热，下半年多雨。普吉岛以其迷人的热带风光和丰富的旅游资源被称为"安达曼海上的一颗明珠"，而且自然资源十分丰富，有"珍宝岛""金银岛"的美称。主要矿产是锡，，还盛产橡胶、海产和各种水果。岛上工商业、旅游业都较发达。首府普吉镇地处岛东南部，是一个大港口和商业中心。

宽阔美丽的海滩、洁白无瑕的沙粒、碧绿翡翠的海水，作为印度洋安达曼海上的一颗"明珠"，普吉岛无可挑剔。这里欢迎着每一位游客，你来自哪里并不重要，重要的是你来到了普吉岛这个世界村，良好的包容性使普吉岛成为东南亚最具代表性的海岛旅游度假胜地。在普吉，一年到头人们似乎都在寻找着各种各样狂欢的理由，众多节日和丰富多彩的夜生活是生活的一部分。参与其中，忘记自己过客的身份，享受海岛风情的愉悦和惬意。因此无论单身前往，还是结伴而行，都能在普吉玩得尽兴。

普吉行程描述 攀牙湾－007岛－割喉岛泛舟－骑大象－周末夜市（此夜市为周六、周日开放，根据日期调整行程顺序，如遇到特殊团队日期将无法安排，敬请您谅解），上午抵达后乘车前往有小桂林之称的攀牙湾『车程约90m』，岛上是奇异迷人的石群和蚩海中的断崖岛屿所组成的，一路乘游船沿海观赏由石灰岩所组成的大小岛屿，洞顶垂吊向下的钟乳石。之后乘座快艇前往PP岛，此岛被泰国观光局列为喀比府风景最美的国家公园，亦为欧美旅客最向往的渡假胜地。电影《The Beach》在此拍摄后，又再次掀起旅游热潮。途经燕子洞，欣赏洞外奇观。我们特别为您安排为：快艇小PP环岛游、情人沙滩、浮潜、喂鱼，此时你到达了真正的世外桃源，一缕轻轻的海风，加上银白色的细沙，就在你的身旁，阳光海滩水里的鱼儿，也在等待着您。

泰国海事警察局近期对快艇船务公司发出通知：为了保证游客安全，对65岁以上的游客不建议出海过岛（此年龄段客人是否可以过岛，船务公司会根据客人实际情况予以告知），不可过岛的游客由船务公司安排沙滩自由活动及中餐：简餐。特此告知，报名前敬请知晓。如若不听取建议，造成的严重后果均由自己承担！！

关于我们 ｜ 用户反馈 ｜ 版权所有本书所有作者 京ICP备0810898789号

登录　　加入DR族　　Tel：400 0000 000　　帮助中心　　DR族APP　　所在城市查询

男士一生仅能定制一枚

中国大陆　输入身份证号验证真爱引　DR真爱查询

女人一生中总要有一场
这样的求婚

再多的"我爱你"，
不如你的一句"嫁给我"

DR首页　　品牌文化　　排行榜　　爱的社区　　在线购买

嫁给我，一生只与你相伴
打动她的
是一枚戒指背后千金不换的承诺

Darry Ring
男士一生仅能定制一枚
一生·唯一·真爱

爱情不是一时的甜蜜，而是繁华退却依然不离不弃！
幸福不是片刻的偎依，而是和你一起静静厮守到老去！
有些话，不要轻易说，有些戒指，不要轻易送。
一生仅一枚的Darry Ring（DR戒指），一旦送出便是一生一世的约定。
正如I Swear钻戒的承诺，需要用一生去证明。

| DR首页 | 品牌文化 | 排行榜 | 爱的社区 | 在线购买 |

一生仅能定制一枚

早于20世纪90年代，戴瑞珠宝便在香港开始从事裸钻高级定制。以寻求、欣赏珍宝的眼光，苛刻的甄选标准，搜集来自世界各地的珍稀钻石。这些卓越品质的钻石戴瑞珠宝只提供给少数专属的顶尖珠宝商，让钻石由不同珠宝艺术大师演绎绝美工艺创作。

在DarryRing，这里有着世间最独特的规定，每位男士凭身份证一生仅能定制一枚唯一的戒指，赠予此生唯一挚爱的女子，以示"一生只爱你一人"的至高承诺。

此生真爱 仅此一枚……

男士一生仅能定制一枚

Only for your true love

一生仅能定制一枚求婚钻

每位男士凭身份证一生仅能定制一枚唯一的戒指，赠予此唯一挚爱的女子。只有购买过DR求婚钻戒后，才能购买对戒及其他钻石饰品。

真爱验证 一生一♥一真爱

只有经过官网查调验证该姓名没有与之绑定的编码，才可进行购买

见证真爱 分享幸福时光

记录点滴甜蜜爱情，DarryRing为每对恋人打造浪漫专属的空间

珠宝设计团队

每一款Darryring都倾诉着"一生一世，一心一意"的爱情观念，让更多相爱的人体验到爱的文化、爱的见证，是真爱幸福的标志！

品质工艺

每1000颗钻石中仅有一枚得以被选中，成为女孩子梦寐以求的DarryRing

品质追求

以苛刻、欣赏珍宝的眼光，苛刻的甄选标准，搜集来自世界各地的珍稀钻石。让钻石由不同珠宝艺术大师演绎绝美工艺创造。

钻石4C标准

DarryRing遵循严谨的钻石评定准则远高于简单的"4C标准"，更制定出DarryRing专属的严谨规格及最高的考量机制，为每对恋人打造稀世珍宝。

国际权威认证

经过国际权威的独立钻石认证机构——GIA（美国宝石学院）认证。

关于我们	购物指南	售后服务	帮助中心	服务条款	DR资讯
网站认证	购买流程	查询流程	注册流程	终生保养	钻石百科
合作专区	支付方式	办理售后	联系客服	注册协议	产品百科
加入我们	配送流程	15天退换	网站地图	隐私声明	才情指南

Copyright ©2006-2015 www.darryring.com 戴瑞珠宝 All Rights Reserved. 粤ICP备11012055号-2
ICP经营许可证编号B2-20140279 | 中国互联网违法信息举报中心 | 中国公安网络110报警服务 | 本网站提供销售商品的正式发票

HTML5+CSS3 网页设计
与制作案例教程

姬莉霞　李学相　主　编
韩　颖　刘成明　副主编

清华大学出版社
北　京

内　容　简　介

Web 标准是所有网页前端技术的规范和发展方向，本书学习的 HTML5 和 CSS3 是 Web 标准的主要组成部分，阐述了内容和样式分离的网页设计精髓。

全书共 16 章，从初学者的角度出发，以知识点示例、章节综合案例、全书综合案例和实验手册等形式，全面涵盖网页设计的基础知识、HTML5 和 CSS3 技术、DIV+CSS 网页布局技术等。讲解过程由浅入深、循序渐进，力求通过实例操作让读者快速掌握网页设计的方法和技巧。

本书提供所有实例的源文件以及教学课件，以方便读者学习和参考。

本书既适合作为大中专院校和培训学校计算机相关专业学生的教材，也适合作为网页设计制作人员及爱好者的参考用书。

本书封面贴有清华大学出版社防伪标签，无标签者不得销售。
版权所有，侵权必究。侵权举报电话：010-62782989　13701121933

图书在版编目(CIP)数据

HTML5+CSS3 网页设计与制作案例教程 / 姬莉霞，李学相 主编. —北京：清华大学出版社，2017
（2019.4 重印）
ISBN 978-7-302-45969-9

I. ①H… II. ①姬…②李 III. ①超文本标记语言－程序设计－教材 ②网页制作工具－教材
IV. ①TP312.8 ②TP393.092.2

中国版本图书馆 CIP 数据核字(2016)第 313211 号

责任编辑：王　定　程　琪
封面设计：牛艳敏
版式设计：思创景点
责任校对：成凤进
责任印制：杨　艳

出版发行：清华大学出版社
　　　　　网　　址：http://www.tup.com.cn，http://www.wqbook.com
　　　　　地　　址：北京清华大学学研大厦 A 座　　　邮　　编：100084
　　　　　社 总 机：010-62770175　　　　　　　　　邮　　购：010-62786544
　　　　　投稿与读者服务：010-62776969，c-service@tup.tsinghua.edu.cn
　　　　　质 量 反 馈：010-62772015，zhiliang@tup.tsinghua.edu.cn
印 刷 者：北京富博印刷有限公司
装 订 者：北京市密云县京文制本装订厂
经　　销：全国新华书店
开　　本：185mm×260mm　　印　张：35　　插　页：4　　字　数：830 千字
版　　次：2017 年 1 月第 1 版　　　　印　次：2019 年 4 月第 6 次印刷
定　　价：78.00 元

产品编号：070475-02

PREFACE

HTML5+CSS3 以其标准布局和精美样式，实现了网页内容和样式的分离，使网页样式布局和美化达到了一个不可思议的高度，成为 Web 标准中不可替代的技术规范。本书以知识点示例、章节综合案例、全书综合案例和实验手册等形式，全面涵盖网页设计的基础知识、HTML5 和 CSS3 技术、DIV+CSS 网页布局技术等。

本书主要内容如下：第 1 章多方位讲解网页设计的基本知识和技能；第 2～7 章深入浅出地讲解 HTML5 的语法和标记；第 8～13 章以案例为载体，分模块讲述 CSS3 对网页元素的控制和美化；第 14 章通过大量案例讲述"内容"与"样式"分离的网页设计方式，主要介绍 DIV+CSS 布局方式；第 15～16 章以综合案例引领读者掌握页面及网站的设计和实现。

本书主要特色如下：

- ➢ 采用最新规范技术 HTML5+CSS3。
- ➢ 案例充沛：知识点示例+章节综合案例+全书综合案例。对每个知识点都进行详细说明，并且使用示例支撑，避免空洞的说教；每章都有相应知识的综合案例，并给出两个全局综合案例，进一步阐述页面和网站的前端设计。
- ➢ 代码详尽，配图丰富。每个案例都有详细的代码及分析，并给出效果图，即使读者在不能实际操作的情况下也能很好地获取知识。
- ➢ 配备课后习题、习题参考答案和实验手册。
- ➢ 提供源代码和教学课件。

本书读者对象包括大中专院校计算机专业师生，以及网页设计爱好者和制作人员。引领读者快速学习和掌握 HTML5+CSS3 设计模式是本书的初衷，如果你是具有前瞻性的 Web 前端工作者和爱好者，那么你一定会从本书受益，因为它就是专门为你打造的。

本书由一线教师姬莉霞、李学相、韩颖、刘成明编写。参与本书编写的还有张晗、姬丽娟、马建红、张雷、李营升、巩舣、谷梦丽、王海龙、熊笛等人。本书在写作过程中力求严谨，案例也经过精心设计，但由于水平有限，不足之处在所难免，敬请广大读者批评指正。

本书资源下载：

课件下载

源文件下载

习题参考答案下载

编者

CONTENTS

第1章	网页设计基础知识	1
1.1	网页相关知识简介	2
	1.1.1 互联网(internet)、因特网(Internet)、万维网(WWW)	2
	1.1.2 网站和网页	2
	1.1.3 网页与HTML	3
	1.1.4 静态网页和动态网页	4
	1.1.5 IP地址、域名和URL	5
	1.1.6 HTTP和FTP	6
	1.1.7 浏览器	6
1.2	网页的基本元素	6
	1.2.1 网页的基本媒体元素	6
	1.2.2 网页的基本布局元素	8
1.3	网页设计常用技术	10
	1.3.1 网页标记语言HTML	10
	1.3.2 网页表现技术CSS	10
	1.3.3 网页脚本语言JavaScript	11
	1.3.4 动态网页编程技术ASP.NET、JSP、PHP等	11
1.4	网页设计常用工具	11
	1.4.1 基于文本的编辑器	12
	1.4.2 所见即所得编辑器	13
	1.4.3 如何选择工具	13
1.5	习题	14
	1.5.1 单选题	14
	1.5.2 填空题	14
	1.5.3 判断题	14
	1.5.4 简答题	15

第2章	HTML5基础	17
2.1	认识HTML5	18
	2.1.1 HTML及其发展	18
	2.1.2 HTML5的新特性	18
	2.1.3 编写第一个HTML5文件	19
2.2	HTML基本语法	20
	2.2.1 标记与元素	20
	2.2.2 HTML属性	22
	2.2.3 全局属性	22
2.3	HTML5文档的结构	25
	2.3.1 HTML5文档的基本结构	25
	2.3.2 网页标题<title>	25
	2.3.3 定义元数据<meta>	26
	2.3.4 HTML5新增的结构标记	29
2.4	综合案例——基本的HTML5网页	30
2.5	习题	32
	2.5.1 填空题	32
	2.5.2 判断题	32
	2.5.3 简答题	32
第3章	文字与段落	33
3.1	基本的文字排版	34
	3.1.1 段落<p>	34
	3.1.2 控制换行
	35
	3.1.3 预先格式化<pre>	37
	3.1.4 水平线<hr>	38
	3.1.5 标题文字<h1>~<h6>	40
3.2	描述文本的语义化、结构化元素	41

	3.2.1	强调文本<b>/<i>/<em>/
		<strong> ·············· 41
	3.2.2	作品标题<cite> ·············· 43
	3.2.3	小型文本<small> ·············· 44
	3.2.4	标记文本改变<ins>/<del> ·············· 45
	3.2.5	文字上下标<sup>/<sub> ·············· 46
	3.2.6	旁注<ruby>/<rt>/<rp> ·············· 47
	3.2.7	日期时间<time> ·············· 48
	3.2.8	其他语义化、结构化元素 ·············· 49
3.3	块级元素与行内元素 ·············· 49
3.4	无语义的容器元素 ·············· 51
	3.4.1	<div>元素 ·············· 51
	3.4.2	<span>元素 ·············· 53
3.5	使用字符实体表示特殊字符 ·············· 54
3.6	添加注释 ·············· 55
3.7	列表 ·············· 56
	3.7.1	无序列表<ul> ·············· 56
	3.7.2	有序列表<ol> ·············· 58
	3.7.3	描述列表<dl>/<dt>/<dd> ·············· 60
	3.7.4	列表嵌套 ·············· 62
3.8	综合实例——简单文字网页 ·············· 63
3.9	习题 ·············· 66
	3.9.1	单选题 ·············· 66
	3.9.2	填空题 ·············· 67
	3.9.3	判断题 ·············· 67
	3.9.4	简答题 ·············· 67

第4章 HTML5 中的图像、音频和视频 ·············· 69

4.1	文件路径 ·············· 70
	4.1.1	绝对路径 ·············· 70
	4.1.2	相对路径 ·············· 70
4.2	在页面中插入图像<img> ·············· 71
	4.2.1	网页图像的格式 ·············· 71
	4.2.2	插入图像 ·············· 72
4.3	在网页中插入视频<video> ·············· 74
	4.3.1	视频格式 ·············· 74
	4.3.2	插入视频 ·············· 74

4.4	在网页中插入音频<audio> ·············· 76
	4.4.1	音频格式 ·············· 76
	4.4.2	插入音频格式 ·············· 77
4.5	使用多种来源的多媒体和备用文本<source> ·············· 78
4.6	插入多媒体文件<embed> ·············· 78
4.7	定义媒介分组和标题<figure>/<figcaption> ·············· 80
4.8	综合实例——多媒体页面的设计 ·············· 82
4.9	习题 ·············· 84
	4.9.1	单选题 ·············· 84
	4.9.2	填空题 ·············· 84
	4.9.3	判断题 ·············· 85
	4.9.4	简答题 ·············· 85

第5章 超链接 ·············· 87

5.1	超链接概述 ·············· 88
5.2	基本链接 ·············· 88
	5.2.1	外部链接 ·············· 88
	5.2.2	内部链接 ·············· 90
	5.2.3	<a>标记的属性 ·············· 91
	5.2.4	超链接的目标类型 ·············· 95
	5.2.5	Email 链接 ·············· 97
5.3	锚记(书签)链接 ·············· 97
5.4	设置图像映射 ·············· 101
5.5	内联框架<iframe>及其链接 ·············· 104
	5.5.1	内联框架 ·············· 104
	5.5.2	内联框架相关的链接 ·············· 105
5.6	定义基准地址<base> ·············· 107
5.7	综合实例——设置超链接 ·············· 108
5.8	习题 ·············· 112
	5.8.1	单选题 ·············· 112
	5.8.2	填空题 ·············· 113
	5.8.3	判断题 ·············· 113
	5.8.4	简答题 ·············· 113

目录

第6章 表格 ································ 115
- 6.1 表格简介 ································ 116
- 6.2 创建表格 ································ 116
  - 6.2.1 表格基本结构 ················ 117
  - 6.2.2 表格边框显示 ················ 119
  - 6.2.3 带图像的单元格 ············ 121
- 6.3 合并单元格 ···························· 122
  - 6.3.1 设置跨列 colspan ············ 122
  - 6.3.2 设置跨行 rowspan ··········· 124
- 6.4 表格嵌套 ································ 126
- 6.5 表格的按行分组显示<thead>/
  <tbody>/<tfoot> ····················· 127
- 6.6 综合实例——表格应用 ········ 129
- 6.7 习题 ·· 131
  - 6.7.1 单选题 ······························ 131
  - 6.7.2 填空题 ······························ 131
  - 6.7.3 判断题 ······························ 132
  - 6.7.4 简答题 ······························ 132

第7章 表单 ································ 133
- 7.1 表单概述 ································ 134
- 7.2 建立表单<form> ···················· 135
- 7.3 表单基本元素 ························ 135
  - 7.3.1 <input>标记 ······················ 136
  - 7.3.2 多行文字框<textarea> ······ 143
  - 7.3.3 列表<select>/<option>/
    <datalist> ···························· 144
- 7.4 <input>新增表单高级元素 ···· 146
  - 7.4.1 url 类型 ····························· 147
  - 7.4.2 email 类型 ························ 148
  - 7.4.3 日期和时间 ······················ 149
  - 7.4.4 数字类型 ·························· 150
  - 7.4.5 color 类型 ························· 151
  - 7.4.6 fieldset 控件组 ·················· 152
  - 7.4.7 search 类型 ······················· 153
  - 7.4.8 tel 类型 ····························· 153
- 7.5 通用的表单属性 ···················· 154
  - 7.5.1 autofocus 属性 ·················· 154
  - 7.5.2 multiple 属性 ···················· 155
  - 7.5.3 placeholder 属性 ··············· 156
  - 7.5.4 required 属性 ···················· 157
  - 7.5.5 pattern 属性 ······················ 158
- 7.6 综合实例——表单设计 ········ 160
- 7.7 习题 ·· 162
  - 7.7.1 单选题 ······························ 162
  - 7.7.2 填空题 ······························ 162
  - 7.7.3 简答题 ······························ 163

第8章 CSS 基础 ························ 165
- 8.1 CSS 介绍 ································ 166
  - 8.1.1 CSS 概述 ·························· 166
  - 8.1.2 CSS3 ································· 167
- 8.2 CSS 的基本语法 ···················· 168
- 8.3 CSS 属性 ································ 169
- 8.4 在 HTML 文档中使用 CSS 的
  方法 ·· 171
  - 8.4.1 行内样式 ·························· 171
  - 8.4.2 内部样式表 ······················ 172
  - 8.4.3 链入外部样式表 ·············· 175
  - 8.4.4 导入外部样式表 ·············· 177
- 8.5 CSS 基本选择器 ···················· 178
  - 8.5.1 标记选择器 ······················ 179
  - 8.5.2 类选择器 ·························· 179
  - 8.5.3 id 选择器 ·························· 181
  - 8.5.4 通用选择器 ······················ 183
- 8.6 其他 CSS 选择器 ··················· 184
  - 8.6.1 组合选择器 ······················ 184
  - 8.6.2 伪类选择器 ······················ 191
  - 8.6.3 伪对象选择器 ·················· 192
  - 8.6.4 属性选择器 ······················ 192
- 8.7 综合案例——CSS 的简单
  应用 ·· 194
- 8.8 习题 ·· 197
  - 8.8.1 单选题 ······························ 197

	8.8.2 填空题	198
	8.8.3 判断题	198
	8.8.4 简答题	198

第9章 CSS 文本样式 ································ 199
9.1 颜色 color ································ 200
9.2 CSS 字体属性 ································ 202
  9.2.1 字型 font-family ················ 203
  9.2.2 字体尺寸 font-size ················ 204
  9.2.3 字体粗细 font-weight ··········· 207
  9.2.4 字体风格 font-style ·············· 209
  9.2.5 小型大写字母 font-variant ····· 210
  9.2.6 字体复合属性 font ················ 211
9.3 文本格式化 ································ 213
  9.3.1 行高 line-height ·················· 213
  9.3.2 水平对齐方式 text-align ········ 215
  9.3.3 文本缩进 text-indent ············· 216
  9.3.4 大小写 text-transform ··········· 218
  9.3.5 字符间距 letter-spacing ········· 219
  9.3.6 单词间距 word-spacing ········· 220
  9.3.7 垂直对齐方式 vertical-align ···· 221
  9.3.8 文本修饰 text-decoration ······· 223
  9.3.9 文本阴影 text-shadow ··········· 225
  9.3.10 书写模式 writing-mode ········ 226
  9.3.11 断行处理 word-wrap 和
     overflow-wrap ················ 229
  9.3.12 文本相关伪对象 ················ 231
9.4 CSS 列表属性 ································ 232
  9.4.1 列表项目符号 list-style-type ···· 233
  9.4.2 图片符号 list-style-image ······ 235
  9.4.3 列表符号位置
     list-style-position ················ 236
  9.4.4 列表复合属性 list-style ·········· 238
9.5 综合实例——基本图文混排
  网页 ································ 240
9.6 习题 ································ 244
  9.6.1 单选题 ································ 244

  9.6.2 填空题 ································ 245
  9.6.3 判断题 ································ 246
  9.6.4 简答题 ································ 246

第10章 CSS 盒子模型 ································ 247
10.1 盒子 BOX 的基本概念 ············· 248
  10.1.1 盒子的基本形式 ·············· 248
  10.1.2 盒子大小的计算
     width/height ···················· 250
  10.1.3 改变盒子大小的计算
     方式 box-sizing ················ 252
10.2 边框的基本属性 ······················ 254
  10.2.1 边框样式 border-style ········ 254
  10.2.2 边框厚度 border-width ······· 256
  10.2.3 边框颜色 border-color ······· 258
  10.2.4 边框复合属性 ··················· 260
10.3 边距 ································ 261
  10.3.1 内边距 padding ················ 261
  10.3.2 外边距 margin ·················· 264
10.4 边框的其他属性 ······················ 267
  10.4.1 圆角边框 border-radius ····· 267
  10.4.2 图像边框 border-image ····· 270
  10.4.3 盒子阴影 box-shadow ······· 275
10.5 综合案例——盒子布局
   排版 ································ 278
10.6 习题 ································ 284
  10.6.1 单选题 ······························ 284
  10.6.2 填空题 ······························ 286
  10.6.3 判断题 ······························ 286
  10.6.4 简答题 ······························ 286

第11章 CSS 背景 ································ 287
11.1 CSS 背景概述 ························· 288
11.2 背景颜色 ································ 288
  11.2.1 背景颜色 background-
     color ································ 288
  11.2.2 用背景色给页面分块 ······· 290
11.3 背景图像 ································ 294

目录

11.3.1 页面背景图像
background-image ······ 294
11.3.2 背景图像重复
background-repeat ······ 296
11.3.3 背景图像滚动
background-attachment ······ 298
11.3.4 背景图像位置
background-position ······ 300
11.3.5 背景参考原点
background-origin ······ 302
11.3.6 背景图像尺寸
background-size ······ 304
11.3.7 背景图像裁剪区域
background-clip ······ 306
11.3.8 线性渐变背景图像 ······ 308
11.4 背景复合属性和多背景 ······ 311
    11.4.1 背景复合属性
background ······ 311
    11.4.2 多背景 ······ 311
11.5 定义不透明度 ······ 314
11.6 综合实例——设置背景 ······ 315
11.7 习题 ······ 323
    11.7.1 单选题 ······ 323
    11.7.2 填空题 ······ 324
    11.7.3 判断题 ······ 324
    11.7.4 简答题 ······ 324

第 12 章 CSS 美化表格与表单 ······ 325
12.1 CSS 美化表格 ······ 326
    12.1.1 表格边框颜色设置 ······ 326
    12.1.2 盒子阴影 ······ 327
    12.1.3 表格隔行变色 ······ 329
    12.1.4 表格交互变色 ······ 332
12.2 CSS 美化表单 ······ 333
    12.2.1 美化表单文本框 ······ 334
    12.2.2 美化表单元素背景颜色 ······ 335
    12.2.3 美化注册表单元素例子 ······ 337

第 13 章 CSS 盒子布局和定位 ······ 341
13.1 CSS 定位属性 ······ 342
    13.1.1 正常流向 ······ 342
    13.1.2 定位偏移属性 top、bottom、right、left ······ 344
    13.1.3 定位方式 position ······ 344
    13.1.4 分层呈现 z-index ······ 353
    13.1.5 裁切 clip ······ 354
13.2 CSS 布局属性 ······ 356
    13.2.1 可见性 visibility ······ 356
    13.2.2 溢出 overflow ······ 358
    13.2.3 显示 display ······ 361
    13.2.4 浮动 float ······ 364
    13.2.5 清除 clear ······ 367
13.3 综合案例——幼儿园页面设计 ······ 369
13.4 习题 ······ 380
    13.4.1 单选题 ······ 380
    13.4.2 填空题 ······ 380
    13.4.3 判断题 ······ 380
    13.4.4 简答题 ······ 381

第 14 章 网页布局 ······ 383
14.1 网页布局方法 ······ 384
    14.1.1 网页布局基本思想 ······ 384
    14.1.2 DIV+CSS 布局 ······ 384
    14.1.3 DIV+CSS 分块方法 ······ 385
14.2 设计超链接样式 ······ 389
    14.2.1 超链接样式变换 ······ 389
    14.2.2 按钮式超链接 ······ 394
    14.2.3 使用列表制作菜单 ······ 397
14.3 布局版式 ······ 401
    14.3.1 版心和布局流程 ······ 401
    14.3.2 单列布局 ······ 403
    14.3.3 两列布局 ······ 408
    14.3.4 三列布局 ······ 416
    14.3.5 通栏布局 ······ 429

14.4 习题 ………………………………… 439
 14.4.1 单选题 …………………………… 439
 14.4.2 填空题 …………………………… 439
 14.4.3 判断题 …………………………… 439
 14.4.4 简答题 …………………………… 439

第 15 章 综合案例——旅游网站 ……… 441
15.1 网页布局概述 …………………………… 442
15.2 页面的设计 ……………………………… 442
15.3 全局样式设定 …………………………… 454
15.4 网页首部(top) ………………………… 454
 15.4.1 链接菜单(link) ………………… 455
 15.4.2 导航菜单(menu) ……………… 456
 15.4.3 网站的横幅广告(bannerwrap) … 457
15.5 主内容区(main) ……………………… 458
 15.5.1 登录区(login) ………………… 459
 15.5.2 左边内容区(left) ……………… 460
 15.5.3 中间上部内容区(centertop) … 462
 15.5.4 中间底部内容区(centerbottom) … 464
 15.5.5 右边内容区(rigth) …………… 466
15.6 页尾区(footer) ………………………… 469

第 16 章 综合案例——婚戒网站 ……… 471
16.1 网站总体设计 …………………………… 472
16.2 首页设计 ………………………………… 473
 16.2.1 首页页面效果 …………………… 473
 16.2.2 首页版式布局 …………………… 475
 16.2.3 首页 HTML 代码实现 ………… 476
 16.2.4 公用的 CSS 代码实现 ………… 480
 16.2.5 首页 CSS 代码实现 …………… 481
16.3 "品牌文化"页面设计 ………………… 485
 16.3.1 "品牌文化"页面效果 ………… 485
 16.3.2 "品牌文化"页面版式布局 …… 488
 16.3.3 "品牌文化"页面 HTML 代码实现 … 489
 16.3.4 "品牌文化"页面 CSS 代码实现 … 493
16.4 "排行榜"页面设计 …………………… 496
 16.4.1 "排行榜"页面效果 …………… 496
 16.4.2 "排行榜"页面版式布局 ……… 499
 16.4.3 "排行榜"页面 HTML 代码实现 … 499
 16.4.4 "排行榜"页面 CSS 代码实现 … 503
16.5 "爱的社区"页面设计 ………………… 504
 16.5.1 "爱的社区"页面效果 ………… 504
 16.5.2 "爱的社区"页面版式布局 …… 506
 16.5.3 "爱的社区"页面 HTML 代码实现 … 508
 16.5.4 "爱的社区"页面 CSS 代码实现 … 511

附录 ……………………………………… 513

第 1 章

网页设计基础知识

随着信息通信技术的不断成熟,以及互联网与各行各业的日益融合,越来越多的人接触或从事网页设计制作工作。在介绍网页制作技术之前,我们有必要先了解一下相关的基础知识。本章主要介绍网页相关知识、网页的基本元素以及制作网页常用的技术和软件。

 本章学习目标

◎ 了解互联网、因特网、万维网的关系和区别。
◎ 了解网站、网页和 HTML 的基本概念。
◎ 了解静态网页和动态网页的区别和联系。
◎ 了解 HTTP、FTP、IP 地址、域名和 URL 等基本概念。
◎ 能够安装并使用浏览器查看网页。
◎ 了解从媒体内容和布局元素两个角度出发,网页所包含的基本元素。
◎ 了解网页开发所使用的基本技术和工具。

1.1 网页相关知识简介

在学习如何设计一个网页之前，我们首先要对网站、网页及其相关知识具有最基本的认识。

1.1.1 互联网(internet)、因特网(Internet)、万维网(WWW)

互联网指由若干计算机网络相互连接而成的网络。进一步讲，凡是能彼此通信的设备组成的网络就叫互联网，即使仅有两台机器，不论用何种技术使其彼此通信，就可以称为互联网。互联网的英文用开头字母小写的 internet 表示，不是专有名词，泛指由多个计算机网络相互连接而成的一个大型网络。因特网和其他类似的由计算机相互连接而成的大型网络系统，都可算是互联网，因特网只是互联网中最大的一个网络。

因特网是目前全球最大的一个电子计算机互联网，是由美国的 ARPA 网发展演变而来的。但因特网并不是全球唯一的互联网络，例如在欧洲，跨国的互联网络就有"欧盟网"(Euronet)、"欧洲学术与研究网"(EARN)、"欧洲信息网"(EIN)，在美国还有"国际学术网"(BITNET)，世界范围的还有"飞多网"等。Internet 专指全球最大的也就是我们通常所使用的互联网络——因特网，"因特网"是作为专有名词出现的，因而开头字母必须大写。

万维网是指环球信息网，英文全称为 World Wide Web，简称 WWW。万维网是基于 TCP/IP 协议实现的，是指在因特网上以超文本为基础形成的信息网，它为用户提供了一个可以轻松驾驭的图形化界面，用户通过它可以查阅 Internet 上的信息资源。TCP/IP 协议由很多协议组成，不同类型的协议又被放在不同的层，其中位于应用层的协议就有很多，比如 FTP、SMTP 和 HTTP。只要应用层使用的是 HTTP 协议，就称为万维网。简而言之，万维网是通过互联网获取信息的一种应用，我们所浏览的网站就是 WWW 的具体表现形式，但其本身并不就是互联网，只是互联网的组成部分之一。

1.1.2 网站和网页

网站英文为 Web Site。简单来说，网站是多个网页的集合，即根据一定的规则，将用于展示特定内容的相关网页，通过超链接构成一个网站整体。通俗地讲，网站就像因特网上的布告栏一样，人们可以通过网站发布自己想要公开的资讯，或者利用网站提供相关的网络服务。人们可以通过网页浏览器访问网站，获取自己需要的资讯或者享受网络服务。例如，常见的网站有搜狐、新浪、雅虎等。

网页是 Internet 的基本信息单位，英文为 Web Page。网页就是以 HTML 语言为基础编写的，能够通过网络传输，并被浏览器翻译成可以显示出来的包含文字、图片、声音、动画等媒体形式的页面文件。进入网站首先看到的是其首页，一般情况下，首页集成了指向二级分页以及其他网站的超链接。

图 1-1 所示是新浪网的首页。

图 1-1　新浪网首页

1.1.3　网页与 HTML

网页呈现在用户面前的是各种文字、图像、动画、音频、视频等丰富的内容，而网页在本质上是文本文件和其相关的资源，网页最根本的语言是 HTML(HyperText Markup Language，超文本标记语言)。HTML 是 Web 编程的基础，是网页设计和开发领域的一个重要组成部分。HTML 指定如何在浏览器中显示网页，它是制作网页的一种标准语言。

图 1-2 是一个网页示例，其最基本的代码就是 HTML 语言编写的，它对应的源代码如图 1-3 所示。

图 1-2　网页示例

图 1-3　示例网页所对应的源码

1.1.4　静态网页和动态网页

静态网页和动态网页的区别不体现在视觉效果上，而体现在两者所采用的技术上。

静态网页是指没有后台数据库、不含程序的网页，你编写的是什么，它显示的就是什么，不会有任何改变。静态网页更新起来相对比较麻烦，适用于更新较少的展示型网站。静态网页有一个固定的 url，且以 .htm、.html、.shtml、.xml 等形式为后缀。发布在服务器上的静态网页是事先保存在服务器上的文件，每个网页都是一个独立的文件，内容相对稳定，容易被搜索引擎检索。

图 1-4 所示是一个以 .html 为后缀的静态网页，其网址为 http://www.herborist.com.cn/category-5/category-5-1/category-5-1-1.html。

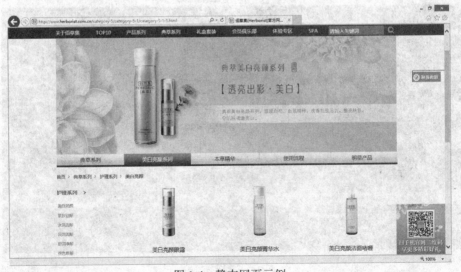

图 1-4　静态网页示例

动态网页一般使用 ASP、PHP、JSP、.NET 等网络编程语言编写，是运行于服务器端的代码，浏览时先将服务器端代码执行成 HTML 代码，然后再显示在客户端浏览器中(访客是无法看到这个文件的源代码的，看到的只是比如 ASP 代码通过服务器执行过后的 HTML 代码)。动态网页可以实现的功能较多，如用户注册、登录、在线调查、用户管理、订单管理、站内搜索、即时更新新闻、留言或书写评论等，一般以.asp、.jsp、.php 等常见形式为后缀，而且动态网页的网址中通常有一个标志性的？符号。

图 1-5 所示是一个动态网页，其网址为 http://www.luckys.com.cn/index.php?catid=9。

图 1-5　动态网页示例

1.1.5　IP 地址、域名和 URL

IP 地址是指互联网协议地址(Internet Protocol Address)。IP 地址是 IP 协议提供的一种统一的地址格式，它为互联网上的每一个网络和每一台主机分配一个逻辑地址，以此来屏蔽物理地址的差异。

IP 地址是一组数字，不方便记忆，因此人们为每台计算机赋予了一个具有代表性的名字，这就是主机名。主机名由英文字母或数字组成，将主机名和 IP 对应起来，这就是域名。域名和 IP 地址是可以交替使用的，但一般域名需要通过 DNS 域名解析服务转换成 IP 地址才能找到相应的主机。

URL(Uniform Resource Locators，统一资源定位符)是对资源位置的一种表示，是互联网上标准资源的地址。互联网上的每个文件都有一个唯一的 URL，它包含的信息指出文件的位置以及浏览器应该怎么处理它，通常称为 URL 地址。这种地址可以是各种形式的文件，也可以是局域网上的某一台计算机，更多的是 Internet 上的网址。

1.1.6 HTTP 和 FTP

HTTP(HyperText Transfer Protocol,超文本传输协议)是一种常用的网络通信协议,是客户端浏览器或其他程序与 Web 服务器之间的应用层通信协议。在 Internet 上的 Web 服务器中存放的都是超文本信息,客户机需要通过 HTTP 协议传输所要访问的超文本信息。

FTP(File Transfer Protocol,文件传输协议)用于 Internet 上的控制文件的双向传输。HTTP 协议用于链接到某一网页,而 FTP 协议则用于上传或下载文件。

1.1.7 浏览器

浏览器是查看网页的一种工具,它可向服务器发送各种请求,并对从服务器发来的超文本信息和各种多媒体数据格式进行解释、显示和播放。用户需要在计算机上安装浏览器来"阅读"网页中的信息,这是使用因特网的基本条件之一,就像我们需要通过电视机来收看电视节目一样。

一般来说操作系统中都已经内置了浏览器,例如 Windows 操作系统内置有微软公司的 Internet Explorer(简称 IE)浏览器,用户也可以自行安装浏览器,其他浏览器还有 Mozilla 的 Firefox、Apple 的 Safari、Opera、Google Chrome、Green Browser 浏览器、360 安全浏览器、搜狗高速浏览器、傲游浏览器、百度浏览器、腾讯 QQ 浏览器等。

不同浏览器对网页的解析可能存在差异,本书案例主要使用 IE 11.0 浏览器显示网页效果,特殊情况下(如 IE 11.0 不支持某页面效果)会使用其他浏览器。

1.2 网页的基本元素

网页作为信息的载体,包含各种各样的元素。从网页的内容或者多媒体元素的角度出发,网页包含文本、图像、动画、音频和视频等;从布局设计的角度看,网页包含页眉、主内容区和页脚等。

1.2.1 网页的基本媒体元素

从网页上包含的内容来看,网页的基本元素包括文本、图像、动画、音频、视频等多种媒体元素。除此以外,我们也可把目光聚焦到网页中使用非常频繁的元素超链接上。图 1-6 所示是新浪网首页的基本媒体元素。

网页设计基础知识

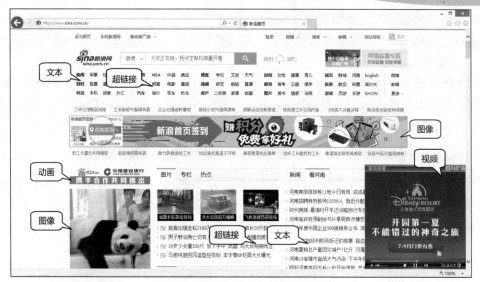

图1-6 网页的基本媒体元素示例

1. 文本

一般情况下，网页中的信息以文本为主。文本一直是人类最重要的信息载体与交流工具，它能准确地表达信息的内容和含义，所以文本是网页中运用最广泛的元素之一。

为了丰富文本的表现力，网页设计与制作者可以通过设置文本的字体、字号、颜色、底纹和边框等属性来改变文本的视觉效果。建议用于网页正文的文字一般不要太大，也不要使用过多的字体，中文文字一般使用宋体。

2. 图像

图像是美化网页必不可少的元素，适用于网页的图像格式主要有 JPEG、GIF 和 PNG。图像能比文本更直观地表达信息，在网页中通常起到画龙点睛的作用，它能表达网页的形象和风格，恰到好处地使用图像能使网页更加生动和美观。网页中的图像主要有用于点缀标题的小图像、背景图像、介绍性的图像、代表企业形象或栏目内容的标志性图像、用于宣传广告的图像等多种形式。

3. 动画

动画是网页中最活跃的元素，创意出众、制作精致的动画是吸引浏览者眼球的最有效方法之一。但物极必反，过多的动画容易使人眼花缭乱，进而产生视觉疲劳。

网页中使用较多的动画格式是 GIF 动画(也可以理解为 GIF 图像)与 Flash 动画。GIF 动画在浏览器中播放不需要插件，通常用于制作简单的、只需要几帧图片的交替动画。Flash 动画制作出的动画质量较好，许多网页中的大型、复杂的动画几乎都用 Flash 来制作。一般浏览器中都内嵌入插件 Adobe Flash Player 用来支持 Flash 动画的播放。

4. 音频

音频的适当使用能极好地吸引读者，烘托良好的艺术氛围。但添加音乐后，网页加载速度会受到影响。另外，不同的浏览器对于音频文件的处理方法是不同的，彼此之间很可能不兼容。因此，在添加音乐时需要考虑声音文件的大小、品质和在不同浏览器中的差异，适时适度地添加。

用于网络的声音文件格式非常多，常用的是 MIDI、WAV、MP3、RM 和 AIF 等。很多浏览器不需要插件也可以支持 MIDI、WAV 格式的文件，而 MP3 和 RM 格式的声音文件则可能需要专门的浏览器插件播放。

5. 视频

视频文件可以给访问者带来强烈的视觉冲击力，让网页内容更加丰富。网络上的许多插件也使向网页中插入视频文件的操作变得非常简单。随着网络带宽的增加，网页中应用的视频文件格式也越来越多，常见的有 RM、WMV、ASF、MPEG、AVI、RMVB 和 DivX 等。

6. 超链接

超链接是 Web 网页的主要特色，指从一个位置指向另一个目的端的连接关系。一个超链接由链接载体和链接目标两部分组成。最常见的链接载体是文本或图片，链接目标则可以是任意网络资源，它可以是另一个网页，也可以是网页上的一个位置，还可以是一个图片、一个电子邮件地址、一个文件，甚至是一个应用程序。

1.2.2 网页的基本布局元素

从布局设计的角度讲，网页一般由标题、页眉、主内容区和页脚部分构成，页眉部分通常包括网站 Logo 和导航栏，如图 1-7 所示。

图 1-7 网页的基本布局元素

1. 标题

网页标题是对一个网页内容的高度概括，便于搜索引擎搜索，预览时通常出现在浏览器的标题栏以及状态栏中。

2. 页眉

页眉是指页面上端的部分，通常是网站访问者在网页中看到的第一个元素，是网站设计中非常重要的部分。因其注意力值较高，网页设计者们常常依靠独特的设计手法，搭配上创意优秀的图片，让网页突破很多空间界限，给人深刻的印象。

大多数网站制作者在页眉部分设置站点名字图片或标志、网站宗旨、展示宣传网站的广告条和动画、链接网页的导航栏，以及跳转网页的按钮等，有的则把它设计成广告位出租。当然，页眉也并非所有网页都有，一些特殊的网页就没有明确划分出页眉。

(1) Logo

Logo 是徽标或者商标的英文缩写，起到对徽标拥有公司的识别和推广的作用。网络中的徽标主要是各个网站用来与其他网站链接的图形标志，代表一个网站或网站的一个板块。一个 Logo 在网站中的作用主要体现在树立形象、传递信息以及品牌拓展三个方面。

Logo 的设计需要从多方面分析，它涉及图形、文字、颜色和排版等各个方面的内容。通常设计 Logo 时主要从构成(英文名称、网址、标志图形和主题描述)、颜色、形体(企业品牌标识和名称)、文字的字体以及文字的抽象这五个方面考虑。图 1-8 是几个网站的 Logo 示例。

图 1-8　网站 Logo 示例

(2) 导航栏

导航栏是网站内多个栏目的超链接组合，在网页中起着很重要的作用，它不仅是整个网站的方向标，而且还能体现整个网站的内容，如同书的目录一样。导航栏是网页设计中不可缺少的部分，利用导航栏，浏览者就可以快速找到他们想要浏览的页面。

导航栏通常位于网页的顶部或左侧。合理地使用导航栏，可以使网页层次分明，但导航栏不宜过多，否则留给内容的空间就可能不够(尤其是那些提供横幅广告的网站)。可用图像、文本或 Flash 来创建导航栏。文本的加载速度更快、更容易生成，使用 CSS 样式可为文本导航栏指定"悬停即改变颜色"等效果。图像导航则显得更美观，因为当鼠标指针悬停在上方时，图像更容易更改，从而为最终用户提供视觉线索。

3. 主内容区

顾名思义，主内容区放置网页的主体元素，往往由文字、图像、下一级内容的超链接等构成，有一些网页还加入音频、视频等多媒体元素。

在设计主内容区时，可以使用 DIV 等布局元素合理地把网页分割成不同板块；文字和图片巧妙配合、文字和背景和谐对比；还要符合用户的阅读习惯，将重要的内容排在左上方。

4. 页脚

页脚位于网页的最底部，和页眉相呼应。页脚部分通常用来介绍网站所有者的具体信息，如名称、地址、联系方式、ICP 备案、网站版权、制作者信息等，其中一些内容也可能被做成标题式超链接，引导用户进一步了解详细内容。

1.3 网页设计常用技术

在 Web 标准中，网页主要由三部分组成：结构(Structure)、表现(Presentation)和行为(Behavior)。对应的标准也分为三方面：结构化标准语言，主要包括 HTML、XHTML 和 XML；表现标准语言，主要包括 CSS；行为标准，主要包括 ECMAScript(网页脚本语言规范)等。

本节介绍网页标记语言 HTML、网页样式设计所使用的技术 CSS、最常用的脚本语言 JavaScript，以及动态网页编程技术 ASP、JSP 和 PHP 等。

1.3.1 网页标记语言 HTML

HTML 是用于创建网页和设计其他可在网页浏览器中看到的信息的一种标记语言，它以纯文字格式为基础。可以使用任何文字编辑器或所见即所得的 HTML 编辑器来编辑 HTML 文件。HTML 被用来结构化信息——例如标题、段落、列表和图像等，主要负责网页的"内容"部分。

如果想要专业地学习网页的设计和编辑，必须具备一定的 HTML 知识。虽然目前有类似于 Dreamweaver 这样的网页编辑软件存在，这些软件并不要求使用者掌握 HTML，但网页的本质是由 HTML 构成的，掌握好 HTML 是精通网页制作的最根本要求。

1.3.2 网页表现技术 CSS

CSS 是 Cascading Style Sheet 的缩写，中文译为"层叠样式表"，简称"样式表"。W3C(World Wide Web Consortium,万维网联盟)创建 CSS 标准的目的是以 CSS 取代 HTML 表格式布局、帧和其他表现的语言，用来定义网页外观样式，特别是进行网页的排版布局。HTML 和 CSS 分别实现了网页内容和样式的设计，实现了结构和外观的分离，使站点的访问及维护更加容易。

如今网页排版愈发复杂，布局样式都需要通过 CSS 来实现。采用 CSS 技术可以方便有效地对页面布局，更加精确地控制网页的字体、颜色、背景和其他效果。内容相同的网页，只需要对 CSS 样式进行一些改变，就可以实现不同的页面外观和格式。学好 CSS 技术是精通网页制作的基本要求。

1.3.3　网页脚本语言 JavaScript

脚本语言由 ASCII 码构成，是一种不必事先编译，只要利用适当的解释器就可以执行的简单程序。在网页中使用脚本语言，可以丰富网页的表现力，是网页设计中很重要的一种技术。目前常用的脚本语言有 JavaScript、VBScript 和 JScript，其中 JavaScript 是众多网页开发者首选的脚本语言。

JavaScript 是一种属于网络的脚本语言，已经被广泛用于 Web 应用开发，常用来为网页添加各式各样的动态功能，为用户提供更流畅美观的浏览效果。通常 JavaScript 代码可以直接嵌入 HTML 文件中，随网页一起传送到客户端浏览器，然后通过浏览器来解释执行。

1.3.4　动态网页编程技术 ASP.NET、JSP、PHP 等

网页的发展绝不满足于仅供用户单纯地浏览，更应该着重于用户的交互操作和对网站内容的便捷管理，这些都需要动态网页编程技术来实现。目前常用的动态网页编程技术有 JSP、ASP.NET 和 PHP 等。

JSP 是 Java Sever Pages 的缩写，是基于 Java 的动态网页技术标准，用于创建可支持跨平台及 Web 服务器的动态网页。从构成情况上来看，JSP 页面代码一般由普通的 HTML 语句和特殊的基于 Java 语言的嵌入标记组成，所以它具有 Web 和 Java 功能的双重特性。

ASP 是 Active Server Pages 的缩写，是微软公司推出的 Web 服务器端脚本开发环境。ASP.NET 是 ASP 技术的升级换代版，是建立在公共语言运行库上的编程框架，可用于在服务器上生成功能强大的 Web 应用程序。ASP.NET 开发的首选语言是 C#及 VB.NET，同时也支持多种语言的开发。

PHP 原始为 Personal Home Page 的缩写，现已正式更名为 PHP: Hypertext Preprocessor。PHP 是一种 HTML 内嵌式语言，也是一种在服务器端执行的嵌入 HTML 文档的脚本语言。它的语言比较简单，属于轻量级的高级语言，风格类似于 C 语言，被广泛地运用于互联网中。

1.4　网页设计常用工具

HTML 文件的编写可以使用任何文本编辑器，如记事本、写字板、Word 等，不过在保存时都必须保存为.html 或者.htm 格式。为了使设计网页更加简单、方便，有些公司和人

员设计了专业的 HTML 编辑工具，这些工具绝大多数可以分为两类：第一类是基于文本的 HTML 编辑器，第二类是所见即所得编辑器。

1.4.1 基于文本的编辑器

基于文本的编辑器要求使用者掌握 HTML 代码，可以对其进行定制从而提高编码速度，通常复杂的机制用于检查编码中的错误。这样的编辑器非常非常多，建议读者多下载几个免费版本进行简单试用。

1. Windows 自带的记事本

基于文本的编辑器，最简单的要数 Windows 自带的记事本，虽然它在严格意义上并不能被称为 HTML 编辑器，但它简单易得，可以编辑 HTML、CSS、JavaScript 等，在学习 HTML 之初是一个非常好的选择。缺点是记事本只是基本的文字编辑软件，没有代码提示、检查等功能。

2. Notepad++

Notepad++是一套自由软件中的纯文本编辑器，它的功能比 Windows 中的记事本(Notepad)强大，除了可以用来制作一般的纯文字的帮助文档，也十分适合用作撰写计算机程序的编辑器。Notepad++不仅有语法高亮度显示，也有语法折叠、代码自动补全等功能，并且支持宏以及扩充基本功能的外挂模块。

图 1-9 是 Notepad++编辑网页的示例。

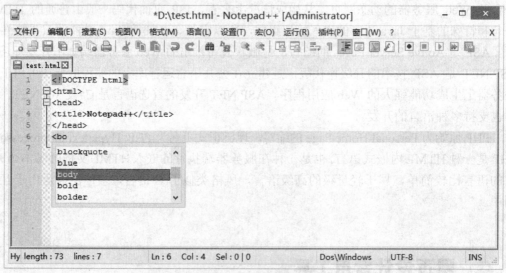

图 1-9 基于文本的编辑器 Notepad++

3. Phase 5

Phase 5 是自从 1998 年起就被人期待和熟知的网页编辑器，它支持大多数语言的格式，例如 HTML、PHP、JavaScript 和 VBScript 等。

1.4.2 所见即所得编辑器

所见即所得编辑器不要求使用者了解 HTML 知识，除了 HTML 编辑功能外，提供图形化的"预览"页面效果，允许用户通过看到的页面预期效果进行简单的拖放布局即可。此类软件中最著名的当属 Adobe Dreamweaver(简称 DW)，它是美国 Macromedia 公司(后被 Adobe 公司收购)开发的集网页制作和管理网站于一身的所见即所得网页编辑器。DW 是针对专业网页设计师特别开发的视觉化网页开发工具，利用它可以轻而易举地制作出跨越平台限制和跨越浏览器限制的充满动感的网页。Dreamweaver 是一款专业的网页制作工具，它不仅拥有"所见即所得"的可视化编辑环境，还提供了强大的 HTML 代码编写功能。无论使用 HTML 语言，还是使用可视化的编辑器，Dreamweaver 都为我们提供良好的工具，丰富我们的操作。

图 1-10 是 Dreamweaver CS6 编辑网页的示例。

图 1-10　所见即所得编辑器 Dreamweaver

1.4.3 如何选择工具

根据前面的介绍，读者可能会毫无疑问地爱上所见即所得编辑器，因为它具备预览功能，能进行拖放式编辑，同时也能进行方便快捷的代码编辑，具有更大的灵活性。但一些开发者更喜欢使用基于文本的编辑器来完成工作，原因是所见即所得编辑器占用更大的系统资源，并且容易产生冗余代码，使得一些不必要的代码重复出现多次，更糟糕的是所见即所得编辑器并非所有方式都具有相同的输出效果，往往会"所见非所得"。

综上所述，无论是基于文本的编辑器还是所见即所得编辑器都具有各自的优缺点。本书涉及的 HTML 和 CSS 都可以在记事本或 Dreamweaver 中进行编辑和处理。目前来看

Dreamweaver 是今后从事网页设计与制作的一个首选工具,但在学习的过程中,为了专注于代码本身,建议在开始时采用 Windows 自带的记事本作为网页编辑工具。在学习了基础知识以后,可以使用 Dreamweaver,但为了更好地掌握代码的使用,仅仅建议使用 Dreamweaver 的代码编辑功能。

1.5 习题

1.5.1 单选题

1. HTTP 的中文含义是( )。
   A. 文件传输协议　　　　　　　　　B. 超文本传输协议
   C. 顶级域名网址　　　　　　　　　D. 以上都不是
2. 构成 Web 站点的最基本的单位是( )。
   A. 网站　　　B. 主页　　　C. 网页　　　D. 文字
3. 网页的基本元素不包括( )。
   A. 文本　　　B. 图像　　　C. 动画　　　D. 脚本
4. WWW 的含义是( )。
   A. 网页　　　B. 万维网　　　C. 浏览器　　　D. 超文本传输协议
5. Adobe Dreamweaver 是( )软件。
   A. 图像处理　　　B. 网页编辑　　　C. 动画制作　　　D. 字处理

1.5.2 填空题

1. 网页呈现在用户面前的是各种文字、图像、动画、音频、视频等丰富的内容,而网页在本质上是由文本文件和其相关的资源组成,网页最根本的语言是_____。
2. 从浏览者角度讲,网页是多媒体信息的综合。对于任何一个网页,组成它的最基本元素主要是_____、_____、_____、视频和音频等。
3. 从布局角度讲,网页从上到下一般由标题、页眉、_____和_____组成,页眉部分通常包括网站 Logo 和_____。
4. 上网浏览网页时,应使用_____作为客户端程序。

1.5.3 判断题

1. 互联网(internet)、因特网(Internet)和万维网三者的意思完全相同,只是不同的叫法而已。( )
2. 每个静态网页都有一个固定的 url,且以 .htm、.html 等为扩展名。( )
3. 采用 CSS 技术可以方便有效地对页面布局,更加精确地控制网页的字体、颜色、背景和其他效果。( )

1.5.4 简答题

1. Web 浏览器是什么?
2. 简述 HTML 及其在网页设计制作中的作用。
3. 简述静态网页与动态网页的定义和区别。
4. 网页制作常用的技术有哪些,分别有什么作用?

第 2 章

HTML5 基础

HTML 是 W3C 组织推荐使用的一个国际标准，目的是把存放在一台计算机中的文本或资源与另一台计算机中的文本或资源联系在一起，形成有机的整体。目前 HTML 的最新版本是 HTML5，本章对 HTML5 进行简单介绍。

本章学习目标

- ◎ 对 HTML 有最基本的认识。
- ◎ 了解 HTML5 的主要改变和特点。
- ◎ 掌握 HTML5 文档的基本结构。
- ◎ 能够编写基本的 HTML5 网页。
- ◎ 了解 HTML5 标记和属性语法。

2.1 认识 HTML5

HTML5 是取代 1999 年所制定的 HTML 4.01 和 XHTML 1.0 标准，以期能在互联网应用迅速发展的时候，使网络标准符合当代的网络需求。广义论及 HTML5 时，实际指的是包括 HTML、CSS 和 JavaScript 在内的一套技术组合。本书在提及 HTML5 时一般指狭义的 HTML5。

2.1.1 HTML 及其发展

HTML 是用于描述网页文档的一种标记(标签)语言，它是 SGML(Standard Generalized Markup Language，标准通用标记语言)下的一个应用，也是一种规范。HTML 通过标记来标识要显示的网页中的各个部分。网页文件本身是一种文本文件，通过在其中添加标记，可以告诉浏览器如何显示其中的内容，如文字如何处理、图片和动画如何显示等。浏览器按顺序阅读网页文件，然后根据标记解释和显示网页内容，对书写出错的标记不指出其错误，且不停止其解释执行过程。另外，不同的浏览器对标记可能会有不同的解释和支持性。

HTML 从诞生到今天，存在着一些缺点和不足，而且不能适应越来越多的网络设备和应用的需要，W3C 也一度解散了 HTML 工作组，转而开发 XHTML。随着 HTML5.0 的发展得到越来越多的厂商认可，W3C 终止 XHTML 的开发，重新启动 HTML 工作组，并最终发布 HTML5 规范。

2.1.2 HTML5 的新特性

HTML5 第一份正式草案已于 2008 年 1 月公布，现在仍处于完善之中，尽管目前 HTML5 的标准仍在开发中，但主流浏览器已经支持 HTML5 的许多新特性。HTML5 的改变和特点主要如下：

- 良好的移植性。HTML5 可以跨平台使用，具有良好的移植性。
- 摒弃过时标记。取消一些过时的HTML4及其之前版本的标记，如字体标记<font>、框架标记<frame>和<frameset>等。
- 更直观的结构。HTML5 新增了一些 HTML 元素，如<header>(页眉)、<footer>(页脚)、<nav>(导航栏)等结构性新标记，为页面引入了更多实际语义，这些我们在本书后续章节详细解释。
- 内容和样式分离。HTML5 规定基本内容，样式则由 CSS 等实现。如图像的环绕方式、边框、表格的宽度、高度、对齐方式等，均不再使用标记属性描述。
- 下一代表单。增加一些全新的表单输入对象，如 date、color、url、email 等。HTML5 可以创建具有更强交互性、更加友好的表单。

➢ 音频和视频的支持。HTML5 的新增标记可以轻松地在页面中嵌入音频和视频。
➢ 矢量图绘制。实现 2D 绘图的 Canvas 对象，使得用户可以脱离 Flash 等直接在浏览器中显示图形或动画。

2.1.3 编写第一个 HTML5 文件

如前文所述，HTML 文件可以使用任何浏览器解释执行，而 HTML 文件的编写则可以使用任何文本编辑器，如记事本、写字板、Word 等，不过在保存时都必须保存为.html 或者.htm 格式。这里我们用记事本编写一个 HTML5 文件，并用 IE 11.0 查看页面效果。

【例 2-1】创建第一个 HTML 网页(2-1.html)，效果如图 2-1 所示。

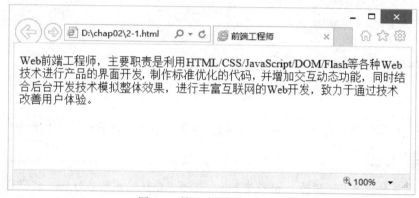

图 2-1 第一个网页浏览效果

(1) 建立站点根目录。新建一个文件夹用于存放网页，比如在 D 盘创建一个文件夹 chap02，在本章中我们把它作为站点根目录，读者在做练习时可以自行设定站点根目录。

(2) 编写代码。使用字处理软件编写 HTML 文件，最简单的是使用 Windows 自带的记事本。用记事本编写如下代码，标题和网页主体部分内容可以适当修改。

```
<!DOCTYPE html>
<html>
<head>
<title>前端工程师</title>
</head>
<body>
<p>Web 前端工程师，主要职责是利用 HTML/CSS/JavaScript/DOM/Flash 等各种 Web 技术进行产品的界面开发，制作标准优化的代码，并增加交互动态功能，同时结合后台开发技术模拟整体效果，进行丰富互联网的 Web 开发，致力于通过技术改善用户体验。</p>
</body>
</html>
```

(3) 保存文件。文件名命名为 2-1.html，注意，其中 2-1 是自己为文件起的名字，可修改，但扩展名必须为.html 或者.htm；另外注意，在"另存为"对话框中应将"保存类型"设置为"所有文件"，如图 2-2 所示。

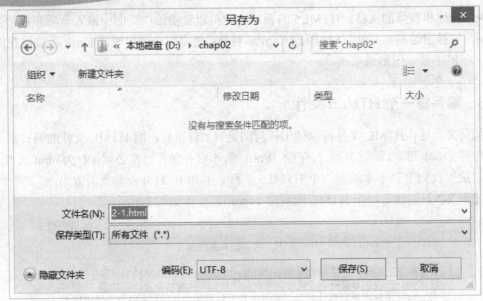

图 2-2 保存文件

(4) 浏览网页。保存完毕后，在浏览器 IE 11.0 中浏览，效果如图 2-1 所示。

> **提示**
> HTML 文件的扩展名必须为.html 或者.htm，记事本默认的扩展名为.txt。在保存 HTML 文件时，最好的方法是在文件名的两侧加上双引号(也可不加)，并将"保存类型"设置为"所有文件"，可以确保文件以 HTML 格式存储。

2.2 HTML 基本语法

本节主要对 HTML 中标记及其属性语法进行简单说明。

2.2.1 标记与元素

HTML 用于描述功能的符号称为"标记"或"标签"，如【例 2-1】中出现的<html>、<head>、<p>、<body>等。标记在使用时用尖括号"<>"括起来。有些标记必须成对出现，起始标记为<...>，结束标记为</...>，在这两个标记中间添加内容，如<body>...</body>。

绝大多数元素都有起始标记和结束标记，一对标记及其两者之间包含的内容称为一个"元素"。第一个标记一般都有名称和可选择的属性，标记名和属性都在起始标记内标明。但也有一些标记是独立存在的，称为单标记或空标记。

1. 普通标记(双标记)

普通标记成对出现，包含"起始标记"和"结束标记"，其基本语法为：

<x>控制的文字内容</x>

x 代表标记名称，起始标记告诉浏览器从此处开始执行该标记的功能；结束标记是在起始标记名前加一个斜杠(/)，告诉浏览器在此处结束该标记的功能。

图 2-3 所示为例【2-1】中的一个段落元素。

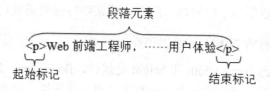

图 2-3　一个段落元素

标记可以成对嵌套，但不可以交叉嵌套，如下代码是错误的：

<head><title>前端工程师</head></title>

2. 空标记(单标记)

虽然绝大部分标记是成对出现的，但也有一些是单独存在的，这些单独存在的标记称为空标记或单标记，其基本语法为：

<x>

W3C 定义的新标准建议空标记以 "/" 结尾，即：

目前所使用的浏览器并没有严格要求空标记以 "/" 结尾，但是建议尽可能满足新标准，加上 "/"。

图 2-4 所示为一个水平线元素。

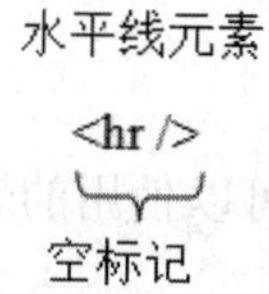

水平线元素

<hr />

空标记

图 2-4　一个水平线元素

> **提示**
>
> 尽管 HTML5 标记不区分大小写，但是为了和 XHTML 文档保持一致性(XHTML 文档要求使用小写)，建议标记使用小写形式。

2.2.2 HTML 属性

与标记相关的特性描述称为属性，它是对标记的必要说明。HTML 属性能够赋予元素含义和语境，一般要为属性赋值。如下代码表示从文字"新浪网"链接到新浪中国首页的超链接：

```
<a href="http://www.sina.com.cn">新浪网</a>
```

这里，<a>...</a>是超链接标记，href 是属性，http://www.sina.com.cn 是属性值。

同样，空标记也可以附加一些属性，用来完成某些特殊效果或功能，例如：

```
<img src="flower.jpg" width="200" height="100" />
```

这里，<img>是标记，src、width 和 height 是属性，flower.jpg、200 和 100 是属性值。

在 HTML5 之前的版本中几乎每个标记都包含有一些属性，但在 HTML5 中，大量规定样式的属性被摒弃，改由 CSS 来描述样式。

属性的基本语法形式为：

```
<标记名 属性 1=" " 属性 2=" " ...>控制的文字内容</标记名>
```

或

```
<标记名 属性 1=" " 属性 2=" " ... />
```

- ➢ 属性均放在相应标记的尖括号中，属性之间用空格分开。
- ➢ 属性之间没有先后次序。
- ➢ 属性值由一对双引号(" ")括起，在 HTML4 及其之前版本中，双引号可以省略，但是在 HTML5 中属性值必须用双引号括起来。

提示：

虽然不建议属性值包含空白，但允许属性值包含空白，此时不管在 HTML4 及其之前版本还是在 HTML5 规范下都必须使用双引号括起属性值，如<img src="images/waterlily.jpg" />。

2.2.3 全局属性

全局属性是对于任何一个标记都是可以使用的属性。表 2-1 所示的全局属性可用于任何 HTML5 元素。

表 2-1 全局属性

属　　性	属 性 值	描　　述
accesskey	字符	规定访问元素的键盘快捷键
class	类名	规定元素的类名(用于套用样式表中的类)
contenteditable	true、false	规定是否允许用户编辑内容
contextmenu	菜单 id	规定元素的上下文菜单

(续表)

属 性	属 性 值	描 述
dir	ltr、rtl	规定元素中内容的文本方向
draggable	true、false、auto	规定是否允许用户拖动元素
dropzone	copy、move、link 等	规定当被拖动的项目/数据被拖放到元素中时会发生什么
hidden	hidden	规定该元素是无关的。被隐藏的元素不会显示
id	id 名称	规定元素的唯一 id(可用于套用样式表中的 id)
lang	语言代码	规定元素中内容的语言代码
spellcheck	true、false	规定是否必须对元素进行拼写或语法检查
style	CSS 样式定义	规定元素的行内样式
tabindex	数字	规定元素的 tab 键控制次序
title	文本信息	规定有关元素的额外信息

HTML4 版本开始增加了通过事件触发浏览器中行为的能力，比如当用户单击某个元素时启动一段 JavaScript。表 2-2 给出了可插入 HTML5 元素中以定义事件行为的标准事件属性，事件属性可以定义在任何元素上，属于全局属性。

表 2-2 全局事件属性

属 性	属 性 值	描 述
由 HTML 表单内部的动作触发的事件，适用于所有 HTML5 元素，不过最常用于表单元素中		
onblur	script	当元素失去焦点时运行脚本
onchange	script	当元素改变时运行脚本
oncontextmenu	script	当触发上下文菜单时运行脚本
onfocus	script	当元素获得焦点时运行脚本
onformchange	script	当表单改变时运行脚本
onforminput	script	当表单获得用户输入时运行脚本
oninput	script	当元素获得用户输入时运行脚本
oninvalid	script	当元素无效时运行脚本
onselect	script	当选取元素时运行脚本
onsubmit	script	当提交表单时运行脚本
由键盘触发的事件		
onkeydown	script	当按下按键时运行脚本
onkeypress	script	当按下并松开按键时运行脚本
onkeyup	script	当松开按键时运行脚本
由鼠标或相似的用户动作触发的事件		
onclick	script	当单击鼠标时运行脚本
ondblclick	script	当双击鼠标时运行脚本
ondrag	script	当拖动元素时运行脚本
ondragend	script	当拖动操作结束时运行脚本
ondragenter	script	当元素被拖动至有效的拖放目标时运行脚本

(续表)

属性	属性值	描述
ondragleave	script	当元素离开有效拖放目标时运行脚本
ondragover	script	当元素被拖动至有效拖放目标上方时运行脚本
ondragstart	script	当拖动操作开始时运行脚本
ondrop	script	当被拖动元素正在被拖放时运行脚本
onmousedown	script	当按下鼠标按钮时运行脚本
onmousemove	script	当鼠标指针移动时运行脚本
onmouseout	script	当鼠标指针移出元素时运行脚本
onmouseover	script	当鼠标指针移至元素之上时运行脚本
onmouseup	script	当松开鼠标按钮时运行脚本
onmousewheel	script	当转动鼠标滚轮时运行脚本
onscroll	script	当滚动滚动元素的滚动条时运行脚本

由视频、图像以及音频等媒介触发的事件，适用于所有 HTML5 元素，不过在媒介元素(如 audio、embed、img、object 以及 video)中最常用

属性	属性值	描述
onabort	script	当发生中止事件时运行脚本
oncanplay	script	当媒介能够开始播放但可能因缓冲而需要停止时运行脚本
oncanplaythrough	script	当媒介能够无须因缓冲而停止即可播放至结尾时运行脚本
ondurationchange	script	当媒介长度改变时运行脚本
onemptied	script	当媒介资源元素突然为空时(因网络错误、加载错误等)运行脚本
onended	script	当媒介已抵达结尾时运行脚本
onerror	script	当在元素加载期间发生错误时运行脚本
onloadeddata	script	当加载媒介数据时运行脚本
onloadedmetadata	script	当媒介元素的持续时间以及其他媒介数据已加载时运行脚本
onloadstart	script	当浏览器开始加载媒介数据时运行脚本
onpause	script	当媒介数据暂停时运行脚本
onplay	script	当媒介数据将要开始播放时运行脚本
onplaying	script	当媒介数据已开始播放时运行脚本
onprogress	script	当浏览器正在取媒介数据时运行脚本
onratechange	script	当媒介数据的播放速率改变时运行脚本
onreadystatechange	script	当就绪状态(ready-state)改变时运行脚本
onseeked	script	当媒介元素的定位属性不再为真且定位已结束时运行脚本
onseeking	script	当媒介元素的定位属性为真且定位已开始时运行脚本
onstalled	script	当取回媒介数据过程中(延迟)存在错误时运行脚本
onsuspend	script	当浏览器已在取媒介数据但在取回整个媒介文件之前停止时运行脚本
ontimeupdate	script	当媒介改变其播放位置时运行脚本
onvolumechange	script	当媒介改变音量时或当音量被设置为静音时运行脚本
onwaiting	script	当媒介已停止播放但打算继续播放时运行脚本

2.3 HTML5 文档的结构

不管 HTML5 网页文件如何复杂,都有最基本的文档结构。本章介绍 HTML5 文档的基本结构。

2.3.1 HTML5 文档的基本结构

HTML5 文档的基本结构如下:

```
<!DOCTYPE html>
<html>
<head>
...
</head>
<body>
...
</body>
</html>
```

<!DOCTYPE html>表示文档的类型。DOCTYPE 指文档类型(Document Type),告知浏览器在向用户显示文档时应使用何种规则。<!DOCTYPE html>确保浏览器以标准模式去呈现页面。

<html>、</html>、<body>、</body>等是"标记"或"标签",它是组成 HTML 文件的重要部分。

HTML 文档分为文档头和文档体两部分,头部信息和主体部分信息都包含在<html>和</html>标记之间,这一对标记表示包含的内容为 HTML 文档。

头部信息放在<head>和</head>之间,用来说明网页的一些基本情况。head 部分可以包含<title>、<base>、<link>、<style>、<script>和<meta>等标记。

网页的主体信息包含在<body>和</body>之间,描述网页的正文部分。

2.3.2 网页标题<title>

网页标题标记<title>定义在网页文档的头部<head>部分,一般用来说明网页的主题和用途。标题标记以<title>开始,以</title>结束。其基本语法形式如下:

```
<title>...</title>
```

标记中间包含的是标题的内容,它可以帮助用户更好地识别页面。搜索引擎使用标题的内容帮助建立页面索引,标题显示在浏览器的标题栏中。

【例 2-2】创建网页标题(2-2.html),效果如图 2-5 所示。

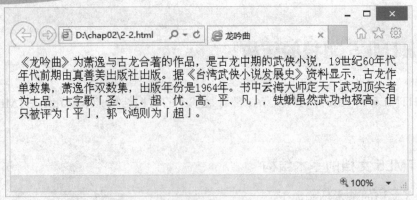

图 2-5 网页标题浏览效果

本例中使用<title>元素创建网页标题"龙吟曲",显示在浏览器的标题栏中,可以使用户更容易了解该网页内容。

代码如下:

```
<!DOCTYPE html>
<html>
<head>
<title>龙吟曲</title>
</head>
<body>
<p>
《龙吟曲》为萧逸与古龙合著的作品,是古龙中期的武侠小说,19世纪六十年代前期由真善美出版社出版。据《台湾武侠小说发展史》资料显示,古龙作单数集,萧逸作双数集,出版年份是1964年。书中云海大师定天下武功尖者为七品,七字歌「圣、上、超、优、高、平、凡」,铁蛾虽然武功也极高,但只被评为「平」,郭飞鸿则为「超」。
</p>
</body>
</html>
```

在 IE11.0 中浏览,效果如图 2-5 所示。

2.3.3 定义元数据<meta>

<meta>标记定义在网页文档的头部<head>部分,用来描述 HTML 文档的信息。HTML 文档使用<meta>元素提供页面的元信息,如针对搜索引擎和更新频度的描述和关键词等。<meta>标记所定义的信息不会出现在网页中,而仅在源文件中显示。一个 HTML 文档的头部可以有多个<meta>标记。<meta>是一个空标记,其基本语法如下:

```
<meta charset=" " http-equiv=" " name=" " content=" " />
```

<meta>标记本身不包含任何内容,通过不同属性以及属性值的结合使用,描述该元数据信息。在 HTML5 中,<meta>元素提供的属性以及对应的值如表 2-3 所示。

表 2-3　meta 元素提供的属性及对应的取值

属　性	属　性　值	描　述
charset	character encoding	定义文档的字符编码
content	some_text	定义与 http-equiv 或 name 属性相关的元信息
http-equiv	content-type expires refresh set-cookie	把 content 属性关联到 HTTP 头部
name	author description keywords generator revised others	把 content 属性关联到一个名称

下面给出一些较常使用的元数据。

1. 字符集 charset

在 HTML5 中，<meta>元素的属性 charset 用来定义网页使用的字符集。例如，网页使用 UTF-8 字符集，代码如下所示：

```
<meta charset="UTF-8" />
```

2. 搜索引擎关键字

将<meta>元素的 name 属性的属性值设置为 keywords，就可以向搜索引擎说明网页的关键字。例如，设置关键字为"古龙、武侠、剑侠"，代码如下所示：

```
<meta name="keywords" content="古龙, 武侠, 剑侠" />
```

在早期，关键字对搜索引擎的排名算法起到一定的作用，但现在已经被很多搜索引擎完全忽略，不过合理地使用该标记对网页的综合表现没有坏处。

3. 对页面的描述

将<meta>元素的 name 属性的属性值设置为 description，就可以定义网页的基本描述，例如：

```
<meta name="description" content="关于古龙小说的网页" />
```

4. 页面的最新版本

将<meta>元素的 name 属性的属性值设置为 revised，就可以定义网页的最新版本，例如：

```
<meta name="revised" content="姬莉霞等, 2016/8/8/" />
```

5. 设置网页定时跳转

当 meta 元素的 http-equiv 属性的值设置为 refresh 时，就可以设置页面在经过一定时间后自动刷新，或者在一定时间后自动跳转到其他页面。页面定时刷新或跳转的基本语法格式如下：

```
<meta http-equiv="refresh" content="秒" [url="资源路径"] />
```

语法中，"[url=资源路径]"是可选项，如果有此项对应的网址或者文件路径，则页面定时跳转，否则定时刷新。

例如，要实现每 5 秒刷新一次页面，则使用如下代码：

```
<meta http-equiv="refresh" content="5" />
```

例如，要实现网页在 10 秒后自动跳转到 HTML 文档 victory.html，则使用如下代码：

```
<meta http-equiv="refresh" content="10" url="victory.html" />
```

【例 2-3】使用<meta>元数据(2-3.html)，效果如图 2-6 所示。

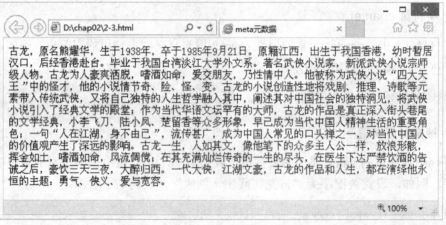

图 2-6　定义 meta 后页面浏览效果

本例是对<meta>元素的使用。定义网页使用 UTF-8 字符集，描述网页信息是关于"古龙简介"的，网页关键字为"古龙"和"武侠"，网页每 10 秒刷新一次，但这些设置对其在浏览器中的显示没有影响。

代码如下：

```
<!DOCTYPE html>
<html>
<head>
<meta charset="UTF-8" />
<meta name="description" content="古龙简介" />
<meta name="keywords" content="古龙, 武侠" />
<meta http-equiv="refresh" content="10" />
<title>meta 元数据</title>
</head>
```

```
<body>
```
　　古龙，原名熊耀华，生于 1938 年，卒于 1985 年 9 月 21 日。原籍江西，出生于我国香港，幼时暂居汉口，后经香港赴台。毕业于我国台湾淡江大学外文系。著名武侠小说家，新派武侠小说宗师级人物。古龙为人豪爽洒脱，嗜酒如命，爱交朋友，乃性情中人。他被称为武侠小说"四大天王"中的怪才，他的小说情节奇、险、怪、变。古龙的小说创造性地将戏剧、推理、诗歌等元素带入传统武侠，又将自己独特的人生哲学融入其中，阐述其对中国社会的独特洞见，将武侠小说引入了经典文学的殿堂；作为当代华语文坛罕有的大师，古龙的作品是真正深入街头巷尾的文学经典，小李飞刀、陆小凤、楚留香等众多形象，早已成为当代中国人精神生活的重要角色；一句"人在江湖，身不由己"，流传之广，成为中国人常见的口头禅，对当代中国人的价值观产生了深远的影响。古龙一生，人如其文，像他笔下的众多主人公一样，放浪形骸，挥金如土，嗜酒如命，风流倜傥；在其充满灿烂传奇的一生的尽头，在医生下达严禁饮酒的告诫之后，豪饮三天三夜，大醉归西。一代大侠，江湖文豪，古龙的作品和人生，都在演绎他永恒的主题：勇气、侠义、爱与宽容。
```
</body>
</html>
```

在 IE11.0 中浏览，效果如图 2-6 所示。

2.3.4　HTML5 新增的结构标记

　　在新的 HTML5 标准中，定义了一系列的结构化标记，帮助用户更语义化地定义页面层次和逻辑，主要包括<header>、<footer>和<nav>。<header>标记定义文档的页眉，<footer>标记定义文档或章节的页脚，<nav>标记定义导航链接的部分。

　　相对于其他的 HTML5 特性来说，header、nav 和 footer 显得不是那么酷，但对于一个前端开发人员来说，利用其能够正确地组织页面结构，对于一个逻辑性很强、页面也很复杂的项目来说，意义依旧是非常重大的。这些标记的作用目前还没完全体现，不过其日后的趋势就是搜索引擎会依赖这些标记更好地抓取网页内容。使用恰当的 HTML 结构标记，可以让搜索引擎更好地明白你的页面结构，以便正确地索引。

　　【例 2-4】使用新增的结构标记(2-4.html)，效果如图 2-7 所示。

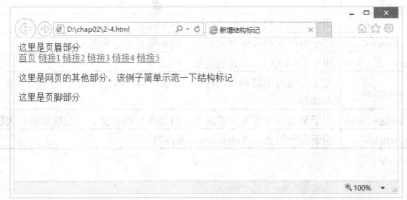

图 2-7　使用 HTML5 新增结构标记后页面浏览效果

　　本例是对 HTML5 新增加的结构元素的应用，其本质表现只有换行，更重要的作用在于布局设计时规定页面区域的划分。

　　代码如下：

```
<!DOCTYPE html>
<html>
<head>
<title>新增结构标记</title>
</head>
<body>
<header>
这里是页眉部分
</header>
<nav>
<a href=" ">首页</a>
<a href=" ">链接1</a>
<a href=" ">链接2</a>
<a href=" ">链接3</a>
<a href=" ">链接4</a>
<a href=" ">链接5</a>
</nav>
<p>这里是网页的其他部分,该例子简单示范一下结构标记</p>
<footer>
这里是页脚部分
</footer>
</body>
</html>
```

在 IE11.0 中浏览,效果如图 2-7 所示。从浏览效果上来看,除了换行没有其他表现,它们的作用读者可以在布局部分体会。

除了上述标记,HTML5 还新增了<section>、<article>和<aside>等结构标记。表 2-4 给出新增结构标记的简单说明,具体应用在后续章节逐步涉及。

表 2-4　HTML5 新增结构(容器)标记

标　记	说　明
<header>…</header>	用于容纳文档或部分的标题,例如标题、副标题、标语和导航
<footer>…</footer>	用于容纳文档或部分的页脚,例如联系信息和版权信息
<nav>…</nav>	用于容纳文档或部分的重要导航元素
<section>…</section>	用于分组与主题相关的内容,例如一本书中的各章,通常可以作为数据库的一部分
<aside>…</aside>	用于分组与主题无关的内容,例如重要的引文、传记信息和相关链接
<article>…</article>	用于容纳可聚合(Syndication)的内容

2.4　综合案例——基本的 HTML5 网页

本章对 HTML5 文件的基本结构、基本语言等进行了阐述。通过本章的学习,读者可以对 HTML5 网页有最基本的认识。

【例2-5】创建基本的 HTML5 网页(2-5.html)，效果如图 2-8 所示。

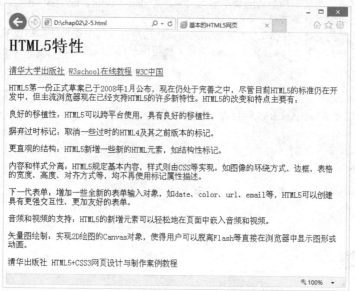

图 2-8　创建基本的 HTML5 网页浏览效果

本例描述了网页的基本结构，内容部分非常简单易懂，对于每部分细节的设计在后续章节中陆续有涉及。

代码如下：

```
<!DOCTYPE html>
<html>
<head>
<title>最基本的 HTML5 网页</title>
<meta charset="UTF-8" />
<meta name="description" content="关于 HTML5" />
<meta name="keywords" content="HTML5,CSS,网页设计" />
</head>
<body>
<header>
<h1>HTML5 特性</h1>
</header>
<nav>
<a href="http://www.tup.tsinghua.edu.cn/index.html">清华大学出版社</a>
<a href="http://www.w3school.com.cn/">W3school 在线教程</a>
<a href="http://www.chinaw3c.org/">W3C 中国</a>
</nav>
<section>
<p>HTML5 第一份正式草案已于 2008 年 1 月公布，现在仍处于完善之中。尽管目前 HTML5 的标准仍在开发中，但主流浏览器现在已经支持 HTML5 的许多新特性。HTML5 的改变和特点主要有：</p>
<p>良好的移植性：HTML5 可以跨平台使用，具有良好的移植性。</p>
<p>摒弃过时标记：取消一些过时的 HTML4 及其之前版本的标记。</p>
<p>更直观的结构：HTML5 新增一些新的 HTML 元素，如结构性标记。</p>
<p>内容和样式分离：HTML5 规定基本内容，样式则由 CSS 等实现。如图像的环绕方式、边框，表
```

格的宽度、高度、对齐方式等，均不再使用标记属性描述。</p>
　　　　<p>下一代表单：增加一些全新的表单输入对象，如 date、color、url、email 等，HTML5 可以创建具有更强交互性、更加友好的表单。</p>
　　　　<p>音频和视频的支持：HTML5 的新增元素可以轻松地在页面中嵌入音频和视频。</p>
　　　　<p>矢量图绘制：实现 2D 绘图的 Canvas 对象，使得用户可以脱离 Flash 等直接在浏览器中显示图形或动画。</p>
　　　</section>
　　　<footer>
　　　清华大学出版社 HTML5+CSS3 网页设计与制作案例教程
　　　</footer>
　　</body>
　</html>

在 IE11.0 中浏览，效果如图 2-8 所示。

2.5 习题

2.4.1 填空题

1. HTML 是用于描述网页文档的一种_____语言，它是 SGML 下的一个应用，也是一种规范。
2. <title>标记应位于网页的_____标记和_____标记之间。
3. 表示 HTML 文档的开始和结束，应该使用_____和_____标记。
4. _____表示文档的类型。DOCTYPE 指文档类型(Document Type)，告知浏览器在向用户显示文档时应使用何种规则。

2.4.2 判断题

1. 所有的 HTML 标记都包括开始标记和结束标记。　　　　　　　　　　（　）
2. 网页的标题名和网页的文件名是一回事。　　　　　　　　　　　　　（　）
3. HTML 文档的保存文件扩展名必须是.html。　　　　　　　　　　　　（　）
4. HTML5 的新增元素可以轻松地在页面中嵌入音频和视频。　　　　　　（　）
5. 与标记相关的特性描述称为属性，它是对标记的必要说明。HTML 属性能够赋予元素含义和语境，一般要为属性赋值。　　　　　　　　　　　　　　（　）

2.4.3 简答题

1. HTML5 文档的基本结构是什么？
2. HTML5 有什么新特性？
3. HTML5 新增的结构标记有哪些？

第 3 章 文字与段落

文字是网页中传达信息的最基本元素，本章我们主要学习文字的基本样式和段落设计，而关于字体、颜色、大小、行距等更多细节参考第 9 章内容，使用 CSS 进行控制。

本章学习目标

◎ 能够在网页中添加和编辑各种文本信息。
◎ 能够进行文字段落等基本版式的设计。
◎ 可以使用各级标题文字。
◎ 能够突出强调某些文本。
◎ 掌握各种形式列表的实现。

3.1 基本的文字排版

在编辑文字时，需要对文字进行必要的段落排版等。本节介绍 HTML 文字排版的基础标记。

3.1.1 段落<p>

段落标记是成对出现的<p>和</p>，在开始标记和结束标记之间的文字形成一个段落。当浏览器显示一个段落时，通常在段落前后加入少许额外的纵向空间。

【例 3-1】段落应用(3-1.html)，效果如图 3-1 所示。

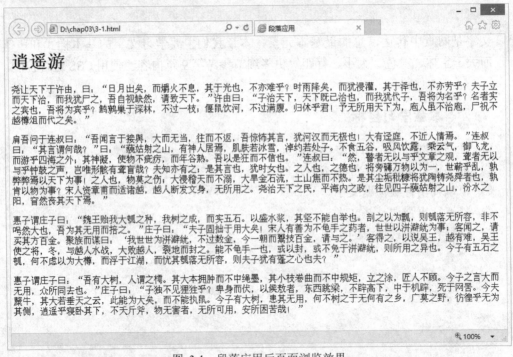

图 3-1　段落应用后页面浏览效果

本例使用了段落元素<p>，它在文本排版中是常用且非常重要的元素。
代码如下：

```
<!DOCTYPE html>
<html>
<head>
<title>段落应用</title>
</head>
<body>
<h1>逍遥游</h1>
<p>
```

尧让天下于许由，曰："日月出矣，而爝火不息，其于光也，不亦难乎？时雨降矣，而犹浸灌，其于泽也，不亦劳乎？夫子立而天下治，而我犹尸之，吾自视缺然，请致天下。"许由曰："子治天下，天下既已治也，而我犹代子，吾将为名乎？名者实之宾也，吾将为宾乎？鹪鹩巢于深林，不过一枝；偃鼠饮河，不过满腹。归休乎君！予无所用天下为，庖人虽不治庖，尸祝不越樽俎而代之矣。"

</p>
<p>

肩吾问于连叔曰："吾闻言于接舆，大而无当，往而不返，吾惊怖其言，犹河汉而无极也！大有迳庭，不近人情焉。"连叔曰："其言谓何哉？"曰："藐姑射之山，有神人居焉，肌肤若冰雪，淖约若处子。不食五谷，吸风饮露，乘云气，御飞龙，而游乎四海之外；其神凝，使物不疵疠，而年谷熟。吾以是狂而不信也。"连叔曰："然，瞽者无以与乎文章之观，聋者无以与乎钟鼓之声，岂唯形骸有聋盲哉？夫知亦有之；是其言也，犹时女也。之人也，之德也，将旁礴万物以为一，世蕲乎乱，孰弊弊焉以天下为事！之人也，物莫之伤；大浸稽天而不溺，大旱金石流，土山焦而不热。是其尘垢秕糠，将犹陶铸尧舜者也，孰肯以物为事？宋人资章甫而适诸越，越人断发文身，无所用之。尧治天下之民，平海内之政，往见四子藐姑射之山，汾水之阳，窅然丧其天下焉。"

</p>
<p>

惠子谓庄子曰："魏王贻我大瓠之种，我树之成，而实五石。以盛水浆，其坚不能自举也。剖之以为瓢，则瓠落无所容，非不呺然大也，吾为其无用而掊之。"庄子曰："夫子固拙于用大矣！宋人有善为不龟手之药者，世世以洴澼絖为事；客闻之，请买其方百金。聚族而谋曰：'我世世为洴澼絖，不过数金，今一朝而鬻技百金，请与之。客得之，以说吴王。越有难，吴王使之将，冬，与越人水战，大败越人，裂地而封之。能不龟手一也，或以封，或不免于洴澼絖，则所用之异也。今子有五石之瓠，何不虑以为大樽，而浮乎江湖，而忧其瓠落无所容，则夫子犹有蓬之心也夫？"

</p>
<p>

惠子谓庄子曰："吾有大树，人谓之樗。其大本拥肿而不中绳墨，其小枝卷曲而不中规矩，立之涂，匠人不顾。今子之言大而无用，众所同去也。"庄子曰："子独不见狸狌乎？卑身而伏，以候敖者；东西跳梁，不辟高下，中于机辟，死于网罟。今夫斄牛，其大若垂天之云，此能为大矣，而不能执鼠。今子有大树，患其无用，何不树之于无何有之乡，广莫之野，彷徨乎无为其侧，逍遥乎寝卧其下，不夭斤斧，物无害者，无所可用，安所困苦哉！"

</p>
</body>
</html>

在 IE11.0 中，浏览效果如图 3-1 所示。

3.1.2 控制换行

在编辑 HTML 文档时，任何回车换行在代码中都不能起到换行的作用，换行要使用
标记，它的作用与普通文档里插入回车符意义相同，都表示强制性的换行。
标记是一个空标记，在需要换行的位置，只需要添加
即可。一个
表示一个换行，多个
表示多个换行。

尽管两个
标记看起来效果和使用<p>标记类似，但是从 HTML 文档的结构上来看，在段落间用两个
标记表示换行，并不是描述文档结构的行为。从严格意义上讲，不应该使用
标记来控制文本的位置，而应该在段落等块级元素(关于块级元素在后续章节介绍)内部使用它。

【例3-2】换行应用(3-2.html)，效果如图3-2所示。

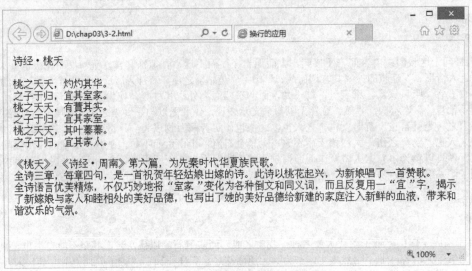

图3-2 换行应用后页面浏览效果

本例在诗文部分采用
标记换行，它通常用于段落等块级元素内部的强制换行。

代码如下：

```
<!DOCTYPE html>
<html>
<head>
<title>换行的应用</title>
</head>
<body>
<p>
诗经•桃夭<br />
<br />
桃之夭夭，灼灼其华。<br />
之子于归，宜其室家。<br />
桃之夭夭，有蕡其实。<br />
之子于归，宜其家室。<br />
桃之夭夭，其叶蓁蓁。<br />
之子于归，宜其家人。
</p>
<p>
《桃夭》，《诗经•周南》第六篇，为先秦时代华夏族民歌。<br />
全诗三章，每章四句，是一首祝贺年轻姑娘出嫁的诗。此诗以桃花起兴，为新娘唱了一首赞歌。<br />
全诗语言优美精炼，不仅巧妙地将"室家"变化为各种倒文和同义词，而且反复用一"宜"字，揭示了新嫁娘与家人和睦相处的美好品德，也写出了她的美好品德给新建的家庭注入新鲜的血液，带来和谐欢乐的气氛。
</p>
```

```
</body>
</html>
```

在 IE11.0 中浏览，效果如图 3-2 所示。

3.1.3 预先格式化<pre>

在编辑 HTML 文档时，有时希望文本在浏览器中的显示效果和写在 HTML 文档中的格式保持一致，这就要使用到<pre>标记。pre 是 preformat(预格式化)的简写，使用<pre></pre>标记对对网页中文字进行预先格式化设置后，被包围在<pre>元素中的文本通常会保留空格和换行符，而文本一般会呈现为等宽字体。

【例 3-3】使用预先格式化(3-3.html)，效果如图 3-3 所示。

图 3-3　使用预先格式化后页面浏览效果

本例的文本造型以输入的形式显示出来，保留了所有的空格和换行效果，这种情况使用<pre>标记能够轻松做到。

代码如下：

```
<!DOCTYPE html>
<html>
<head>
<title>预先格式化</title>
</head>
<body>
<pre>
            《春江花月夜》
        春江潮水连海平，海上明月共潮生。
```

　　　　　滟滟随波千万里，何处春江无月明。
　　　　　江流宛转绕芳甸，月照花林皆似霰。
　　　　　空里流霜不觉飞，汀上白沙看不见。
　　　　　江天一色无纤尘，皎皎空中孤月轮。
　　　　　江畔何人初见月，江月何年初照人？
　　　　　人生代代无穷已，江月年年只相似。
　　　　　不知江月待何人，但见长江送流水。
　　　　　白云一片去悠悠，青枫浦上不胜愁。
　　　　　谁家今夜扁舟子，何处相思明月楼？
　　　　　可怜楼上月徘徊，应照离人妆镜台。
　　　　　　玉户帘中卷不去，捣衣砧上拂还来。
　　　　　此时相望不相闻，愿逐月华流照君。
　　　　　鸿雁长飞光不度，鱼龙潜跃水成文。
　　　　　昨夜闲潭梦落花，可怜春半不还家。
　　　　　江水流春去欲尽，江潭落月复西斜。
　　　　　斜月沉沉藏海雾，碣石潇湘无限路。
　　　　　不知乘月几人归，落月摇情满江树。
　　　</pre>
　　</body>
</html>
```

在IE11.0中浏览，效果如图3-3所示。

> **提示**
> 在文字排版中，并不建议使用<pre>标记。首先，<pre>标记通常以等宽字体显示文本，如Courier字体，这使文本看起来有种类似于打字机打印的效果，虽然这可能非常适用于程序代码的显示，但过多使用就会很不美观。其次，<pre>标记并不保证按照设想的方式输出，例如不同的浏览器可能会将一个Tab键解释为不同数量的空格字。

## 3.1.4 水平线<hr>

在制作网页时，经常会使用到水平分割线来装饰网页效果或分隔内容。<hr>标记用于在网页中创建一条横线，与<br>标记一样，它是一个空标记。在HTML4中，允许对水平线的宽度、颜色、粗细、对齐方式、阴影等属性进行设置；而HTML5不再支持这些属性，水平线的样式可以通过CSS进行设置，而且即使不使用<hr>标记，也可以使用HTML某些元素和CSS样式设置，制作出各式各样的水平线效果。

【例3-4】使用水平线(3-4.html)，效果如图3-4所示。
本例三部分文本之间，通过水平线进行分隔，使页面更清晰明了。
代码如下：

```
<!DOCTYPE html>
<html>
<head>
<title>水平线</title>
</head>
```
```

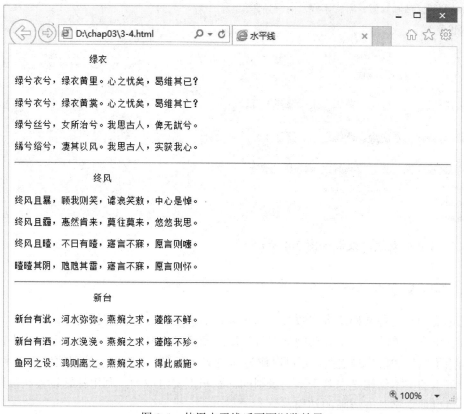

图 3-4 使用水平线后页面浏览效果

```
<body>
<pre>
            绿衣

绿兮衣兮，绿衣黄里。心之忧矣，曷维其已？

绿兮衣兮，绿衣黄裳。心之忧矣，曷维其亡？

绿兮丝兮，女所治兮。我思古人，俾无訧兮。

絺兮绤兮，凄其以风。我思古人，实获我心。
</pre>
<hr />
<pre>
            终风

终风且暴，顾我则笑，谑浪笑敖，中心是悼。

终风且霾，惠然肯来，莫往莫来，悠悠我思。

终风且曀，不日有曀，寤言不寐，愿言则嚏。
```

```
        暗暗其阴，虺虺其雷，寤言不寐，愿言则怀。
</pre>
<hr />
<pre>
                    新台

新台有泚，河水弥弥。燕婉之求，蘧篨不鲜。

新台有洒，河水浼浼。燕婉之求，蘧篨不殄。

鱼网之设，鸿则离之。燕婉之求，得此戚施。
</pre>
</body>
</html>
```

在 IE11.0 中浏览，效果如图 3-4 所示。

3.1.5 标题文字<h1>～<h6>

无论要创建何种文档，大多数文档都有某种形式的标题：新闻使用头条标题，表单的标题告诉用户表单的用途，表格的标题告诉用户表格的内容。在较长的文字段落中，文字的结构除了以行和段出现之外，还可以作为标题文字存在，类似于字处理软件中文字版式。通常最基本的文本结构是由若干不同级别的标题和正文组成的，利用标题设置次级标题的方式，可以使文字具有清晰的结构。

HTML 文档包含 6 级标题<h1>～<h6>，<h1>定义最大的标题，<h2>～<h6>字号依次减小，<h6>定义最小的标题。当然，标题文字的大小和样式也可以由 CSS 样式来定义。

【例 3-5】使用标题元素(3-5.html)，效果如图 3-5 所示。

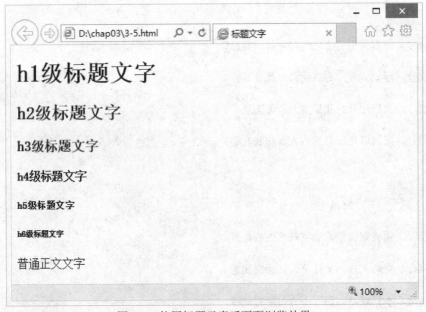

图 3-5　使用标题元素后页面浏览效果

本例简单应用了<h1>~<h6>的 6 级标题文本，并与默认样式的普通文本做出对比。
代码如下：

```
<!DOCTYPE html>
<html>
<head>
<title>标题文字</title>
</head>
<body>
<h1>h1 级标题文字</h1>
<h2>h2 级标题文字</h2>
<h3>h3 级标题文字</h3>
<h4>h4 级标题文字</h4>
<h5>h5 级标题文字</h5>
<h6>h6 级标题文字</h6>
<p>普通正文文字</p>
</body>
</html>
```

在 IE11.0 中浏览，效果如图 3-5 所示。

3.2 描述文本的语义化、结构化元素

一些文本需要从语义和视觉上呈现出来，这就需要将文本结构化，简单地说就是在进行文本编辑时需要对某些文本进行必要的强调，或者标记此文本需要在 CSS 中进行样式设置进行强调。

3.2.1 强调文本<b>/<i>/<em>/<strong>

<b>、<i>、<em>和<strong>元素都有强调文本的作用，一般<b>和<strong>元素表现为粗体，<i>和<em>元素表现为斜体。

1. <b>元素

<b>标记原本的含义是加粗，现在表示"文体突出"文字，通俗地讲就是在普通段落文字中突出不安分的文字，并把这部分文本呈现为粗体文本。在 HTML4 中，我们的理解是使用 CSS 制作粗体文本，在 HTML5 中，仍然可以这么理解，不过我们应该使用<b>标记定义文本中需要强调的部分。

其基本语法格式如下：

```
<b>重要的文本</b>
```

2. <i>元素

<i>标记原本只是倾斜，现在用来体现与文本中其余部分不同的部分(例如外语、科技

术语或是用于排版的斜体文字)，并把这部分文本呈现为斜体文本。在 HTML4 中，我们理解的是应该使用 CSS 制作斜体文本，在 HTML5 中，情况没有改变，但应该使用<i>元素把部分文本定义为某种类型，而不只是利用它在布局中所呈现的样式。

其基本语法格式如下：

<i>不同的文本</i>

<b>和<i>是文字样式元素，曾经没有任何语义，就是用来控制文字的长相，因此又称为表象元素，是一度不推荐使用的标记。在 HTML5 中，<b>和<i>元素有了语义，用于强调某些文本的重要性，或者为以后 CSS 样式设置提供建议。

3. <em>元素

<em>元素在 HTML4 和 HTML5 中都表示 emphasized text，即"强调的文本"，也有说法认为在 HTML5 中<em>表示有压力的强调，意义基本一致。

其基本语法格式如下：

<em>强调的文本</em>

4. <strong>元素

<strong>元素在 HTML4 中表示 strong emphasized text，即"更强调的文本"，在 HTML5 中其含义变成了 important text，即"重要的文本"。

其基本语法格式如下：

<strong>重要的文本</strong>

【例 3-6】使用强调文本(3-6.html)，效果如图 3-6 所示。

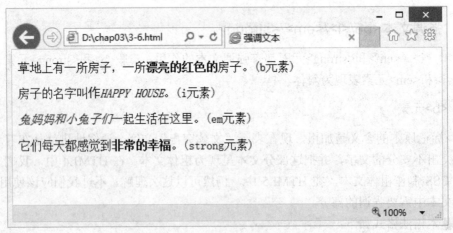

图 3-6 使用强调文本后页面浏览效果

本例分别使用了<b>元素、<i>元素、<em>元素和<后 strong>元素。从视觉效果上<b>元素和<strong>元素表现出粗体，<i>元素和<em>元素表现为斜体；从含义上，四者均存在一定的差异，当然其含义更重要的是将来在使用 CSS 样式控制时给出的建议。

代码如下:

```
<!DOCTYPE html>
<html>
<head>
<title>强调文本</title>
</head>
<body>
<p>草地上有一所房子,一所<b>漂亮的红色的</b>房子。(<b>元素)</p>
<p>房子的名字叫作<i>HAPPY HOUSE</i>。(<i>元素)</p>
<p><em>兔妈妈和小兔子们</em>一起生活在这里。(<em>元素)</p>
<p>它们每天都感觉到<strong>非常的幸福</strong>。(<strong>元素)</p>
</body>
</html>
```

在 IE11.0 中浏览,效果如图 3-6 所示。

3.2.2 作品标题<cite>

<cite>标记用来定义作品(比如书籍、歌曲、电影、电视节目、绘画、雕塑等)的标题。

【例 3-7】使用<cite>元素(3-7.html),效果如图 3-7 所示。

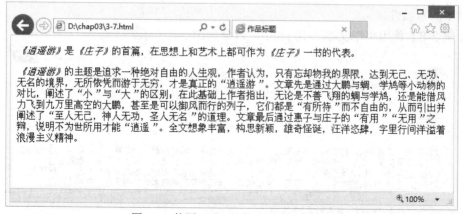

图 3-7 使用<cite>元素后网页浏览效果

本例中涉及的标题文字《逍遥游》和《庄子》都用<cite>标记控制,从视觉效果上表现为斜体样式。

代码如下:

```
<!DOCTYPE html>
<html>
<head>
<title>作品标题</title>
</head>
<body>
<p>
<cite>《逍遥游》</cite>是<cite>《庄子》</cite>的首篇,在思想上和艺术上都可作为<cite>《庄子》
```

```
</cite>一书的代表。
    </p>
    <p>
    <cite>《逍遥游》</cite>的主题是追求一种绝对自由的人生观，作者认为，只有忘却物我的界限，达到无己、无功、无名的境界，无所依凭而游于无穷，才是真正的"逍遥游"。文章先是通过大鹏与蜩、学鸠等小动物的对比，阐述了"小"与"大"的区别；在此基础上作者指出，无论是不善飞翔的蜩与学鸠，还是能借风力飞到九万里高空的大鹏，甚至是可以御风而行的列子，它们都是"有所待"而不自由的，从而引出并阐述了"至人无己，神人无功，圣人无名"的道理。文章最后通过惠子与庄子的"有用""无用"之辩，说明不为世所用才能"逍遥"。全文想象丰富，构思新颖，雄奇怪诞，汪洋恣肆，字里行间洋溢着浪漫主义精神。
    </p>
</body>
</html>
```

在 IE11.0 中浏览，效果如图 3-7 所示。

3.2.3 小型文本<small>

<small>标记将旁注呈现为小型文本。免责声明、注意事项、法律限制或版权声明等通常都使用小型文本，小型文本有时也用于新闻来源、许可要求等。对于由<em>元素强调过的或由<strong>元素标记为重要的文本，<small>元素不会取消对文本的强调，也不会降低这些文本的重要性。

【例 3-8】使用小型文本(3-10.html)，效果如图 3-8 所示。

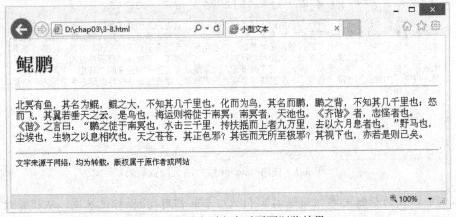

图 3-8　使用小型文本后页面浏览效果

本例中版权信息部分的文本"文字来源于网络，均为转载，版权属于原作者或网站"以小型文本显示。

代码如下：

```
<!DOCTYPE html>
<html>
<head>
<title>小型文本</title>
</head>
```

```
<body>
<h1>鲲鹏</h1>
<hr />
<p>
北冥有鱼，其名为鲲，鲲之大，不知其几千里也。化而为鸟，其名而鹏，鹏之背，不知其几千里也；怒而飞，其翼若垂天之云。是鸟也，海运则将徙于南冥；南冥者，天池也。《齐谐》者，志怪者也。《谐》之言曰："鹏之徙于南冥也，水击三千里，抟扶摇而上者九万里，去以六月息者也。"野马也，尘埃也，生物之以息相吹也。天之苍苍，其正色邪？其远而无所至极邪？其视下也，亦若是则已矣。
</p>
<hr />
<small>文字来源于网络，均为转载，版权属于原作者或网站</small>
</body>
</html>
```

在 IE11.0 中浏览，效果如图 3-8 所示。

3.2.4 标记文本改变<ins>/<del>

<ins>标记定义文档中的插入文本，和<del>标记一起使用，描述对文档的更新和修正。<del>表示删除的文本，浏览器中通常以删除线文本显示；<ins>表示新添加的文本，浏览器中通常以下划线文本显示。

其基本语法如下：

```
<ins>插入的文本</ins>
<del>删除的文本</del>
```

接下来以唐朝著名的苦吟派诗人贾岛"推敲"的典故为例。

【例 3-9】文本增删(3-9.html)，效果如图 3-9 所示。

图 3-9 文本增删后页面浏览效果

本例以"推敲"的典故为基础，使用<ins>和<del>标记清晰地表现出了二者替换的过程。代码如下：

```
<!DOCTYPE html>
<html>
<head>
<title>标记文本修改</title>
```

```
</head>
<body>
<p>题李凝幽居</p>
<p>贾岛</p>
<p>闲居少邻并,草径入荒园。</p>
<p>鸟宿池边树,僧<del>敲</del><ins>推</ins>月下门。</p>
<p>过桥分野色,移石动云根。</p>
<p>暂去还来此,幽期不负言。</p>
</body>
</html>
```

在 IE11.0 中浏览,效果如图 3-9 所示。

3.2.5 文字上下标<sup>/<sub>

<sub>标记可定义下标文本,<sup>标记可定义上标文本。

其基本语法如下:

```
<sub>下标文本</sub>
<sup>上标文本</sup>
```

上标文本和下标文本在数学中使用比较广泛,比如方程的求解等都需要用到上下标文本。

【例 3-10】使用上下标(3-10.html),效果如图 3-10 所示。

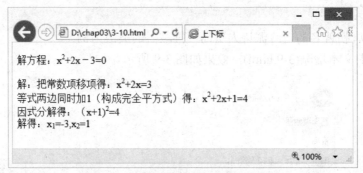

图 3-10 使用上下标后页面的浏览效果

本例描述一个一元二次方程的求解,二次方中的 2 需要以上标显示,解答结果里的数字 1 和 2 则以下标显示。

代码如下:

```
<!DOCTYPE html>
<html>
<head>
<title>上下标</title>
</head>
<body>
<p>
解方程:x<sup>2</sup>+2x-3=0
```

```
</p>
<p>
解：把常数项移项得：x<sup>2</sup>+2x=3            <br />
等式两边同时加 1(构成完全平方式)得：x<sup>2</sup>+2x+1=4       <br />
因式分解得：(x+1)<sup>2</sup>=4                   <br />
解得：x<sub>1</sub>=-3, x<sub>2</sub>=1
</p>
</body>
</html>
```

网页在 IE11.0 中显示效果如图 3-10 所示，注意其中的上下标数字。

3.2.6 旁注<ruby>/<rt>/<rp>

<ruby>、<rt>和<rp>是 HTML5 的新增标记。<ruby>标记定义需要被旁注的文本(文本的注音或解释)；<rt>标记定义文本的注音或解释，还包括可选的<rp>元素，定义当浏览器不支持<ruby>元素时显示的内容。

基本语法如下：

```
<ruby>
        文本<rt>文本的注音或解释</rt>
</ruby>
```

或者

```
<ruby>
        文本<rt><rp>(</rp>文本的注音或解释<rp>)</rp></rt>
</ruby>
```

【例 3-11】使用注音(3-11.html)，效果如图 3-11 所示。

图 3-11 使用注音后页面浏览效果

本例中采用两种方式对中文"睚眦"进行注音。
代码如下：

```
<!DOCTYPE html>
<html>
<head>
```

```
<title>旁注</title>
</head>
<body>
<h1>龙生九子之睚眦</h1>
<ruby>
        睚眦<rt>yá zì</rt>
</ruby>
<br />
<ruby>
        睚眦<rt><rp>(</rp>yá zì<rp>)</rp></rt>
</ruby>
</body>
</html>
```

在 IE11.0 中浏览，效果如图 3-11 所示。

3.2.7 日期时间<time>

<time>标记是 HTML5 的新增标记，用来定义日期时间。

网页中经常会出现日期和时间信息，但过去一直没有标准的方式来标注，<time>标记的出现便是为了解决这个问题，其目的是让搜索引擎等其他程序可以更容易地提取日期时间信息。

基本语法如下：

<time datetime=" " pubdate=" ">元素内容</time>

语法说明如下：

➢ 属性 datetime 定义元素的日期和时间，如果没有定义该属性，则必须在元素内容中给出日期时间。
➢ 属性 pubdate 是一个逻辑值，指示<time>元素中的日期时间是否是文档(或 <article>元素)的发布时间。

【例 3-12】定义日期时间(3-12.html)，效果如图 3-12 所示。

图 3-12 使用日期时间后页面浏览效果

本例使用了各种形式的日期和时间，它们并不会有特殊的显示效果，其作用主要在于为搜索引擎等其他程序提供日期时间信息。

代码如下：

```
<!DOCTYPE html>
<html>
<head>
<title>日期时间</title>
</head>
<body>
<h1>天王小巨星全球巡回演唱会</h1>
<p>最近一场今天晚上<time>19:00</time>北京开唱。</p>
<p>上海站日期是<time datetime="2016-09-10">2016 年 9 月 10 日。</time></p>
<p>纽约站的时间是<time datetime="2016-10-15 19:00">2016 年 10 月 15 日晚上 7 点。</time></p>
<p>发表日期：<time pubdate>2016-08-18<time></p>
</body>
</html>
```

在 IE11.0 中浏览，效果如图 3-12 所示。

3.2.8 其他语义化、结构化元素

除了上述语义化、结构化的文本标记，还有如表 3-1 所示的大量标记，虽然并不反对使用它们，但是通过使用 CSS 可能取得更丰富的效果。在这里不再一一演示其效果，读者可自行查阅了解并使用。

表 3-1 其他语义化、结构化文本标记

标 记	作 用
\<dfn\>…\</dfn\>	定义一个定义项目
\<code\>…\</code\>	定义计算机代码文本
\<samp\>…\</samp\>	定义样本文本
\<kbd\>…\</kbd\>	定义键盘文本。它表示文本是从键盘上键入的。它经常用在与计算机相关的文档或手册中
\<var\>…\</var\>	定义变量
\<blockquote\>…\</blockquote\>	定义摘自另一个源的块引用
\<q\>…\</q\>	定义一个短的引用
\<address\>…\</address\>	定义文档作者或拥有者的联系信息
\<abbr\>…\</abbr\>	定义缩写形式
\<mark\>…\</mark\>	定义带有记号的文本
\<m\>…\</m\>	定义突出显示的文本

3.3 块级元素与行内元素

到目前为止，我们已经见过了很多的 HTML 元素，现在必须考虑一下在文档\<body\>

部分出现的元素,它们可以被分为块级(block-lever)元素和行内(inline)元素。

块级元素在浏览器中显示时,就好像在它的首尾都有一个换行符。例如<p>、<h1>～<h6>、<pre>、<address>、<header>、<nav>和<footer>等都是块级元素,它们都在新的一行开始显示内容,并且这些元素之后的内容也会另起一个新行。

行内元素可以出现在某一行句子中而不必新起一行,例如<b>、<i>、<em>、<strong>、<sup>、<sub>、<small>、<ins>、<del>和<cite>等都是行内元素。

【例3-13】使用块级元素和行内元素(3-13.html),效果如图3-13所示。

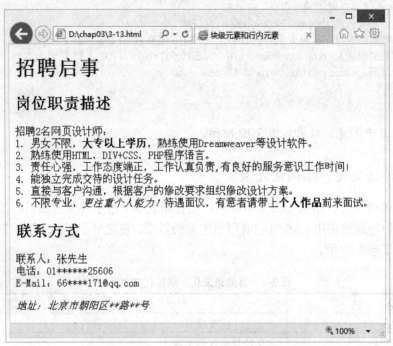

图3-13　块级元素与行内元素的页面浏览效果

本例中<header>、<h1>、<h2>、<p>和<address>是块级元素,其前后都有换行;而<b>、<i>和<strong>(行内粗体、斜体显示的文本)是行内元素,并没有另起一行放置。

代码如下:

```
<!DOCTYPE html>
<html>
<head>
<title>块级元素和行内元素</title>
</head>
<body>
<header>
    <h1>招聘启事</h1>
</header>
<h2>岗位职责描述</h2>
<p>
    招聘2名网页设计师：<br/>
    1. 男女不限，<b>大专以上学历</b>，熟练使用Dreamweaver等设计软件。<br />
```

```
        2. 熟练使用 HTML、DIV+CSS、PHP 程序语言。<br />
        3. 责任心强，工作态度端正，工作认真负责，有良好的服务意识！<br />
        4. 能独立完成交待的设计任务。<br />
        5. 直接与客户沟通,根据客户的修改要求组织修改设计方案； <br />
        6. 不限专业，<i>更注重个人能力！</i>待遇面议，有意者请带上<strong>个人作品</strong>前
来面试。
    </p>
    <h2>联系方式</h2>
    <p>
        联系人：张先生 <br />
        电话：01******25606 <br />
        E-Mail：66****171@qq.com <br />
        <address>地址：北京市朝阳区**路**号</address>
    </p>
    </body>
    </html>
```

在 IE11.0 中浏览，效果如图 3-13 所示。

> **提示**
> 从严格意义上讲，行内元素不可以包含块级元素，并且只能处于块级元素内；而块级元素则可以包含块级元素，也可以包含行内元素。

3.4 无语义的容器元素

语义即意义，HTML5 的语义元素能够为浏览器和开发者清楚地描述其意义，HTML5 中大部分标记都是语义元素，例如前文出现的<body>、<header>、<b>、<small>和<p>等。本节主要介绍两个无语义元素——<span>和<div>，两者(特别是<div>)是排版布局很常用的容器类元素。

3.4.1 <div>元素

<div>元素是块级元素，它是可用于组合其他 HTML 元素的容器，也就是说<div>标记是一个区块容器标记，用于容纳通用的内容部分，即<div>与</div>之间相当于一个容器，可以容纳段落、标题、表格、图片等各种 HTML 元素。

<div>元素没有特定的含义，如果与 CSS 一同使用，<div>元素可用于对大的内容块设置样式属性。<div>元素最常见的用途是网页布局，DIV+CSS 布局方法取代了使用表格定义布局的老式方法。目前，表格<table>元素的作用是显示表格化的数据，详情见本书后续章节。

在 HTML5 中<header>等结构化元素出现之前，最常用的组容器就是<div>元素，它代表一个通用的内容块，结合 CSS 对文档赋予结构。即使在 HTML5 中，它的这个功用依然被大家广泛认可。

【例 3-14】使用<div>分块(3-14.html)，效果如图 3-14 和图 3-15 所示。

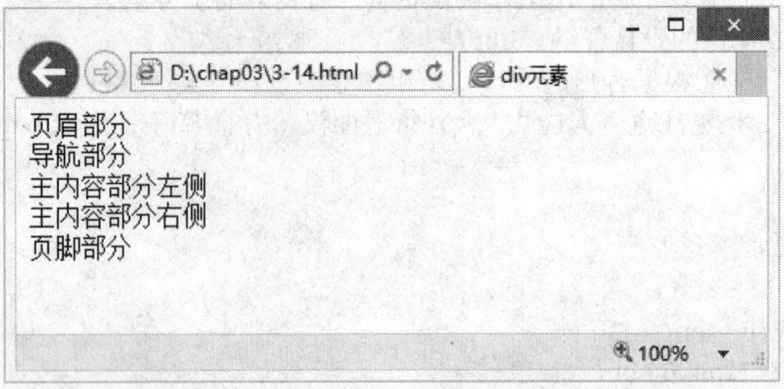

图 3-14　使用<div>元素后页面浏览效果

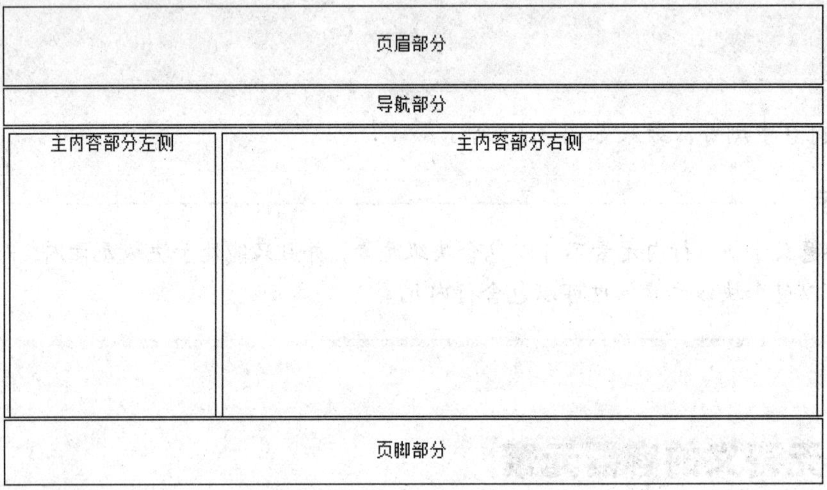

图 3-15　使用 CSS 对上述<div>元素进行样式控制后可能得到的页面浏览效果

本例使用<div>元素对内容进行分块，在 IE11.0 中显示效果如图 3-14 所示。目前看来<div>除了换行没有任何固有样式，而配合 CSS 就能得到各种不同的样式。图 3-15 就是对其添加 CSS 后得到的可能样式之一，这里暂时不给出其代码。

图 3-15 所示只是一种非常基本的样式，CSS 还可对<div>元素的颜色、边框等修饰，留作本书 CSS 部分学习。

代码如下(CSS 代码暂时不给出)：

```
<!DOCTYPE html>
<html>
<head>
<title>div 元素</title>
</head>
<body>
<div>页眉部分</div>
<div>导航部分</div>
<div>
    <div>主内容部分左侧</div>
    <div>主内容部分右侧</div>
```

```
        </div>
        <div>页脚部分</div>
    </body>
</html>
```

3.4.2 <span>元素

<span>元素是一个行内元素，它是<div>元素的一位表亲，同样是一个没有语义的通用元素，主要用于组织行内元素。就其本身而言，<span>元素对文档的视觉效果没有任何影响，但在使用 CSS 附加特定样式时尤其有用。

【例 3-15】<span>元素应用(3-15.html)，效果如图 3-16 和图 3-17 所示。

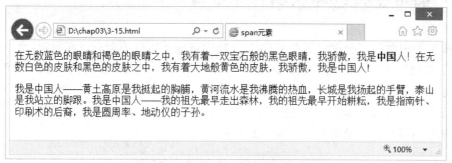

图 3-16 <span>元素应用后页面浏览效果

图 3-17 CSS 修饰 span 元素后可能的浏览效果

从图 3-16 可以看出，两处<span>元素没有任何视觉效果，但如果配合 CSS 可以对<span>元素定义的内容进行各种样式设置，图 3-17 就是其可能的样式之一，在此不给出 CSS 代码，留作后续章节学习。

代码如下(CSS 代码暂时不给出)：

```
<!DOCTYPE html>
<html>
<head>
<title>span 元素</title>
</head>
<body>
<p>
在无数蓝色的眼睛和褐色的眼睛之中，我有着一双宝石般的黑色眼睛，<span>我骄傲，我是<strong>
```

中国</strong>人！</span>在无数白色的皮肤和黑色的皮肤之中，我有着大地般黄色的皮肤，我骄傲，我是中国人！
　　</p>
　　<p>
　　<span>我</span>是中国人——黄土高原是我挺起的胸脯，黄河流水是我沸腾的热血，长城是我扬起的手臂，泰山是我站立的脚跟。
　　</p>
　　</body>
　　</html>

3.5 使用字符实体表示特殊字符

　　大多数字母数字字符都可以在 HTML 文档中直接使用而不会有任何问题，然而，有一些字符在 HTML 中具有特殊含义。例如，我们不能直接在 HTML 文档中使用尖括号，因为浏览器很可能会错误地将其理解为 HTML 标记。这时，就需要使用一组不同的字符代替这些特殊字符，这就是字符实体(也叫转义字符)。

　　部分常用特殊字符及其代码如表 3-2 所示。

表 3-2　部分常用特殊字符及其代码

字　　符	字符实体	说　　　明
©	&copy;	版权符号
®	&reg;	注册商标
™	&trade;	商标(美国)
<	&lt;	左尖括号
>	&gt;	右尖括号
&	&amp;	&符号
空格		表示一个英文空格的位置，在需要添加多个空格时常用

　　【例 3-16】添加特殊符号(3-16.html)，效果如图 3-18 所示。

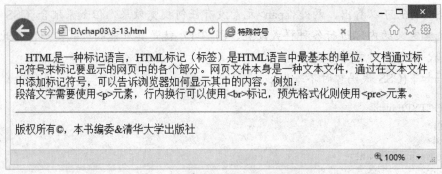

图 3-18　添加特殊字符后页面浏览效果

　　本例中添加了空格、版权符号、&符号等特殊符号，这些特殊符号都需要使用字符实体来实现。

代码如下：

```
<!DOCTYPE html>
<html>
<head>
<title>特殊符号</title>
</head>
<body>
<p>
    HTML 是一种标记语言，HTML 标记(标签)是 HTML 语言中最基本的单位，文档通过标记符号来标记要显示的网页中的各个部分。网页文件本身是一种文本文件，通过在文本文件中添加标记符号，可以告诉浏览器如何显示其中的内容。例如：<br />
段落文字需要使用&lt;p&gt;元素，行内换行可以使用&lt;br&gt;标记，预先格式化则使用&lt;pre&gt;元素。
<hr />
<p>版权所有&copy，本书编委&amp;清华大学出版社</p>
</p>
</body>
</html>
```

在 IE11.0 中浏览，效果如图 3-18 所示。

3.6 添加注释

为了增加代码的可读性，需要对代码进行必要的注释。注释内容不会被浏览器显示出来，它有助于编写者更好地理解、检查和维护文件，从而提高工作效率。

HTML 注释的基本形式如下：

```
<!--
注释内容
...
-->
```

【例 3-17】使用注释(3-17.html)，效果如图 3-19 所示。

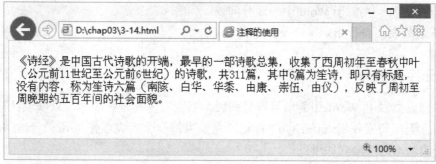

图 3-19 添加注释后页面浏览效果

本例添加的注释文字"以下内容是关于诗经的"在浏览器中并不会被显示出来。注释文字的重要作用是供程序员参考使用，特别是大型、多人开发的网站源码。如果没有注释，程序员读他人的代码会非常吃力，甚至自己都很难读懂自己写的程序。

代码如下：

```
<!DOCTYPE html>
<html>
<head>
<title>注释的使用</title>
</head>
<body>
<!--以下内容是关于诗经的-->
<p>
《诗经》是中国古代诗歌的开端，最早的一部诗歌总集，收集了西周初年至春秋中叶(公元前 11 世纪至公元前 6 世纪)的诗歌，共 311 篇，其中 6 篇为笙诗，即只有标题，没有内容，称为笙诗六篇(南陔、白华、华黍、由康、崇伍、由仪)，反映了周初至周晚期约五百年间的社会面貌。
</p>
</body>
</html>
```

在 IE11.0 中浏览，效果如图 3-19 所示。

> **提示**
> 在代码中添加注释是一种良好的习惯，特别是在复杂的文档中，使用注释为文档添加分区描述等信息，有助于他人和自己理解代码。

3.7 列　表

在进行文字排版时，经常需要用到列表效果。列表可以有序地编排一些信息资源，使其结构化和条理化，以方便浏览者更加快捷地获取信息。

HTML 主要有 3 种列表形式。
- 无序列表：类似于 Word 中的项目符号列表。
- 有序列表：类似于 Word 中的编号列表。
- 描述列表：自行指定术语及其定义。

3.7.1　无序列表<ul>

无序列表类似于 Word 中的项目符号列表，列表项排列没有顺序，只以项目符号作为分项标识。无序列表使用<ul>...</ul>标记，需要为每一个列表项使用<li>...</li>标记对。无序列表的基本语法形式如下：

```
<ul>
    <li>列表项</li>
    <li>列表项</li>
    ...
</ul>
```

【例3-18】使用无序列表(3-18.html),效果如图3-20所示。

图3-20　使用无序列表后页面浏览效果

本例中描述虚拟现实带给我们什么的六条文本效果通过无序列表<ul>和列表项<li>来实现。

代码如下:

```
<!DOCTYPE html>
<html>
<head>
<title>无序列表</title>
</head>
<body>
<h2>虚拟现实带给我们什么?</h2>
<ul>
    <li>虚拟购物:量身打造的购物体验。</li>
    <li>虚拟度假:足不出户的走遍世界。</li>
    <li>虚拟社交:身临其境的3D社交环境。</li>
    <li>虚拟教育:随心所欲的主动式学习。</li>
    <li>虚拟医疗:更易上手的互动式医疗培训。</li>
    <li>虚拟战争:无需兴师动众的战争演习。</li>
</ul>
</body>
</html>
```

在IE11.0中浏览,效果如图3-20所示。

> **注意**
>
> 列表项标记<li>表示list item之意,应该永远关闭<li>元素,虽然有一些HTML文档省略了</li>标记,但那是不严谨的,是一种应该避免的不良习惯。

> **提示**
>
> 无序列表的项目符号可以进行改变,在 HTML4 中可以通过<type>属性来设置,但是不被赞成使用;在 HTML5 中,不再支持<type>属性,而把修改项目符号样式交给 CSS 来完成。

3.7.2 有序列表<ol>

有序列表类似于 Word 中的编号列表,列表项排列有顺序。有序列表使用标记<ol>…</ol>,其列表项仍然使用标记<li>…</li>。

有序列表的基本语法形式如下:

```
<ol>
    <li>列表项</li>
    <li>列表项</li>
    ...
</ol>
```

【例 3-19】使用有序列表(3-19.html),效果如图 3-21 所示。

图 3-21 使用有序列表后网页浏览效果

本例编号形式的列表使用有序列表来实现。

代码如下:

```
<!DOCTYPE html>
<html>
<head>
<title>有序列表</title>
</head>
<body>
<h2>网站建设流程</h2>
<ol>
    <li>网站需求分析</li>
    <li>网站规划</li>
    <li>组织站点结构</li>
    <li>设计和制作各级页面</li>
    <li>申请空间和域名</li>
```

```
        <li>测试和发布网站</li>
        <li>网站的推广与维护</li>
    </ol>
</body>
</html>
```

在 IE11.0 中浏览，效果如图 3-21 所示。

表 3-3 给出了<ol>元素的属性。

表 3-3 <ol>标记的属性

属性	值	描述
reversed	reversed	规定列表顺序为降序，HTML 新增属性
start	number	规定有序列表的起始值
type	1 A a I i	规定在列表中使用的标记类型。 1：数字 decimal(默认) A：大写字母 upper-alpha a：小写字母 lower-alpha I：大写罗马字母 upper-roman i：小写罗马字母 lower-roman

> **注意**
>
> 有序列表的项目符号可以进行改变，在 HTML4 中可以通过<type>属性来设置，但是不被赞成使用；在 HTML5 中，<ol>标记保留了<type>属性，但是依然建议将修改项目符号样式交给 CSS 来完成。

【例 3-20】使用有序列表的属性(3-20.html)，效果(浏览器 Firefox48.0 中)如图 3-22 所示。

图 3-22 使用有序列表属性的页面浏览效果

本例中有序列表的数字以倒序显示，可使用<ol>的属性 reversed 实现，该属性目前没有得到 IE 的支持。

从 3 开始显示列表数字可使用<ol>的属性 start 实现。

罗马字母列表项符号则使用<ol>的属性 type 实现，但不建议使用 type，应该使用 CSS 来实现同样的效果。

代码如下：

```html
<!DOCTYPE html>
<html>
<head>
<title>有序列表</title>
</head>
<body>
<h2>网站建设流程</h2>
<h3>数字倒序</h3>
<ol reversed="reversed">
    <li>网站需求分析</li>
    <li>网站规划</li>
    <li>组织站点结构</li>
    <li>设计和制作各级页面</li>
    <li>申请空间和域名</li>
    <li>测试和发布网站</li>
    <li>网站的推广与维护</li>
</ol>
<h3>大写罗马字母，且从 3 开始</h3>
<ol type="I" start="3">
    <li>网站需求分析</li>
    <li>网站规划</li>
    <li>组织站点结构</li>
    <li>设计和制作各级页面</li>
    <li>申请空间和域名</li>
    <li>测试和发布网站</li>
    <li>网站的推广与维护</li>
</ol>
</body>
</html>
```

在 Firefox48.0 中浏览(IE11.0 目前不支持 reversed 属性)，效果如图 3-22 所示。

3.7.3 描述列表<dl>/<dt>/<dd>

HTML5 规范定义<dl>的含义是"描述列表"，比"术语"和"定义"的范围要广泛一些，总之是对术语或定义的描述。它是一种在列表的各项前没有任何数字和符号的缩排列表。它的列表项是术语或定义，随后列表项的文字描述该术语或定义。

<dl>元素代表了一个描述列表，由 0 到多个"术语-描述"组构成，每一组都与一个或多个"术语"(<dt>元素的内容)以及一个或多个"描述"(<dd>元素的内容)相关。换句话描

述,创建描述列表应使用描述列表标记<dl>,<dt>标记定义列表项,<dd>标记用于描述列表中的项目。一个<dl>元素中有若干个<dt>,每一个<dt>元素对应若干个<dd>元素。

【例3-21】使用描述列表(3-21.html),效果如图3-23所示。

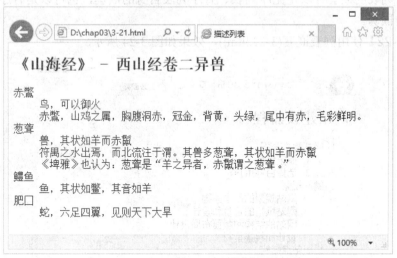

图3-23 使用描述列表后页面浏览效果

本例实现的是对"赤鷩""葱聋""鳢鱼"和"肥口"的定义或描述,适合使用描述列表完成。

代码如下:

```
<!DOCTYPE html>
<html>
<head>
<title>描述列表</title>
</head>
<body>
<h2>《山海经》 - 西山经卷二异兽</h2>
<dl>
    <dt>赤鷩</dt>
    <dd>鸟,可以御火</dd>
    <dd>赤鷩,山鸡之属,胸腹洞赤,冠金,背黄,头绿,尾中有赤,毛彩鲜明。</dd>
    <dt>葱聋</dt>
    <dd>兽,其状如羊而赤鬣</dd>
    <dd>符禺之水出焉,而北流注于渭。其兽多葱聋,其状如羊而赤鬣</dd>
    <dd>《埤雅》也认为:葱聋是"羊之异者,赤鬣谓之葱聋。"</dd>
    <dt>鳢鱼</dt>
    <dd>鱼,其状如鳖,其音如羊</dd>
    <dt>肥口</dt>
    <dd>蛇,六足四翼,见则天下大旱</dd>
</dl>
</body>
</html>
```

在IE11.0中浏览,效果如图3-23所示。

3.7.4 列表嵌套

在网页中,有时需要使用嵌套列表。嵌套列表的使用,可以使显示的内容更加直观、清晰明了。列表的嵌套可以是无序列表、有序列表自身的嵌套,也可以是有序列表和无序列表互相的嵌套。

【例 3-22】使用列表嵌套(3-22.html),效果如图 3-24 所示。

图 3-24　使用列表嵌套后页面浏览效果

本例实现了在有序列表中又嵌套使用有序列表和无序列表。

代码如下:

```
<!DOCTYPE html>
<html>
<head>
<title>列表嵌套</title>
</head>
<body>
<h2>网站建设流程</h2>
<ol>
    <li>网站需求分析</li>
    <ol>
        <li>确定目标</li>
        <li>选择目标用户</li>
    </ol>
    <li>网站规划</li>
    <ul>
        <li>网站规划的基本原则</li>
```

```html
                <li>网站风格的定位和设计</li>
                <li>网站的结构和版面布局设计</li>
                <li>设计和搜集素材</li>
            </ul>
        <li>组织站点结构</li>
        <li>设计和制作各级页面</li>
        <li>申请空间和域名</li>
        <li>测试和发布网站</li>
        <li>网站的推广与维护</li>
            <ul>
                <li>网站的推广</li>
                <li>数据库维护</li>
                <li>内容的更新、调整</li>
                <li>网站安全维护</li>
            </ul>
    </ol>
    </body>
</html>
```

在 IE11.0 中浏览，效果如图 3-24 所示。

3.8 综合实例——简单文字网页

【例 3-23】实现简单文字网页(3-23.html)，效果如图 3-25 所示。

本例综合运用到了本章学习的标题、段落、列表、水平线、强调文本等文本相关的标记，实现了一个简单的文字网页的排版。

代码如下：

```html
<!DOCTYPE html>
<html>
<head>
<title>简单文字网页</title>
</head>
<body>
<!--页眉部分开始-->
<header>
    <h1>古诗词欣赏</h1>
</header>

<!--主内容部分开始-->
<hr />
<nav>
    <a href=" ">首页</a>
    <a href=" ">先秦</a>
    <a href=" ">两汉</a>
    <a href=" ">唐代</a>
    <a href=" ">明清</a>
</nav>
```

```
<hr />
<section>
    <h2>原文</h2>
```

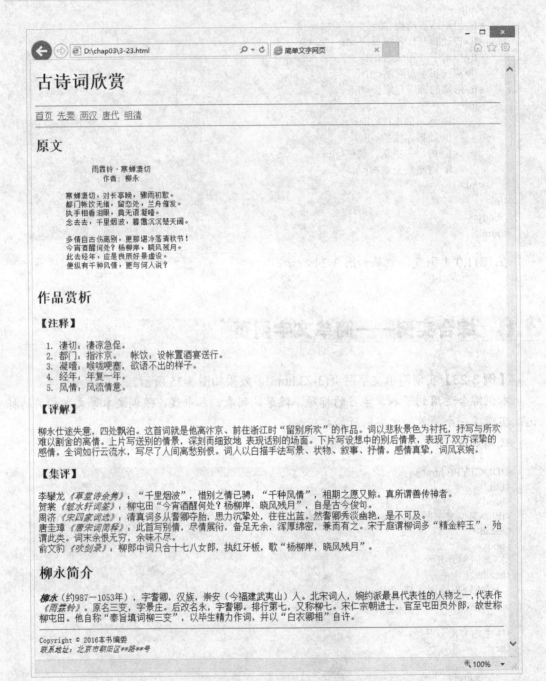

图 3-25　简单文字网页的浏览效果

```
<pre>
雨霖铃·寒蝉凄切
    作者: 柳永
```

```
            寒蝉凄切，对长亭晚，骤雨初歇。
            都门帐饮无绪，留恋处，兰舟催发。
            执手相看泪眼，竟无语凝噎。
            念去去，千里烟波，暮霭沉沉楚天阔。

            多情自古伤离别，更那堪冷落清秋节！
            今宵酒醒何处？杨柳岸，晓风残月。
            此去经年，应是良辰好景虚设。
            便纵有千种风情，更与何人说？
        </pre>
    </section>
    <section>
        <h2>作品赏析</h2>
        <h3>【注释】</h3>
        <ol>
            <li>凄切：凄凉急促。</li>
            <li>都门：指汴京。　帐饮：设帐置酒宴送行。</li>
            <li>凝噎：喉咙哽塞，欲语不出的样子。</li>
            <li>经年：年复一年。</li>
            <li>风情：风流情意。</li>
        </ol>
        <h3>【评解】</h3>
        <p>
            柳永仕途失意，四处飘泊。这首词就是他离汴京、前往浙江时"留别所欢"的作品。词以悲秋景色为衬托，抒写与所欢难以割舍的离情。上片写送别的情景，深刻而细致地表现话别的场面。下片写设想中的别后情景，表现了双方深挚的感情。全词如行云流水，写尽了人间离愁别恨。词人以白描手法写景、状物、叙事、抒情。感情真挚，词风哀婉。
        </p>
        <h3>【集评】</h3>
        <p>
            李攀龙<cite>《草堂诗余隽》</cite>："千里烟波"，惜别之情已骋；"千种风情"，相期之愿又赊。真所谓善传神者。<br />
            贺裳<cite>《皱水轩词筌》</cite>：柳屯田"今宵酒醒何处？杨柳岸，晓风残月"，自是古今俊句。<br />
            周济<cite>《宋四家词选》</cite>：清真词多从耆卿夺胎，思力沉挚处，往往出蓝。然耆卿秀淡幽艳，是不可及。<br />
            唐圭璋<cite>《唐宋词简释》</cite>：此首写别情，尽情展衍，备足无余，浑厚绵密，兼而有之。宋于庭谓柳词多"精金粹玉"，殆谓此类。词末余恨无穷，余味不尽。<br />
            俞文豹<cite>《吹剑录》</cite>：柳郎中词只合十七八女郎，执红牙板，歌"杨柳岸，晓风残月"。
        </p>
    </section>
    <section>
        <h2>柳永简介</h2>
        <b><i>柳永</i></b>(约<time>987</time>—<time>1053</time>年)，字耆卿，汉族，崇安(今福建武夷山)人。北宋词人，婉约派最具代表性的人物之一，代表作<cite>《雨霖铃》</cite>。原名三变，字景庄。后改名永，字耆卿。排行第七，又称柳七。宋仁宗朝进士，官至屯田员外郎，故世称柳屯田。他自称"奉旨填词柳三变"，以毕生精力作词，并以"白衣卿相"自许。
    </section>
    <hr />
```

```
<!--页脚部分开始-->
<footer>
    <small>Copyright &copy; 2016 本书编委</small>
    <small><address>联系地址：北京市朝阳区**路**号</address></small>
</footer>
</body>
</html>
```

在 IE11.0 中浏览，效果如图 3-25 所示。

3.9 习题

3.9.1 单选题

1. 下面选项中是段落标记的是(　　)。
   A. <pre>　　　　B. <hr>　　　　C.
　　　　D. <p>
2. 在描述文本的语义化元素中，从视觉效果上字体不是倾斜效果的标记是(　　)。
   A. <cite>　　　　B. <i>　　　　C. <del>　　　　D. <em>
3. 在 HTML 中添加注释的基本形式为(　　)。
   A. <注释内容>　　　　　　　　B. <-- 注释内容 -->
   C. //注释内容　　　　　　　　D. <!-- 注释内容 -->
4. 在网页元素设置中，以下(　　)是行内元素。
   A. <address>　　　B. <h1>　　　C. <div>　　　D. <i>
5. 以下对 HTML 注释的描述正确的是(　　)。
   A. 可以从浏览器中显示出来　　　B. 没有什么作用
   C. 能对代码做出一些解释　　　　D. 能为网页留出一些空白
6. HTML 文本显示状态代码中，表示(　　)。
   A. 文本加注下标　　　　　　　B. 文本加注上标
   C. 文本闪烁　　　　　　　　　D. 文本或图片居中
7. 在 HTML 中，为了显示图 3-26 所示的效果，下列代码中正确的是(　　)

<u>国破山河在，城春草木深。</u>
感时花溅泪，恨别鸟惊心

图 3-26　效果图

   A. <u>国破山河在，城春草木深。</u>
 <b>感时花溅泪，恨别鸟惊心。</b>
   B. <b>国破山河在，城春草木深。</b>
 <u>感时花溅泪，恨别鸟惊心。</u>
   C. <u>国破山河在，城春草木深。</u><u>感时花溅泪，恨别鸟惊心。</u>

D. <b>国破山河在，城春草木深。</b><u>感时花溅泪，恨别鸟惊心。</u>

8. 下面关于使用列表说法错误的是(　　)。

　　A. 列表是指把具有相似特征或者是具有先后顺序的几行文字进行对齐排列

　　B. 列表分为有序列表、无序列表和描述列表

　　C. 所谓有序列表，是指有明显的先后顺序的项目

　　D. 不可以创建嵌套列表

3.9.2 填空题

1. 换行的标记是_____。
2. 在网页中将项目有序或者无序罗列显示，需要建立和使用_____。
3. 要在 Web 页面中添加一个版权符号，应该使用_____命名字符实体。
4. 使用 HTML 语言，_____可以实现 x^2=9 的表达式。
5. 无论制作有序列表还是无序列表，都需要使用的列表项标记是_____。

3.9.3 判断题

1. 换行标记
也有结束标记</br>。　　　　　　　　　　　　　　　　　(　)
2. 在网页中显示特殊字符，如果要输入空格，可以使用 。　　　　　(　)
3. 在 HTML 中，标题字体标签<hn>中 n 的最大取值是 7。　　　　　　　(　)
4. <div>元素最常见的用途是文档布局，DIV+CSS 布局方法取代了使用表格定义布局的老式方法。　　　　　　　　　　　　　　　　　　　　　　　　　　　(　)
5. 行内元素在浏览器中显示时，就好像在它的首尾都有一个换行符。　　　(　)

3.9.4 简答题

1. 下面这行代码中的 HTML 标记并没有正确嵌套，请以正确的嵌套方式重新编写该行代码。

<p><strong><em>我是中国人！</p></em></strong>

2. 什么是块级元素，什么是行内元素？
3. 使用 HTML 代码给"饕餮"添加注音？
4. 简述什么是 HTML 中的语义元素？

第 4 章 HTML5中的图像、音频和视频

用户上网都希望快速地打开网页，早期由于硬件的制约、带宽小，网页上多媒体的元素不能太多太大，但随着硬件性能不断提高，使得网页使用多媒体元素的比重越来越高，绚丽多彩的图像、动听的音乐以及播客和视频比比皆是。在 HTML4 或之前的版本中，如果要为 Web 网页添加多媒体的唯一办法就是使用第三方的插件，插件的引用还存在页面安全的隐患。HTML5 中新增的元素改变了现有的局面，它提供了音频和视频的标准接口，在支持 HTML5 的浏览器中不需要安装任何插件就可以播放视频、动画和音频等多媒体元素。

本章学习目标

◎ 掌握文件路径。
◎ 掌握图像元素的使用方法。
◎ 掌握多媒体元素的常用属性及使用方法。

4.1 文件路径

文件路径就是文件在计算机中的位置。表示文件路径的方式有两种：相对路径和绝对路径。在网页设计中通过路径可以表示链接和插入图像、Flash、CSS 文件、声音、视频文件的位置。

4.1.1 绝对路径

绝对路径包含指向目录或文件的完整信息，包括模式、主机名和路径。绝对路径就像是完整的通信地址，包括国家、州、城市、邮政编码、街道和姓名。无论邮件来自哪里，邮局都能找到收件人。就路径来说，绝对路径本身与被引用文件的实际位置无关，无论是在哪个主机上的网页中，某一文件的绝对路径都是完全一样的。

例如：

```
"http://www.sina.com.cn/index.html"
"ftp://222.22.49.189"
"D:\mysite\index.html"
```

4.1.2 相对路径

相对路径是指由这个文件所在的路径引起的跟其他文件(或文件夹)的路径关系。相对路径常用的有以下四种形式，以图 4-1 所示文件结构为例分别进行讲解。

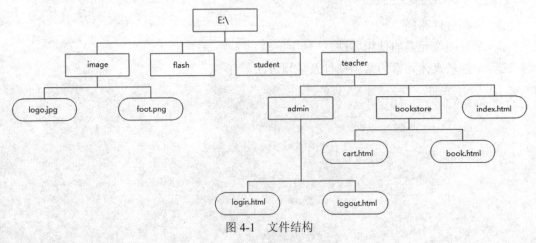

图 4-1 文件结构

1. 引用同一目录下的文件

如果目标文件与当前页面(也就是包含 URL 的页面)在同一个目录中，那么相对 URL 就只有文件名和扩展名。

如图 4-1 所示，文件夹 admin 中的文件 login.html 要访问 logout.html，相对路径为"logout.html"。

2．引用子目录下的文件

如果目标文件在当前目录的子目录中，那么这个文件的相对 URL 就是子目录名，接着是一个斜杠，然后是文件名和扩展名。

如图 4-1 所示，index.html 文件要访问 login.html 文件，相对路径为"admin/login.html"。

3．引用上层目录的文件

如果要引用文件层次结构中更上层目录中的文件，那么应该使用两个句点和一个斜杠，每个../都表示"到当前文件的上一层"，因此，../../会向上走两级，../../../会向上走三级。

如图 4-1 所示，login.html 文件要访问 book.html 文件，相对路径为"../bookstore/book.html"。

如图 4-1 所示，login.html 文件要访问 logo.jpg 文件，相对路径为"../../image/logo.jpg"。

4．根相对路径

根路径是从网站的最底层开始起，一般的网站的根目录就是域名下对应的文件夹。

如图 4-1 所示，cart.html 文件访问 foot.png，如果写成根路径为"/image/foot.png"。

相对路径的前三种属于文档相对路径，使用根相对路径和绝对路径的好处是表示路径比较简单，都是从网站的最开始目录里查找，一级一级地向下查。缺点是程序不容易移植，比如把网站作为另一个网站的一个栏目，移动到一个新的文件夹中就不行了。在实际应用中，网页路径一般使用文档相对路径和绝对路径中的外部文件(例如：http://news.sina.com.cn/gov/zt/xjpbdj/)。

4.2 在页面中插入图像<img>

从技术上讲，<img>标记并不会在网页中插入图像，而是从网页上链接图像。<img>标记创建的是被引用的各种格式的图像的占位空间。当浏览器读取到<img>元素时，就会显示此元素所设定的图像。

4.2.1 网页图像的格式

当前，Web 上应用最广泛的三种图像格式是 GIF、PNG 和 JPEG。

1．JPEG 格式

JPEG 格式是由一个软件开发联合会组织制定的一种有损压缩格式，能够将图像压缩在很小的储存空间，图像中重复或不重要的资料会丢失，因此容易造成图像数据的损伤，文件后辍名为.jpg 或.jpeg。图像的文件变小，下载速度就会变快，访问者就不必等待较长时间才能看到图像。不过，JPEG 是一种有损的格式，因此在将图像保存为 JPEG 时会丢失一部分原始信息，但通常有必要这样做，因为我们可以将图像质量的损失控制在用户不易觉察的范围内，却能显著改善图像的加载速度。

2. GIF 格式

GIF 是一种基于 LZW 算法的连续色调的无损压缩格式，其压缩率一般在 50%左右。GIF 文件不属于任何应用程序，几乎所有相关软件都支持，公共领域有大量的软件在使用 GIF 图像文件。

GIF 图像文件的数据是经过压缩的，而且是采用了可变长度等压缩算法。所以，GIF 的图像深度从 1bit 到 8bit，也即 GIF 最多支持 256 种色彩的图像。在一个 GIF 文件中可以存储多幅彩色图像，如果把存储于一个文件中的多幅图像数据逐幅读出并显示到屏幕上，就可构成一种最简单的动画。

3. PNG 格式

PNG 是无损的格式，因此采用这种格式对图像进行压缩时不会造成品质的损失。GIF 只有 256 种颜色，但 PNG 却支持几百万种颜色。与 JPEG 不同，PNG 和 GIF 均支持透明，它们更适用于保存非照片类的图像。通常，拥有大片纯色的图像，如标识、重复的图案、插图以及图像文字等，都适合使用这两种格式。可以使用 PNG 保存照片，但由于无损图像质量，文件尺寸会比 JPEG 大得多。因此，只有在压缩造成的质量损失不可忽略的情况下才使用 PNG 保存照片。

4.2.2 插入图像

使用<img>元素，就可以在 Web 页面轻松地添加图像。img 是 image 的缩写。<img>的常用属性有 src、alt、height、width 等。

1. 图像资源——src 属性

可以在网页中放置各种各样的图像，当访问者浏览网页时，根据在 HTML 文档中描述的图像路径，浏览器会自动加载，不过，图像加载时间跟访问者的网络连接强度、图像尺寸以及页面中包含的图像个数相关。在<img>元素中 src 属性是不能缺省的。

基本语法如下：

```
<img src="url" />
```

语法说明如下：src 属性的值是图像的 URL，指明网页中所要引用图像的位置，也就是指出引用图像文件的相对路径或绝对路径。

一般来说，在网页中资源的路径使用文档相对路径，以在网页中加入图像为例，就是指图像相对于网页文件的路径。

2. 图像替代文本——alt 属性

使用 alt 属性，可以为图像添加一段描述性文本，即当图像不能够正常显示或鼠标指向图片并暂停在图片上时会显示的替代文本。

基本语法如下：

```
<img src="url" alt="替代文本" />
```

语法说明如下：alt 属性的值就是要显示的替代文本。

3. 图像的宽高——width 和 height 属性

有时，加载网页会先看到文本，等一小段时间以后图像才开始加载，如果指定图像的尺寸，浏览器就可以预留空间，在图像加载的同时让文本显示在周围，保持布局的稳定。width 属性和 height 属性分别规定图像的宽度和高度。

基本语法如下：

```
<img src="url" width="像素|百分比" height="像素|百分比" />
```

语法说明如下：width 和 height 属性的值可以是像素或百分比，像素的形式可以是 100px 或仅仅是 100，百分比的形式为 50%。

【例 4-1】<img>图像的应用(4-1.html)，效果如图 4-2 所示。

图 4-2 <img>图像的应用浏览效果

本例是对<img>元素的使用，定义网页添加不同属性加载图片效果，四个图分别是图片不存在、图片尺寸不变、图片按照宽度等比例的变动高度和规定图片宽高度。

代码如下：

```
<!DOCTYPE html>
<html>
<head>
    <title>图像的应用</title>
</head>
<body>
    <h1>风景图片</h1>
    <img src="images/image6.jpg" alt="图片不存在"/>
    <img src="images/image2.jpg" alt="图片原始尺寸"/>
```

```
            <img src="images/image3.jpg" alt="规定宽度，高度自动等比例变化" width="300" />
            <img src="images/image4.jpg" alt="规定宽度和高度" width="300" height="305" />

    </body>
</html>
```

在 IE11.0 中浏览，效果如图 4-2 所示。

4.3 在网页中插入视频 <video>

在 HTML 中播放视频并不容易，为此 HTML5 中新增了<video>元素，<video>元素是用来处理视频元素。需要谙熟大量技巧，以确保提供的视频文件在大部分的浏览器中和硬件上都能够播放。

4.3.1 视频格式

HTML5 支持三种视频文件格式：MP4、WebM 和 Ogg。目前各种浏览器支持的视频格式不一致，表 4-1 列出了不同浏览器支持的视频格式。

表 4-1 各浏览器 HTML5 Video 支持的视频格式

浏览器	MP4(H.264)	WebM	Ogg Theora
Google Chrome 13+	√	√	√
Internet Explorer9+	√	×	×
Firefox5+	×	√	√
Opera11+	×	√	√
Safari5+	√	×	×

4.3.2 插入视频

通过 HTML5 新增加的<video>标记，可以快速地在网页中嵌入影片，只要使用的浏览器支持视频格式，不需要安装任何第三方插件。

基本语法如下：

```
<video src="url" controls="controls" autoplay="autoplay" width="百分比|像素" height="百分比|像素" preload="auto|meta|none" loop="loop">
浏览器不支持 video，会显示此部分内容
</video>
```

<video>元素的属性很多，表 4-2 中给出了常用属性。

表 4-2 <video>元素常用的属性及属性值

属 性	属 性 值	描 述
src	url	设置要播放视频的 URL(不能缺省)
autoplay	autoplay	设置网页中视频加载就绪后自动播放
controls	controls	添加浏览器为视频设置的默认控件
loop	loop	设置媒介文件循环播放
muted	muted	设置是否为静音
preload	preload	设置浏览器要加载的视频内容的多少,可以是以下三个值: • none 表示不加载任何视频; • meta 表示仅加载视频的元数据(如长度、尺寸等); • auto 表示让浏览器决定怎样做(这是默认的设置)。 如果引用了 autoplay 属性,则忽略该属性
poster	url	指定视频加载时要显示的图像(而不显示视频的第一帧),接受所需图像文件的 URL。如果引用了 autoplay 属性,则忽略该属性
width	像素或百分比	设置视频播放器的宽度
height	像素或百分比	设置视频播放器的高度

【例 4-2】使用<video>元素(4-2.html),效果如图 4-3 所示。

图 4-3 使用<video>元素浏览效果

本例是对<video>元素的应用,页面加载同一视频两次,每次设置的视频属性不同,显示的效果有所不一样。

代码如下：

```html
<!DOCTYPE html>
<html>
<head>
    <title>video 元素示例</title>
</head>
<body>
    <h1>请欣赏 video 元素应用示例</h1>
    <h2>自动播放并带控制条</h2>
    <video src="medias/video.mp4" autoplay="autoplay" controls="controls" width="350" >
    您的浏览器不支持 video 元素
    </video>
    <h2>不自动播放设置</h2>
    <video src="medias/video.mp4" controls="controls" width="350" preload="meta"
        poster="images/image2.jpg" >
    您的浏览器不支持 video 元素
    </video>
</body>
</html>
```

该例是使用<video>元素在网页中直接插入 MP4 格式的视频文件，在 IE11.0 中的浏览效果如图 4-3 所示。

4.4 在网页中插入音频<audio>

和<video>元素类似，HTML5 新增的<audio>元素用于加载音频文件。HTML5 规定了一种通过<audio>元素来包含音频的标准方法，解决了之前只能通过第三方控件显示音频文件的问题。

4.4.1 音频格式

音频目前主要有五种格式：MP3、Ogg Vorbis、WAV、MP4 和 AAC。虽然各种浏览器支持的音频格式各不相同，但是 MP3 格式在大部分的浏览器中都能够正常运行。表 4-3 列出了不同浏览器支持的音频格式。

表 4-3 各浏览器 HTML5 <audio>元素支持的音频格式

浏览器	MP3	WAV	AAC	MP4	Ogg Vorbis
Google Chrome	√	√	×	√	√
Internet Explorer9+	√	×	√	√	×
Firefox3.6+	√	√	×	×	√
Opera10.5+	×	√	×	×	√
Safari5+	√	√	√	√	×

4.4.2 插入音频格式

<audio>元素能够播放声音文件或音频流。<audio>元素的属性与<video>元素具有的属性大致相同，不过<audio>元素比<video>元素常用的属性少了四个，分别是：muted、width、height、poster。

基本语法如下：

```
<audio src="url" controls="controls" autoplay="autoplay" preload="auto|meida|none" loop="loop">
浏览器不支持 audio，会显示此部分内容
</audio>
```

<audio>元素的属性很多，表 4-4 给出了常用属性。

表 4-4 <audio>元素常用的属性及属性值

属　　性	属　性　值	描　　述
src	url	设置要播放音频的 URL(不能缺省)
autoplay	autoplay	设置网页中音频加载就绪后自动播放
controls	controls	添加浏览器为音频设置的默认控件
loop	loop	设置媒介文件循环播放
preload	preload	设置浏览器要加载的音频内容的多少，可以是以下三个值： • none 表示不加载任何音频； • metadata 表示仅加载音频的元数据； • auto 表示让浏览器决定怎样做(这是默认的设置)。 如果引用了 autoplay 属性，则忽略该属性

【例 4-3】使用<audio>元素(4-3.html)，效果如图 4-4 所示。

图 4-4 使用<audio>元素浏览效果

本例是对<audio>元素的应用，音频的图标会根据不同的浏览器默认支持的插件有所不同。

代码如下：

```
<!DOCTYPE html>
<html>
<head>
    <title>audio 元素示例</title>
```

```
        </head>
        <body>
            <h2>打开自动播放音频</h2>
            <audio src="medias/秋意浓.mp3" autoplay="autoplay" controls="controls" width="350" >
            您的浏览器不支持 audio 元素
            </audio>
        </body>
</html>
```

打开文件，音频文件会自动播放，在 IE11.0 中的浏览效果如图 4.4 所示。

4.5 使用多种来源的多媒体和备用文本 <source>

由于不同的浏览器对 HTML5 的支持各不相同，要获得所有兼容 HTML5 的浏览器的支持，至少需要提供两种格式以上的视频和音频。如何做到呢？这时就要用到 HTML5 的 <source> 元素了。通常，<source> 元素用于定义一个以上的媒体元素。

<source> 元素可以链接不同的媒体文件，例如视频文件和音频文件等。<source> 元素常用的属性如表 4-5 所示。<video> 或者 <audio> 元素中可以指定多个 <source> 元素，浏览器按 <source> 标记的顺序检测指定的视频是否能够播放(可能是视频格式不支持、视频不存在等)，如果不能播放，换下一个，此方法多用于兼容不同的浏览器。

表 4-5 <source> 元素常用的属性及属性值

属　　性	属 性 值	描　　述
src	url	设置要播放视频的 URL(不能缺省)
type	video/mp4、video/webm、video/ogg	用于指定视频的类型，帮助浏览器决定是否能播放该视频
media	media query	用于为视频来源指定 CSS3 媒体查询，从而可以为具有不同屏幕尺寸的设备指定不同的(如更小的)视频

例如：

```
<video width="369" height="208" controls="controls">
<source src="paddle-steamer.mp4" type="video/mp4">
<source src="paddle-steamer.webm" type="video/webm">
浏览器不支持 video 元素
</video>
```

4.6 插入多媒体文件 <embed>

期望绝大多数多媒体内容都可以通过 HTML5 中的 <audio> 和 <video> 元素进行处理。

但在某些情况下，必须包含一些不被<audio>和<video>元素支持的内容，此时应该使用<embed>元素进行处理。对于要求使用外部辅助应用程序或插件的多媒体内容，如 Adobe Flash，<embed>元素正好派上用场。

基本语法如下：

<embed src="url" width="像素" height="像素" type="类型"/>

<embed>标记包含表 4-6 列出的 4 个属性，以帮助浏览器正确地显示媒体文件。由于<embed>元素是一个空元素，因此无须使用结束标记。

表 4-6 <embed>元素的特性

属　　性	属 性 值	说　　明
src	URL	定义媒体内容的位置
type	MIME 类型	定义要嵌入的文件类型
width	像素	定义媒体内容的宽度
height	像素	定义媒体内容的高度

【例 4-4】使用<embed>加入 Flash 文件(4-4.html)，效果如图 4-5 所示。

图 4-5 使用<embed>元素浏览效果

本例是对<embed>元素的应用，如果浏览器有支持播放 Flash 的插件，就会正常显示。代码如下：

<!DOCTYPE html>
<html>
<head>
    <title>embed 元素示例</title>

```
        </head>
        <body>
            <h2>播放 flash 文件</h2>
            <embed src="medias/3vdesign.swf" width="350" />
        </body>
</html>
```

在 IE11.0 中浏览，效果如图 4-5 所示。

4.7 定义媒介分组和标题 \<figure>/\<figcaption>

\<figure>和\<figcaption>是两个经常在一起使用的语义化元素。\<figure>元素用来规定独立的流内容，表示网站制作页面上一块独立的内容，将其从网页上移除后不会对网页上的其他内容产生影响。\<figure>元素不仅仅只限于图片的使用，也适用于其他元素，例如代码块、视频、音频剪辑、广告。\<figcaption>元素代表\<figure>元素的一个标题或者说是其相关解释。

基本语法如下：

```
<figure>
<figcaption>标题</figcaption>
...
</figure>
```

可以在一个\<figure>中放置多张图片(如果这些图片在文档中存在上下文关系)，例如：

```
<figure>
    <img src="dog1.jpg" alt="Maltese Terrier"/>
    <img src="dog2.jpg" alt="Black Labrador"/>
    <img src="dog3.jpg" alt="Golden Retriever"/>
</figure>
```

并不是每一个\<figure>元素都需要一个\<figcaption>，但是在使用\<figcaption>时，它最好是\<figure>块的第一个或者最后一个元素。例如：

```
<figure>
    <figcaption>Three different breeds of dog.</figcaption>
    <img src="dog1.jpg" alt="Maltese Terrier"/>
    <img src="dog2.jpg" alt="Black Labrador"/>
    <img src="dog3.jpg" alt="Golden Retriever"/>
</figure>
```

【例 4-5】使用\<figure>元素(4-5.html)，效果如图 4-6 所示。

HTML5 中的图像、音频和视频

图 4-6 使用<figure>元素浏览效果

本例中使用<figure>和<figcaption>元素规划页面的内容,这些元素使用后,也为以后的 CSS 的设置提供了标记。

代码如下:

```
<!DOCTYPE html>
<html>
<head>
    <title>figure 示例</title>
</head>
<body>
<figure>
    <figcaption>风景图片</figcaption>
    <figure>
        <img src="images/image1.gif" alt="Gif 动画图片" />
        <figcaption>Gif 动画图片</figcaption>
    </figure>
    <figure>
        <img src="images/image5.jpg" alt="海边日落" />
        <figcaption>海边日落</figcaption>
    </figure>
</figure>
</body>
</html>
```

在 IE11.0 中浏览,效果如图 4-6 所示。

4.8 综合实例——多媒体页面的设计

多媒体网页设计是现代数码艺术中的一个重要的门类,网页的艺术设计日益被网站建设者所注重。一幅生动形象的图像所包含的信息量可能远远超过许多文字的描述,且给人的视觉印象会比文字强烈很多。动画、视频是网页设计元素中最生动、活跃的因素,能促进人与人之间的沟通与互动,使信息内容得到极大丰富,带给受众视听享受。

【例4-6】使用多媒体页面设计(4-6.html),效果如图4-7所示。

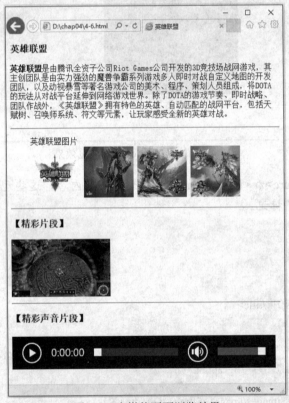

图4-7 多媒体页面浏览效果

1. 案例分析

案例中主要内容包含:在页面中加入图像,定义媒介分组和标题,加入 video 视频播放器,加入 audio 音乐播放器等。

(1) 加入一组图片,使用<img>元素,并用<figure>和<figcaption>元素分组和添加标题。

(2) 加入视频播放器,使用<video>元素。

(3) 加入音乐播放器,使用<audio>元素。

2. HTML 代码实现

本例中使用了多媒体常用的标记,页面呈现了图片、声音、视频。页面简单,没有布局。布局会在后面的章节再学习。

代码如下:

```
<!DOCTYPE html>
<html>
<head>
    <title>英雄联盟</title>
</head>
<body>
    <h3>英雄联盟</h3>
    <p>
        <b>英雄联盟</b>是由腾讯全资子公司 Riot Games 公司开发的 3D 竞技场战网游戏,其主创团队是由实力强劲的魔兽争霸系列游戏多人即时对战自定义地图的开发团队,以及动视暴雪等著名游戏公司的美术、程序、策划人员组成,将 DOTA 的玩法从对战平台延伸到网络游戏世界。除了 DOTA 的游戏节奏、即时战略、团队作战外,《英雄联盟》拥有特色的英雄、自动匹配的战网平台,包括天赋树、召唤师系统、符文等元素,让玩家感受全新的英雄对战。
    </p>
    <hr />
    <figure>
    <figcaption>英雄联盟图片</figcaption>
    <img src="images/00.jpg" alt="英雄联盟专题" width="100" height="100" />
    <img src="images/01.jpg" alt="英雄联盟专题" width="100" height="100" />
    <img src="images/02.jpg" alt="英雄联盟专题" width="100" height="100" />
    <img src="images/03.jpg" alt="英雄联盟专题" width="100" height="100" />
    </figure>
    <hr />
    <h3>【精彩片段】</h3>
    <video controls="controls" width="200">
        <source src="medias/LOL 英雄联盟.mp4" type="video/mp4" />
    </video>
    <hr />
    <h3>【精彩声音片段】</h3>
    <audio controls="controls">
        <source src="德玛西亚.mp3" controls="controls" autoplay="audio" width="300" />
    </audio>
</body>
</html>
```

3. 代码分析

(1) 在网页中加入剧照,并为一组图片添加图片说明,使用<figure>和<figcation>实现。

```
<figure>
    <figcaption>英雄联盟图片</figcaption>
    <img src="images/00.jpg" alt="英雄联盟专题"width="100"height="100" />
```

(2) 在页面中加入视频播放器,以正常显示视频,设置打开后不自动播放视频。

```
<video controls="controls" width="200">
    <source src="medias/LOL 英雄联盟.mp4"type="video/mp4" />
</video>
```

(3) 在页面中加入音乐播放器，正常显示音乐播放器的控制面板，当页面打开后自动播放音乐。

```
<audio controls="controls">
    <source src="德玛西亚.mp3"controls="controls" autoplay="audio" width="300" />
</audio>
```

4.9 习题

4.9.1 单选题

1. HTML 代码<img src="logo.gif">表示(　　)。
   A. 添加一个图像　　　　　　　　B. 排列对齐一个图像
   C. 设置图像的边框　　　　　　　D. 加入一条水平线
2. 以下关于绝对路径的说法，正确的是(　　)。
   A. 绝对路径是被链接文档的完整 URL，不包括使用的传输协议
   B. 使用绝对路径需要考虑源文件的位置
   C. 在绝对路径中，如果目标文件被移动，则链接同样可用
   D. 创建外部链接时，必须使用绝对路径
3. HTML5 不支持的视频格式是(　　)。
   A. Ogg　　　　B. MP4　　　　C. FLV　　　　D. WebM
4. 为图片添加简要说明文字的属性是(　　)。
   A. alt　　　　B. src　　　　C. word　　　　D. text
5. 在 HTML 中，可以定义<figure>元素的标题的是(　　)标记。
   A. <title>　　B. <caption>　　C. <legend>　　D. <figcaption>

4.9.2 填空题

1. 若当前网页的位置为 c:\my documents\my web\index.htm，链接页面的相对路径为 favorite.htm，则该链接页面的绝对路径为_____。
2. 网络上常用的图像格式有_____、_____和_____。
3. 在 HTML5 中，网页中嵌入视频文件使用_____标记。
4. 在网页中嵌入 SWF 动画可以使用_____标记。

4.9.3 判断题

1. .../public/index.htm 是一个绝对 URL。 （ ）
2. 使用相对地址时,符号..表示上一级目录。 （ ）
3. <audio>元素中可以嵌套多个<source>元素,浏览器将选择第一个可识别格式的文件地址。 （ ）
4. <figure>元素可以嵌套。 （ ）
5. 所有版本的浏览器都支持<video>元素和<audio>元素。 （ ）
6. 在 HTML5 中,用<video>元素加载的视频,打开浏览器加载成功后视频会默认自动播放。 （ ）
7. <img>元素不支持<source>元素。 （ ）

4.9.4 简答题

1. 网页中常用的图像格式 JPG、GIF 和 PNG 分别有什么不同?
2. 试述<source>元素的作用。

第5章 超链接

超链接是一个网站的纽带，是网站中使用最为频繁的元素之一。互联网上的所有Web页面都是可以互相链接的，实现在各个网页或是站点之间的遨游。本章学习网页上常见超链接的制作。

本章学习目标

◎ 理解超链接的基本概念。
◎ 掌握基本的超链接形式。
◎ 能够熟练制作基本链接。
◎ 了解特殊形式的超链接。
◎ 能够使用超链接设计页面的互连。

5.1 超链接概述

如前文所述，超链接是网页的基本元素之一，是一种允许当前网页同其他网页或资源之间进行互连的元素，它使网络世界构成一个有机的整体。各个相关网页链接在一起后，才能真正构成一个网站。

超链接是指从网页的一个位置(起点)指向另一个目标(目标点)的连接关系，超链接的起点可以是文字或者图片，目标点可以是另一个网页，也可以是某个网页(包括起点所在的网页)的一个位置，还可以是一个图片、一个文件、一个电子邮件地址，甚至是一个应用程序。

基本语法如下：

<a href="URL">链接起点</a>

语法说明如下：
- <a>标记是英文 anchor(锚点)的简写。
- <a>元素中间的内容是链接的起点，一般将文本或图片标识作为链接起点。
- href 属性用于设定链接目标地址。链接目标为 URL 地址，URL 用于标识 Web 或本地磁盘上的文件位置。这些链接可以指向某个 HTML 文件，或文件中引用的其他元素，如图像、脚本或其他文件等。如果没有给出具体路径，则默认路径和当前网页的路径相同。

根据链接起点的不同，链接目标的语法形式一般是：
- 以文字作为起点：把文字放在超链接元素中。

<a href="URL">文字</a>

- 以图像作为地点：把图像元素放在超链接元素中。

<a href="链接目标"><img src="图像路径"/></a>

5.2 基本链接

从超链接的目标资源处于 Web 还是本地磁盘的角度划分，超链接可以分为外部链接和内部链接；从超链接的起点的不同划分，又分为文字链接和图像链接。

5.2.1 外部链接

如果链接的目标位于 Web 上而不是网站内部，一般要使用外部链接。创建外部链接通常要使用绝对路径。

最常用的外部链接格式为：

<a href="网址">文字或图像</a>

例如：

<a href="http://www.baidu.com">百度一下</a>

注意网址中的 http:// 不可省略。

【例 5-1】使用外部链接(5-1.html)，效果如图 5-1 所示。

图 5-1　使用外部链接的页面浏览效果

本例在"新浪""爱奇艺"等文字上添加了外部链接，链接到相应的网站首页，另外在"淘宝网 logo"等四个图像上也添加了相似的外部链接。

```
<!DOCTYPE html>
<html>
<head>
<title>外部链接</title>
</head>
<body>
<h1>便捷导航</h1>
<section>
        <h2>门户网站</h2>
        <a href="http://www.sina.com">新浪</a>
        <a href="http://www.sohu.com">搜狐</a>
        <a href="http://www.163.com">网易</a>
        <a href="http://www.ifeng.com">凤凰</a>
</section>
<section>
        <h2>生活网站</h2>
        <a href="http://zz.58.com">58 同城</a>
        <a href="http://zz.ganji.com">赶集网</a>
```

```
            <a href="http://www.dianping.com">大众点评网</a>
            <a href="http://www.fangdd.com">房多多</a>
        </section>
        <section>
            <h2>影视网站</h2>
            <a href="http://www.iqiyi.com">爱奇艺</a>
            <a href="http://www.mgtv.com">芒果 TV</a>
            <a href="http://www.huajiao.com">乐视视频</a>
            <a href="http://www.le.com">花椒直播</a>
        </section>
        <section>
            <h2>购物网站</h2>
            <a href="http://www.taobao.com"><img src="images/taobao.jpg" /></a>
            <a href="http://www.jd.com"><img src="images/jd.jpg" /></a>
            <a href="http://www.suning.com"><img src="images/suning.jpg" /></a>
            <a href="http://www.gome.com.cn"><img src="images/gome.jpg" /></a>
        </section>
    </body>
</html>
```

在 IE11.0 中浏览，效果如图 5-1 所示。

5.2.2 内部链接

如果链接的目标位于网站内部，常常是本地机器上的一个文件，这种链接就是内部链接。创建内部链接通常采用相对路径。

【例 5-2】使用内部链接(5-2.html)，效果如图 5-2 所示。

图 5-2 使用内部链接的页面浏览效果

在 5-2.html 中创建一个链接到 5-1.html 的超链接，该链接的起点是"图像+文字"，其中图像为位于 D:\chap05 文件夹中的手型图标图像 hand.jpg，文字为"链接到本节案例 5-1.html"。该链接的目标是本节示例 5-1.html，当前网页文档 5-2.html 和 5-1.html 位于同一个文件夹 D:\chap05 中。

代码如下：

```
<!DOCTYPE html>
<html>
<head>
<title>内部链接</title>
</head>
<body>
```

```
<p><a href="5-1.html"><ing src="images/hand.jpg"/>链接到本节案例 5-1.html</a></p>
</body>
</html>
```

在 IE11.0 中浏览，效果如图 5-2 所示。单击手型图标图像或文字"链接到本节案例 5-1.html"，即可跳转到网页 5-1.html。

5.2.3 <a>标记的属性

在 HTML5 中，<a>标记原有的属性有一些已经不再使用了，如 charset、coords 等属性，同时又增添了一些新的属性，如 type 和 media 属性等。HTML5 中<a>标记的属性如表 5-1 所示。

表 5-1　HTML5 中<a>标记的属性

属　性	属　性　值	描　　述
href	URL	链接的目标地址
type	mime_type	规定目标 URL 的 MIME 类型，仅在 href 属性存在时使用
target	_self _blank _parent _top 浏览器窗口名称	规定在何处打开目标 URL，仅在 href 属性存在时使用
media	media query	规定目标 URL 的媒介类型，默认值为 all，仅在 href 属性存在时使用
hreflang	Language_code	规定目标 URL 的基准语言，仅在 href 属性存在时使用
rel	alternate archives author bookmark contact external first help icon index last license next nofollow noreferrer pingback prefetch prev search stylesheet sidebar tag up	规定当前文档与目标 URL 之间的关系，仅在 href 属性存在时使用

本节我们主要对<a>标记的属性进行介绍，另外也对全局属性 title 进行了解。

1. target 属性

默认情况下，会在当前浏览器窗口中显示被链接页面。如果需要目标文档在一个新的浏览器窗口中打开，可以通过<a>标记的 target 属性设置目标窗口的打开方式。

基本语法如下：

```
<a href="URL" target="目标窗口的打开方式">链接元素</a>
```

语法说明如下：

target 属性用于指定打开链接的目标窗口，默认方式是原窗口，其属性值可以是：
- _self：默认值，将被链接的目标加载到与该链接文字相同的窗口中。
- _blank：将被链接的目标加载到新的浏览器窗口中。
- _parent：将被链接的目标加载到父框架窗口中。
- _top：将被链接的目标加载到整个浏览器窗口中并删除所有框架。
- 浏览器窗口名称：在某个已经指定名称的浏览器窗口中打开链接。

2. type 属性

type 属性规定目标 URL 的 MIME 类型，默认值为 all。MIME 类型类似于文件扩展名，在不同操作系统中被广泛接受，例如 HTML 页面的 MIME 类型是 text/html，GIF 图像的 MIME 类型是 image/gif，CSS 文件的 MIME 类型是 text/css。附录 E 中给出了常见 MIME 类型。

例如：

```
<a href="images/flower.jpg" target="_blank" type="image/jpeg">春花秋月</a>
<a href="index.html" type="text/html">首页</a>
```

上述示例的第一个链接指向的资源是一个 JPEG 图像，第二个链接 type 属性指定该链接所指向的资源是一个 HTML 文档。

理论上，浏览器可以使用 type 提供的信息进行不同形式的展现，或者向用户提示目标的格式，但目前尚无浏览器使用此信息。

3. media 属性

media 属性规定目标 URL 是为什么类型的媒介/设备进行优化的，一般情况下该属性用于规定目标 URL 是为特殊设备(比如 iPhone)、语音或打印媒介设计的。

例如：

```
<a href="http://myleaf.com" media="handheld">移动设备</a>
```

上述示例中，media 属性规定链接的目标资源是为手持设备设计的。

一般来说，media 属性仅仅起到建议的作用，标明目标文档是专为什么样的平台设计的。

4. hreflang 属性

hreflang 属性规定目标 URL 的基准语言，用于当链接的目标页面与当前页面语言不同的情况，其取值是一个双字符语言代码。

例如：

```
<a href="http://myleaf.com" hreflang="EN">目标英语</a>
```

上述示例中，hreflang 属性规定链接的目标资源的基准语言是英语。

5. rel 属性

rel 属性指明当前文档与 href 属性指定资源间的关系。主流浏览器目前对此属性没有任何实际使用，在此不做详细描述。

例如：

```
<a href="http://myleaf.com" rel="help">目标英语</a>
```

上述示例中，rel 属性指链接到帮助文档。

6. title 属性

title 属性是 HTML5 的全局属性，规定关于元素的额外信息，这些信息通常会在鼠标移到元素上时显示一段提示文本。title 属性常与<a>以及<form>元素一同使用，以提供关于链接目标和输入格式的信息。一般来说，以图像为起点的超链接都应该使用 title 属性。

例如：

```
<a href="http://myleaf.com" title="回到首页">首页</a>
```

上述示例中，当鼠标经过链接时会显示 title 文本"回到首页"。

【例 5-3】使用超链接属性(5-3.html)，效果如图 5-3 和图 5-4 所示。

图 5-3　使用 title 属性后的浏览效果

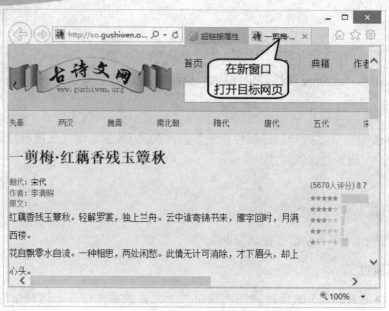

图 5-4 使用 target 属性在新窗口打开效果

本例图像上添加了指向外部网站"古诗文网"的超链接，鼠标经过图像时显示文字"古诗文网"（见图 5-3），单击后会在新窗口打开链接（见图 5-4）。

```
<!DOCTYPE html>
<html>
<head>
<title>超链接属性</title>
</head>
<body>
<h2>一剪梅·别愁</h2>
<p>
    红藕香残玉簟秋，轻解罗裳，独上兰舟。<br />
    云中谁寄锦书来，雁字回时，月满西楼。<br />
    <br />
    花自飘零水自流，一种相思，两处闲愁。<br />
    此情无计可消除，才下眉头，却上心头。<br />
    <a href="http://so.gushiwen.org/view_52802.aspx" target="_blank" title="古诗文网">
        <img src="images/waterlily1.jpg" width="300" />
    </a>
</p>
</body>
</html>
```

在 IE11.0 中浏览，效果如图 5-3 和图 5-4 所示。

代码分析：对图像 waterlily1.jpg 添加了指向古诗文网 http://so.gushiwen.org/view_52802.aspx 的超链接，<a>标记的属性 target="_blank"表示在新窗口中打开链接，属性 title="古诗文网"设置当鼠标经过图像时提示链接信息。

5.2.4 超链接的目标类型

大多数情况下超链接的目标是一个网页文件，而事实上超链接不仅可以链接到一个网页文件，还可以是其他的文件类型，例如链接到一个图片、一个压缩包、一个 DOC 文档或是一个邮箱地址等。

【例 5-4】超链接目标类型示例(5-4.html)，效果如图 5-5、图 5-6 和图 5-7 所示。

图 5-5　超链接目标类型示例的页面浏览效果

图 5-6　单击链接目标为图像的超链接的浏览效果

图 5-7 单击目标类型为 DOC 文档的超链接的浏览效果

本例添加了五个目标不同类型的链接。

代码如下：

```
<!DOCTYPE html>
<html>
<head>
<title>超链接目标类型</title>
</head>
<body>
<h2>一剪梅•别愁</h2>
<p>
    红藕香残玉簟秋，轻解罗裳，独上兰舟。<br />
    云中谁寄锦书来，雁字回时，月满西楼。<br />
    <br />
    花自飘零水自流，一种相思，两处闲愁。<br />
    此情无计可消除，才下眉头，却上心头。<br />
    <a href="images/waterlily2.jpg" target="_blank" title="单击查看原图">
        <img src="images/waterlily1.jpg" width="300" />
    </a> <br />
    <a href="http://so.gushiwen.org/view_52802.aspx" target="_blank">诗词来源：古诗文网</a>
    <br />
    <a href="yijianmei.doc">一剪梅•别愁相关解析文档</a>    <br />
    <a href="li.jpg" target="_blank">李清照小像</a>    <br />
    <a href="photo.zip">作品更多相关图片</a>
</p>
</body>
</html>
```

在 IE11.0 中浏览，未单击链接时效果如图 5-5 所示。

代码分析：该网页文件存储在站点根目录 D:\ch05 中，在该网页中加入了五个链接。

(1) 第一个链接起点为图像 waterlily1.jpg，目标为图像 waterlily2.jpg，这两幅图像都存储在 D:\ch05\images 中，链接目标图像在新窗口中打开，链接提示文字为"单击查看原图"，单击链接后打开图像，效果如图 5-6 所示。代码如下：

```
<a href="images/waterlily2.jpg" target="_blank" title="单击查看原图">
    <img src = "images/waterlily1.jpg" width="300" /></a>
```

(2) 第二个链接起点为文字"诗词来源：古诗文网"，目标为外部网址 http://so.gushiwen.org/view_52802.aspx。代码如下：

```
<a href="http://so.gushiwen.org/view_52802.aspx" target="_blank">诗词来源：古诗文网</a>
```

(3) 第三个链接起点为文字"一剪梅 • 别愁相关解析文档"，目标为 D:\ch05 中的 Word 文档 yijianmei.doc，在 IE11.0 中单击链接，效果如图 5-7 所示。代码如下：

```
<a href="yijianmei.doc">一剪梅 • 别愁相关解析文档</a>
```

(4) 第四个链接起点为文字"李清照小像"，目标为 D:\ch05\images 中的图像 li.jpg。代码如下：

```
<a href="li.jpg" target="_blank">李清照小像</a>
```

(5) 第五个链接起点为文字"作品更多相关图片"，目标为 D:\ch05 中的压缩文件 photo.zip，单击效果类似图 5-7，不再给出效果图。代码如下：

```
<a href="photo.zip">作品更多相关图片</a>
```

5.2.5 Email 链接

Email 链接是一种目标为电子邮件地址的特殊链接。单击电子邮件链接后，将启动机器上的电子邮件管理软件，并解析出电子邮件地址。

例如：

```
<a href="mailto:dingdang@126.com">联系我们</a>
```

浏览者一旦单击了"联系我们"这个链接，将自动启动本机上的电子邮件管理软件的写信功能，并已经把收件人的邮箱地址写入收件人地址栏中。

5.3 锚记(书签)链接

锚记链接是超链接的一种，又称为书签链接，常常用于那些内容庞大烦琐的网页。通过锚记链接，能够指向某个页面的特定位置(锚记)。<a>元素的 name 属性用于定义锚记的名称。一个页面可以定义 0 到多个锚记，通过<a>元素的 href 属性可以根据 name 跳转到相应的锚记位置。

锚记链接的目标锚记位置可以在同一页面中，也可以在不同页面中。在同一页面中只需指定锚记位置，在不同页面中需要指定目标的页面地址和锚记位置。

锚记链接的基本语法如下：

(1) 在同一页面使用锚记链接：

```
<a name="锚记名称"></a>                <!-- 命名锚记名称-->
<a href="#锚记名称">链接元素内容</a>    <!-- 同一页面的锚记链接 -->
```

(2) 在不同页面使用锚记链接：

```
<a name="锚记名称"></a>                    <!-- 命名锚记名称-->
<a href="URL#锚记名称">链接元素内容</a>    <!-- 不同页面间锚记链接 -->
```

【例 5-5】同一页面的锚记链接示例(5-5.html)，效果如图 5-8 所示。

图 5-8　同一页面锚记链接示例的页面浏览效果

代码如下：

```
<!DOCTYPE html>
<html>
<head>
<title>锚记链接</title>
</head>
<body>
<a name="top"></a>


<h1>关于早餐</h1>
<p><a href="#section3">早餐营养搭配</a></p>

<section>
<h2>不吃早餐的危害</h2>
<p>
　　人体的健康长寿靠人体生物钟的支配，不吃早餐打乱了生物钟的正常运转，肌体所需营养不能得到及时的补充，生理机能就会减退，再加上不吃早餐带来的种种疾病对机体的影响，都在影响人的健康长
```

寿。人体经过一夜的睡眠，体内的营养已消耗殆尽，血糖浓度处于偏低状态，不吃或少吃早餐，不能及时充分补充血糖浓度，上午就会出现头昏心慌、四肢无力、精神不振等症状，甚至出现低血糖休克，影响正常工作。在三餐定时情况下，人体内会自然产生胃结肠反射现象，简单说就是促进排便；若不吃早餐成习惯，长期可能造成胃结肠反射作用失调，于是产生便秘。一旦意识到营养匮乏，首先消耗的是碳水化合物和蛋白质，最后消耗的才是脂肪，所以不要以为不吃早饭会有助于脂肪的消耗。相反，不吃早饭，还会使午饭和晚饭吃得更多，瘦身不成反而更胖。专家们发现，在智力水平相差无几的情况下，吃早餐的学生明显高于不吃或少吃早餐者。这是因为不吃早餐的人，大脑就会因营养和能量不足，不能正常发育和运作，久之就会妨害记忆力和智能的发展。
　　</p>
</section>

<section>
<h2>6 大错误早餐不得不避</h2>
<p>
　　1.豆浆油条是我们老传统的早餐，也受很多上班族的喜爱。但是，早餐食用豆浆加油条是很大的错误，虽然能补充一个早上的能量，但是却为身体留下了很大的潜在危害。油条是油炸性的高油脂食物，在制作的过程中，高温已经使它失去了营养价值，还会带来致癌物质。高油脂的油条再配上中油脂的豆浆，让身体的油脂摄入量超过标准，油脂在身体的残留容易导致肥胖。2.白粥加配小菜只适合老年人，因为老年人不适宜摄入过多的油脂，对于其他年龄层来说就是很不恰当的早餐搭配。白粥和小菜都没有足够的蛋白质和营养，会让人营养不足。同时，只喝白粥会让人容易有饥饿，感出现低血糖，没有足够的能量坚持一个上午的工作。3.认为牛奶跟鸡蛋都有充分的营养和蛋白质来补充人体所需，但是这种想法是不全面的。人体对早餐的需要不仅仅是营养和蛋白质，还需要充足的碳水化合物，充足的碳水化合物才能给人体提供一个早上足够的能量。牛奶和鸡蛋都没有足够的碳水化合物可以提供，所以我们在选择高蛋白质和高营养的早餐时，还要增加一些高碳水化合物的食物。4.早餐饮用碳酸饮料会导致体内的钙质过快地排泄，长期饮用就会引起缺钙，另外饮料也不能补充人体需要的水分，反而造成人体缺水。零食多数属于干粮，早上食用不利于肠胃的消化，而且零食只能暂时提供能量，很容易再引起饥饿感，甚至很容易导致人体营养不足。5.牛奶加水果不仅没有起到良好的减肥的作用，甚至会因为选择不当的水果搭配，引发腹胀腹痛。酸性的水果会把牛奶跟水果中的果酸和维生素C结合凝固成块，会严重地影响消化和营养的吸收，也因此引起腹部不适。6.浓茶与高油脂的食物搭配不仅不能起到去脂肪的作用，反而会引起便秘。浓茶中的鞣酸与蛋白质相结合，会生成具有收敛性的鞣酸蛋白质，会影响肠的蠕动功能，影响消化，导致便秘。
　　</p>
</section>

<section>
<a name="section3"></a>
<h2>早餐营养搭配</h2>
<p>
　　谷类包括米、面、杂粮，主要提供碳水化物、蛋白质、膳食纤维及B族维生素。它们是膳食中能量的主要来源，多种谷类掺着吃比单吃一种好。
　　<img src="images/grain.jpg" />
</p>
<p>
　　蔬菜和水果主要提供膳食纤维、矿物质、维生素和胡萝卜素。蔬菜和水果各有特点，不能完全相互替代，不可只吃水果不吃蔬菜。一般来说，红、绿、黄色较深的蔬菜和深黄色水果含营养素比较丰富，所以应多选用深色蔬菜和水果。
　　<img src="images/vitamine.jpg" />
</p>
<p>
　　鱼、虾、肉(肉类包括畜肉、禽肉及内脏)、蛋类主要提供优质蛋白质、脂肪、矿物质、维生素A和

B族维生素，它们彼此间营养素含量有所区别。
<img src="images/meat.jpg" />
</p>
<p>
奶类和豆类食物中，奶类主要包括鲜牛奶、奶粉等，除含丰富的优质蛋白质和维生素外，含钙量较高，且利用率也高，是天然钙质的极好来源；豆类含丰富的优质蛋白质、不饱和脂肪酸、钙及维生素B1、B2等。
<img src="images/milk.png" />
</p>
</section>

<p><a href="#top">回到顶端</a></p>
</body>
</html>
```

在 IE11.0 中浏览，效果如图 5-8 所示。

代码分析：该示例添加了两个锚记。一个是文档顶部，代码为&lt;a name="top"&gt;&lt;/a&gt;，在文档最底端添加跳转到该位置的链接，代码为&lt;a href="#top"&gt;回到顶端&lt;/a&gt;。另一个是文档第三节，代码为&lt;a name="section3"&gt;&lt;/a&gt;，在文档顶部标题下添加跳转到该位置的链接，代码为&lt;a href="#section3"&gt;早餐营养搭配&lt;/a&gt;。

【例 5-6】不同页面的锚记链接示例(5-6.html)，效果如图 5-9 所示。

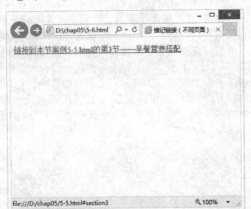

图 5-9　不同页面锚记链接示例的页面浏览效果

单击 5-6.html 中超链接文字"链接到本节案例 5-5.html 的第 3 节——早餐营养搭配"，将会准确地链接到 5-5.html 文档第 3 节的锚记#section3。

```
<!DOCTYPE html>
<html>
<head>
<title>锚记链接(不同页面)</title>
</head>
<body>
<p>
    <a href="5-5.html#section3">链接到本节案例 5-5.html 的第 3 节——早餐营养搭配</a>
</p>
```
```

```
</body>
</html>
```

在 IE11.0 中浏览，效果如图 5-9 所示。

5.4 设置图像映射

在网页设计过程中，有时候需要在图像上的某个区域或多个区域设置链接，这就需要用到图像映射。图像映射是一个能对链接指示做出反应的图形，单击该图像的已定义区域，可转到与该区域相链接的目标。图像映射也称为热区链接，就是在图像上设置一到多个热点区域(热区)，然后在每个热区上都可以设置超链接。

图像映射的实现需要使用<map>元素和<area>元素，<map>元素用来创建图像映射，与<img>元素关联起来。<area>元素包含在<map>元素之间，用于创建图像映射中一个个的热区，并规定热区的形状和位置。

基本语法如下：

```
<img src="图像路径" usemap="#图像映射名称" />
<map name="图像映射名称" id="图像映射名称">
    <area shape="形状" coords="坐标" href="URL" />
    <area shape="形状" coords="坐标" href="URL" />
    ...
</map>
```

语法说明：

➢ <map>用于定义客户端图像映射，name 属性在<map>元素中是必需的，该属性和<img>元素的 usemap 属性关联，创建图像和图像映射之间的关系。另外，值得注意的是，有些浏览器可能会支持<img>的 usemap 属性引用<map>的 id 属性，所以我们可以同时向<map>添加 name 和 id 属性，并且为两者设置相同的值，如图 5-10 所示。

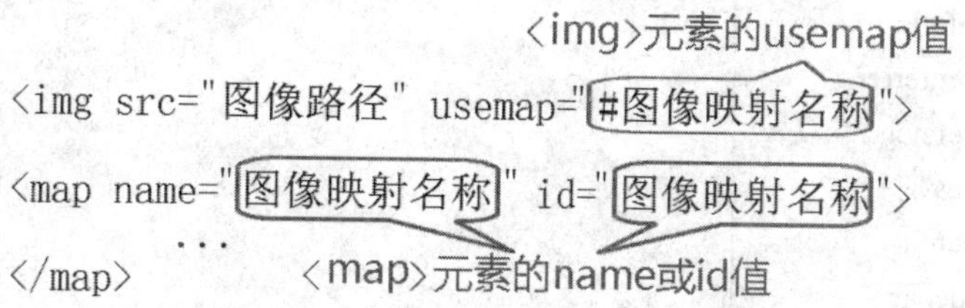

图 5-10 <map>元素和<img>元素关联的示意图

➢ <map>元素包含若干<area>元素，定义图像映射中的可单击区域(热区)。

➢ <area>标记的属性如表 5-2 所示，其中 shape、coords 和 href 是常用的属性。

表 5-2 HTML5 中 <area> 标记的属性

属性	值	描述
shape	rect/rectangle circ/circle poly/polygon	规定热区形状： 1. rect 或 rectangle 表示热区形状是矩形； 2. circ 或 circle 表示热区形状是圆形； 3. poly 或 polygon 表示热区形状是多边形
coords	coordinates	规定热区的坐标("0,0"是图像左上角的坐标，x 轴向右增加，y 轴向下增加)，坐标的数字及其含义取决于 shape 属性中规定的热区形状。 1. 矩形：shape="rectangle" coords="x1,y1,x2,y2"。x1 和 y1 是矩形左上角的 x、y 坐标，x2 和 y2 是矩形右下角的 x、y 坐标； 2. 圆形：shape="circle" coords="x,y,r"。x 和 y 定义了圆心的坐标，r 是以像素为单位的圆形半径； 3. 多边形：shape="polygon" coords="x1,y1,x2,y2,x3,y3,..."。每一对"x,y"坐标都定义了多边形的一个顶点
href	URL	规定热区的链接目标 URL
type	mime_type	规定目标 URL 的 MIME 类型
target	_self _blank _parent _top 浏览器窗口名称	规定在何处打开目标 URL，仅在 href 属性存在时使用
media	media query	规定目标 URL 是为何种媒介/设备优化的，默认值为 all
hreflang	Language_code	规定目标 URL 的基准语言
rel	alternate author bookmark external help license next nofollow noreferrer prefetch prev search sidebar tag	规定当前文档与目标 URL 之间的关系

【例 5-7】使用图像映射(5-7.html)，效果如图 5-11 所示。

超 链 接 05

图 5-11　使用图像映射后页面浏览效果

本例在图像 breakfast.jpg 文件上分别创建了四个热区——二个圆形、一个矩形以及一个多边形(四边形)，当单击这四个区域时，可以分别打开相对应的超链接(5-7-1.html、5-7-2.html、5-7-3.html 以及一个空链接)。

代码如下：

```
<!DOCTYPE HTML>
<html>
<head>
<title>图像映射</title>
</head>
<body>
<p>
俗话说："早餐要吃好，午餐要吃饱，晚餐要吃少。"为什么要这么安排呢？每当我们吃过饭后，大约经过 4 小时，食物通过在体内的消化吸收，将全部排空。因此，为了不断给人体补充能量，必须 4～6 小时安排一次用餐。早晨，当我们经过 8 小时的睡眠后，会感到特别精神，自然上午的工作、学习效率要比下午的要高。但是，许多人为了赶时间，就把早餐"省略"了。其实，这是一个很不明智的选择。
</p>
<p>
<img src="images/breakfast.jpg" usemap="#mymap" />
<map name="mymap" id="mymap">
    <area href="5-7-1.html" shape="circle" coords="305,315,95" title="高蛋白质食物" />
    <area href="5-7-2.html" shape="circle" coords="380,90,80" title="水果" />
    <area href="5-7-3.html" shape="rect" coords="50,80,300,220" title="碳水化合物" />
    <area href="#" shape="poly" coords="120,70,140,15,200,35,180,90" title="果酱(空链接)" />
```

```
        </map>
      </p>
   </body>
</html>
```

在 IE11.0 中浏览，效果如图 5-11 所示。图中所示是在单击超链接到 5-7-1.html 的热圆形热区后，鼠标再次经过此热区的效果，浏览器用虚线绘制出热区的响应范围。

代码分析：代码中将<map>标记的 name 和 id 属性赋值为 mymap，<img>元素通过设置属性 usemap 的值为#mymap 来建立与<map>元素的联系。

5.5 内联框架<iframe>及其链接

5.5.1 内联框架

HTML4 中，布局可以使用框架<frame>和<frameset>。由于框架对网页可用性存在负面影响，在 HTML5 中不再支持<frame>和<frameset>，但保留了内联框架<iframe>。

<iframe>元素可以用来创建包含在另外一个文档中的浮动窗口，称为内联框架或内嵌窗口等。简单讲就是在一个页面上开辟一个窗口，在这个窗口中可以嵌入显示其他的 HTML 文档，类似于"画中画"的感觉。

基本语法：

<iframe src="URL">...</iframe>

语法说明：

- src 属性用来指定在<iframe>中显示的文档的 URL。在 HTML4 中<iframe>标记有很多属性，但是在 HTML5 中仅仅支持 src 属性。
- 某些旧版浏览器可能不支持<iframe>，如果得不到支持，该内联框架是不可见的，此时会显示<iframe>元素开始和结束标记之间的内容。

【例 5-8】使用内联框架(5-8-1.html 和 5-8-2.html)，效果如图 5-12 所示。

图 5-12　使用内联框架的页面浏览效果

本例在网页 5-8-1.html 中加入内联框架，嵌入网页 5-8-2.html。
5-8-1.html 代码如下：

```
<!DOCTYPE html>
<html>
<head>
<title>内联框架</title>
</head>
<body>
<h2>内联框架示例</h2>
<p>例 5-8-1.html 中内容</p>
<iframe class="s" src="5-8-2.html">
    <a href="5-8-2.html">你的浏览器不支持内联框架 iframe，请单击这里访问页面内容。</a>
</iframe>
</body>
</html>
```

5-8-2.html 代码如下：

```
<!DOCTYPE html>
<html>
<head>
<title>嵌入的页面</title>
</head>
<body>
<h1>嵌入的页面</h1>
<p>例 5-8-2.html 的内容</p>
</body>
</html>
```

在 IE11.0 中浏览，效果如图 5-12 所示。

5.5.2 内联框架相关的链接

本节介绍与内联框架相关的链接。

【例 5-9】使用 iframe 的链接(5-9-1.html、5-9-2.html 和 5-9-3.html)，效果如图 5-13 所示。

图 5-13　在内联框架中打开链接目标 URL 的浏览效果

本例添加了内联框架相关的各种页面。

5-9-1.html 代码如下：

```
<!DOCTYPE html>
<html>
<head>
<title>内联框架</title>
</head>
<body>
<h2>内联框架链接示意</h2>
<p>
    例 5-9-1.html 中内容<br />
    <a href="5-9-3.html" target="in">链接到 5-9-3.html</a> <br />
    <a href="images/ar.jpg" target="in">链接到图片 ar.jpg</a>
</p>
<iframe class="s" src="5-9-2.html" name="in"></iframe>
</body>
</html>
```

5-9-2.html 代码如下：

```
<!DOCTYPE html>
<html>
<head>
<title>嵌入的页面</title>
</head>
<body>
<h1>嵌入的页面</h1>
<p>
    例 5-9-2.html 的内容<br />
    <a href="5-9-3.html">链接到 5-9-3.html</a><br />
    <a href="http://www.baidu.com" target="_top">百度</a>
</p>
</body>
</html>
```

5-9-3.html 代码如下：

```
<!DOCTYPE html>
<html>
<head>
<title>链接页面</title>
</head>
<body>
<h1>显示到内联窗口的链接目标页面</h1>
<p>例 5-9-3.html 的内容</p>
</body>
</html>
```

代码分析：

（1）在网页 5-9-1.html 中加入内联框架，使用全局属性 name 为其命名 in，在内联框架中嵌入网页 5-9-2.html。

（2）在 5-9-1.html 上添加两个链接，链接目标分别是网页 5-9-3.html 和图片 ar.jpg，链接属性 target 的值为 in，这样就实现了在内联框架 in 中打开链接目标。在 IE11.0 中浏览以及打开链接的效果如图 5-13 所示。

(3) 图 5-14 所示为将链接目标打开窗口设置为内联框架的代码示意。

```
<p>
    例5-9-1.html中内容<br />       链接打开窗口设置为in
    <a href="5-9-3.html" target="in">链接到5-9-3.html</a> <br />
    <a href="images/ar.jpg" target="in">链接到图片ar.jpg</a>
</p>
<iframe class="s" src="5-9-2.html" name="in"> </iframe>
                                   内联框架命名为in
```

图 5-14 在内联窗口打开链接

(4) 在例 5-9-2.html 中添加两个链接，第一个链接目标 URL 是 5-9-3.html，第二个链接目标 URL 是百度首页，并且 target="_top"。当 5-9-2.html 位于内联框架中时，单击第一个链接，5-9-3.html 将在内联窗口中打开(默认当前窗口)，第二个链接则会在整个浏览器窗口中打开(target="_top")。

```
<a href="5-9-3.html">链接到 5-9-3.html</a><br />
<a href="http://www.baidu.com" target="_top">百度</a>
```

5.6 定义基准地址 \<base\>

\<base\>元素用来为当前页面中的所有相对 URL 规定一个默认地址或默认目标。通常情况下，浏览器会从当前文档的 URL 中提取相应的元素来填写相对的 URL，使用\<base\>可以改变这一点。浏览器将不再使用当前文档的 URL，而使用由\<base\>标记指定的基准 URL 来解析所有的相对 URL。

\<base\>标记位于网页的\<head\>部分，影响到的相对 URL 包括\<a\>、\<img\>、\<link\>和\<form\>标记。

基本语法如下：

```
<head>
    <base href="url" target="值" />
</head>
```

语法说明如下：

href 属性设置基准地址，target 属性设置目标窗口打开方式。\<base\>元素必须位于网页头部。在同一文档中，最多只能使用一个\<base\>元素。

【例 5-10】使用基准地址(5-10.html)，效果如图 5-15 所示(图中\<img\>元素不能正常显示并非出错，是示例刻意行为)。

图 5-15 基准地址示例

代码如下:

```
<!DOCTYPE HTML>
<html>
<head>
<base href="http://news.sina.com.cn" target="_self" />
<title>基准地址</title>
</head>
<body>
<p>
    <a href="society">社会新闻</a> <br />
    <a href="china">国内新闻</a> <br />
    <a href="world">国际新闻</a> <br />
    <img src="images/vr.jpg" />
</p>
</body>
</html>
```

在 IE11.0 中浏览,效果如图 5-15 所示。

代码分析如下:本例设置基准地址为新浪新闻首页 http://news.sina.com.cn,并添加三个超链接"社会新闻""国内新闻"和"国际新闻"。当单击超链接"社会新闻"时,从浏览器解析出来的目标 URL 为 http://news.sina.com.cn/society,它就是在相对路径(society)前加上基准 URL(http://news.sina.com.cn)。同样"国内新闻"超链接的目标 URL 被浏览器解析为 http://news.sina.com.cn/china,"国际新闻"对应的实际超链接地址为 http://news.sina.com.cn/world。不过需要注意的是,如前文所述,<base>标记也会影响到<img>元素,所以在【例 5-10】中<img src="images/vr.jpg" />并不能解析到 images 文件夹中的 vr.jpg,所以无法显示图像。

5.7 综合实例——设置超链接

网站上会有各种各样的链接,本节介绍一个综合例子,用到导航链接、图像相关链接、锚记链接等,涉及 5-11-1.html、5-11-2.html 和 5-11-3.html。本节主要介绍 5-11-1.html,在 IE11.0 中浏览效果如图 5-16 所示,其他两个页面以及更多链接页面,读者可自行发挥补充。

05 超链接

图 5-16 设置超链接后页面浏览效果

【例 5-11】综合实例——设置超链接。

1. 案例分析

案例中主要包括以文本为链接源的超链接、以图片为链接源的超链接和锚记链接。

(1) 页眉部分图像上显示文字的部分设置有图像映射。
(2) 导航条的文字("回到首页""研究背景"等)设置有超链接。
(3) 页脚图像上设置有超链接。
(4) 其他页面的导航条也都设置有页面间跳转的超链接。

2. HTML 代码实现

主页面(5-11-1.html)代码如下：

```
<!DOCTYPE html>
<html>
<head>
<title>超链接综合实例</title>
</head>
<body style="width:620px; ">
<header>
    <img src="images/vrar.jpg" usemap="#mymap" />
    <map name="mymap" id="mymap">
        <area   href="http://baike.baidu.com/link? url=KnUJGP3aQDKgv8UVU5ZwbgwfU2A8
        Tajjc6X8g5YZTEGhsQ04DBbJ6l6eNYWlvasrOxhL7KOmKudNlL9ILo9V7q" shape="rect"
```

```
                coords="11,283,222,320" title="虚拟现实技术(百度百科)" target="_blank" />
        </map>
    </header>
    <section>
        <p>
            虚拟现实技术是仿真技术的一个重要方向,是仿真技术与计算机图形学、人机接口技术、多媒
            体技术、传感技术、网络技术等多种技术的集合,是一门富有挑战性的交叉技术前沿学科和研
            究领域。虚拟现实技术(VR)主要包括模拟环境、感知、自然技能和传感设备等方面。模拟环境
            是由计算机生成的、实时动态的三维立体逼真图像;感知是指理想的 VR 应该具有一切人所具
            有的感知;自然技能是指人的头部转动、眼睛转动、手势或其他人体行为动作,由计算机来处
            理与参与者的动作相适应的数据,并对用户的输入做出实时响应,并分别反馈到用户的五官;
            传感设备是指三维交互设备。
        </p>
    </section>
    <hr />
    <nav>
          
        <a href="5-11-1.html">回到首页</a>   
        <a href="5-11-2.html">研究背景</a>   
        <a href="5-11-3.html">应用领域</a>   
        <a href="#">发展前景</a>   
        <a href="#">技术前沿</a>   
        <a href="#">成功案例</a>   
        <a href="#">关于我们</a><br />
    </nav>
    <hr />
    <footer>
        <a href="https://developer.oculus.com"><img src="images/helmet1.jpg" /></a>
        <a href="images/helmet7.png" title="类似图片"><img src="images/helmet2.jpg" /></a>
        <a href="#"><img src="images/helmet3.jpg" /></a>
        <a href="#"><img src="images/helmet4.jpg" /></a>
        <a href="#"><img src="images/helmet5.jpg" /></a>
        <a href="#"><img src="images/helmet6.jpg" /></a>
    </footer>
</body>
</html>
```

"研究背景"页面(5-11-2.html)代码如下:

```
<!DOCTYPE HTML>
<html>
<head>
<title>超链接综合实例</title>
</head>
<body style="width:620px; ">
    <nav>
          
        <a href="5-11-1.html">回到首页</a>   
        <a href="5-11-2.html">研究背景</a>   
        <a href="5-11-3.html">应用领域</a>   
```

```
            <a href="#">发展前景</a>   
            <a href="#">技术前沿</a>   
            <a href="#">成功案例</a>   
            <a href="#">关于我们</a><br />
        </nav>
        <section>
            -------------------------------------该部分段落文字省略-------------------------------------
        </section>
    </body>
</html>
```

3. 代码分析

(1) 在 5-11-1.html 中为图 5-17 所示的页眉图像的热区设置图像映射，目标 URL 为百度百科中关于虚拟现实的介绍。

图 5-17　图像映射

代码如下：

```
<img src="images/vrar.jpg" usemap="#mymap" />
<map name="mymap" id="mymap">
    <area href="http://baike.baidu.com/link? url=KnUJGP3aQDKgv8UVU5ZwbgwfU2A8Tajjc6X8g5YZTEGhsQ04DBbJ6l6eNYWlvasrOxhL7KOmKudNlL9ILo9V7q" shape="rect" coords="11,283,222,320" title="虚拟现实技术(百度百科)" target="_blank" />
</map>
```

(2) 5-11-1.html、5-11-2.html 和 5-11-3.html 中的导航条相同，设置了互相跳转的链接。为避免大量重复，例子中在多数关键字处设置空链接，代码如下：

```
<a href="5-11-1.html">回到首页</a>   
<a href="5-11-2.html">研究背景</a>   
<a href="5-11-3.html">应用领域</a>   
<a href="#">发展前景</a>   
…
```

(3) 在 5-11-1.html 底端的第一个图像上设置外部链接，代码如下：

```
<a href="https://developer.oculus.com"><img src="images/helmet1.jpg" /></a>
```

(4) 在 5-11-2.html 底端的第一个图像上设置链接，目标为图像 helmet7.png，实现链接目标为图像的效果，代码如下：

```
<a href="images/helmet7.png" title="类似图片"><img src="images/helmet2.jpg" /></a>
```

(5) 代码<body style="width:620px;">使用行内 CSS 样式设置页面宽度为 620 像素，具体使用方式在 CSS 部分介绍。

5.8 习题

5.8.1 单选题

1. 表示在新窗口打开超链接目标的代码是(　　)。
    A. `<a href="URL" target="_new">…</a>`
    B. `<a href="URL" target="_top">…</a>`
    C. `<a href="URL" target="_blank">…</a>`
    D. `<a href="URL" target="_parent">…</a>`

2. 下面代码(　　)表示链接目标指向当前页面中的锚记 sec5。
    A. `<a href="sec5">第 5 回</a>`
    B. `<a href="#sec5">第 5 回</a>`
    C. `<a href="*sec5">第 5 回</a>`
    D. `<a href="sec5.html">第 5 回</a>`

3. 要在页面中创建一个以图像为源点的超链接，图像为 leaf.jpg(假设图像 leaf.jpg 和网页文件同一目录)，所链接的目标地址为 http://www.baidu.com，以下用法中正确的是(　　)。
    A. `<a href="leaf.jpg http://www.baidu.com"> leaf.jpg </a>`
    B. `<a href="http://www.baidu.com"> <img src="leaf.jpg" /> </a>`
    C. `<img src="myhome.jpg" /><a href="http://www.pcnetedu.com"></a>`
    D. `<a href="http://www.baidu.com"></a><img src="leaf.jpg" />`

4. 下面代码(　　)表示从文字"跳转"链接到 Web 页面 wine.html 中一个名为 lemon 的部分。
    A. `<a href="wine.html">lemon</a>`
    B. `<a href="wine.html+lemon">跳转</a>`
    C. `<a href="wine.html#lemon">跳转</a>`
    D. `<a href="wine.html/lemon">跳转</a>`

5. 以下创建 Email 链接的方法中正确的是(　　)。
    A. `<a href="master@163.com">联系我们</a>`
    B. `<a href= "callfor:master@163.com">联系我们</a>`
    C. `<a href="mailto:master@163.com">联系我们</a>`
    D. `<a href="Email:master@163.com">联系我们</a>`

6. D 盘有一个文件夹名称叫作 parent，其下有一个叫作 target.html 的文件和一个名为 child 的文件夹。child 文件夹中有一个名为 default.html 的文件，想在 default.html 中做一个链接到 target.html。以下代码正确的是(　　)。

  A. <a href="/target.html">...</a>　　　　B. <a href="D:/parent/test.asp">...</a>

  C. <a href="../target.html">...</a>　　　D. <a href="parent/target.html">...</a>

7. 在下面链接中(　　)属于相对链接。

  A. <a href="../email.html">管理员</a>

  B. <a href="http://www.yahoo.com">雅虎</a>

  C. <a href="/email.html">联系我们</a>

  D. <a href="ftp://222.22.49.189">下载课件</a>

5.8.2 填空题

1. 在 HTML 中，为一个页面定义基准地址的标记是_____。
2. 创建图像映射热区应使用的标记是_____。
3. 创建 Email 链接的语法格式是_____。
4. 内联框架的标记是_____。
5. 如果要实现鼠标经过链接文件"柠檬"时出现提示文字"柠檬功用"，完成代码：<a href="link/lemon.html" target="_blank" _____="柠檬功用">柠檬</a>。

5.8.3 判断题

1. "<a href=#>链接文本</a>"这段代码定义了一个空链接。(　　)
2. 锚记链接可以实现同一页面内的精确定位，不能实现在不同页面中精确定位。(　　)
3. ../告诉浏览器在查找某个文件之前，先返回目录结构中的上一级目录。(　　)
4. <map>元素必须嵌套在<area>元素内部。(　　)
5. <base>元素应该位于<body>元素内部。(　　)
6. 创建图像映射时，热区形状可以是矩形、圆形和多边形。(　　)
7. 在使用内联框架时，如果需要在 name="cab" 的内联框架中打开目标链接，则需要将链接的 target 属性设置为 cab。(　　)

5.8.4 简答题

1. 试述设置基准地址有什么作用，并举例说明。
2. 链接打开目标 target 属性有哪几种打开方式？
3. href 属性的作用是什么？

第6章 表格

将一定的内容按特定的行、列规则进行排列就构成了表格。无论在日常生活和工作中，还是在网页设计中，表格通常都可以使信息更容易理解。HTML 具有很强的表格功能，使用户可以方便地创建出各种规格的表格，并能对表格进行特定的修饰，从而使网页更加生动活泼。HTML 表格模型使用户可以将各种数据(包括文本、预格式化文本、图像、链接、表单、以及其他表格等)排成行和列，从而获得特定的表格效果。

本章学习目标

◎ 了解表格标记定义和用法。
◎ 掌握创建表格的常用标记。
◎ 能够使用表格进行简单布局。

6.1 表格简介

表格除了用来显示那些适合格式化显示的各种信息数据外,很多网页设计师喜欢用表格来设计网页,表格使用的好能带动整个网页在视觉、用户体验上为网站增色不少,所以表格的使用一定程度上代表了这个网页设计师的整体水平。图 6-1 所示是表格在网页中的应用。

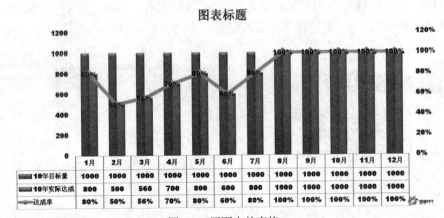

图 6-1　网页中的表格

随着 HTML 语言的发展,表格的定义规则也同时不断地发生变化。HTML5.0 和 HTML4.01 版本在表格上的重要区别是,不再提倡在<table>中添加过多的属性,来定义表格的样式,例如:背景色,文字位置等样式属性,只建议保留一个属性 border,而表格的样式则使用 CSS 来实现设计。

6.2 创建表格

在日常生活中,我们对表格式数据已经很熟悉了。这种数据有多种形式,如财务数据、调查数据、事件日历、公交车时刻表、电视节目表等。在大多数情况下,这类信息都由列标题或行标题加上数据本身构成。如图 6-2 所示，看到一个表格的基本结构示意图。从基本层面看，<table>元素是由行组成的，行是由单元格组成的。每个行(<tr>)都包含标题单元格(<th>)或数据单元格(<td>)，或者同时包含这两种单元格。如果认为整个表格添加一个标题有助于访问者理解该表格，可以提供<caption>。在浏览器中，标题通常显示在表格上方。

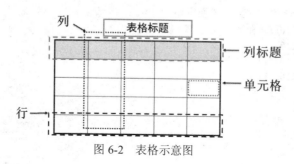

图 6-2　表格示意图

6.2.1　表格基本结构

一个最基本的 HTML 表格常用的标记如表 6-1 所示，它们是创建表格最常用的标记，在一起配合使用就可以生成最简单的表格了。

表 6-1　HTML 表格的基本标记

标记	说明
<table>	table 是表格的最外层标记，一个表格从<table>开始到</table>结束
<tr>	网页的表格是按照行画的，每出现一对<tr></tr>表示一行。<tr>的上一级父标记是<table>。
<td>	<td>元素表示表格中的数据，在表格中用于包含单元格实际的内容。<td>到</td>表示行中的一个单元格，<td>和</td>中间内容就是单元格的内容。<td>的上一级父标记是<tr>
<th>	<th>和<td>表示的都是单元格，但<th>元素中的内容默认将居中并以粗体显示。<th>经常用于表头的单元格
<caption>	在<caption>标记中的文字就作为表格标题，通常会居中显示在表格上方。<caption>标记必须直接放置到<table>标记之后，每个表格只能设置一个标题

基本语法：

```
<table>                        <!--表格开始-->
<caption>...</caption>         <!--表题目-->
<tr>                           <!--行开始-->
    <th>...</th>               <!--单元格，内容默认居中加粗-->
</tr>                          <!--行结束-->
<tr>                           <!--行开始-->
    <td>...</td>               <!--单元格-->
</tr>                          <!--行结束-->
</table>                       <!--表格结束-->
```

好了，现在大家已经知道了生成表格的基本组成标记，下面我们通过一个例子来了解定义一个 HTML 表格具体用法。

【例6-1】创建一个简单的表格(6-1.html)，效果如图6-3所示。

图6-3 一个简单的表格浏览效果

本例显示一个简单的表格，<table>表格默认是不显示边框。如果想要显示表格的边框，可以在表格属性里面进行设置。

代码如下：

```
<!DOCTYPE html>
<html>
<head>
    <title>基本表格</title>
</head>
<body>
<table>
    <caption>学生信息表</caption>
    <tr>
        <th>学号</th>
        <th>姓名</th>
        <th>性别</th>
        <th>年龄</th>
    </tr>
    <tr>
        <td>201107235</td>
        <td>张明</td>
        <td>男</td>
        <td>19</td>
    </tr>
    <tr>
        <td>201107421</td>
        <td>夏静</td>
        <td>女</td>
        <td>20</td>
    </tr>
    <tr>
        <td>201107616</td>
        <td>刘洋</td>
        <td>男</td>
```

```
            <td>18</td>
        </tr>
        <tr>
            <td>201107311</td>
            <td>李明浩</td>
            <td>男</td>
            <td>21</td>
        </tr>
    </table>
</body>
</html>
```

上述代码定义了一个五行四列的表格。在 IE11.0 中浏览，效果如图 6-3 所示。

6.2.2 表格边框显示

在 HTML5 以前版本里面，<table>标记支持很多属性，但为了新的标准希望网页样式用 CSS 设计，<table>中规定样式的属性被去掉了，只保留了 border 属性。即使最终想使表格的边框不可见，但在创建表格时，查看表格组成情况的一个好办法，就是暂时打开所有的表格边框。

基本语法：

<table border="属性值">

语法说明：border 属性表示是否显示表格的边框，只使用值 1 或 0；如果修改 border 属性值为 0，表示无边框，和默认效果一样。在 HTML4.01 中 border 的值也可以是大于 1 的整数，数字越大，边框越粗。

【例 6-2】创建带边框的表格(6-2.html)，效果如图 6-4 所示。 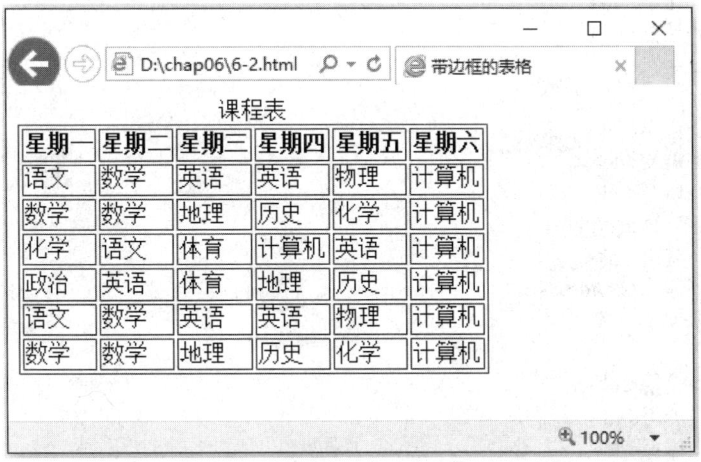

图 6-4 带边框的表格浏览效果

本例是对 border 属性的应用，实现一个七行六列带边框和标题的表格。

代码如下：

```html
<!DOCTYPE html>
<html>
<head>
    <title>带边框的表格</title>
</head>
<body>
<table border="1">
    <caption>课程表</caption>
    <tr>
        <th>星期一</th>
        <th>星期二</th>
        <th>星期三</th>
        <th>星期四</th>
        <th>星期五</th>
        <th>星期六</th>
    </tr>
    <tr>
        <td>语文</td>
        <td>数学</td>
        <td>英语</td>
        <td>英语</td>
        <td>物理</td>
        <td>计算机</td>
    </tr>
    <tr>
        <td>数学</td>
        <td>数学</td>
        <td>地理</td>
        <td>历史</td>
        <td>化学</td>
        <td>计算机</td>
    </tr>
    <tr>
        <td>化学</td>
        <td>语文</td>
        <td>体育</td>
        <td>计算机</td>
        <td>英语</td>
        <td>计算机</td>
    </tr>
    <tr>
        <td>政治</td>
        <td>英语</td>
        <td>体育</td>
        <td>地理</td>
        <td>历史</td>
        <td>计算机</td>
    </tr>
```

```
        <tr>
            <td>语文</td>
            <td>数学</td>
            <td>英语</td>
            <td>英语</td>
            <td>物理</td>
            <td>计算机</td>
        </tr>
        <tr>
            <td>数学</td>
            <td>数学</td>
            <td>地理</td>
            <td>历史</td>
            <td>化学</td>
            <td>计算机</td>
        </tr>
</table>
</body>
</html>
```

在 IE11.0 中浏览，效果如图 6-4 所示。

6.2.3　带图像的单元格

对于 HTML 表格，还可以在其单元格中添加图像。只需在想显示图像的单元格中使用 <img>元素添加对图像的引用即可。将图片放到单元格中，可以将图片在网页上排列整齐。

【例 6-3】创建单元格有图片的表格(6-3.html)，效果如图 6-5 所示。

图 6-5　带图片的表格浏览效果

本例中创建了单元格存放图片的表格，二行三列的表格的单元格中，都分别放了一张图片。这样将图片放到表格中，可以将图片在页面上排列整齐。

代码如下:

```html
<!DOCTYPE html>
<html>
<head>
    <title>带图片的表格</title>
</head>
<body>
    <table>
        <caption>卡通头像</caption>
        <tr>
        <td><img src="images/1.jpg" width="100" height="100"/></td>
        <td><img src="images/2.jpg" width="100" height="100"/></td>
        <td><img src="images/3.jpg" width="100" height="100"/></td>
        </tr>
        <tr>
        <td><img src="images/4.jpg" width="100" height="100"/></td>
        <td><img src="images/5.jpg" width="100" height="100"/></td>
        <td><img src="images/6.jpg" width="100" height="100"/></td>
        </tr>
    </table>
</body>
</html>
```

在 IE11.0 中浏览，效果如图 6-5 所示。

6.3 合并单元格

可以通过 colspan 和 rowspan 属性让<th>或<td>跨越一个以上的列或行，对该属性指定的数值表示的是跨越的单元格的数量，这样我们可以创建更多不规则的表格。

6.3.1 设置跨列 colspan

如果要对表格使用列合并，也就是让同一行上的不同列上的单元格合并为一个单元格，那么要找到被合并的几个单元格中处于最左侧的那个单元格，并加上 colspan 属性，在同一行中的其他单元格的标记要删除掉。

基本语法：

`<td colspan="#">`

语法说明：#代表要合并的单元格个数。

【例 6-4】创建表格的列合并(6-4.html)，效果如图 6-6 所示。

表　格

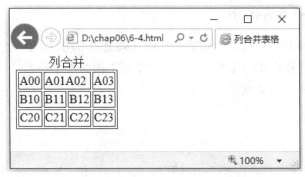

图 6-6　表格的列合并浏览效果

本例是应用表格的列合并，页面有一个三行四列的表格，其中第一行上的第二列和第三列的两个单元格要被合并为一个单元格。

代码如下：

```
<!DOCTYPE html>
<html>
    <head>
        <title>列合并表格</title>
    </head>
    <body>
        <table border="1">
        <caption>列合并</caption>
            <tr>
                <td> A00</td>
                    <td colspan="2">A01A02</td>
                    <td>A03</td>
            </tr>
            <tr>
                <td>B10</td>
                <td>B11</td>
                <td>B12</td>
                <td>B13</td>
            </tr>
            <tr>
                <td>C20</td>
                <td>C21</td>
                <td>C22</td>
                <td>C23</td>
            </tr>
        </table>
    </body>
</html>
```

在 IE11.0 中浏览，效果如图 6-6 所示。

代码分析：在图 6-6 中，可以看到表格的第一行有三个单元格。所以第一行有三个<td>标记，另外一个单元格被合并了所以不能再写出来了。

6.3.2 设置跨行 rowspan

如果要对表格使用行合并，也就是让同一列上的不同行上的几个单元格合并为一个单元格，那么要找到被合并的几个单元格中处于最上面的那个单元格，并加上 rowspan 属性，然后将其他行中对应的其他单元格的标记删除掉。

基本语法：

```
<td rowspan="#">
```

语法说明：#指要合并的单元格总数。

【例 6-5】创建表格的行合并(6-5.html)，效果如图 6-7 所示。

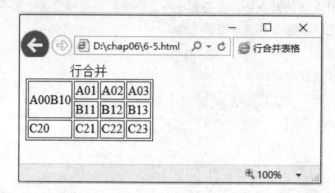

图 6-7　表格的行合并浏览效果

本例是应用表格的行合并，页面有一个三行四列的表格，其中第一列上的第一行和第二行的两个单元格要被合并为一个单元格。

代码如下：

```
<!DOCTYPE html>
<html>
    <head>
        <title>行合并表格</title>
    </head>
    <body>
        <table border="1">
        <caption>行合并</caption>
            <tr>
                <td rowspan="2">A00B10</td>
                <td>A01</td>
                <td>A02</td>
                <td>A03</td>
            </tr>
            <tr>
                <td>B11</td>
                <td>B12</td>
                <td>B13</td>
            </tr>
            <tr>
```

```
                <td>C20</td>
                <td>C21</td>
                <td>C22</td>
                <td>C23</td>
            </tr>
        </table>
    </body>
</html>
```

在 IE11.0 中浏览，效果如图 6-7 所示。

代码分析：在图 6-7 中可以看到，第一列上的第一行和第二行的两个单元格要被合并为一个大的单元格。在代码中，表格第二行的只有三个<td>标记。

【例 6-6】创建表格的行列合并(6-6.html)，效果如图 6-8 所示。

图 6-8　表格的行列合并浏览效果

本例是应用表格的行列合并，页面有一个三行四列的表格，第二行的第三、四列和第三行的第三、四列的四个单元格合并成一个单元格。

代码如下：

```
<!DOCTYPE html>
<html>
    <head>
        <title>行列合并表格</title>
    </head>
    <body>
        <table border="1">
        <caption>行列合并</caption>
            <tr>
                <td>A00</td>
                <td>A01</td>
                <td>A02</td>
                <td>A03</td>
            </tr>
            <tr>
                <td>B10</td>
                <td>B11</td>
                <td rowspan="2" colspan="2">B12B13<br/>C22C23</td>
            </tr>
            <tr>
```

```
                <td>C20</td>
                <td>C21</td>
            </tr>
        </table>
    </body>
</html>
```

在 IE11.0 中浏览，效果如图 6-8 所示。

代码分析：在图 6-8 中可以看到，第三列和第四列上的第二行和第三行的四个单元格要被合并为一个大的单元格。在代码中，合并的单元格如果已经处理过，在之后的代码中将不再处理。

6.4 表格嵌套

嵌套表格就是在一个大的表格中，再嵌进去一个或几个小的表格，即插入到表格单元格中的表格。如果用一个表格布局页面，并希望用另一个表格组织信息，则可以插入一个嵌套表格。

表格的嵌套一方面是为使页面的外观更为漂亮，利用表格嵌套来编辑出复杂而精美的效果，另一方面是出于布局需要，用一些嵌套方式的表格来做精确的编排，或者二者兼而有之。熟练地掌握表格的嵌套技巧并不是很困难的，只要思路清晰，对表格的整体嵌套构架做到心中有数，在实际编辑时就不会出乱，发布出来的作品也就不会只是一堆代码。

在用嵌套表格做布局的时候，一般表格不会显示边框，但为了显示嵌套关系，例子中会将边框显现出来，在实际应用中，程序员可根据具体的情况设置边框是否显示。

【例 6-7】创建表格的嵌套(6-7.html)，效果如图 6-9 所示。

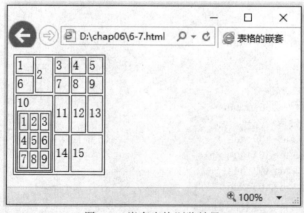

图 6-9　嵌套表格浏览效果

本例是表格嵌套表格的应用。将在一个四行五列的表格中，嵌套了一个三行三列的表格，为了看出是表格嵌套，将表格的边框都显示出来了。

代码如下：

```
<!DOCTYPE HTML>
<html>
<head>
    <title>表格的嵌套</title>
</head>
<body>
    <table border="1">
        <tr><td>1</td><td rowspan=2>2</td><td>3</td><td>4</td><td>5</td></tr>
        <tr><td>6</td><td>7</td><td>8</td><td>9</td></tr>
        <tr>
        <td rowspan="2" colspan="2">10<br/>
        <table border="1">
            <tr><td>1</td><td>2</td><td>3</td></tr>
            <tr><td>4</td><td>5</td><td>6</td></tr>
            <tr><td>7</td><td>8</td><td>9</td></tr>
        </table>
        </td>
        <td>11</td><td>12</td><td>13</td>
        </tr>
        <tr><td>14</td><td colspan="2">15</td></tr>
    </table>
</body>
</html>
```

在 IE11.0 中浏览，效果如图 6-9 所示。

代码分析：从代码中可以看到，在嵌套表格时第二张表格要包含在第一张表格代码中的单元格标记<td>和</td>中间，如图 6-9 所示，在上面的内容是 10 的单元格中嵌套了一个三行三列的表格。如果需要的话，你还可以在表格里继续嵌套下一级表格，但嵌套表格的层数最好不要超过三层。

6.5 表格的按行分组显示<thead>/<tbody>/<tfoot>

<thead>、<tfoot>以及<tbody>元素使您有能力对表格中的行进行分组。当您创建某个表格时，您也许希望拥有一个标题行，一些带有数据的行，以及位于底部的一个总计行。这种划分使浏览器有能力支持独立于表格标题和页脚的表格正文滚动。当长的表格被打印时，表格的表头和页脚可被打印在包含表格数据的每张页面上。

<tfoot>标记定义表格的页脚(脚注或表注)。该标记用于组合 HTML 表格中的表注内容。<tfoot>元素应该与<thead>和<tbody>元素结合起来使用。<thead>元素用于对 HTML 表格中的表头内容进行分组，而 tbody 元素用于对 HTML 表格中的主体内容进行分组。

如果使用<thead>、<tfoot>以及<tbody>，就必须使用全部的元素。它们的出现次序是：<thead>、<tfoot>、<tbody>。这样浏览器就可以在收到所有数据前呈现页脚了。您必须在<table>元素内部使用这些标记。

在默认情况下这些元素不会影响到表格的布局。不过，可以使用 CSS 使这些元素改变表格的外观。

【例6-8】创建表格的按行分组显示(6-8.html)，效果如图6-10所示。

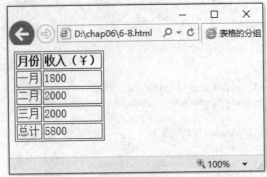

图6-10 表格的按行分组显示浏览效果

本例是创建表格的按行分组显示，在加上<thead>、<tbody>、<tfoot>标记后表格的显示效果并没有发生明显变化，加上标记可以为以后的CSS的设置做准备。

代码如下：

```html
<!DOCTYPE HTML>
<html>
<head>
    <title>表格的分组</title>
</head>
<body>
    <table border="1">
        <thead>
            <tr>
                <th>月份</th>
                <th>收入(¥)</th>
            </tr>
        </thead>
        <tfoot>
            <tr>
                <td>总计</td>
                <td>5800</td>
            </tr>
        </tfoot>
        <tbody>
            <tr>
                <td>一月</td>
                <td>1800</td>
            </tr>
            <tr>
                <td>二月</td>
                <td>2000</td>
            </tr>
            <tr>
                <td>三月</td>
                <td>2000</td>
```

```
            </tr>
        </tbody>
    </table>
</body>
</html>
```

在 IE11.0 中浏览，效果如图 6-10 所示。

代码分析：从显示的效果会发现，不管<thead>、<tbody>、<tfoot>三个标记书写的顺序如何，显示的时候总会按照<thead>、<tbody>、<tfoot>顺序显示表格，从代码中会发现<tfoot>写在了<tbody>的前面，但显示的时候<tfoot>依然出现在表格的最后。

6.6 综合实例——表格应用

这一节我们会通过例子来进一步学习如何使用表格。在本例的表格上显示了当天的主要市场上蔬菜的市场价格信息。在设计时，主要用到了分组、表头，以及单元格合并，放入单元格文字和图片信息等。

【例 6-9】创建表格实例(6-9.html)，效果如图 6-11 所示。

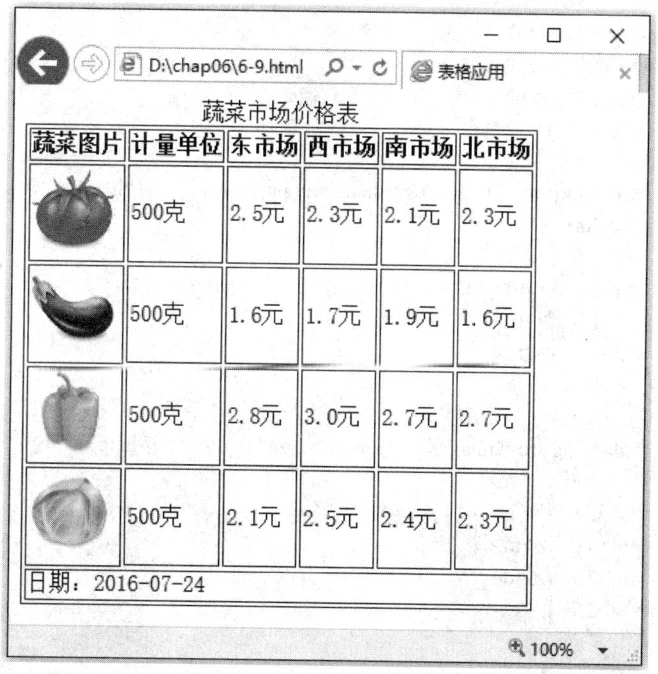

图 6-11　表格实例浏览效果

本例是表格的综合实例，页面中的表格有边框、带标题，单元格中有图片、文字内容，有合并单元格。

代码如下：

```html
<!DOCTYPE HTML>
<html>
<head>
    <title>表格应用</title>
</head>
<body>
    <table border="1">
        <caption>蔬菜市场价格表</caption>
        <thead>
            <tr>
                <th>蔬菜图片</th>
                <th>计量单位</th>
                <th>东市场</th>
                <th>西市场</th>
                <th>南市场</th>
                <th>北市场</th>
            </tr>
        </thead>
        <tbody>
            <tr>
                <td><img src="images/tomato-icon.png" width="60" height="60"/></td>
                <td>500 克</td>
                <td>2.5 元</td>
                <td>2.3 元</td>
                <td>2.1 元</td>
                <td>2.3 元</td>
            </tr>
            <tr>
                <td><img src="images/eggplant-icon.png" width="60" height="60"/></td>
                <td>500 克</td>
                <td>1.6 元</td>
                <td>1.7 元</td>
                <td>1.9 元</td>
                <td>1.6 元</td>
            </tr>
            <tr>
                <td><img src="images/pepper-icon.png" width="60" height="60"/></td>
                <td>500 克</td>
                <td>2.8 元</td>
                <td>3.0 元</td>
                <td>2.7 元</td>
                <td>2.7 元</td>
            </tr>
            <tr>
                <td><img src="images/cabbage-icon.png" width="60" height="60"/></td>
                <td>500 克</td>
                <td>2.1 元</td>
                <td>2.5 元</td>
                <td>2.4 元</td>
                <td>2.3 元</td>
```

```
                </tr>
            </tbody>
            <tfoot>
                <tr>
                    <td colspan="6">日期：2016-07-24</td>
                </tr>
            </tfoot>
        </table>
    </body>
</html>
```

在 IE11.0 中浏览，效果如图 6-11 所示。

6.7 习题

6.7.1 单选题

1. 定义表格行的的 HTML 标记是(　　)。
   A. <table>　　　　　B. <td>　　　　　C. <tr>　　　　　D. <th>
2. html 语言中，设置表格的边框的代码是(　　)。
   A. <table border="#">　　　　　　B. <table cellspacing="#">
   C. <table cellpadding="#">　　　　D. <table width="#" >
3. 跨多列的单元格代码为(　　)。
   A. <th rowspan="#">　　　　　　B. <table rowspan="#">
   C. <td colspan="#">　　　　　　　D. <td rowspan="#">
4. 需要给表格加上一个标题，那就可以使用(　　)标记。
   A. <title>　　　　　　　　　　　B. <caption>
   C. <legend >　　　　　　　　　　D. <head>
5. 要使表格的边框不显示，可设置 border 的值是(　　)。
   A. 1　　　　　　　B. 0　　　　　　　C. border　　　　　D. -1

6.7.2 填空题

1. 定义表格表头单元格的 HTML 标记是_____。
2. 在 HTML 语言中，使用表格时，数据是放在_____或者_____标记中的。
3. 如果要对表格使用跨行合并，那么要找到被合并的几个单元格中处于最上层的那个单元格，并加上_____属性。
4. 表格的按行分组显示要用到_____、_____和_____三个标记。

6.7.3 判断题

1. 在 HTML 表格中，表格的行数等于<tr>标记符的个数。　　　　　　　　（　）
2. 在 HTML 表格中，属性 rowspan 和 colspan 不能出现在同一标记里面。（　）
3. HTML 表格在默认情况下表格是没有边框。　　　　　　　　　　　　　（　）
4. 表格只能单个使用，不可以嵌套。　　　　　　　　　　　　　　　　　（　）
5. <th>和<td>标记不但作用完全是一样的，而且显示效果也一样。　　　（　）

6.7.4 简答题

1. 在 Web 设计中，表格经常应用在有哪些地方？
2. 试述表格<thead>、<tfoot>以及<tbody>元素的作用。

第 7 章

表 单

到目前为止，前面章节学到的所有 HTML 都是用于将网站拥有者的想法告诉访问者的。在本章中，你将学习如何创建表单，与访问者进行交流。表单有两个基本组成部分：访问者在页面上可以看见并填写的控件、标记和按钮的集合；以及用于获取信息并将其转化为可以读取或计算的格式的处理脚本。本章主要关注第一部分：创建表单。

 本章学习目标

◎ 了解表单定义和用法。
◎ 掌握常用表单基本元素。
◎ 掌握新增表单高级元素。
◎ 掌握新增的通用表单属性。

7.1 表单概述

表单在网页中起着重要作用，它是与用户交互信息的主要手段。无论是提交要搜索的信息，还是网上注册等都需要使用表单。表单相当于一个容器，它把需要向服务器传送的信息搜集到一起，以便提交到服务器进行处理。比如我们常用的用户注册、在线联系、在线调查表等都是表单的具体应用形式。这些交流的方式让网页变得生动起来，灵活的运用表单可以让网站变得更加有活力，发挥更大的作用。如图 7-1 是一个注册表单的示例。

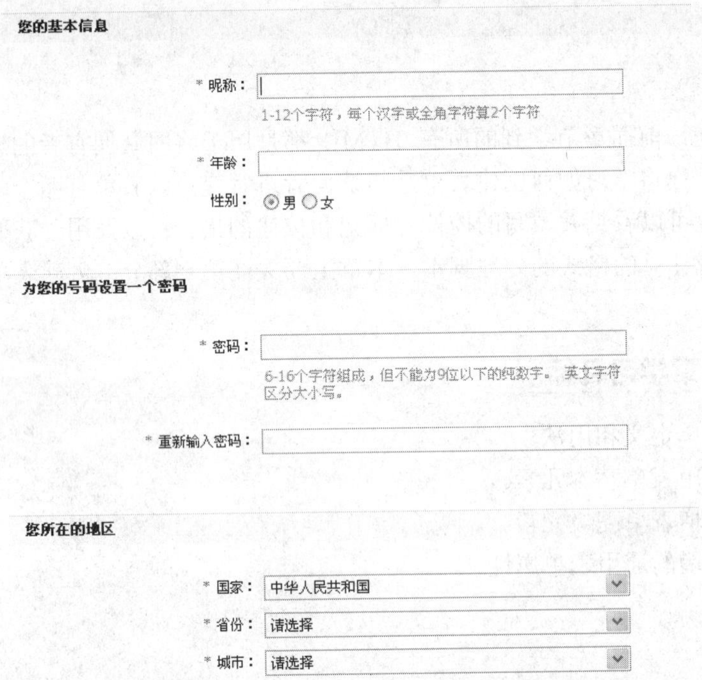

图 7-1　表单示例

在网页设计中，表单是页面中不可缺少的元素，特别是 HTML5 出现之后，表单更方便的被应用。新的 HTML5 对目前的 Web 表单进行了全面的提升，HTML5 的一个重要的特性就是对表单的改进。过去，需要编写 JavaScript 以增强表单行为——例如，要求访问者提交表单之前必须填写某个字段。HTML5 通过引入新的表单元素、输入类型和属性，以及内置的对必填字段、电子邮件地址、URL 以及定制模式的验证，让这一切变得很轻松。这些特性不仅帮助了设计人员和开发人员，也让网站访问者的体验有了很大的提升。由于 IE11.0 对 HTML5 中表单有些新增加的元素支持不是很好，本章的例子都是在 opera38 浏览器下运行。

7.2 建立表单<form>

在 HTML 中，只要在需要使用表单的地方插入成对的标记<form>和</form>，就可以很简单地完成表单的插入。

基本语法：

```
<form name=" " method=" " action=" ">
…
表单元素(如文本框、单选按钮、复选框、列表框、文本区域等)
…
</form>
```

语法说明：

- ➢ name：该属性表示表单的名称。
- ➢ method：该属性用来定义提交信息的方式，取值为 post 或 get，默认为 get。两者的区别是：
    - ◆ 使用 get 方式提交信息时，表单中的信息作为字符串自动附加在 URL 的后面，会将该 URL 和后面的参数信息在浏览器的地址栏中显示出来。get 方式传输的数据量非常小，一般限制在 2KB 左右，但执行效率比较高。例如：
      http://www.domain.com/test.html?name=myname&password=mypassword
    - ◆ 使用 post 方式提交信息时，需要对输入的信息进行包装，存入单独的文件中(不附在 URL 后面)，等待服务器取走，这种方式对信息量没有限制。
- ➢ action：该属性用来指定处理表单数据的程序文件所在的位置，当单击提交按钮后，就将表单信息提交给该文件进行处理。

如下是一个建立表单的基本语句：

```
<form name="form1" method="post" action="login.html">
</form>
```

这是一个没有任何内容的表单，还需要向表单中添加各种表单元素。下面我们学习表单控件。

7.3 表单基本元素

一个表单重要的两个组成部分表单域和表单按钮。表单域包含了文本框、密码框、隐藏域、多行文本框、复选框、单选按钮、下拉列表框和文件上传框等。表单按钮包括提交按钮、复位按钮和一般按钮，用于将数据传送到服务器上的或者取消输入，还可以用表单按钮来控制其他定义了处理脚本的处理工作。接下来将对这两个组成部分做详细的讲解。

7.3.1 <input>标记

该标记可以在表单中定义单行文本框、单选按钮、复选框等表单元素，基本语法格式如下：

```
<input name=" " type=" " />
```

不同的元素有不同的属性，详细的属性及其功能如表 7-1 所示。

表 7-1 <input>标记的属性

属　　性	功　　能
type	插入表单的元素类型，具体取值如表 7-2 所示
name	表单元素的名称
size	单行文本框的长度，取值为数字，表示多少个字符长
maxlength	单行文本框可以输入的最大字符数，取值为数字，表示多少个字符，当大于 size 的属性值时，用户可以移动光标来查看整个输入内容
value	对于单行文本框，表示输入文本框的默认值，可选属性； 对于单选按钮或复选框，则指定单选按钮被选中后传送到服务器的实际值，必选属性； 对于按钮，则指定按钮表面上的文本，可选
checked	若被加入，则默认选中

type 属性的值及其说明如表 7-2 所示。

表 7-2 type 属性的值

属　性　值	说　　明
text	表示单行文本框
password	表示密码框，输入的字符以 "*" 或 "•" 显示
radio	表示单选按钮
checkbox	表示复选框
submit	表示提交按钮，单击后将把表单信息提交到服务器
reset	表示重置按钮，单击后将清除所填内容
button	表示创建一个按钮，该按钮的具体功能需要另外编程
image	表示图像域，此时<input>标记还有一个重要属性 src，用来指定图像域的来源
file	表示文件域
hidden	隐藏文本域，类似于 text，但不可见，常用来传递信息

1. 文本框和密码框

文本框和密码框是表单设计里面最常用的两个表单元素，比如登录、注册等页面设计都会用到这两个表单元素。

基本语法：

```
<input type="类型" name="名称" readonly="只读" size="宽度" maxlength="可输入字符数" value="默认值"/>
```

表 单 07

语法说明：
- type 属性一般不缺省，如果缺省默认属性值为 text 文本框，其他属性都可以缺省。
- 当<input>标记的 type 属性值为 text 时，为文本输入框；
- 当<input>标记的 type 属性值为 password 时，为密码输入框。
- readonly 属性用于设置输入框的只读属性，比如：readonly="readonly"，将使得这个输入框即不能输入也不能编辑。
- value 属性表示文本框中的值，如果赋值，表示打开网页，文本框中就有值，如果不赋值，默认打开文本框为空。
- size 属性表示 input 表单元素的宽度(以字符计算)。
- maxlength 属性用于设定 input 表单可以输入字符的最大长度(以字符计算)。

【例 7-1】创建文本框和密码框(7-1.html)，效果如图 7-2 所示。

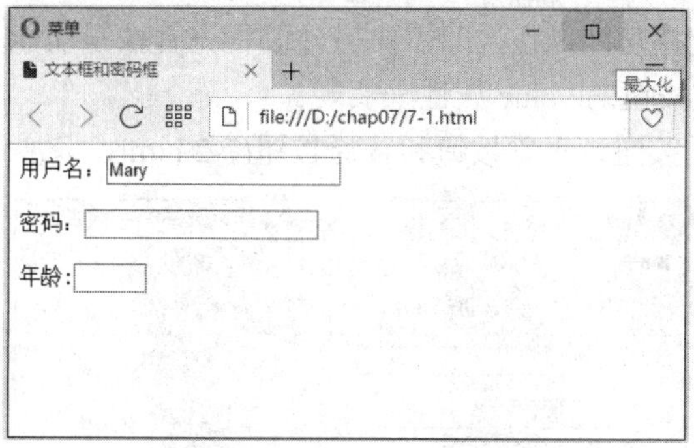

图 7-2 文本框和密码框浏览效果

本例是创建了文本框和密码框，并设置了一些常用的属性。用户名对应的文本框因为设置的 value 属性，所以打开框的时候已有一个值，可以删除再输入新的值。密码一栏里如果输入，会发现输入的密码字符并不会被直接显示出来，从而起到保密的作用。因为年龄不需要太长，所以年龄框设置了的 size 和能输入的最大尺寸 maxlength。

代码如下：

```
<!DOCTYPE HTML>
<html>
<head>
    <title>文本框和密码框</title>
</head>
<body>
    <form>
        用户名：<input type="text" name="uname" value="Mary"/>
        <br /><br />
        密码：<input type="password" name="upass" />
        <br /><br />
        年龄:<input type="text" name="uage" size="3" maxlength="3"/>
    </form>
</body>
</html>
```

在 Opera38 中浏览，效果如图 7-2 所示。

2. 按钮

表单填写完数据之后，总是要送数据到指定的地方进行处理，这时候就需要有相对应的按钮操作。在表单中常用的按钮有四种，分别是提交按钮、重置按钮、普通按钮和图片按钮。这四种按钮都是由<input>标记生成的，只是各自有不同的 type 属性值，参考表 7-2。

提交按钮的 type 属性值为 submit，当用户单击提交按钮时，就会触发提交数据的动作，从而将表单中的所有数据都进行提交到<form>标记中属性 action 规定的属性值的地方，如果 action 没有定义或者属性值是空的，意味着数据将提交本页面处理。可以通过修改该按钮的 value 属性修改按钮上的文字。

重置按钮就是让所有表单数据都还原到初始值，也就是刚打开网页时的状态，用户后来做的修改都会被取消。同样，重置按钮的文本也可以修改该按钮的 value 属性来实现。

普通按钮就是能生成一个按钮的形状，但单击按钮不会有任何操作，需要配合 javascript 的相关代码支持功能操作，即需要另外编程完善按钮功能。同样，普通按钮上的文字也可以通过修改该按钮的 value 属性来实现。

【例 7-2】创建提交按钮、重置按钮和普通按钮(7-2.html)，效果如图 7-3 所示。

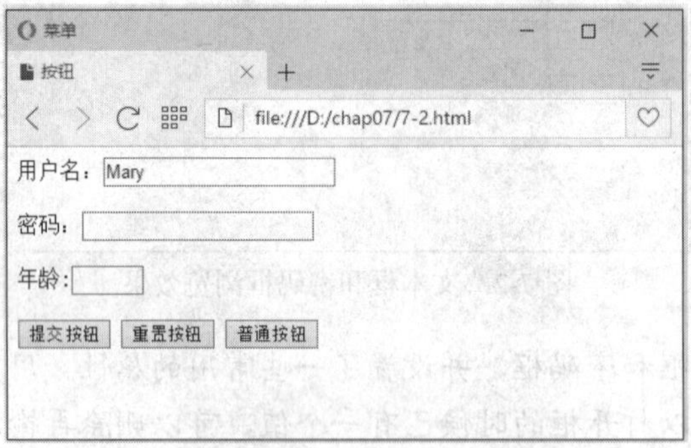

图 7-3 提交、重置和普通按钮浏览效果

本例是创建提交按钮、重置按钮和普通按钮，在图 7-3 中可以看到网页上的三个按钮有不同的作用，一个提交数据，另外一个恢复初始状态，还有一普通按钮 button，单击后会触发 onClick="window.alert('请输入用户信息')"JavaScript 代码，会弹出一个窗口提示相关信息。

代码如下：

```
<!DOCTYPE HTML>
<html>
<head>
    <title>按钮</title>
</head>
<body>
    <form>
        用户名：<input type="text" name="uname" value="Mary"/>
        <br /><br />
        密码：<input type="password" name="upass" />
        <br /><br />
```

```
            年龄:<input type="text" name="uage" size="3" maxlength="3"/>
            <br /><br />
            <input type="submit" value="提交按钮" />
            <input type="reset" value="重置按钮" />
            <input type="button" value="普通按钮" onClick="window.alert('请输入用户信息')"/>
        </form>
    </body>
</html>
```

在 Opera38 中浏览，效果如图 7-3 所示。

图片按钮当<input>标记的属性值为 image 时，就成为一个图像域，图像域相当于一个图片样式的提交按钮。

基本语法：

```
<input type="image" src="图片的位置" width="图片宽度" height="图片的高度" />
```

【例 7-3】创建图片按钮的实例(7-3.html)，效果如图 7-4 所示。

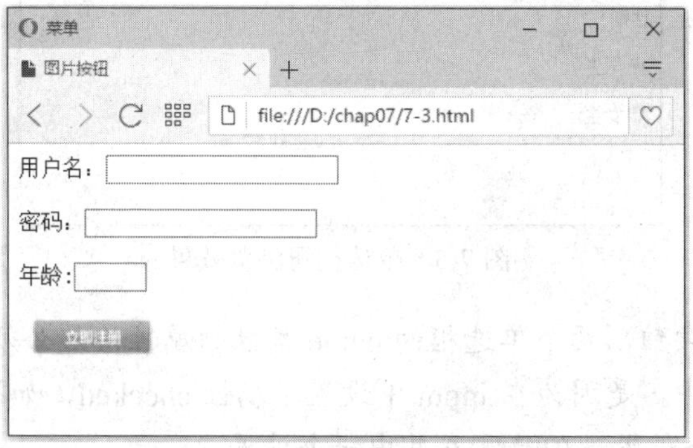

图 7-4　图像域的应用浏览效果

本例是创建图片按钮应用，在图 7-4 中，按钮显示为一个图片，不过这个图片现在还可以起到提交按钮的作用，当单击这个图片时，可以提交表单中的数据。

代码如下：

```
<!DOCTYPE HTML>
<html>
    <head>
        <title>图片按钮</title>
    </head>
    <body>
        <form>
            用户名：<input type="text" name="uname" />
            <br /><br />
            密码：<input type="password" name="upass" />
            <br /><br />
            年龄:<input type="text" name="uage" size="3" maxlength="3"/>
            <br /><br />
            <input type="image" src="images/submit.jpg" width="120"/>
        </form>
```

```
</body>
</html>
```

在 Opera38 中浏览，效果如图 7-4 所示。

3. 单选按钮

单选按钮(radio button)是较小的圆形按钮，它允许用户从一个选项列表中选择单个选项。只需使用 input 元素并将 type 特性设置为 radio，就可以创建单选按钮。当用户通过单击单选按钮选中其中一个选项时，单选按钮的圆形图标中会显示一个圆点。在定义选项时，必须保证同一组的单选框的 name 属性值一样，这样才能在一组选项中做出一个选择。

【例 7-4】创建单选按钮(7-4.html)，效果如图 7-5 所示。

图 7-5　单选按钮浏览效果

本例是创建单选按钮，两个单选框的 name 属性的属性值是必须一样的，网页打开默认男生的单选框被选中，是因为在 input 中设置了属性 checked，如果需要有一默认选中选项的话，可用 checked 设置，但只需在其中一个设置。

代码如下：

```
<!DOCTYPE html>
<html>
<head>
    <title>单选按钮</title>
</head>
<body>
    <form>
        <br /><br />
        性别<br /><br />
        <input type="radio" name="radio1" value="男生" checked="checked"/>男生<br /><br />
        <input type="radio" name="radio1" value="女生" />女生
    </form>
</body>
</html>
```

在 Opera38 中浏览，效果如图 7-5 所示。

4. 复选框

复选框与单选按钮类似，它们都不允许用户输入任何数据，只能单击控件以选中或取消选项。复选框允许从一个选项列表中选择多个选项。在 input 标记中设置 type 属性值为 checkbox。在定义选项时，要注意如果 name 值一样的话，用户所有选项会组合为一个数据进行提交。

【例 7-5】创建复选框(7-5.html)，效果如图 7-6 所示。

图 7-6　复选框浏览效果

本例是创建复选框，复选框的每个选项的选择是不会影响其他选项是否被选中，如果选中，默认显示对勾。

代码如下：

```
<!DOCTYPE html>
<html>
<head>
    <title>复选框</title>
</head>
<body>
<form>
    <br /><br />
    个人爱好<br /><br />
    <input type="checkbox" name="checkgroup" value="跳舞" />跳舞
    <br /><br />
    <input type="checkbox" name="checkgroup " value="唱歌" />唱歌<br /><br />
    <input type="checkbox" name="checkgroup " value="羽毛球" />羽毛球
    <br /><br />
    <input type="checkbox" name="checkgroup " value="乒乓球" />乒乓球
    <br /><br />
</form>
</body>
</html>
```

在 Opera38 中浏览，效果如图 7-6 所示。

5. 文件域

文件域类型用于文件上传。在设计网站时，有时会需要用户上传一些本地计算机上的一些文件。这时候使用文件域就会非常方便，可以让用户自行选择要上传的文件。

【例 7-6】创建文件域的应用(7-6.html)，效果如图 7-7 所示。

本例是创建文件域的应用，当用户单击"选择文件"按钮时，会自动弹出一个打开对话框，在里面就可以查看并选择本地计算机中的文件，选择完成后，所选的文件路径地址就会显示在"未选择任何文件"的地方。

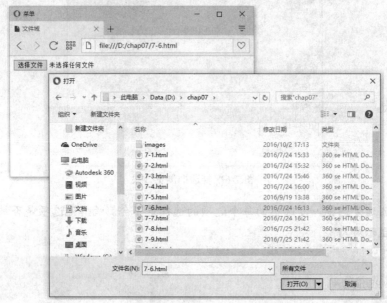

图 7-7 文件域浏览效果

代码如下：

```html
<!DOCTYPE html>
<html>
<head>
    <title>文件域</title>
</head>
<body>
    <form>
        <input type="file" name="user_file" />
    </form>
</body>
</html>
```

在 Opera38 中浏览，效果如图 7-7 所示。

6. hidden 类型

hidden 类型可以定义一个隐藏的表单控件。在浏览器中，这个隐藏项用户是看不到的。通常情况下，设计者可以利用隐藏表单控件存储一些数据，可以当作一个页面变量。

例如：

`<input type="hidden" name="hiddenText" value="1000" />`

7.3.2 多行文字框<textarea>

有些情况下，我们需要一个能够输入多行文本的区域，<textarea>和</textarea>标记就用于定义一个多行文本域，常用于需要输入大量文字的地方，如留言、自我介绍等。由<textarea>创建的文本域对输入的文本长度没有任何限制，该区域在垂直方向和水平方向上都可以有滚动条。其属性如表 7-3 所示。

表 7-3 <textarea>标记的属性

属 性	功 能
name	多行文本域的名称
rows	多行文本域的行数，取值为数字
cols	多行文本域的列数，取值为数字

基本语法：

```
<textarea rows="行数" cols="列数">
这是多行文字框
</textarea>
```

【例 7-7】创建多行文字框(7-7.html)，效果如图 7-8 所示。

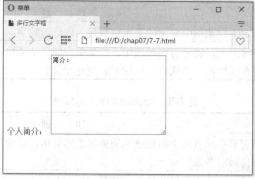

图 7-8 多行文字框浏览效果

本例是创建多行文字框，创建一个能显示 10 行 30 列的文本区域，当内容超出该设置的显示区域，将自动出现滚动条。

代码如下：

```
<!DOCTYPE html>
<html>
<head>
    <title>多行文字框</title>
</head>
<body>
    <form>
```

```
        个人简介:
        <textarea rows="10" cols="30" name="txtarea">
        简介:
        </textarea>
    </form>
</body>
</html>
```

在 Opera38 中浏览,效果如图 7-8 所示。

7.3.3 列表<select>/<option>/<datalist>

HTML5 中的列表保留了原来的列表表单<select>外,又增加了一种改进的列表表单<datalist>。

1. <select>

复选框和单选按钮是收集用户多重选择数据的有效方式。但是,如果可能的选择比较多,那么表单将变得很长而难以显示。在这种情况下,需要使用下拉菜单,下拉菜单用<select>和</select>标记来定义。

<select>标记是和<option>标记配合使用的,一个<option>标记就是下拉菜单中的一项,<select>标记和<option>标记的属性分别如表 7-4 和表 7-5 所示。

表 7-4 <select>标记的属性

属性	功能
size	指定下拉菜单中显示的菜单项数目,取值为数字
multiple	若被加入,表示可同时选中下拉菜单中的多个菜单项,否则,只能选择一个,没有属性值,多选时,按住 Ctrl 键逐个选取

表 7-5 <option>标记的属性

属性	功能
value	指定菜单项被选中后传送到服务器的实际值,可选,如果省略,则将显示的内容传到服务器
selected	若被加入,表示默认选中,值是 selected

基本语法:

```
<select>
<option value="列表项的值 1">列表项的说明 1</option>
  ...
<option value="列表项的值 n">列表项的说明 n</option>
</select>
```

【例 7-8】使用<select>列表(7-8.html),效果如图 7-9 所示。

表 单

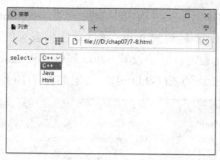

图 7-9 <select>列表浏览效果

本例是使用<select>列表，显示的是单选的下拉列表的样式，将来配合后面 multiple 属性，可以做到多选下拉列表。

代码如下：

```
<!DOCTYPE html>
<html>
<head>
    <title>列表</title>
</head>
<body>
    <form>
        select：
        <select>
        <option value="C++">C++</option>
        <option value="Java">Java</option>
        <option value="Html">Html</option>
        </select>
    </form>
</body>
</html>
```

在 Opera38 中浏览，效果如图 7-9 所示。

2. <datalist>

<datalist>虽然也可以生成列表，但是不能独立使用这个表单。<datalist>标记必须和一个可输入文本框类型一起配合使用。

基本语法：

```
<input type="text" list="要绑定的 datalist 的 id" name="名称" />
    <datalist id=列表 id>
        <option label="列表项的说明 1" value="列表项的值 1" />
        ……
        <option label="列表项的说明 n" value="列表项的值 n" />
    </datalist>
```

语法说明：

➢ <input>文本框表单要和下面的<datalist>一起搭配使用，所以<input>的 list 属性要设定为<datalist>的 id 值；

➢ <datalist></datalist>标记只用来标记列表的区域范围；

➢ <option>标记的作用是生成列表中的每一项，<option>标记的 label 属性设置列表项的标记，<option>标记的 value 属性设定列表项的取值。

➢ 在设置 option 元素时，必须设置 value 属性，而 label 属性则可以省略。

【例 7-9】使用<datalist>列表(7-9.html)，效果如图 7-10 所示。

图 7-10 <datalist>列表浏览效果

本例是使用<datalist>列表，当用户在文本框准备输入时，输入表单下面就会显示出列表供用户参考。

代码如下：

```
<!DOCTYPE html>
<html>
<head>
    <title>列表</title>
</head>
<body>
    <form>
        Webpage: <input type="url" list="url_list" name="link" />
        <datalist id="url_list">
            <option label="W3School" value="http://www.W3School.com.cn" />
            <option label="Google" value="http://www.google.com" />
            <option label="Microsoft" value="http://www.microsoft.com" />
        </datalist>
    </form>
</body>
</html>
```

在 Opera38 中浏览，效果如图 7-10 所示。

7.4 <input>新增表单高级元素

HTML5 中对<input>定义了很多全新的表单输入类型，这些新的表单类型大大简化了程序员的编程复杂度，提供了很好的控制和便捷的验证方法。如表 7-6 所示部分新增常用的表单类型，表中第一列都是<input>中属性 type 新增的属性值。

表 7-6 <input>新增常用表单输入类型

type 属性值	类型	描述
url	Web 地址输入框	输入 URL 地址的文本框，同时验证路径的合法性
email	邮件输入框	输入 E-mail 地址的文本框，同时验证输入的文本是否是个邮箱格式
date	日期选择器	输入日期的文本框
number	数字输入框	输入数字的文本框，可以设置输入值的范围
range	数字滑动条	通过拖动滑动条改变一定范围内的数字
color	颜色选择器	输入颜色值的文本框
search	搜索输入框	输入搜索关键字操作的文本框
tel	电话号码输入框	输入电话号码

7.4.1 url 类型

定义 url 类型的输入表单，是在<input>标记中设置 type 属性值为 url。当提交数据时，该表单会对输入的路径值自动进行验证，输入的是不合法路径时会有提示语句。

基本语法：

```
<input type="url" name="名称"/>
```

【例 7-10】使用 url 表单控件(7-10.html)，效果如图 7-11 所示。

图 7-11 url 表单控件浏览效果

本例是对 url 表单控件的使用。当输入的数据不是网址格式时，提交时验证并提示错误信息，页面将不会跳转。

代码如下：

```
<!DOCTYPE html>
<html>
<head>
    <title>url</title>
</head>
<body>
    <form>
        请输入个人主页地址:
        <input type="url" name="user_url" />
```

```
        <input type="submit"/>
    </form>
</body>
</html>
```

在 Opera38 中浏览，效果如图 7-11 所示。

7.4.2　email 类型

定义 email 类型的输入表单，是在 input 标记中设置 type 属性值为 email。当提交数据时，该表单会对输入的邮箱地址值自动进行验证，如果用户输入不符合格式就会给出提示。

基本语法：

```
<input type="email" name="名称" />
```

【例 7-11】使用 email 表单控件(7-11.html)，效果如图 7-12 所示。

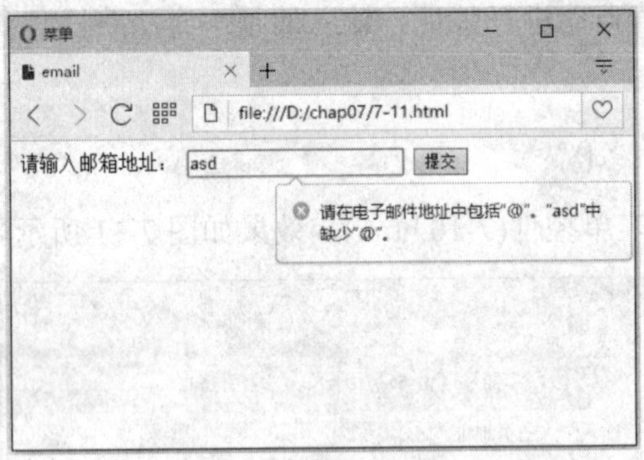

图 7-12　email 表单控件浏览效果

本例是对 email 表单控件的使用。当输入的数据不是正确的邮箱格式时，提交时会验证，并提示错误信息，页面将不会跳转。

代码如下：

```
<!DOCTYPE html>
<html>
<head>
    <title>email</title>
</head>
<body>
    <form>
        请输入邮箱地址：
        <input type="email" name="Uemail" />
        <input type="submit" value="提交"/>
    </form>
</body>
</html>
```

在 Opera38 中浏览，效果如图 7-12 所示。

7.4.3 日期和时间

HTML5 之前日期和时间是需要另外编程插入能选择日期和时间的控件,现在 HTML5 提供了多种新的日期和时间输入表单,用户可以方便的通过鼠标选择日期和时间。在表 7-7 中,列出了可供使用的关于日期时间的 type 属性值。

表 7-7 日期和时间表单的 type 属性值

属 性 值	说　　明
date	选择日、月、年
month	选择月、年
week	选择周、年
time	选择时间(时、分)
datetime	输入时间后,会验证是否是时间格式
datetime-local	选择时间、日期、月、年(本地时间)

基本语法:

```
<input type="时间日期关键字" name="名称" />
```

【例 7-12】创建日期和时间表单控件(7-12.html),效果如图 7-13 所示。

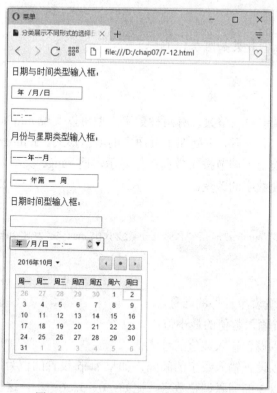

图 7-13 日期和时间表单控件浏览效果

本例是对日期和时间表单控件的使用。当需要选择时间时,单击会出现选择时间的框,默认时间是当前计算机的日期和时间。

代码如下：

```html
<!DOCTYPE html>
<html>
    <head>
        <title>分类展示不同形式的选择日期</title>
    </head>
    <body>
        <form>
            日期与时间类型输入框：<br/><br/>
            <input name="txtDate_1" type="date"/><br/><br/>
            <input name="txtDate_2" type="time"/><br/><br/>

            月份与星期类型输入框：<br/><br/>
            <input name="txtDate_3" type="month"/><br/><br/>
            <input name="txtDate_4" type="week"/><br/><br/>

            日期时间型输入框：<br/><br/>
            <input name="txtDate_5" type="datetime"/><br/><br/>
            <input name="txtDate_6" type="datetime-local"/><br/><br/>
        </form>
    </body>
</html>
```

在 Opera38 中浏览，效果如图 7-13 所示。

7.4.4 数字类型

如果要在 HTML5 中输入整数，有两种数字类型可以实现 number 和 range，这两种类型的属性都是一样的，唯一不同之处在于页面中的展示形式。number 类型的在页面中以文本框加一个类似于具有上下调节按钮微调控件显示，而 range 类型以滑动条的形式展示数字，通过拖动滑块实现数字的改变。

基本语法：

```
<input type="range 或者 number" name="名称" min="最小值" max="最大值" step="步长" value="初始值" />
```

语法说明：

➢ name 属性设置表单控件的名称。

➢ min 属性设置输入数值的最小值；

➢ max 属性用以设置输入数值的最大值

➢ step 属性用以设置输入数字的间隔，如果 step 设置的值为 3，那么用户在调整数字时，只能以 3 的间隔调整数字，比如：0、3、6……，这些都是合法数字，其他数字则会被认为不合法的输入。

➢ value 属性设置打开时的初始值。

【例7-13】创建数字类型表单控件(7-13.html),效果如图7-14所示。

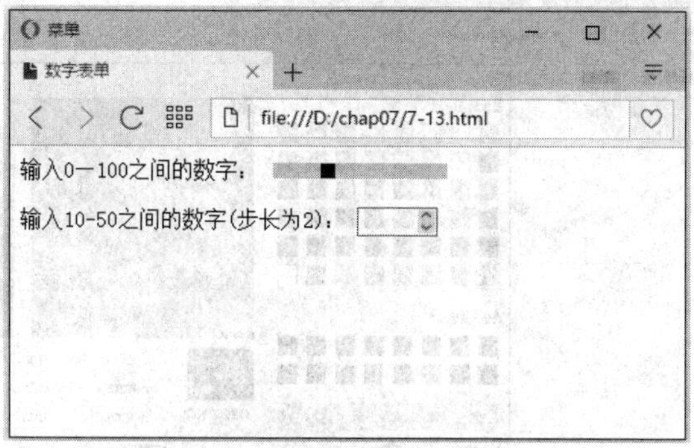

图7-14 数字类型表单控件浏览效果

本例是对数字类型表单控件的使用。不同的浏览器对<range>元素显示的滑动条图片有些区别,操作都是一样的。

代码如下:

```
<!DOCTYPE html>
<html>
<head>
    <title>数字表单</title>
</head>
<body>
    <form>
        输入 0—100 之间的数字:
        <input type="range" name="inputNum3" min="1" max="100" value="30"/>
        <br/><br/>
        输入 10-50 之间的数字(步长为 2):
        <input type="number" name="inputNum2" min="10" max="50" step="2" />
    </form>
</body>
</html>
```

在 Opera38 中浏览,效果如图 7-14 所示。

7.4.5 color 类型

HTML5 提供了 type 为 color 的 input 表单,打破了以前设计网页时,如果想要任意选择一种颜色,必须依赖编辑工具的帮助。用户使用 color 新型表单控件可以通过鼠标在调色板上自由的选择颜色。

基本语法:

<input type="color" name="名称" />

【例7-14】创建选择颜色的表单(7-14.html),效果如图 7-15 所示。

本例是创建选择颜色的表单的应用,在图中如果单击颜色方块,则会弹出"颜色"对话框,可以选取更多地颜色种类。如果使用 IE11.0 将不会看到相应的效果。

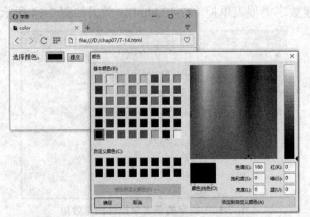

图 7-15 选择颜色的表单控件浏览效果

代码如下：

```
<!DOCTYPE html>
<html>
<head>
    <title>color</title>
</head>
<body>
    <form>
        选择颜色：
        <input type="color" name="select_color" />
        <input type="submit"/>
    </form>
</body>
</html>
```

在 Opera38 中浏览，效果如图 7-15 所示。

7.4.6 fieldset 控件组

<fieldset>标记用于对同一个表单中的控件进行分组，也可以将一个网页上的不同表单进行分组，<fieldset>标记还会在这组表单元素周围生成边框线，从逻辑上将表单中的多个控件组合起来成为一个控件组。<legend>标记与<fieldset>标记搭配使用，<legend>标记可以为该控件组定义一个标题。

基本语法：

```
<form>
  <fieldset>
    <legend>控件组的标题</legend>
        ……
  </fieldset>
</form>
```

【例 7-15】使用<fieldset>控件组(7-15.html)，效果如图 7-16 所示。

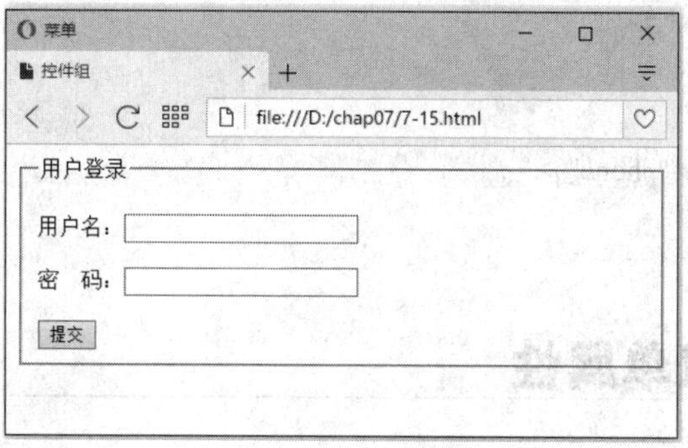

图 7-16 fieldset 控件组浏览效果

本例是在表单中对<fieldset>和<legend>的使用。使用过<fieldset>控件组使页面表单更清楚的表达了分组的特性。

代码如下：

```
<!DOCTYPE HTML>
<html>
<head>
    <title>控件组</title>
</head>
<body>
    <form>
        <fieldset>
            <legend>用户登录</legend><br/>
            用户名：<input type="text" name="uname" />
            <br /><br />
            密 码：<input type="password" name="upass" />
            <br /><br />
            <input type="submit" value="提交" />
        </fieldset>
    </form>
</body>
</html>
```

在 Opera38 中浏览，效果如图 7-16 所示。

7.4.7 search 类型

search 类型用于搜索功能，但这个类型功能有限，真正的搜索功能是需要大量的代码和算法支持，所以该表单元素其外观和作用与常规的文本标记基本没有差别。

基本语法：

```
<input type="search" name="usearch" />
```

7.4.8 tel 类型

tel 类型用于应该输入电话号码的地方，但 HTML5 这个类型的表单控件功能暂时没有特殊的验证功能，只是相当于一个普通文本输入框，可以和后面 7.5 小节中的属性配合验证数据。

基本语法:

<input type="tel" name="phone" />

7.5 通用的表单属性

在上一节已经讲了很多 HTML5 新增的常用的表单元素和属性,在这一节里将继续了解几个很有特点的新属性,这些新属性是 input 标记的常用的公用属性,如表 7-8 所示。

表 7-8 <input>新增常用公用属性

属 性	属 性 值	描 述
autofocus	autofocus	拥有该属性的表单元素,会自动获取焦点
multiple	multiple	可以多选选项,经常多用于 file 上传和下拉菜单
required	required	用于检测输入内容是否为空
placeholder	默认内容	当页面初次加载时,提供提示语句
pattern	正则表达式	可以根据对应的正则表达式,验证输入框中的内容

7.5.1 autofocus 属性

autofocus 属性可以让页面的某个表单元素在页面加载完成后自动地获得焦点。这个 autofocus 属性适用于所有类型的<input>标记。一个表单中,应该只有一个元素含有这个属性。

基本语法:

<input autofocus="autofocus" />

【例 7-16】使用 autofocus 属性(7-16.html),效果如图 7-17 所示。

图 7-17 autofocus 属性浏览效果

本例中使用 autofocus 属性,打开页面后,输入用户名的文本框会自动获得焦点。可以对比【例 7-15】中的用户名文本框的区别。

代码如下:

```
<!DOCTYPE HTML>
<html>
<head>
    <title>控件组</title>
</head>
<body>
    <form>
        <fieldset>
            <legend>用户登录</legend><br/>
            用户名：<input type="text" name="uname" autofocus="autofocus"/>
            <br /><br />
            密 码：<input type="password" name="upass" />
            <br /><br />
            <input type="submit" value="提交"/>
        </fieldset>
    </form>
</body>
</html>
```

在 Opera38 中浏览，效果如图 7-17 所示。

7.5.2 multiple 属性

multiple 属性适用于 file 类型或者 select 的<input>标记。multiple 属性设置了这种输入框可以同时选中多个输入值。如果 select 使用多选，必须设置属性 size 大于 1。
例如：

```
<input type="file" multiple="multiple" />
```

当要选择文件时，可以同时选中多个文件了。

【例 7-17】使用 multiple 属性(7-17.html)，效果如图 7-18 所示。

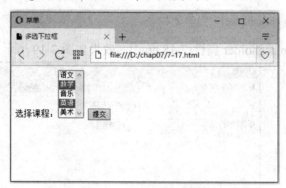

图 7-18 multiple 属性浏览效果

本例对下拉菜单使用 multiple 属性，对比【例 7-8】的单选下拉菜单，这里可以多选选项，但要配合 size 属性，size 属性的值要大于 1。

代码如下:

```html
<!DOCTYPE HTML>
<html>
<head>
    <title>多选下拉框</title>
</head>
<body>
    <form action="get_form.asp" method="get" id="form1">
        选择课程:
        <select name="selectclass" multiple="multiple" size="5"/>
            <option>语文</option>
            <option>数学</option>
            <option>音乐</option>
            <option>英语</option>
            <option>美术</option>
        </select>
        <input type="submit" />
    </form>
</body>
</html>
```

在 Opera38 中浏览，效果如图 7-18 所示。

7.5.3　placeholder 属性

placeholder 属性称为占位属性，其属性值为占位文本。placeholder 属性可以在输入域内给浏览者显示一段提示语句，当输入域获得焦点时，也就是当用户将光标定位进去后，这种提示就会自动消失，从而让用户输入自己的内容。在 HTML4 中，要实现这样的效果，需要编写不少的 JavaScript 代码。Placeholder 属性适用于表单元素形式是类似文本框的，例如：text、url、tel、password 等。

基本语法：

<input type="属性值" placeholder="提示文本" />

【例 7-18】使用 placeholder 属性(7-18.html)，效果如图 7-19 所示。

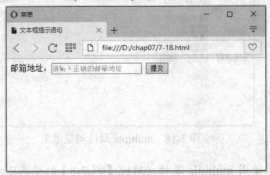

图 7-19　placeholder 属性的使用浏览效果

本例在表单中使用 placeholder 属性，会发现网页中的输入框中会出现浅色的文本，这就是提示文字，当用户单击文本框后，这些文本会自动消失的，可以对比和 value 属性显示的文本有什么区别。

代码如下：

```
<!DOCTYPE HTML>
<html>
<head>
    <title>文本框提示语句</title>
</head>
<body>
    <form>
        邮箱地址： <input type="email" name="user_email" placeholder="请输入正确的邮箱地址" />
        <input type="submit" value="提交" />
    </form>
</body>
</html>
```

在 Opera38 中浏览，效果如图 7-19 所示。

7.5.4　required 属性

required 属性是一个可用于各种表单的通用属性，该属性的作用是检测输入的内容是否为空，但不负责验证数据是否合法。如果为空，否则不能提交并会显示错误提示信息。对于表单中的必填项都是要设置这个属性的。

基本语法：

```
<input required="required" />
```

【例 7-19】使用 required 属性的使用(7-19.html)，效果如图 7-20 所示。

本例在表单中使用 required 属性。如果表单中使用该属性，当提交时，该元素仍然没有值，页面将不会跳转，并且会出现提示语句。

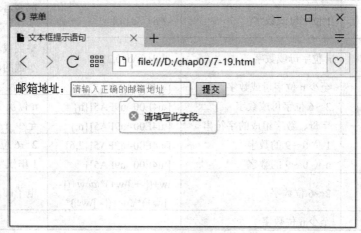

图 7-20　required 属性浏览效果

代码如下:

```
<!DOCTYPE HTML>
<html>
<head>
    <title>文本框提示语句</title>
</head>
<body>
    <form>
        邮箱地址:<input type="email" name="user_email" placeholder="请输入正确的邮箱地址" required="required" />
        type="submit" value="提交"/>
    </form>
</body>
</html>
```

在 Opera38 中浏览,效果如图 7-20 所示。

7.5.5 pattern 属性

pattern 属性的作用相当于给 input 输入域加上一个验证模式,这个验证模式(pattern)是一个正则表达式。在提交时,会将输入框中的内容与表达式进行匹配,如果不符,则提示错误信息。可根据需要选择数据格式对应的正则表达式。表 7-9 罗列了一些常用的正则表达式。具体可以学习正则表达式的相关语法。

表 7-9 常用的正则表达式

正则表达式举例	说 明	正则表达式举例	说 明
[A-Za-z]	1 位字母	\d+	1 串数字
[A-Za-z]{n}	n 位字母	-?\d+\.\d+	浮点数(正负均可)
[A-Za-z]{n,}	至少 n 位字母	\d+\.\d+	正浮点数
[A-Za-z]{2,6}	2~6 位字母	-\d+\.\d+	负浮点数
[A-Za-z]+	1 串字母	-?\d+\.\d{n}	保留 n 位小数的浮点数
[A-Za-z0-9]	1 位字母或数字	-?\d+\.\d{n,}	保留至少 n 位小数的浮点数
[A-Za-z0-9]{n}	n 位字母或数字	-?\d+(\.\d{0,2})*	整数或者保留 0~2 位小数的浮点数
[A-Za-z0-9]{n,}	至少 n 位字母或数字	[\u4E00-\u9FA5]	1 位汉字
[A-Za-z0-9]{2,6}	2~6 位字母或数字	[\u4E00-\u9FA5]{n}	n 位汉字
[A-Za-z0-9]+	字母、数字组成的字符串	[\u4E00-\u9FA5]{n,}	至少 n 位汉字
\d	1 位 0~9 的数字	[\u4E00-\u9FA5]{2,6}	2~6 位汉字
\d{n}	n 位 0~9 的数字	[\u4E00-\u9FA5]+	1 串汉字
\d{2,6}	2~6 位数字	\w+([-+.]\w+)*@\w+([-.]\w+)*\.\w+([-.]\w+)*	电子邮件
\d{n,}	至少 n 位数字		

表 单

基本语法:

<input pattern="正则表达式" />

在【例 7-20】中,使用 pattern 属性设置了用户名是否符合要求,要求要以字母开头,包含字符或数字和下划线,长度在 6~8 之间的规则。如果输入格式不对,提交时就会出现"请与所请求的格式保持一致"的提示。

【例 7-20】使用 pattern 属性(7-20.html),效果如图 7-21 所示。

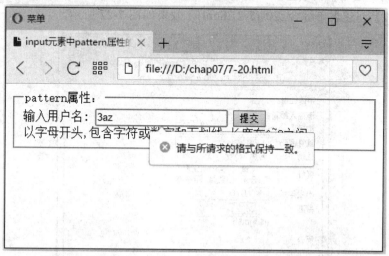

图 7-21　使用 pattern 属性后浏览效果

本例在表单中使用 pattern 属性。如果表单根据需求选择的适合的正则表达式验证数据,当输入的数据不符合格式要求,将会提示信息。

代码如下:

```html
<!DOCTYPE HTML>
<html>
<head>
    <title>input 元素中 pattern 属性的使用</title>
</head>
<body>
    <form>
    <fieldset>
        <legend>pattern 属性：</legend>输入用户名:
        <input name="txtAge" type="text" pattern="^[a-zA-Z]\w{6,8}$" />
        <input name="frmSubmit" type="submit" value="提交" />
        <br/>以字母开头,包含字符或数字和下划线,长度在 6~8 之间
    </fieldset>
    </form>
</body>
</html>
```

在 Opera38 中浏览,效果如图 7-21 所示。

7.6 综合实例——表单设计

在实际开发的时候,表单经常和 table 相结合,这样页面上的表单的各个元素会排列比较整齐。最后,我们利用前面学到的各种类型的表单和上一章的表格,组合在一起设计了一个综合实例。在这个例子里面,也用到了不少 HTML5 中的新出现的用法。

【例 7-21】创建表单综合实例(7-21.html),效果如图 7-22 所示。

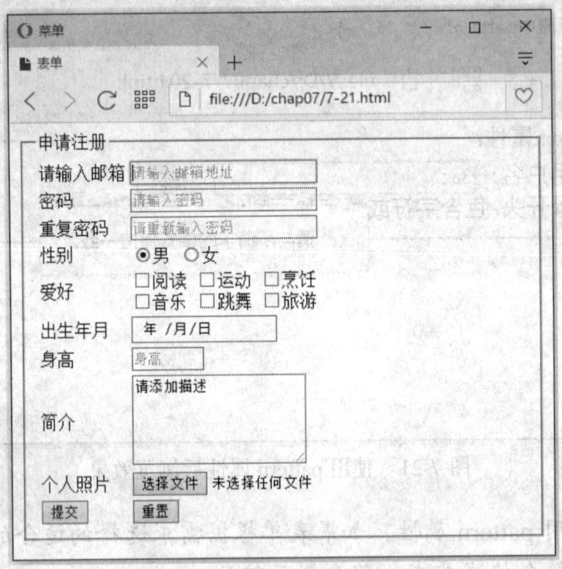

图 7-22　表单应用实例浏览效果

本例是对表单的综合应用。将表单中常用的元素和属性都应用了一下,同时结合前一章 table 的知识,对表单元素整齐的布局。

代码如下:

```html
<!DOCTYPE html>
<html>
<head>
    <title>表单</title>
</head>
<body>
    <form>
        <fieldset>
        <legend>申请注册</legend>
        <table>
         <tr>
            <td>请输入邮箱</td>
            <td><input type="email" name="zhanghao" placeholder="请输入邮箱地址" required="required" autofocus="autofocus"/></td>
         </tr>
```

```html
        <tr>
            <td>密码</td>
            <td><input type="password" name="upass_1" placeholder="请输入密码" required="required"/></td>
        </tr>
        <tr>
            <td>重复密码</td>
            <td><input type="password" name="upass_2" placeholder="请重新输入密码" required= "required"/></td>
        </tr>
        <tr>
            <td>性别</td>
            <td><input type="radio" name="sex" checked="checked"/>男
                <input type="radio" name="sex"/>女</td>
        </tr>
        <tr>
            <td>爱好</td>
            <td><input type="checkbox" name="habit" />阅读
            <input type="checkbox" name="habit" />运动
            <input type="checkbox" name="habit" />烹饪<br/>
            <input type="checkbox" name="habit" />音乐
            <input type="checkbox" name="habit" />跳舞
            <input type="checkbox" name="habit" />旅游</td>
        </tr>
        <tr>
            <td>出生年月</td>
            <td><input type="date" /></td>
        </tr>
        <tr>
            <td>身高</td>
            <td><input type="number" name="year" min="1" max="100" placeholder="身高"/></td>
        </tr>
        <tr>
            <td>简介</td>
            <td><textarea rows="5" name="textarea">请添加描述</textarea></td>
        </tr>
        <tr>
            <td>个人照片</td>
            <td><input type="file" name="photo" /></td></tr>
        <tr>
            <td><input type="submit" value="提交" /></td>
            <td><input type="reset" value="重置" /></td>
        </tr>
    </table>
</fieldset>
</form>
</body>
</html>
```

在Opera38中浏览，效果如图7-22所示。

7.7 习题

7.7.1 单选题

1. HTML 代码<input type="text" name="xingming" size="20" />表示(　　)。
   A. 创建一个单选框　　　　　　　　B. 创建一个单行文本框
   C. 创建一个提交按钮　　　　　　　D. 创建一个使用图像的提交按钮
2. 要指定处理表单数据的程序文件所在的位置，可以用 form 标记的(　　)属性。
   A. name　　　　B. action　　　　C. method　　　　D. id
3. HTML5 元素的(　　)用于显示已知范围内的标量测量。
   A. <gauge>　　　B. <measure>　　C. <range>　　　D. <meter>
4. 在 HTML 上，将表单中 input 元素的 type 属性值设置为(　　)时，用于创建重置按钮。
   A. reset　　　　B. set　　　　　C. button　　　　D. image
5. 下面(　　)选项的代码能生成 10 行 20 列的多行文本域。
   A. <input type="text" rows="10" cols="20" name="txtintro"/>
   B. <textarea rows="10" cols="20" name="txtintro">
   C. <textarea rows="10" cols="20" name="txtintro"></textarea>
   D. <textarea rows="20" cols="10" name="txtintro"></textarea>
6. 当<input>标记的属性值为(　　)时，就会呈现为密码输入框，不会显示用户输入的字符。
   A. text　　　　B. password　　　C. image　　　　D. select
7. HTML 代码<input />表示(　　)。
   A. 创建一个单选框　　　　　　　　B. 创建一个单行文本输入区域
   C. 创建一个提交按钮　　　　　　　D. 创建一个使用图像的提交按钮
8. 以下有关表单的说明中，错误的是(　　)。
   A. 表单通常用于搜集用户信息
   B. 在 FORM 标记符中使用 action 属性指定表单处理程序的位置
   C. 表单中只能包含表单控件，而不能包含其他诸如图片之类的内容
   D. 在 FORM 标记符中使用 method 属性指定提交表单数据的方法

7.7.2 填空题

1. form 标记的 method 属性可以取值为_____和_____。
2. HTML5 提供了 type 为_____的 input 表单。在这种新型表单的帮助下，用户可以通过鼠标在调色板上自由的选择某种颜色。
3. 在 input 标记中 type 属性值为_____时，即可定义邮箱类型的输入表单。

4. _____属性可以让文本框进行正则表达式验证数据。

5. _____属性可以让页面的某个表单元素在页面加载完成后自动地获得焦点。

6. 一个最基本的表单由一对_____标记构成,它们是创建表单的基础,再配合上各类表单控件就可以生成满足不同需要的表单了。

7. _____属性可以在输入域内给浏览者显示一段提示语句,当输入域获得焦点时,也就是当用户将光标定位进去后,这种提示就会消失。

8. 当<input>标记的属性值为_____时,就成为一个文件域。

9. 提交按钮的 type 属性值为_____,当用户单击提交按钮时,就会触发提交数据的动作,从而将表单中的所有数据都进行提交。

10. 在 input 标记中设置 type 属性值为_____时,即可定义多选按钮输入类型。

7.7.3 简答题

1. 在表单中,method 属性有 get 和 post 种方式,这两种方式有什么区别?
2. 描述 required 属性的作用。

第 8 章

CSS 基础

在学习了 HTML 如何组织文档结构,以及通过种类繁多的元素和属性来添加各种网页内容之后,我们把目光转向页面样式的设计,当然更重要的是 HTML 和 CSS 结合起来共同完成网页"内容+样式"的设计,一个完整美观的网页,就是由 HTML 标记与控制这些标记布局和美化功能的 CSS 组成。现在开始我们的页面设计变得精彩起来。

本章学习目标

◎ 了解 CSS 的发展及其特点。
◎ 掌握 CSS 的语法规则。
◎ 了解 CSS 的属性。
◎ 掌握在网页中使用 CSS 的常用方法。
◎ 掌握 CSS 中的选择器。

8.1 CSS 介绍

我们使用 HTML 可以构建稳定的结构基础，而页面的风格样式控制则交给 CSS 来完成。网页的样式包括各种元素的颜色、大小、线形、间距等等，这对于设计或维护一个数据较多的网站来说，工作量是巨大的。好在可以使用 CSS 来控制这些样式，这将大大提高网页设计和维护的效率，并且使网页的整体风格很容易做到统一。

8.1.1 CSS 概述

CSS 是英文 Cascading Style Sheet 的缩写，中文译为层叠样式表，也有人翻译为级联样式表，简称样式表。它是一种用来定义网页外观样式的技术，在网页中引入 CSS 规则，可以快捷高效地对页面进行布局设计，可以精确的控制 HTML 标记对象的宽度、高度、位置、字体、背景等外观效果。

CSS 是一种标识性语言，不仅可以有效的控制网页的样式，更重要的是实现了网页内容与样式的分离，并允许将 CSS 规则单独存放于一个文档中，CSS 文件的扩展名为.css。

在 HTML 的不断发展过程中，CSS 就以不同的形式存在着，1994 年 CSS 就是一种提议——级联 HTML 样式表，它奠定了现在 CSS 的基础，但其正式出现是在 1996 年。1996 年 12 月 W3C 颁布了 HTML4，与此同时也公布了样式表的第一个标准 CSS1，在 1998 年 5 月又进一步充实了层叠样式表，发布了 CSS2 规范，CSS2 后来发展演进成 CSS 2.1，并发展成现在的 CSS3。

在 CSS 诞生之前，使用 HTML 制作的网页缺乏美感，并且排版布局上也存在很多困难，需要网页设计者有很高的专业水准和极强的耐心，否则，很难让网页按自己的构思和创意来布局页面信息，即便是掌握了 HTML 语言精髓的设计者也要通过多次测试，才能驾驭好这些信息的排版。当然也有很多设计者通过极强的美工基础实现了页面版式的设计，但这于内容搜索是不利的。

CSS 的诞生，它首先解决了网页上的元素的精确定位问题，可以让网页设计者轻松的控制网面中的文字、图片、超链接等元素的样式和位置。其次，CSS 实现了把网页上的内容和样式分离的效果，之前的版本网页内容与网页格式在分布上是交错结合的，查看或修改很不方便，而现在把两者分离开来就会大大方便网页的设计者。另外，外部式样表可以极大的提高效率，例如要修改网页中段落的表现形式，如果网页中有 100 个段落，如果使用 HTML 进行修改，则需要修改 100 次，如果使用 CSS 进行修改，则只需要修改一次就可以了，即使段落表现为几种不同的样式，也仅仅修改几次就完成了。

综上所述，CSS 的作用可以概括为：
- 弥补 HTML 对样式控制的不足，如背景、字体等样式的控制。
- 精确布局网页，如盒子定位、文字排版、图片定位等。

- ➢ 简化了网页的格式代码，外部的样式表还会被浏览器保存在缓存里，加快了下载速度，同时也减少了需要上传的代码数量。
- ➢ 提高网页效率，多个网页可以使用同一个 CSS 样式文件，只要修改保存着网站格式的 CSS 样式表文件就可以改变整个站点的风格特色，避免了一个一个网页的修改，即减少设计者的工作量，也提高了浏览速度和网页更新速度。

8.1.2 CSS3

CSS3 标准早在 1995 年就开始制订，2001 年提上 W3C 研究议程，但是，10 年来 CSS3 可以说是基本上没有什么很大的变化，一直到 2011 年 6 月才发布了全新版本的 CSS3，目前，许多浏览器都广泛支持 CSS3。

CSS2 已经允许为 HTML 文档内容的信息定制显示方式。比如：字体、颜色、背景图像、边框等，都可以通过 CSS2 的样式方便地进行设置。CSS3 进一步提高了 Web 的现有能力，并增加和扩展了浏览器的能力，以便支持更多功能和基于 HTML 内容的更丰富的表现力。

CSS3 是 CSS 技术的一个升级版本，CSS3 语言将 CSS 划分为更小的模块，在朝着模块化的方向发展。以前的版本是一个比较庞大而且比较复杂模块，所以，把它分解成为一个个小的简单的模块，同时也加入了更多新的模块。在 CSS3 中有字体、颜色、布局、背景、定位、边框、多列、动画、用户界面等等多个模块。

与之前版本相比较，在大多数情况下，使用 CSS3 不仅有利于开发与维护，还能提高网站的性能。与此同时，还能增加网站的可访问性、可用性，使网站能适配更多的设备，甚至还可以优化网站 SEO，提高网站的搜索排名结果。

综上所述 CSS3 的优点有：
- ➢ CSS3 引入了更多新的样式，它们更易于控制这些复杂界面的显示方式，CSS3 提供了更多强大的功能，可在线演示渐变、阴影、旋转、动画等非常多的效果。例如，CSS3 定义可以控制 HTML 元素的圆角半径的式样，在此之前实现圆角效果需要在 CSS 中需要添加额外的 HTML 标记，使用一个或者更多图片来完成，而使用 CSS3 只需要一个标记、一个 border-radius 属性就能完成，更重要的是当后续需要调整圆角效果时，不需要重新绘图切图，几秒钟即可完成。
- ➢ CSS3 将完全向后兼容，因此，我们不需要修改现在的设计，就可以之前的版本继续运作。同时，网络浏览器也还将继续支持 CSS2。
- ➢ 提高页面性能。很多 CSS3 技术通过提供相同的视觉效果而成为图片的"替代品"，这样就减少了多余的标记嵌套和图片的数量，意味着用户要下载的内容将会更少，页面加载也会更快。另外，更少的图片、脚本和 Flash 文件让 Web 站点减少 HTTP 请求数，这是提升页面加载速度的最佳方法之一。

8.2 CSS 的基本语法

CSS 规则由两部分组成：选择器和一条或多条声明。
基本语法：

```
选择器{
    属性 1: 值;
    属性 2: 值;
    ...
    属性 n: 值;
}
```

语法说明：

➢ 选择器(selector)是指这条样式声明的样式要应用于哪个或哪些元素，即针对哪些页面元素进行样式设置。选择器可以是 HTML 元素，例如 body、p、h1、a 等；也可以是元素的属性，例如全局属性 id 或 class。

➢ 声明(declaration)设置被选择器选中的元素应用什么样的样式。每条声明由两部分组成，属性和值，属性和值之间用冒号相连，不同属性之间用分号进行分隔。

综上所述，CSS 的核心思想就是首先指定对什么"选择器"进行样式设置，然后指定对该对象的哪些方面的"属性"进行设置，最后给出该属性的"值"。图 8-1 所示就是一些 CSS 规则应用的示例。

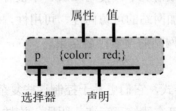

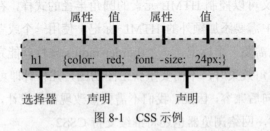

图 8-1 CSS 示例

图 8-1 中，p{color:red;}应用于所有 p 元素，并指定段落文字颜色为红色；h1{color: red; font-size:24px;}应用于所有 h1 元素，指定一级标题的样式为红色 24 像素大小。

即使之前大家对 CSS 规范没有任何了解，现在也对其语法有了基本的概念，这里不要求对其样式属性有太多了解，因为此处我们仅对 CSS 做示例应用，在后续章节中会系统介绍各种样式。

> **注意**
> 如果声明只有一个"属性:值",则可以不使用分号结尾;如果声明有多个"属性:值",各个"属性:值"之间必须以分号分隔开,良好的习惯是在编写每一条声明时都添加分号,以备在需要时扩展,如果忘记添加分号,之后的任何"属性:值"都会被忽略。

8.3 CSS 属性

CSS 的属性按照相关功能进行了分组,包含字体、文本、背景、列表、动画等多个分组,表 8-1 对 CSS 中主要的可用属性进行列举,这些属性的具体使用方法和示例见后续章节。

表 8-1 CSS 基本属性

属性	描述	属性	描述
一、字体		background-attachment	设置背景图像是否固定或者随着页面的其余部分滚动
font	字体复合属性	background-color	设置元素的背景颜色
font-family	规定文本的字体系列	background-image	设置元素的背景图像
font-size	规定文本的字体尺寸	background-position	设置背景图像的开始位置
font-style	规定文本的字体样式	background-repeat	设置是否及如何重复背景图像
font-variant	规定是否以小型大写字母的字体显示文本	background-clip	规定背景的绘制区域
font-weight	规定字体的粗细	四、边框	
二、文本		border	设置所有的边框属性
color	设置文本的颜色	border	设置所有的边框属性
letter-spacing	设置字符间距	border-color	设置边框的颜色
line-height	设置行高	border-style	设置边框的线形
text-align	规定文本的水平对齐方式	border-width	设置边框的宽度
text-decoration	规定添加到文本的装饰效果	border-top	设置上边框样式
text-indent	规定文本块首行的缩进	border-left	设置左边框样式
text-shadow	规定添加到文本的阴影效果	border-right	设置右边框样式
text-transform	控制文本的大小写	border-bottom	设置下边框样式
word-spacing	设置单词间距	outline	设置轮廓属性
word-break	控制对象内文本的字内换行行为	outline-color	设置轮廓的颜色
word-wrap	控制当内容超过指定容器的边界时是否断行	outline-style	设置轮廓的样式
overflow-wrap	控制当内容超过指定容器的边界时是否断行	outline-width	设置轮廓的宽度
三、背景		border-radius	设置四个角的形状
background	背景复合属性	box-shadow	给盒子添加一个或多个阴影

(续表)

属性	描述	属性	描述
五、外边距		table-layout	设置用于表格的布局算法
margin	在一个声明中设置所有外边距属性	九、尺寸	
margin-bottom	设置元素的下外边距	width	设置元素的宽度
margin-left	设置元素的左外边距	height	设置元素高度
margin-right	设置元素的右外边距	max-height	设置元素的最大高度
margin-top	设置元素的上外边距	max-width	设置元素的最大宽度
六、内边距		min-height	设置元素的最小高度
padding	在一个声明中设置所有内边距属性	min-width	设置元素的最小宽度
padding-bottom	设置元素的下内边距	十、定位	
padding-left	设置元素的左内边距	bottom	设置定位元素下外边距边界与其包含块下边界之间的偏移
padding-right	设置元素的右内边距	right	设置定位元素右外边距边界与其包含块右边界之间的偏移
padding-top	设置元素的上内边距	top	设置定位元素的上外边距边界与其包含块上边界之间的偏移
七、列表		left	设置定位元素左外边距边界与其包含块左边界之间的偏移
list-style	在一个声明中设置所有的列表属性	z-index	设置元素的堆叠顺序
list-style-image	将图象设置为列表项标记	clip	剪裁绝对定位元素
list-style-position	设置列表项标记的放置位置	十一、布局	
list-style-type	设置列表项标记的类型	display	规定元素表现出来的类型
八、表格		float	规定元素浮动方式
border-collapse	规定是否合并表格边框	position	规定元素的定位类型
empty-cells	规定是否显示表格中的空单元格上的边框和背景	overflow	规定当内容溢出元素框时的处理方式
caption-side	规定表格标题的位置	visibility	规定元素是否可见
border-spacing	规定相邻单元格边框之间的距离	clear	规定元素的哪侧不允许其它浮动元素

> **注意**
> 因为 CSS3 目前只出了草案版，还处于不断发展完善的阶段，在模块划分的理解上可能存在一定的差异。

8.4 在 HTML 文档中使用 CSS 的方法

根据 CSS 在 HTML 文档中的使用方法和作用范围不同，CSS 样式表的使用方法分为三大类：行内样式、内部样式表和外部样式表，而外部样式表又可分为链入外部样式表和导入外部样式表。本节我们从四个分类来认识在 HTML 中使用 CSS 的方法。

8.4.1 行内样式

行内样式(inline style)，也叫内联样式，是 CSS 四种使用方法中最为直接的一种，它的实现借用 HTML 元素的全局属性 style，直接在 HTML 元素中加入了 style 属性，然后把 CSS 代码直接写入其中即可。严格意义上行内样式是一种不严谨的使用方式，它不需要选择器，我们在第 5 章使用过得<body style="width:620px;">就是 CSS 行内样式的一种应用，这种方式下 CSS 代码和 HTML 代码混合在一起，因此不推荐使用行内样式。

基本语法：

<标记 style="属性:值; 属性:值; ...">

语法说明：

标记中的 style 属性只影响该元素。行内样式的优先级高于"内嵌样式""链接外部样式"和"导入外部样式"。

需要说明的是，虽然行内样式使用方法非常简单，但是此方法需要为很多元素设置 style 属性，那么就与使用 HTML 元素格式控制没有什么本质区别，效率低下，因此行内样式使用频率不高，主要适用在对某个特定的 HTML 元素设置样式，定义好的样式不能被其他元素共用，不适合大范围的样式定义。

【例 8-1】使用行内样式(8-1.html)，效果如图 8-2 所示。

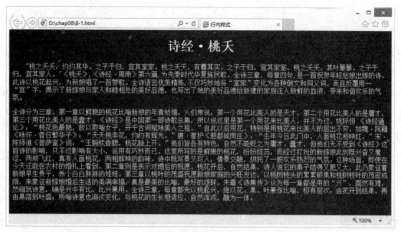

图 8-2　使用行内样式的页面浏览效果

本例通过行内样式设置了页面样式，对整个页面的背景色和前景色进行了设置，并对标题和段落的基本样式进行控制。

代码如下：

```html
<!DOCTYPE html>
<html>
<head>
<title>行内样式</title>
</head>
<body style="background-color:#081f02;color:white;">
<h1 style="text-align:center;">诗经•桃夭</h1>
<p style="text-indent:2em;">
"桃之夭夭，灼灼其华。之子于归，宜其室家。桃之夭夭，有蕡其实。之子于归，宜其家室。桃之夭夭，其叶蓁蓁。之子于归，宜其家人。"《桃夭》，《诗经•周南》第六篇，为先秦时代华夏族民歌。全诗三章，每章四句，是一首祝贺年轻姑娘出嫁的诗。此诗以桃花起兴，为新娘唱了一首赞歌。全诗语言优美精炼，不仅巧妙地将"室家"变化为各种倒文和同义词，而且反覆用一"宜"字，揭示了新嫁娘与家人和睦相处的美好品德，也写出了她的美好品德给新建的家庭注入新鲜的血液，带来和谐欢乐的气氛。
</p>
<p>
全诗分为三章。第一章以鲜艳的桃花比喻新娘的年青娇媚。人们常说：第一个用花比美人的是天才，第二个用花比美人的是庸才，第三个用花比美人的是蠢才。《诗经》是中国第一部诗歌总集，所以说这里是第一个用花来比美人，并不为过。姚际恒《诗经通论》："桃花色最艳，故以取喻女子，开千古词赋咏美人之祖。"自此以后用花、特别是用桃花来比美人的层出不穷，如魏•阮籍《咏怀•昔日繁华子》："天天桃李花，灼灼有辉光。"唐•崔护《题都城南庄》："去年今日此门中，人面桃花相映红。"宋•陈师道《菩萨蛮》词："玉腕枕香腮，桃花脸上开。"它们皆各有特色，自然不能贬之为庸才、蠢才，但它们无不受到《诗经》这首诗的影响，只不过影响有大小，运用有巧妙而已。这里所写的是鲜嫩的桃花，纷纷绽蕊，而经过打扮的新嫁娘此刻既兴奋又羞涩，两颊飞红，真有人面桃花，两相辉映的韵味。诗中既写景又写人，情景交融，烘托了一股欢乐热烈的气氛。这种场面，即使在今天还能在农村的婚礼上看到。第二章则是表示对婚后的祝愿。桃花开后，自然结果。诗人说它的果子结得又肥又大，此乃象征着新娘早生贵子，养个白白胖胖的娃娃。第三章以桃叶的茂盛祝愿新娘家庭的兴旺发达。以桃树枝头的累累硕果和桃树枝叶的茂密成荫，来象征新嫁娘婚后生活的美满幸福，真是最美的比喻，最好的颂辞。朱熹《诗集传》认为每一章都是用的"兴"，固然有理，然细玩诗意，确是兴中有比，比兴兼用。全诗三章，每章都先以桃起兴，继以花、果、叶兼作比喻，极有层次：由花开到结果，再由果落到叶盛；所喻诗意也渐次变化，与桃花的生长相适应，自然浑成，融为一体。
</p>
</body>
</html>
```

在 IE11.0 中浏览，效果如图 8-2 所示。

代码分析：

(1) 代码<body style="background-color:#081f02; color:white;">设置整个 body(页面主体部分)的背景色为#081f02，前景色为白色 white。

(2) <h1 style="text-align:center;">设置此标题文字为居中对齐。

(3) 第一个段落<p style="text-indent:2em;">设置首行缩进两个字符，但仅仅对第一段的段落起作用，不影响其他段落。

8.4.2 内部样式表

当单个文档需要特殊的样式时，应该使用内部样式表。内部样式表是将样式放在页面的<head>区里，这样定义的样式就应用到本页面中了，内部样式表使用<style></style>标记进行声明，是较为常用的一种使用方法。

基本语法：

```
<head>
...
<style type="text/css">
<!--
    选择器 1{属性:值; ...}
    选择器 2{属性:值; ...}
    ......
    选择器 n{属性:值; ...}
-->
</style>
...
</head>
```

语法说明：

➢ <style>标记定义 HTML 文档的样式信息，规定的是 HTML 元素如何在浏览器中呈现，type 用来指定元素中的内容类型。

➢ 有些低版本的浏览器不能识别<style>标记，这意味着低版本的浏览器会忽略<style>元素的内容，并把这些内容以文本形式直接显示到页面上。为了避免这种情况发生，可以使用添加 HTML 注释的方式(<!--注释-->)，当浏览器不支持<style>元素时隐藏内容而不让它显示。当然，目前主流浏览器都支持<style>标记，一般情况下，可以不采用注释方式。

【例 8-2】使用内嵌样式表(8-2.html)，效果如图 8-3 所示。

图 8-3 使用内部样式表的页面浏览效果

本例应用内部样式表控制页面样式，在 head 部分分别为 body 元素、h1 元素、p 元素和 img 元素设置样式，在整个 HTML 文件的代码中的所有这 4 类元素，都会自动套用设置好的样式。

代码如下：

```html
<!DOCTYPE html>
<html>
<head>
<title>内部样式表</title>
<style type="text/css">
body{
    color:#1c3b02;                  /*设置前景色*/
}
h1{
    text-align:center;              /*设置对齐方式居中*/
}
p{
    line-height:1.5;                /*设置行高*/
    font-size:14px;                 /*设置字体大小*/
}
img{
    width:300px;                    /*设置宽度*/
    float:left;                     /*设置浮动在左侧*/
}
</style>
</head>
<body>
<h1>诗经·桃夭</h1>
<p>
"桃之夭夭，灼灼其华。之子于归，宜其室家。桃之夭夭，有蕡其实。之子于归，宜其家室。桃之夭夭，其叶蓁蓁。之子于归，宜其家人。"<br/>
<img src="images/flower.jpg" />
《桃夭》，《诗经·周南》第六篇，为先秦时代华夏民歌。全诗三章，每章四句，是一首祝贺年轻姑娘出嫁的诗。此诗以桃花起兴，为新娘唱了一首赞歌。全诗语言优美精炼，不仅巧妙地将"室家"变化为各种倒文和同义词，而且反覆用一"宜"字，揭示了新嫁娘与家人和睦相处的美好品德，也写出了她的美好品德给新建的家庭注入新鲜的血液，带来和谐欢乐的气氛。
</p>
<p>
```

全诗分为三章。第一章以鲜艳的桃花比喻新娘的年青娇媚。人们常说：第一个用花比美人的是天才，第二个用花比美人的是庸才，第三个用花比美人的是蠢才。《诗经》是中国第一部诗歌总集，所以说这里是第一个用花来比美人，并不为过。姚际恒《诗经通论》："桃花色最艳，故以取喻女子，开千古词赋咏美人之祖。"自此以后用花、特别是用桃花来比美人的层出不穷，如魏·阮籍《咏怀·昔日繁华子》："天天桃李花，灼灼有辉光。"唐·崔护《题都城南庄》："去年今日此门中，人面桃花相映红。"宋·陈师道《菩萨蛮》词："玉腕枕香腮，桃花脸上开。"它们皆各有特色，自然不能贬之为庸才、蠢才，但它们无不受到《诗经》这首诗的影响，只不过影响有大小，运用有巧妙而已。这里所写的是鲜嫩的桃花，纷纷绽蕊，而经过打扮的新嫁娘此刻既兴奋又羞涩，两颊飞红，真有人面桃花，两相辉映的韵味。诗中既写景又写人，情景交融，烘托了一股欢乐热烈的气氛。这种场面，即使在今天还能在农村的婚礼上看到。第二章则是表示对婚后的祝愿。桃花开后，自然结果。诗人说它的果子结得又肥又大，此乃象征着新娘早生贵子，养个白白胖胖的娃娃。第三章以桃叶的茂盛祝愿新娘家庭的兴旺发达。以桃树枝头的累累硕果和桃树枝叶的茂密成荫，来象征新嫁娘婚后生活的美满幸福，真是最美的比喻，最好的颂辞。朱熹《诗集传》认为每一章都是用的"兴"，固然有理，然细玩诗意，确是兴中有比，比兴兼用。全诗三章，每章都先以桃起兴，继以花、果、叶兼作比喻，极有层次：由花开到结果，再由果落到叶盛；所喻诗意也渐次变化，与桃花的生长相适应，自然浑成，融为一体。
    </p>
    </body>
    </html>

在 IE11.0 中浏览，效果如图 8-3 所示。

代码分析：

(1) body{color:#1c3b02;}设置整个网页的前景色为#1c3b02。

(2) h1{text-align:center;}设置页面中所有的一级标题居中对齐。

(3) p{line-height:1.5; font-size:14px;}设置本网页中所有的段落文字行高为 1.5 倍行距，字体大小为 14 像素。

(4) img{width:300px; float:left;}设置页面中图像元素宽度为 300 像素，图像浮动在左边。

(5) /*……*/是 CSS 中的注释。

8.4.3 链入外部样式表

当为了保证站点的风格统一，或当定义样式内容较多，且需要多个页面共享样式时，可使用外部样式表。

链入外部样式表是把样式表保存为一个外部样式表文件，然后在页面中用<link>标记链接到这个样式表文件，<link>标记放在页面的<head>区内。

基本语法：

```
<head>
...
<link href="样式表路径" rel="stylesheet" type="text/css" />
...
</head>
```

语法说明：

➢ href：指出样式表存放路径。

➢ rel：用来定义链接的文件与 HTML 之间的关系，rel="stylesheet"是指在页面中使用这个外部的样式表。

➢ type 属性用于指定文件类型，"text/css" 指文件的类型是样式表文本。

在使用外部样式表时，需要先定义一个 CSS 文件。一个外部样式表文件可以应用于多个页面。当改变这个样式表文件时，所有引用该样式表文件的页面的样式都随之而改变，不仅减少了重复的工作量，而且有利于以后的修改、编辑，浏览时也减少了重复下载代码。样式表文件可以用任何文本编辑器编辑，扩展名为.css,内容是定义的样式表,不包含 HTML 标记。

【例 8-3】使用链入外部样式表(8-3.html&style.css)，效果如图 8-4 所示。

图 8-4　使用链入外部链接样式表的页面浏览效果

本例我们首先定义好外部样式表文件 style.css，然后在 HTML 文件 8-3.html 的 head 元素内通过 link 元素来调用了外部的 stlye.css 文件。

CSS 文件(style.css)代码如下：

```
h1{
    text-align:center;       /*设置对齐方式居中*/
}
p{
    line-height:1.5;         /*设置行高*/
    font-size:14px;          /*设置字体大小*/
}
img{
    width:120px;             /*设置宽度*/
}
```

html 文件(8-3.html)代码如下：

```
<!DOCTYPE html>
<html>
<head>
<title>链入样式表</title>
<link href="style.css" rel="stylesheet" type="text/css" />
</head>
<body>
<h1>题都城南庄</h1>
<p>
"去年今日此门中，人面桃花相映红。人面不知何处去，桃花依旧笑春风。"<br />
此诗的创作时间，史籍没有明确记载。而唐人孟棨《本事诗》和宋代《太平广记》则记载了此诗"本事"：崔护到长安参加进士考试落第后，在长安南郊偶遇一美丽少女，次年清明节重访此女不遇，于是题写此诗。这段记载颇具传奇小说色彩，其真实性难以得到其他史料的印证。
</p>
<p>
全诗四句，这四句诗包含着一前一后两个场景相同、相互映照的场面。第一个场面：寻春遇艳——
```

"去年今日此门中,人面桃花相映红。"诗人抓住了"寻春遇艳"整个过程中最美丽动人的一幕。"人面桃花相映红",不仅为艳若桃花的"人面"设置了美好的背景,衬出了少女光彩照人的面影,而且含蓄地表现出诗人目注神驰、情摇意夺的情状,和双方脉脉含情、未通言语的情景。第二个场面:重寻不遇。还是春光烂漫、百花吐艳的季节,还是花木扶疏、桃树掩映的门户,然而,使这一切都增光添彩的"人面"却不知何处去,只剩下门前一树桃花仍旧在春风中凝情含笑。
 </p>
 <img src="images/blossom1.jpg" />
 <img src="images/blossom2.jpg" />
 <img src="images/blossom3.jpg" />
 <img src="images/blossom4.jpg" />
 <img src="images/blossom5.jpg" />
 <img src="images/blossom6.jpg" />
 </body>
 </html>

在 IE11.0 中浏览,效果如图 8-4 所示。

8.4.4 导入外部样式表

导入外部样式表是指在 HTML 文件头部的<style>元素里导入一个外部样式表,导入外部样式表采用 import 方式。

导入外部样式表和链入样式表的方法很相似,但导入外部样式表的样式实质上相当于存在网页内部。

基本语法:

@import url("样式表路径");

语法说明:

导入外部样式表使用的 import 方式,有很多种写法,常用的有如下几种:

@import url("样式表路径");
@import url(样式表路径);
@import '样式表路径';
@import "样式表路径";

在以下示例中,我们将例 8-3 中定义好的 CSS 文件 style.css 导入到 8 4.html 文件中。

【例 8-4】使用导入样式(8-4.html),效果如图 8-5 所示。

图 8-5 使用导入外部样式表的页面浏览效果

本例 CSS 文件和上例相同,均为 style.css,这里不给出代码。
HTML 代码(8-4.html)如下:

```
<!DOCTYPE html>
<html>
    <head>
        <title>导入样式表</title>
        <style type="text/css">
            @import url("style.css");
        </style>
    </head>
    <body>
        <h1>惠崇春江晚景</h1>
        <p>
            "竹外桃花三两枝,春江水暖鸭先知。蒌蒿满地芦芽短,正是河豚欲上时。"<br />
            惠崇春江晚景是元丰八年(1085)苏轼在逗留江阴期间,为惠崇所绘的鸭戏图而作的
            题画诗。苏轼的题画诗内容丰富,取材广泛,遍及人物、山水、鸟兽、花卉、木石及
            宗教故事等众多方面。这些作品鲜明地体现了苏轼雄健豪放、清新明快的艺术风格,
            显示了苏轼灵活自如地驾驭诗画艺术规律的高超才能。而这首《惠崇<春江晚景>》历
            来被看作苏轼题画诗的代表作。
        </p>
        <imgsrc="images/blossom2.jpg" />
        <imgsrc="images/blossom3.jpg" />
        <imgsrc="images/blossom4.jpg" />
        <imgsrc="images/blossom6.jpg" />
        <imgsrc="images/blossom7.jpg" />
        <imgsrc="images/blossom8.jpg" />
    </body>
</html>
```

在 IE11.0 中浏览,效果如图 8-5 所示。

代码分析:8-3.html 和 8-4.html 都使用了外部样式表 style.css,当对 style.css 做出改变时,两者均受其影响,例如在 style.css 增加一条设置网页背景色的样式,则 8-3.html 和 8-4.html 两个网页的背景色均改变为#dcb864,其浏览效果如图 8-6 所示。

```
body{
    background-color:#dcb864;        /*设置背景色*/
}
```

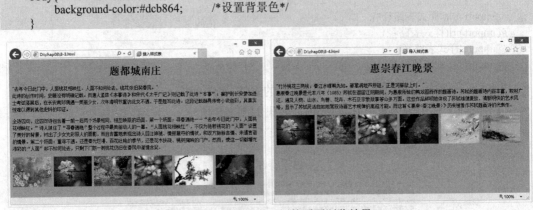

图 8-6　外部样式表示例的页面浏览效果

8.5　CSS 基本选择器

选择器是 CSS 中很重要的概念,它可以大幅度提高开发人员编写或修改样式表的工作效率。CSS3 提供了大量的选择器,大体上可以分为基本选择器、组合选择器、属性选择

CSS 基础 08

器、伪类选择器和伪对象选择器等。

由于浏览器支持情况，很多选择器在实际开发中很少用到，本节主要讲解最基本又常用的选择器。

基本选择器包括标记选择器、类选择器、id 选择器和通用选择器。

8.5.1 标记选择器

HTML 文档中最基本的构成是 HTML 标记，如果要对文档中的所有同类标记都使用同一个 CSS 样式，就应使用标记选择器。

基本语法：

```
标记名{属性 1:值 1; 属性 2:值 2; ...}
```

语法说明：

标记选择器直接使用 HTML 标记名作为选择器，影响文档中所有的该标记。

标记选择器使用率较高，8.3 节例子中使用的都是标记选择器，使用它可以达到站点风格高效统一的目的。例如，需要将<p>元素设置为 14 像素的棕色字体，只需要在 CSS 文件中定义代码：

```
p {font-size:14px; color:brown;}
```

如果在网页中引用上述样式表，则页面中所有段落元素<p>都将受到这种样式的控制，文字都显示为 14 像素的棕色。

8.5.2 类选择器

标记选择器一旦声明，那么页面中所有使用到该元素的地方都会发生相应的变化。例如，当声明了 p 元素为 14 像素的棕色字体后，页面中所有的 p 元素都会受到影响。但是，如果网页中的三个段落，一个是棕色，一个是青色，一个是蓝色，该如何设置呢？显然用标记选择器是不能实现的，此时需要更多的选择器。

本节我们介绍类选择器。

基本语法：

```
标记名.类名{属性 1:值 1; 属性 2:值 2; ...}
```

类选择器针对标记的全局属性 class，引用方式为：

```
<标记名 class="类名">
```

语法说明：

这里，类名可以是任何合法的字符，由设计者定义。如果对所有的标记均可使用，则采用"*.类名"的形式，这里"*"表示全部，也可以省略。在实际的应用中，省略标记名的类选择器是最常用的。

下面给出类选择器常用形式的示例。

179

1. 形式1

p.text1{color:brown; font-size:14px;}

该形式下只允许<p>标记引用该样式，引用方法示例如下。

<p class="text1">

2. 形式2

*.text1{color:brown; font-size:14px;}

或

.text1{color:brown; font-size:14px;}

所有标记都可引用该样式，引用方法示例

<p class="text1">
<h4 class="text1">

【例8-5】使用类选择器(8-5.html)，样式如图8-7所示。

图8-7　使用类选择器的页面浏览效果

本例主要使用类选择器实现对元素背景色和前景色的控制，并与标记选择器的样式控制进行简单对比。

代码如下：

```
<!DOCTYPE html>
<html>
<head>
<title>类选择器示例</title>
<style type="text/css">
p{
    font-size:14px;
    line-height:1.5;
}
*.text1{
```

```
            color:#eddbd9;
            background-color:#5f443b;
        }
        .text2{
            color:#fe1c5e;
            background-color:#737369;
        }
        p.text3{
            color:#264905;
            background-color:#b3ffa5;
        }
    </style>
</head>
<body>
<h1 class="text1">晚桃花</h1>
<p class="text1">一树红桃亚拂池，竹遮松荫晚开时。</p>
<p class="text2">非因斜日无由见，不是闲人岂得知。</p>
<p class="text3">寒地生材遗校易，贫家养女嫁常迟。</p>
<p>春深欲落谁怜惜，白侍郎来折一枝。</p>
</body>
</html>
```

在 IE11.0 中浏览，效果如图 8-7 所示。

代码分析：

（1）标记选择器 p，设置所有的段落为 1.5 倍行高、14px 大小，对所有段落起作用。

（2）类选择器*.text1 和.text2 可以被任何标记引用，例子中标题 1 和第一个段落引用 text1，第二个段落引用 text2。

（3）类选择器 p.text3 仅允许 p 元素引用，第三个段落引用了该样式。

8.5.3 id 选择器

id 选择器和类选择器基本相同，不同的是定义时不使用"."而使用"#"，作用于 HTML 标记的全局属性"id"而不是"class"。另外需要注意，一般情况页面元素的 id 是唯一的，因此，id 选择器一般针对某个特定的元素作用一次，不推荐重复使用，当然重复使用也并不是错误，在 DIV+CSS 布局中，常常会对不同 div 元素设计唯一的 id 选择器样式。

基本语法：

标记名#id 名{属性 1: 值 1; 属性 2:值 2; ...}

id 选择器针对标记的全局属性 id，引用方式为：

<标记名 id="id 名">

语法说明：

这里，id 名可以是任何合法的字符，由设计者定义。如果对所有的标记均可使用，则采用"*#id 名"的形式，这里*表示全部，也可以省略。在实际的应用中，省略标记的 id

选择器是最常用的。

【例8-6】使用id选择器(8-6.html),效果如图8-8所示。

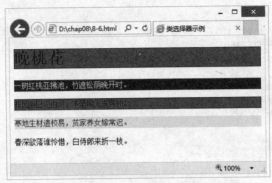

图8-8 使用id选择器的页面示例

在该示例中的样式设计与例8-5类似,不再赘述。

代码如下:

```html
<!DOCTYPE html>
<html>
<head>
<style type="text/css">
p{
        font-size:14px;
        line-height:1.5;
}
*#text1{
        color:#eddbd9;
        background-color:#5f443b;
}
#text2{
        color:#fe1c5e;
        background-color:#737369;
}
p#text3{
        color:#264905;
        background-color:#b3ffa5;
}
</style>
<title>类选择器示例</title>
</head>
<body>
<h1 id="text2">晚桃花</h1>
<p id="text1">一树红桃亚拂池,竹遮松荫晚开时。</p>
<p id="text2">非因斜日无由见,不是闲人岂得知。</p>
<p id="text3">寒地生材遗校易,贫家养女嫁常迟。</p>
<p>春深欲落谁怜惜,白侍郎来折一枝。</p>
</body>
</html>
```

在IE11.0中浏览,效果如图8-8所示。

8.5.4 通用选择器

通用选择器是一种特殊的选择器，用*表示，匹配网页中的所有元素，除非使用更为具体的选择器指定某一元素中对应的相同属性，应使用其他值。通用选择器和对<body>元素设定样式稍有不同，因为通用选择器应用于每一个元素，而不依赖从应用于<body>元素的规则中继承的属性。

【例 8-7】使用通用选择器(8-7.html)，效果如图 8-9 所示。

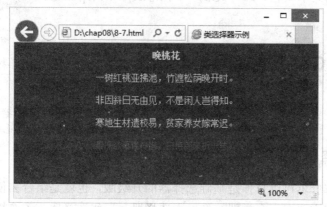

图 8-9　使用通用选择器的页面浏览效果

本例中应用了通用选择器设定了样式，最后一个段落使用了更为具体的样式，则没有显示通用选择器样式。

代码如下：

```
<!DOCTYPE html>
<html>
<head>
<style type="text/css">
*{
    font-size:14px;
    line-height:1.5;
    text-align:center;
    background-color:#5f443b;
    color:#eddbd9;
}
.text{
    color:#fe1c5e;
}
</style>
<title>类选择器示例</title>
</head>
<body>
<h1>晚桃花</h1>
<p>一树红桃亚拂池，竹遮松荫晚开时。</p>
<p>非因斜日无由见，不是闲人岂得知。</p>
<p>寒地生材遗校易，贫家养女嫁常迟。</p>
```

```
<p class="text">春深欲落谁怜惜,白侍郎来折一枝。</p>
</body>
</html>
```

在 IE11.0 中浏览,效果如图 8-9 所示。

代码分析:通用选择器规定了字体大小、行高、对齐方式、背景色和前景色,则网页中的<body>、<h1>和<p>元素均采用此样式,但最后一行调用了更为具体的样式.text,该样式规定了不同的文本颜色,此时最后一个段落显示不同的颜色。

8.6 其他 CSS 选择器

上一节我们主要学习了 CSS 基本选择器,本节对 CSS 的其他选择器做一个了解。

8.6.1 组合选择器

CSS 中组合选择器可以算作是基础选择器的升级版,也就是组合去使用基础选择器的意思。组合选择器主要有五个类别:多元素选择器、后代选择器、子选择器、相邻选择器和兄弟选择器,如表 8-2 所示。

表 8-2 组合选择器

选择器	描述	示例
E,F	多元素选择器,同时匹配所有 E 元素和 F 元素,E 和 F 之间用逗号分隔	h1,h2,p{color:brown;}
E F	后代元素选择器,匹配所有属于 E 元素后代的 F 元素,E 和 F 之间用空格分隔	table b{background-color:red;}
E>F	子元素选择器,匹配所有 E 元素的子元素 F	.test > li >a{background-color:red;}
E+F	相邻兄弟选择器,匹配所有紧随 E 元素之后的同级元素 F	p+p{color:red;}
E~F	一般兄弟选择器,匹配将 E 元素后面的所有兄弟元素 F	p~p{color:red;}

1. 多元素选择器

基本语法:

```
E,F{属性 1:值 1; 属性 2:值 2; ...}
```

如果有些元素在网页中的显示风格是一样的,为了减少在样式表重复声明,通常会采用"多元素选择器"来定义样式表。严格说,多元素选择器不是一种选择器类型,而是一种选择器方法,当多个对象定义了相同样式时,我们可以把它们分为一组,这样能够简化代码读写。

【例8-8】使用多元素选择器(8-8.html)，效果如图8-10所示。

图8-10 使用多元素选择器的页面浏览效果

本例中1级标题和段落颜色相同，可以使用多元素选择器实现。
代码如下：

```
<!DOCTYPE html>
<html>
<head>
<style type="text/css">
body{
        text-align:center;
}
h1,p{
        color:#dd0932;
}
</style>
<title>多元素选择器示例</title>
</head>
<body>
<h1>桃花庵歌</h1>
<h5>弘治乙丑三月桃花庵主人唐寅</h5>
<p>
桃花坞里桃花庵，桃花庵下桃花仙。<br />
桃花仙人种桃树，又折花枝当酒钱。<br />
酒醒只在花前坐，酒醉还须花下眠。<br />
花前花后日复日，酒醉酒醒年复年。<br />
不愿鞠躬车马前，但愿老死花酒间。<br />
车尘马足贵者趣，酒盏花枝贫者缘。<br />
若将富贵比贫贱，一在平地一在天。<br />
若将贫贱比车马，他得驱驰我得闲。<br />
世人笑我太疯癫，我笑世人看不穿。<br />
记得五陵豪杰墓，无酒无花锄作田。<br />
</p>
</body>
</html>
```

在IE11.0中浏览，效果如图8-10所示。

2. 后代元素选择器

基本语法：

E F{属性 1:值 1; 属性 2:值 2; ...}

后代元素选择器匹配所有属于 E 元素后代的 F 元素，例如：

table b{color:red;}

表示将表格中的所有<b>元素文字设置为红色。

【例 8-9】使用后代元素选择器(8-9.html)，效果如图 8-11 所示。

图 8-11 使用后代元素选择器的页面浏览效果

本例中所有列表中的链接样式为紫色背景白色文字，而不在列表中链接"更多内容，查找百度"则表现为链接的默认样式，这些可以通过使用后代元素选择器实现。

代码如下：

```
<!DOCTYPE html>
<html>
<head>
<style type="text/css">
.test li a{
    color:#ffffff;
    background-color:#5e374a;
}
</style>
<title>后代元素选择器示例</title>
</head>
<body>
<h1>便利生活网站</h1>
<ul class="test">
    <li>购物网站：</li>
    <li>车票预定：<a href="http://www.12306.cn/mormhweb">12306</a></li>
    <ul>
        <li><a href="http://www.taobao.com">淘宝网</a></li>
        <li><a href="http://www.jd.com">京东商城</a></li>
```

```
                <li><a href="http://www.dangdang.com">当当网</a></li>
            </ul>
            <li>旅行网站：</li>
            <ul>
                <li><a href="http://www.ctrip.com">携程旅行网</a></li>
                <li><a href="http://www.tuniu.com">途牛</a></li>
            </ul>
            <li>地图路线：<a href="http://map.baidu.com">百度地图</a></li>
        </ul>
        <p>
            <a href="http://www.baidu.com">更多内容，查找百度</a>
        </p>
    </body>
</html>
```

在 IE11.0 中浏览，效果如图 8-11 所示。

代码分析：选择器.test li a 设计样式为紫色背景白色文字，限制类选择器.test 的所有后代<li>标记里的<a>标记。最外层的<ul>标记引用样式.test，其所有的后代 li a(无论是否在嵌套列表中)都表现出了"紫色背景白色文字"样式，而位于列表之外的"<p><a href="http://www.baidu.com">更多内容，查找百度</a></p>"不会匹配该样式。

3. 子元素选择器

基本语法：

E>F{属性1:值1; 属性2:值2; ...}

语法说明：

子元素选择器只能选择某元素的子元素，其中 E 为父元素，F 为直接子元素，E>F 所表示的是选择了 E 元素下的所有子元素 F。这和后代元素选择器不一样，在后代元素选择器中 F 是 E 的后代元素，而子元素选择器中 F 是 E 的子元素。

【例 8-10】使用子元素选择器示例(8-10.html)，效果如图 8-12 所示。

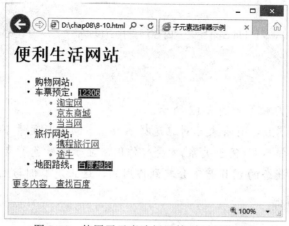

图 8-12 使用子元素选择器的页面浏览效果

与前一个例子比较，本例中并非所有列表中的链接样式为紫色背景白色文字，嵌套列表表现出链接默认样式，不在列表中链接"更多内容，查找百度"也表现为链接的默认样式(两种默认样式的颜色不同仅仅是单击和未单击链接颜色的区别)。这些可以通过使用子元素选择器实现。

代码如下：

```html
<!DOCTYPE html>
<html>
<head>
<style type="text/css">
.test>li>a{
    color:#ffffff;
    background-color:#5e374a;
}
</style>
<title>子元素选择器示例</title>
</head>
<body>
<h1>便利生活网站</h1>
<ul class="test">
    <li>购物网站：</li>
    <li>车票预定：  <a href="http://www.12306.cn/mormhweb">12306</a></li>
    <ul>
        <li><a href="http://www.taobao.com">淘宝网</a></li>
        <li><a href="http://www.jd.com">京东商城</a></li>
        <li><a href="http://www.dangdang.com">当当网</a></li>
    </ul>
    <li>旅行网站：</li>
    <ul>
        <li><a href="http://www.ctrip.com">携程旅行网</a></li>
        <li><a href="http://www.tuniu.com">途牛</a></li>
    </ul>
    <li>地图路线：  <a href="http://map.baidu.com">百度地图</a></li>
</ul>
<p>
    <a href="http://www.baidu.com">更多内容，查找百度</a>
</p>
</body>
</html>
```

在 IE11.0 中浏览，效果如图 8-12 所示。

代码分析：选择器.test>li>a 表示对在选择器 test 下面的 li 元素下面 a 元素起作用。只有属于这个关系的直接后代(父子关系)才会起作用，显示为紫色背景白色文字，而嵌套列表中，在 li 元素下面嵌套的 ul li 是不会起到作用的，这正是本例与上例的区别所在。

4. 相邻兄弟选择器

基本语法：

E+F{属性 1:值 1; 属性 2:值 2; ...}

语法说明：

相邻兄弟选择器可以选择紧接在另一元素后的元素，而且它们具有相同的父元素，换句话说，E 和 F 具有同一个父元素，而且 F 元素在 E 元素后面并且紧紧相邻。

【例 8-11】使用相邻元素选择器(8-11.html)，效果如图 8-13 所示。

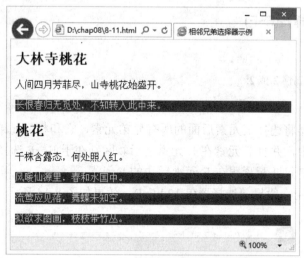

图 8-13　使用相邻兄弟选择器的页面浏览效果

本例中诗文的正文都用段落元素，表现出不同形式，是对相邻兄弟选择器的匹配造成的。代码如下：

```
<!DOCTYPE html>
<html>
<head>
<style type="text/css">
p+p{
    color:#fbf95e;
    background-color:#0763c2;
}
</style>
<title>相邻兄弟选择器示例</title>
</head>
<body>
<h2>大林寺桃花</h2>
<p>人间四月芳菲尽，山寺桃花始盛开。</p>
<p>长恨春归无觅处，不知转入此中来。</p>
<h2>桃花</h2>
<p>千株含露态，何处照人红。</p>
<p>风暖仙源里，春和水国中。</p>
<p>流莺应见落，舞蝶未知空。</p>
<p>拟欲求图画，枝枝带竹丛。</p>
</body>
</html>
```

在 IE11.0 中浏览，效果如图 8-13 所示。

代码分析：相邻兄弟选择器 p+p 表示只有在 p 元素之后紧连接着另一个 p 元素，才会对第二个 p 元素开始起到作用。所以，每首诗的第二段开始匹配此内容，两首诗之间有标题元素分隔开，第二首诗的首个段落无法匹配此样式。

5. 一般兄弟选择器(E~F)

基本语法：

E~F{属性 1:值 1; 属性 2:值 2; ...}

语法说明：

一般兄弟选择器将选择某元素后面的所有兄弟元素，它和相邻兄弟选择器类似，需要在同一个父元素之中，并且 F 元素在 E 元素之后。区别在于 E~F 选择器匹配所有 E 元素后面的 F 元素，E+F 仅匹配紧跟在 E 元素后边的 F 元素。

【例 8-12】使用一般兄弟选择器(8-12.html)，效果如图 8-14 所示。

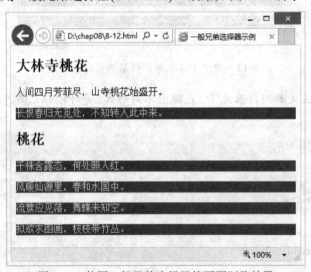

图 8-14　使用一般兄弟选择器的页面浏览效果

本例与上例的效果区别在于第二首诗的首个段落样式的不同。

代码如下：

```
<!DOCTYPE html>
<html>
<head>
<style type="text/css">
    p~p{
        color:#fbf95e;
        background-color:#0763c2;
    }
</style>
<title>一般兄弟选择器示例</title>
```

```
            </head>
            <body>
            <h2>大林寺桃花</h2>
            <p>人间四月芳菲尽,山寺桃花始盛开。</p>
            <p>长恨春归无觅处,不知转入此中来。</p>
            <h2>桃花</h2>
            <p>千株含露态,何处照人红。</p>
            <p>风暖仙源里,春和水国中。</p>
            <p>流莺应见落,舞蝶未知空。</p>
            <p>拟欲求图画,枝枝带竹丛。</p>
            </body>
            </html>
```

在 IE11.0 中浏览,效果如图 8-14 所示。

代码分析:一般兄弟选择器 p~p 表示在出现第一个 p 元素之后,接下来所有 p 元素都会匹配样式。所以自第一个段落之后所有的段落样式都得到了改变。假如选择器设置成 p~p~p,那么会在第三个(包含第三个)p 元素开始起作用,大家可自行练习体会。

8.6.2 伪类选择器

伪类可以看作是一种特殊的类选择器,是能被支持 CSS 的浏览器自动所识别的特殊选择器。它的最大的用处就是可以对链接在不同状态下定义不同的样式效果。

基本语法:

```
E:伪类{属性 1:值 1; 属性 2:值 2; ...}
```

伪类和类不同,是 CSS 已经定义好的,不能像类选择器一样随意用别的名字,常用的伪类选择器如表 8-3 所示。

表 8-3 CSS 常用的伪类选择器

选择器	说明	示例
E:link	匹配未被单击的 E 元素	a:link{color:brown;}
E:hover	匹配鼠标悬停其上的 E 元素	a:hover{color:brown;}
E:active	匹配被用户激活(在鼠标单击与释放之间发生的事件)时的 E 元素	a:active{color:brown;}
E:visited	匹配已被单击的 E 元素	a:visited{color:brown;}
E:first-child	匹配父元素 E 的第一个子元素	p:first-child{font-size:24px;}
E:focus	匹配获得当前焦点的 E 元素	
E:enabled	匹配表单中激活的元素	
E:disabled	匹配表单中禁用的元素	
E:checked	匹配表单中被选中的单选按钮和复选框元素	

8.6.3 伪对象选择器

伪对象选择器,并不是针对真正的对象使用选择器,而是针对 CSS 中已经定义好的伪对象使用的选择器。

基本语法:

E:伪对象{属性 1:值 1; 属性 2:值 2; ...}

在 CSS 中,主要有表 8-4 所示的伪对象选择器。

表 8-4　CSS 常用的伪对象选择器属性

选 择 器	说　明	示　例
E:first-letter 或 E::first-letter	匹配对象的第一个字符,仅作用于块对象	p:first-letter{font-size:24px}
E:first-line 或 E::first-line	匹配对象内的第一行,仅作用于块对象	p:first-line{line-height:1.5;}
E:before 或 E::before	和 content 属性一起使用,设置在对象前(依据对象树的逻辑结构)发生的内容	p::before{color:#ffff00;conten:"段落之前出现的文字";}
E:after 或 E::after	和 content 属性一起使用,设置在对象后(依据对象树的逻辑结构)发生的内容	p::after{color:#00ffff;content:"段落之后出现的文字";}
E::selection	此选择器为 CSS3 新增,设置对象被选择时的样式	p::selection{background-color:black; color:white}

表 8-3 中除 E::selection 外均为 CSS3 之前的选择器,CSS3 将伪对象选择器前面的单个冒号(:)修改为双冒号(::)用以区别伪类选择器,但以前的写法仍然有效,建议使用新写法。

例如:

```
div::first-letter{
    float:left;
    font-size:40px;
    font-weight:900;
}
```

实现杂志排版中常用的首字母突出(粗体打字)下沉效果。

```
p::first-line{color:red;}
```

实现段落第一行文本为红色。

```
p::selection{
    background-color:black;
    color:white;
}
```

设置段落文字被选中时字体呈现为黑底白色。

8.6.4 属性选择器

属性选择器是在标记后面加一个中括号,中括号中列出各种属性或者表达式。属性选择器的形式很多,我们这里通过示例简单介绍几个。

1. 存在属性匹配

通过匹配存在的属性来控制元素的样式，一般要把匹配的属性包含在中括号中。
例如：

a[href]{color:brown;}

将任何带有 href 属性的 a 标记设置为综色。

2. 精确属性匹配

只有当属性值完全匹配指定的属性值时才会应用样式，id 选择器和类选择器本质上就是精确属性匹配选择器。
例如：

a[href="http://www.taobao.com"]{color:brown;}

将指向网址"http://www.taobao.com"的链接 a 标记设置为棕色。

3. 前缀匹配

只要属性值的开始字符串匹配指定字符串，即可对元素应用样式。前缀匹配使用[^=]形式实现：
例如：

[id^="user"]{color:brown;}

则

<p id="userName">李政</p>
<p id="userWeight">体重</p>

等都可以被设置为棕色。

4. 后缀匹配

与前缀匹配相反，只要属性值的结尾字符匹配指定字符串，即可对元素应用样式。后缀匹配使用[$=]形式实现：
例如：

[id$="Name"]{color:brown;}

则

<p id="JackName">杰克</p>
<p id="RoseName">萝丝</p>

等都可以被设置为棕色。

5. 子字符串匹配

只要属性中存在指定字符串即应用样式，使用"[*=]"形式实现：

例如：

[id*="test"]{color:brown;}

则

<p id="Rosetest">段落 1</p>
<p id="testY">段落 2</p>
<p id="xtesty">段落 3</p>

等都可以被设置为棕色。

8.7 综合案例——CSS 的简单应用

后续章节都将围绕 CSS 的使用展开，本章对 CSS 的语法做了最根本的介绍，利用现有知识制作网页。

【例 8-13】CSS 的简单应用(8-13.html&css8-13.css)，效果如图 8-15 所示。

图 8-15　CSS 的简单应用的页面浏览效果

1. 案例分析

(1) 设置页面宽度和居中。
(2) 标题和作者居中。

CSS 基础

(3) 设置图像大小。

(4) 控制段落文字大小、行高和首行缩进。

(5) 第一行第一个字符首字下沉。

(6) 文字选中后表现为黑底白字。

(7) 红色文字部分的实现。

2. HTML 代码(8-13.html)

```html
<!DOCTYPE html>
<html>
<head>
<title>CSS 基础示例</title>
<link href="css8-13.css" rel="stylesheet" type="text/css" />
</head>
<body>
<div id="container">
    <h1>桃花源记</h1>
    <h2>作者：陶渊明</h2>
    <p class="firstpara">晋太元中，武陵人捕鱼为业。缘溪行，忘路之远近。忽逢桃花林，夹岸数百步，中无杂树，芳草鲜美，落英缤纷，渔人甚异之。复前行，欲穷其林。</p>
    <p>林尽水源，便得一山，山有小口，仿佛若有光。便舍船，从口入。初极狭，才通人。复行数十步，豁然开朗。土地平旷，屋舍俨然，有良田美池桑竹之属。阡陌交通，鸡犬相闻。其中往来种作，男女衣着，悉如外人。黄发垂髫，并怡然自乐。</p>
    <p>见渔人，乃大惊，问所从来。具答之。便要还家，设酒杀鸡作食。村中闻有此人，咸来问讯。自云先世避秦时乱，率妻子邑人来此绝境，不复出焉，遂与外人间隔。问今是何世，乃不知有汉，无论魏晋。此人一一为具言所闻，皆叹惋。余人各复延至其家，皆出酒食。停数日，辞去。此中人语云："不足为外人道也。"<br />
        <span>(间隔 一作：隔绝)</span>
    </p>
    <p>既出，得其船，便扶向路，处处志之。及郡下，诣太守，说如此。太守即遣人随其往，寻向所志，遂迷，不复得路。</p>
    <p>南阳刘子骥，高尚士也，闻之，欣然规往。未果，寻病终，后遂无问津者。</p>
    <img src="images/garden.jpg" class="pic" />
</div>
</body>
</html>
```

3. CSS 代码(css8-13.css)：

创建 CSS 文件 css8-13.css，将文件保存在和 8-13.html 同一目录，通过 link 方式导入到 HTML 文件中。

```css
body{
    text-align:center;          /*居中对齐*/
}
#container{
    width:720px;                /*宽度*/
    margin:0 auto;              /*外边距*/
}
p{
    text-align:left;            /*左对齐*/
    text-indent:2em;            /*首行缩进 2 个字符*/
```

```css
        font-size:13px;          /*字体大小*/
        line-height:1.3;         /*1.3倍行高*/
}
.pic{
        width:720px;             /*宽度*/
}
h1{
        font-size:24px;
}
h2{
        font-size:13px;          /*字体大小*/
        color:#cccccc;           /*颜色*/
}
p span{
        font-weight:bold;        /*粗体*/
        color:red;               /*颜色*/
}
/*段落文字被选中时的样式*/
p::selection{
        background-color:black;  /*背景色*/
        color:white;             /*颜色*/
}
.firstpara{
        text-indent:0;           /*首行缩进0个字符*/
}
/*引用样式.firstpara的第一个字符样式*/
.firstpara::first-letter{
        font-size:30px;          /*字体大小*/
        float:left;              /*浮动*/
        font-weight:bold;        /*粗体*/
}
```

4. 代码分析

（1）样式 body 改写 `<body>` 标记样式，设置页面内容居中，页面中的所有元素如果没有进一步明确说明，则都居中显示。

```css
body{
        text-align:center;       /*居中对齐*/
}
```

（2）将页面内容加入 div 容器中，`<div id="container">...</div>`，样式 #container 设置容器的宽度和外边距。

```css
#container{
        width:720px;             /*宽度*/
        margin:0 auto;           /*外边距*/
}
```

（3）标记选择器 p 对所有段落设置样式，字体大小 13 像素，1.3 倍行高，首行缩进两个字符，并设置段落为左对齐。

```css
p{
```

```
    text-align:left;           /*左对齐*/
    text-indent:2em;           /*首行缩进 2 个字符*/
    font-size:13px;            /*字体大小*/
    line-height:1.3;           /*1.3 倍行高*/
}
```

(4) 标记选择器 h1 和 h2 设置标题 1 和标题 2 的样式。

```
h1{
    font-size:24px;            /*字体大小*/
}
h2{
    font-size:13px;            /*字体大小*/
    color:#cccccc;             /*颜色*/
}
```

(5) 包含选择器 p span 设置段落中的<span>元素的样式为红色粗体，例子中文字"(间隔一作：隔绝)"匹配此样式。

```
p span{
    font-weight:bold;          /*粗体*/
    color:red;                 /*颜色*/
}
```

(6) 伪对象选择器 p::selection 对段落中被选择的文字设置黑底白字的反选效果。

```
p::selection{
    background-color:black;    /*背景色*/
    color:white;               /*颜色*/
}
```

8.8 习题

8.8.1 单选题

1. 在 HTML 文档中，引用外部样式表的正确位置是(　　)。
   A. 文档的<head>...</head>部分
   B. 文档的<body>...</body>部分
   C. <head>部分和<body>部分都可以
   D. 在<html>标记之前

2. 对 CSS 样式#style1{color:blue;font-size:13px;}使用正确的是(　　)。
   A. <p type="style1">xxx</p>　　　　B. <div class="style1">xxx</body>
   C. <p id="style1">xxx</p>　　　　　D. <div style="style1">xxx</body>

3. 以下的 HTML 代码中，（　　）是正确引用外部样式表 mystyle.css 的方法。
   A. <a href="mystyle.css">
   B. <style src="mystyle.css">
   C. <link rel="stylesheet" type="text/css" href="mystyle.css" />
   D. <stylesheet>mystyle.css</stylesheet>

4. 对样式 p.s1{font-weight:900;color:#F09;}引用正确的是（　　）。
   A. <p class="s1">荷叶似云香不断，小船摇曳入西陵。</p>
   B. <p id="s1">荷叶似云香不断，小船摇曳入西陵。</p>
   C. <h1 class="s1">荷叶似云香不断，小船摇曳入西陵。</p>
   D. <h1 id="s1">荷叶似云香不断，小船摇曳入西陵。</p>

5. 下面说法错误的是（　　）。
   A. CSS 样式表可以将网页内容和样式分离
   B. CSS 样式表可以实现页面的布局排版
   C. CSS 样式表可以使许多网页同时更新样式
   D. CSS 样式表可以精确地控制网页里每个元素的样式

8.8.2 填空题

1. 外部样式表通常是一个扩展名为＿＿＿＿的纯文本文件。
2. CSS 控制页面的四种方法中＿＿＿＿样式的优先级最高。
3. CSS 中类选择符在定义前要有指示符＿＿＿＿。
4. 后代元素选择器匹配一个元素的所有后代元素，例如 table b{color:red;}表示＿＿＿＿＿＿。

8.8.3 判断题

1. 一个外部的 CSS 样式表是一个包含样式规范的文本文件，编辑一个外部 CSS 文件会影响与之相链接的所有文档。（　　）
2. 如果有些元素在网页中的显示风格是一样的，为了减少在样式表重复声明，通常会采用"多元素选择器"来定义样式表，如 h1,h2{text-align:center;}。（　　）
3. 一个 CSS 文件可以同时控制多个网页内容的样式，需要修改样式时，只要修改这个 CSS 文件即可。（　　）
4. 通用选择器是一种特殊的选择器，用*表示，匹配网页中的所有元素，即使使用更为具体的选择器指定某一元素中对应的相同属性，使用的其他值也不能改变。（　　）

8.8.4 简答题

1. 在 CSS3 中，有哪几种不同类型的选择器？
2. 在 HTML 文档中使用 CSS 的方法有哪些？

第 9 章

CSS 文本样式

一个不以玩创意为格调的网页，最重要的内容就是文字，它是用来传递信息的主要手段。有了文字，就会出现文字排版，如字型、颜色、尺寸、字间距、行距、段落设计等细节。而这些细节，往往是一个网页成功的重要基石，好的字体排版，可以更好的向浏览者传达文字包含的信息，提高网站的易读性。

本章学习目标

◎ 能够使用 CSS 设置文本颜色、字型、大小、大小写、粗细和斜体等样式。
◎ 能够使用 CSS 设置文本行高、缩进和对齐方式等。
◎ 能够使用 CSS 设置字符间距和单词间距。
◎ 能够使用 CSS 设置文本修饰样式。
◎ 能够使用 CSS 设置文本阴影。
◎ 能够使用 CSS 设置文本书写模式。
◎ 能够使用 CSS 设置文本首行和首字母样式。
◎ 能够使用 CSS 设置列表样式。

9.1 颜色 color

在 CSS 中，元素的前景色可以使用 color 属性来设置，在 HTML 表现中，前景色一般是元素文本的颜色，另外 color 还会应用到元素的所有边框，除非被其他边框颜色属性覆盖。

基本语法：

color:color_name | HEX | RGB | RGBA | HSL | HSLA | transparent;

语法说明：

- color_name：是颜色英文名称，例如 green 表示绿色、red 表示红色、gold 表示金色。需要注意的是用颜色名称指定颜色可能会有一些浏览器不支持。
- HEX：指颜色的十六进制表示法，所有浏览器都支持 HEX 表示法。该方法通过对红、绿和蓝三种光(RGB)的十六进制表示法进行定义，使用三个双位数来编码，以#号开头，基本形式为#RRGGBB，其中的 RR(红光)、GG(绿光)、BB(蓝光)十六进制规定了颜色的成分，所有值必须介于 00 到 FF 之间，也就是说对每种光源设置的最低值可以是 0(十六进制 00)，最高值是 255(十六进制 FF)。例如绿色表示为#00FF00、红色表示为#FF0000、金色表示为#FFD700。值得注意的是，在此表示方式中，如果每两位颜色值相同，可以简写为#RGB 形式，如#F00 也表示红色。
- RGB：是指用 RGB 函数表示颜色，所有浏览器都支持该方法，RGB 颜色值规定形式为 RGB(red,green,blue)。red、green 和 blue 分别表示红、绿、蓝光源的强度，可以为 0-255 之间的整数，或者是 0%-100%之间的百分比值。例如 RGB(255,0,0)和 RGB(100%,0%,0%)都表示红色。
- RGBA：颜色值是 CSS3 新增表示方式，形式为 RGBA(red,green,blue,alpha)。此色彩模式与 RGB 相同，是 RGB 颜色的扩展，新增了 A 表示不透明度，A 的取值范围为 0.0(完全透明)至 1.0(完全不透明)之间。例如 RGBA(255,0,0,0.5)表示半透明的红色。
- HSL：颜色值是 CSS3 新增表示方式，形式为 HSL(hue,saturation,lightness)。其中 hue(色调)指色盘上的度数，取值范围为：0–360(0 或 360 是红色，120 是绿色，240 是蓝色)。saturation(饱和度)，取值范围为：0%-100%(0%是灰色，100%是全彩)。lightness(亮度)，取值范围为：0%-100%(0%是黑色，100%是白色)。例如 HSL(120,100%,100%)表示绿色。
- HSLA：色彩记法是 CSS3 新增表示方式，形式为 HSL(H,S,L,A)。此色彩模式与 HSL 相同，只是在 HSL 模式上新增了不透明度 Alpha。例如 HSL(120,100%,100%,0.5)表示半透明的绿色。
- transparent：表示透明。

CSS 文本样式 09

> **注意**
>
> 在不使用透明效果的情况下，英文颜色名称、HEX 表示法最为常见，HEX 方法更是被所有浏览器支持，推荐大家使用。
>
> 颜色表示方法中涉及的函数和值不区分大小写。

【例 9-1】设置字体颜色(9-1.html)，效果如图 9-1 所示。

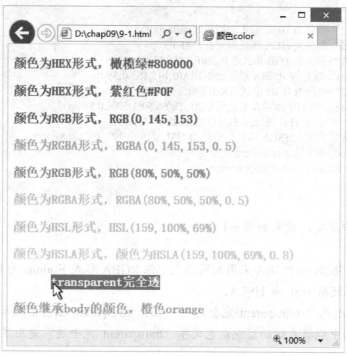

图 9-1　设置文本颜色后页面浏览效果

本例使用了各种不同形式的颜色表示方法，在实际使用过程中，根据不同的情况选择使用颜色表示方法。一般来说如果不需要透明效果，推荐使用 HEX 方法，而有透明效果时则使用 RGBA 方法。

代码如下：

```
<!DOCTYPE html>
<html>
<head>
<title>颜色 color</title>
<style type="text/css">
    body{
        color:orange;                    /*color_name*/
        font-weight:bold;                /*字体加粗*/
        font-size:18px;                  /*字体大小*/
    }
    .hex1{color:#808000;}                /*HEX#RRGGBB 形式*/
    .hex2{color:#F0F;}                   /*HEX,#RGB 形式*/
```

201

```
            .rgb1{color:RGB(0,145,153);}                /*RGB*/
            .rgba1{color:RGBA(0,145,153,0.5);}          /*RGBA*/
            .rgb2{color:RGB(80%,50%,50%);}              /*RGB*/
            .rgba2{color:RGBA(80%,50%,50%,0.5);}        /*RGBA*/
            .hsl{color:HSL(159,100%,69%);}              /*HSL*/
            .hsla{color:HSLA(159,100%,69%,0.8);}        /*HSLA*/
            .trans{color:transparent;}                  /*transparent*/
    </style>
    </head>
    <body>
    <p class="hex1">颜色为 HEX 形式，橄榄绿#808000</p>
    <p class="hex2">颜色为 HEX 形式，紫红色#F0F</p>
    <p class="rgb1">颜色为 RGB 形式，RGB(0,145,153)</p>
    <p class="rgba1">颜色为 RGBA 形式，RGBA(0,145,153,0.5)</p>
    <p class="rgb2">颜色为 RGB 形式，RGB(80%,50%,50%)</p>
    <p class="rgba2">颜色为 RGBA 形式，RGBA(80%,50%,50%,0.5)</p>
    <p class="hsl">颜色为 HSL 形式，HSL(159,100%,69%)</p>
    <p class="hsla">颜色为 HSLA 形式，颜色为 HSLA(159,100%,69%,0.8)</p>
    <p class="trans">颜色为 transparent 完全透明</p>
    <p>颜色继承 body 的颜色，橙色 orange</p>
    </body>
    </html>
```

在 IE11.0 中浏览，效果如图 9-1 所示。

代码分析：

(1) 案例中 RGB 和 RGBA 采用相同颜色，但 RGBA 形式下 alpha 为 0.5，则表现效果不同；类似效果还有 HSL 和 HSLA。

(2) 文字"颜色为 transparent 完全透明"采用 transparent 颜色值表示透明，在浏览效果中不可见，图中能够看到的蓝底白色文字"transparent 完全透"是用鼠标选中部分文本的效果。

9.2 CSS 字体属性

本节主要学习字体类型、大小等基本样式以及粗体、斜体等字体风格，表 9-1 列出了直接影响字体的属性。

表 9-1 CSS 字体属性

属 性	说 明
font-family	指定文本的字型或字体族
font-size	指定字体尺寸
font-weight	指定字体的粗细
font-style	指定是否设置文本为斜体
font-variant	指定字体是否为小型大写字母
font	字体复合属性，同时对以上多个属性进行设置

9.2.1 字型 font-family

font-family 属性用于指定文本的字型，例如黑体、隶书、Arial、Cambria 等。
基本语法：

font-family:字型 1,字型 2, ...;

语法说明：
- font-family 设置字型，只有在客户端已经安装对应字型的情况下才能显示。
- 在设置字型时，可以设置一种字型，也可以设置一个字型列表(多种字型)，字型间用逗号分隔。在设置多种字型时，浏览器会按照先后顺序来决定使用哪种字型，首先判断计算机上是否安装第一种字型，如果没有则查找是否有第二种字型，以此类推，如果所有字型都没有安装，则使用默认字型。
- 如果字型名称中含有空格(如 Times New Roman)，则应该将字型名放置在双引号内。

【例 9-2】设置字型(9-2.html)，效果如图 9-2 所示。

图 9-2　设置字型后页面的浏览效果

本例第二行文字使用微软雅黑，在安装有此字型的计算机上能够显示为微软雅黑字体，第三行和第四行文字使用的多个字体，在安装有隶书和 Calibri 的计算机上显示效果如图所示。

代码如下：

```
<!DOCTYPE html>
<html>
<head>
<title>设置字型</title>
<style type="text/css">
.font1{font-family:微软雅黑;}
.font2{font-family:隶书,华文行楷,宋体;}
.font3{font-family:Calibri,"Times New Roman",Arial;}
</style>
</head>
```

```
<body>
<h2>设置字型</h2>
<p class="font1">设置文本为微软雅黑</p>
<p class="font2">文本按照隶书、华文行楷、宋体的顺序设置</p>
<p class="font3">The order of font is Calibri,Times New Roman,Arial</p>
</body>
</html>
```

在安装有微软雅黑、隶书和 Calibri 字型的计算机上，在 IE11.0 中浏览，效果如图 9-2 所示。

9.2.2 字体尺寸 font-size

在 HTML5 之前，HTML 中设置字体尺寸使用<font>标记，它有大小 7 个级别的字号，具有很大的局限性，在 HTML5 中，摒弃了<font>标记，而将字体大小交由 CSS 来设置。在 CSS 中，使用 font-size 属性设置字体大小。

基本语法：

font-size:长度 | 绝对尺寸 | 相对尺寸 | 百分比;

语法说明：

1. 长度

用长度值指定文字大小，不允许负值。长度单位有 px(像素)、pt(点)、pc(皮卡)、in(英寸)、cm(厘米)、mm(毫米)、em(字体高)和 ex(字符 X 的高度)，其中 px、em 和 ex 是 CSS 相对长度单位，in、cm、mm、pt(1pt=1/72in)和 pc(1pc=12pt)是 css 绝对长度单位。

值得注意的是 px 是目前 CSS 中最常用的长度单位，与分辨率关联，1 个像素就是屏幕分辨率中最小的单位。

2. 绝对尺寸

绝对尺寸每一个值都对应一个固定尺寸，可以取值为 xx-small(最小)、x-small(较小)、small(小)、medium(正常)、large(大)、x-large(较大)和 xx-large(最大)。

一般情况下，medium 是默认值，根据字体进行调整，绝对尺寸和 HTML 标题标记 hn 具有对应关系，xx-large 相当于 h1 大小，x-large 相当于 h2 大小，large 相当于 h3 大小，medium 相当于 h4 大小，small 相当于 h5 大小，x-small 相当于 h6 大小。

3. 相对尺寸

相对尺寸相对于父对象中字体尺寸进行相对调节，可选参数值为 smaller 和 larger。

4. 百分比

用百分比指定文字大小，相对于父对象中字体的尺寸。

【例 9-3】设置字体尺寸(9-3.html)，效果如图 9-3 所示。

CSS 文本样式

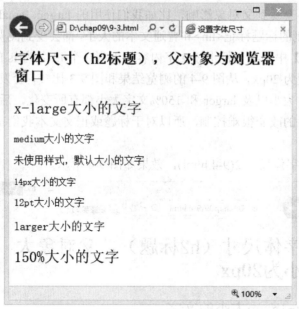

图 9-3 设置字体尺寸后页面浏览效果

本例中使用不同的属性值设置字体大小,在实际使用中一般情况下使用长度单位 px。代码如下:

```
<!DOCTYPE html>
<html>
<head>
<title>设置字体尺寸</title>
<style type="text/css">
.fs1{font-size:x-large;}
.fs2{font-size:medium;}
.fs3{font-size:14px;}
.fs4{font-size:12pt;}
.fs5{font-size:larger;}
.fs6{font-size:150%;}
</style>
</head>
<body>
<h2>字体尺寸(h2 标题),父对象为浏览器窗口</h2>
<p class="fs1">x-large 大小的文字</p>
<p class="fs2">medium 大小的文字</p>
<p>未使用样式,默认大小的文字</p>
<p class="fs3">14px 大小的文字</p>
<p class="fs4">12pt 大小的文字</p>
<p class="fs5">larger 大小的文字</p>
<p class="fs6">150%大小的文字</p>
</body>
</html>
```

在 IE11.0 中浏览,效果如图 9-3 所示。

很多字体的大小会受到父对象影响，比如我们使用的 larger、smaller 和百分比大小，另外未使用 CSS 控制的标题标记<hn>和普通文本的大小，都会受到浏览器以及父对象大小的影响。在【例 9-4】中，我们把上述文字内容加入到一个 id 名为 fs 的 div 容器中，并将 fs 中字体的大小设置为 20px，从图 9-4 的浏览结果和图 9-3 比较，会发现 h2 标题大小、未使用样式的默认字体大小以及 larger 和 150%文字大小都有所变化，后两者大小在 CSS 控制范围内，而前两者的改变很难控制，所以对于标题或正文文本我们都需要明确使用 CSS 来控制其大小。

【例 9-4】设置字体尺寸 2(9-4.html)，效果如图 9-4 所示。

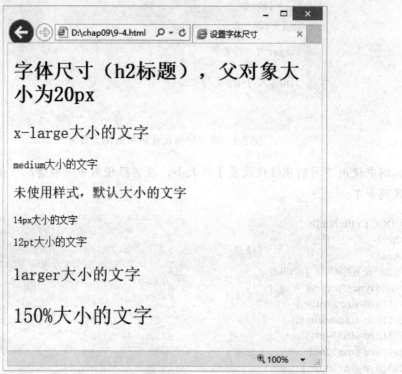

图 9-4　设置字体尺寸后页面浏览效果(有父对象 div 容器)

代码如下：

```
<!DOCTYPE html>
<html>
<head>
<title>设置字体尺寸</title>
<style type="text/css">
#fs{font-size:20px;}
.fs1{font-size:x-large;}
.fs2{font-size:medium;}
.fs3{font-size:14px;}
.fs4{font-size:12pt;}
.fs5{font-size:larger;}
.fs6{font-size:150%;}
```

```
        </style>
    </head>
    <body>
        <div id="fs">
            <h2>字体尺寸(h2 标题),父对象大小为 20px</h2>
            <p class="fs1">x-large 大小的文字</p>
            <p class="fs2">medium 大小的文字</p>
            <p>未使用样式,默认大小的文字</p>
            <p class="fs3">14px 大小的文字</p>
            <p class="fs4">12pt 大小的文字</p>
            <p class="fs5">larger 大小的文字</p>
            <p class="fs6">150%大小的文字</p>
        </div>
    </body>
</html>
```

在 IE11.0 中浏览,效果如图 9-4 所示。

9.2.3 字体粗细 font-weight

font-weight 属性用来定义字体的粗细。

基本语法:

font-weight:normal | bold | bolder | lighter | 100 | 200 | 300 | 400 | 500 | 600 | 700 | 800 | 900;

语法说明:

- ➢ normal:正常的字体。相当于数字值 400。
- ➢ bold:粗体。相当于数字值 700。
- ➢ bolder:定义比继承值更重的值。
- ➢ lighter:定义比继承值更轻的值。
- ➢ 100-900:用数字表示字体粗细。

> **注意**
>
> font-weight 的作用由客户端安装的字体的特定字体变量映射决定,系统选择最近的匹配,换句话说,用户可能看不到不同值之间的差异。

一般来说,bold 是最常使用的,不过也可能有需要使用 normal 的情况,例如当某一段文字都加粗了,而需要某一部分的文字以非粗体显示时。

【例 9-5】设置字体粗细(9-5.html),效果如图 9-5 所示。

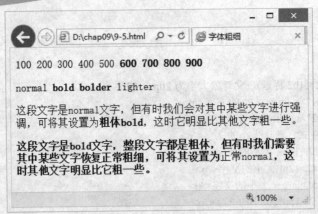

图 9-5 设置字体粗细后页面浏览效果

本例第一段文字用 100-900 的数字表示字体粗细，第二段文字使用关键字设置 4 种不同粗细，第三段强调正常文字中的粗体 bold，第四段将粗体文字中的部分文字恢复正常 normal。

基于前文所述，由于 font-weight 的作用由客户端安装的字体的特定字体变量映射决定，系统选择最近的匹配，我们并一定能看到不同属性值字体粗细的差异。

代码如下：

```
<!DOCTYPE html>
<html>
<head>
<title>字体粗细</title>
<style type="text/css">
.fw1{font-weight:100;}
.fw2{font-weight:200;}
.fw3{font-weight:300;}
.fw4{font-weight:400;}
.fw5{font-weight:500;}
.fw6{font-weight:600;}
.fw7{font-weight:700;}
.fw8{font-weight:800;}
.fw9{font-weight:900;}
.fw10{font-weight:normal;}
.fw11{font-weight:bold;}
.fw12{font-weight:bolder;}
.fw13{font-weight:lighter;}
</style>
</head>
<body>
<p>
    <span class="fw1">100</span>
    <span class="fw2">200</span>
    <span class="fw3">300</span>
```

```html
        <span class="fw4">400</span>
        <span class="fw5">500</span>
        <span class="fw6">600</span>
        <span class="fw7">700</span>
        <span class="fw8">800</span>
        <span class="fw9">900</span>
</p>
<p>
        <span class="fw10">normal</span>
        <span class="fw11">bold</span>
        <span class="fw12">bolder</span>
        <span class="fw13">lighter</span>
</p>
<p class="fw10">
这段文字是 normal 文字,但有时我们会对其中某些文字进行强调,可将其设置为<span class="fw11">粗体 bold</span>,这时它明显比其他文字粗一些。
</p>
<p class="fw11">
这段文字是 bold 文字,整段文字都是粗体,但有时我们需要其中某些文字恢复正常粗细,可将其设置为<span class="fw13">正常 normal</span>,这时其他文字明显比它粗一些。
</p>
</body>
</html>
```

在 IE11.0 中浏览,效果如图 9-5 所示。

9.2.4 字体风格 font-style

font-style 属性用来定义字体是否为斜体,值可以是 normal、italic 或 oblique。在印刷学中,一个字体的斜体(italic)版本通常是一种基于笔迹的特殊风格版本(大部分字体有对应的斜体变体),而伪斜体(oblique)则是将正常版本倾斜一个角度来使用。

基本语法:

```
font-style:normal | italic | oblique;
```

语法说明:

- normal:正常字体。
- italic:指定文本字体样式为斜体。对于没有设计斜体的特殊字体,如果要使用斜体外观将应用 oblique。
- oblique:指定文本字体样式为倾斜的字体。人为的使文字倾斜,而不是去选取字体中的斜体字。

【例 9-6】设置字体风格(9-6.html),效果如图 9-6 所示。

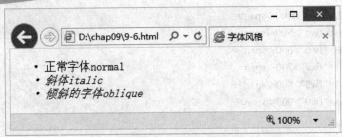

图 9-6 设置字体风格后页面浏览效果

代码如下：

```
<!DOCTYPE html>
<html>
<head>
<title>字体风格</title>
<style type="text/css">
.fs1{font-style:normal;}
.fs2{font-style:italic;}
.fs3{font-style:oblique;}
</style>
</head>
<body>
<ul>
    <li class="fs1">正常字体 normal</li>
    <li class="fs2">斜体 italic</li>
    <li class="fs3">倾斜的字体 oblique</li>
</ul>
</body>
</html>
```

在 IE11.0 中浏览，效果如图 9-6 所示。

9.2.5 小型大写字母 font-variant

font-variant 属性用来定义小写字母是否显示为小型大写字母，小型大写字母就像是一个较小版本的大写字母。

基本语法：

font-variant:normal | small-caps;

语法说明：

➢ normal：正常的字体，默认值。
➢ small-caps：小型的大写字母。

【例 9-7】使用小型大写字母(9-7.html)，效果如图 9-7 所示。

图 9-7 使用小型大写字母后页面浏览效果

本例中原文显示为 Gone with the Wind，使用小型大写字母后，所有的小写字母以一种型号稍小的大写字母显示。

代码如下：

```
<!DOCTYPE html>
<html>
<head>
<title>小型大写字母</title>
<style type="text/css">
.fv1{font-variant:normal;}
.fv2{font-variant:small-caps;}
</style>
</head>
<body>
<p class="fv1">Gone with the Wind</p>
<p class="fv2">Gone with the Wind</p>
</body>
</html>
```

在 IE11.0 中浏览，效果如图 9-7 所示。

9.2.6 字体复合属性 font

在设计网页时，往往需要同时对字体的多个属性进行设置，例如定义字体的大小、粗体等，此时可以使用 font 属性一次性对多个属性进行设置。

基本语法：

font:font-style font-variant font-weight font-size font-family;

语法说明：

font 属性中的属性值排列顺序是 font-style、font-variant、font-weight、font-size 和 font-family，各属性值之间使用空格隔开，并且 font-size 和 font-family 是不可忽略的。属性排列中，font-style、font-variant 和 font-weight 可以进行顺序的调换，而 font-size 和 font-family 则必须按照固定顺序出现，如果这两个顺序错误或者缺少，那么整条样式可能会被忽略。

另外，在字体大小属性值部分可以添加行高属性，以/分隔。例如，"font:italic normal bold 13px/20px 宋体;"表示字体为斜体加粗的宋体、大小为 13 像素、行高为 20 像素。

【例9-8】使用字体复合属性(9-8.html),效果如图9-8所示。

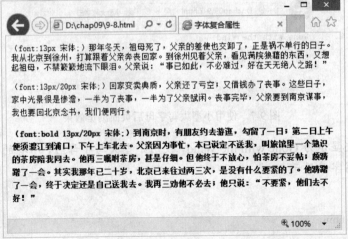

图9-8 使用字体复合属性后页面浏览效果

本例中三个段落采用不同的字体属性,均使用字体复合属性font设置。

代码如下:

```
<!DOCTYPE html>
<html>
<head>
<title>字体复合属性</title>
<style type="text/css">
.font1 {font:13px 宋体;}
.font2 {font:13px/20px 宋体;}
.font3 {font:bold 13px/20px 宋体;}
</style>
</head>
<body>
<p class="font1">
(font:13px 宋体;)那年冬天,祖母死了,父亲的差使也交卸了,正是祸不单行的日子。我从北京到徐州,打算跟着父亲奔丧回家。到徐州见着父亲,看见满院狼藉的东西,又想起祖母,不禁簌簌地流下眼泪。父亲说:"事已如此,不必难过,好在天无绝人之路!"
</p>
<p class="font2">
(font:13px/20px 宋体;)回家变卖典质,父亲还了亏空;又借钱办了丧事。这些日子,家中光景很是惨澹,一半为了丧事,一半为了父亲赋闲。丧事完毕,父亲要到南京谋事,我也要回北京念书,我们便同行。
</p>
<p class="font3">
(font:bold 13px/20px 宋体;)到南京时,有朋友约去游逛,勾留了一日;第二日上午便须渡江到浦口,下午上车北去。父亲因为事忙,本已说定不送我,叫旅馆里一个熟识的茶房陪我同去。他再三嘱咐茶房,甚是仔细。但他终于不放心,怕茶房不妥帖;颇踌躇了一会。其实我那年已二十岁,北京已来往过两三次,是没有什么要紧的了。他踌躇了一会,终于决定还是自己送我去。我再三劝他不必去;他只说:"不要紧,他们去不好!"
</p>
</body>
</html>
```

在IE11.0中浏览,效果如图9-8所示。

9.3 文本格式化

在 CSS 中，除了使用 font 直接改变字体的外观之外，还有一些效果与字体本身无关，但其影响文本的外观或格式，例如行高、字符的间距、段落缩进等，主要的文本样式属性如表 9-2 所示。

表 9-2 主要的 CSS 文本属性

属　　性	说　　明
line-height	控制行高
text-align	控制文本的水平对齐方式
text-indent	从左侧边框起文本的缩进
text-transform	控制英文单词的大小写转换
letter-spacing	控制字符间距
word-spacing	控制单词间距
vertical-align	控制行内元素在行框内的垂直对齐方式
text-decoration	以下四项的复合属性，控制文本修饰线条
text-decoration-line	设置文本修饰线条的种类
text-decoration-color	设置文本修饰线条的颜色
text-decoration-style	设置文本装饰线条的形状
text-shadow	控制文本阴影
direction	控制文本流的方向
writing-mode	控制对象的内容块固有的书写方向

9.3.1 行高 line-height

line-height 属性用于设置行高，该属性自 CSS 1 起就存在。

基本语法：

line-height:normal | 长度 | 百分比 | 数值;

语法说明：

- normal：默认行高。
- 长度值：用长度值指定行高，不允许负值。如"line-height:18px"设定行高为 18px。
- 百分比：用百分比指定行高，其百分比取值是基于字体的高度尺寸。如"line-height:150%"设定行高为字体尺寸的 150%，即 1.5 倍行距。
- 数值：用乘积因子指定行高，不允许负值。如"line-height:2"设定行高为字体大小的 2 倍，相当于 2 倍行距。

【例 9-9】设置行高(9-9.html)，效果如图 9-9 所示。

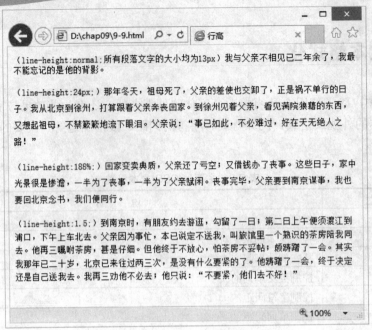

图 9-9　设置行高后页面浏览效果

本例几个段落文字其他设置相同，行高采用不同的属性值设置。

代码如下：

```
<!DOCTYPE html>
<html>
<head>
<title>行高</title>
<style type="text/css">
p{font-size:13px;}
.lh1{line-height:normal;}
.lh2{line-height:24px;}
.lh3{line-height:188%;}
.lh4{line-height:1.5;}
</style>
</head>
<body>
<p class="lh1">
(line-height:normal;所有段落文字的大小均为 13px)我与父亲不相见已二年余了，我最不能忘记的是他的背影。
</p>
<p class="lh2">
(line-height:24px;)那年冬天，祖母死了，父亲的差使也交卸了，正是祸不单行的日子。我从北京到徐州，打算跟着父亲奔丧回家。到徐州见着父亲，看见满院狼藉的东西，又想起祖母，不禁簌簌地流下眼泪。父亲说："事已如此，不必难过，好在天无绝人之路！"
</p>
<p class="lh3">
(line-height:188%;)回家变卖典质，父亲还了亏空；又借钱办了丧事。这些日子，家中光景很是惨淡，一半为了丧事，一半为了父亲赋闲。丧事完毕，父亲要到南京谋事，我也要回北京念书，我们便同行。
```

CSS 文本样式 09

```
</p>
<p class="lh4">
(line-height:1.5;)到南京时，有朋友约去游逛，勾留了一日；第二日上午便须渡江到浦口，下午上车
北去。父亲因为事忙，本已说定不送我，叫旅馆里一个熟识的茶房陪我同去。他再三嘱咐茶房，甚是仔
细。但他终于不放心，怕茶房不妥帖；颇踌躇了一会。其实我那年已二十岁，北京已来往过两三次，是
没有什么要紧的了。他踌躇了一会，终于决定还是自己送我去。我再三劝他不必去；他只说："不要紧，
他们去不好！"
</p>
</body>
</html>
```

在 IE11.0 中浏览，效果如图 9-9 所示。

9.3.2 水平对齐方式 text-align

text-align 属性用于设置对象中内容的水平对齐方式。

基本语法：

```
text-align: left | right | center | justify | start | end | match-parent | justify-all;
```

语法说明：

➢ left：内容左对齐。
➢ center：内容居中对齐。
➢ right：内容右对齐。
➢ justify：内容两端对齐，适用于文字中有空格的情况，例如英文文本。但对于强制打断的行(被打断的这一行)及最后一行(包括仅有一行文本的情况，因为它既是第一行也是最后一行)不做处理。
➢ 其他几个属性值为 CSS3 新增属性，浏览器支持性较差，还存在变更的可能，本文不做详细说明。

【例 9-10】设置水平对齐方式(9-10.html)，效果如图 9-10 所示。

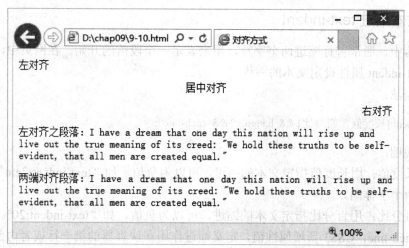

图 9-10 对齐方式

215

本例中需要特别注意两端对齐与左中右对齐方式的不同，首先两端对齐是对文本中有空格的情况起作用，另外对最后一行或只有一行的文本不起作用。

代码如下：

```html
<!DOCTYPE html>
<html>
<head>
<title>对齐方式</title>
<style type="text/css">
p{font-size:14px;}
.ta1 {text-align:left;}
.ta2 {text-align:center;}
.ta3 {text-align:right;}
.ta4 {text-align:justify;}
</style>
</head>
<body>
<p class="ta1">左对齐</p>
<p class="ta2">居中对齐</p>
<p class="ta3">右对齐</p>
<p class="ta1">
左对齐之段落：I have a dream that one day this nation will rise up and live out the true meaning of its creed: "We hold these truths to be self-evident, that all men are created equal."
</p>
<p class="ta4">
两端对齐段落：I have a dream that one day this nation will rise up and live out the true meaning of its creed: "We hold these truths to be self-evident, that all men are created equal."
</p>
</body>
</html>
```

在 IE11.0 中浏览，效果如图 9-10 所示。

9.3.3 文本缩进 text-indent

在段落中，通常首行缩进两个字符，用来表示一个段落的开始。在网页中，可以使用 CSS 的 text-indent 属性设定文本的缩进。

基本语法：

text-indent:[长度值 | 百分比] && hanging? && each-line?;

语法说明：

- ➢ 长度值：用长度值指定文本的缩进，可以为负值。如 "text-indent:2em" 表示缩进两个字体高。
- ➢ 百分比：用百分比指定文本的缩进，可以为负值。如 "text-indent:20%"。
- ➢ each-line：CSS3 新增属性值，定义缩进作用在块容器的第一行或者内部的每个强制换行的首行，软换行不受影响。

- hanging：CSS3 新增属性，反向所有被缩进作用的行。
- each-line 和 hanging 关键字跟随在缩进数值之后，以空格分隔，如"div{text-indent: 2em each-line;}"表示 div 容器内部的第一行及每一个强制换行都有 2em 的缩进。

> **注意**
>
> 目前 IE、Firefox、safari、Chrome 等主流浏览器均不支持 hanging 和 each-line 关键字。

【例 9-11】设置文本缩进(9-11.html)，效果如图 9-11 所示。

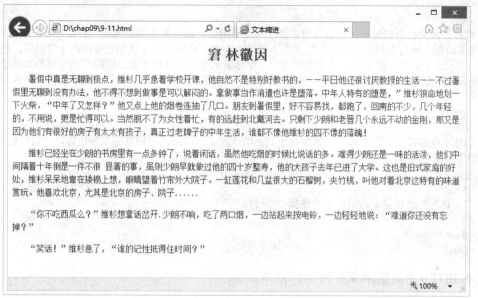

图 9-11　使用文本缩进后页面浏览效果

本例设置每个段落的段首缩进两个字体高。
代码如下：

```
<!DOCTYPE html>
<html>
<head>
<title>文本缩进</title>
<style type="text/css">
body{
    color:#035ee5;
}
h1{
    font-size:24px;
    text-align:center;
}
p{
    font:14px/22px 宋体;
```

```
            text-indent:2em;
        }
    </style>
</head>
<body>
    <h1>窘　林徽因</h1>
    <p>
    暑假中真是无聊到极点，维杉几乎急着学校开课，他自然不是特别好教书的，——平日他还很讨厌教授的生活——不过暑假里无聊到没有办法，他不得不想到做事是可以解闷的。拿做事当作消遣也许是堕落。中年人特有的堕是，"维杉狠命地划一下火柴，"中年了又怎样？"他又点上他的烟卷连抽了几口。朋友到暑假里，好不容易找，都跑了，回南的不少，几个年轻的，不用说，更是忙得可以。当然脱不了为女性着忙，有的远赶到北戴河去。只剩下少朗和老晋几个永远不动的金刚，那又是因为他们有很好的房子有太太有孩子，真正过老牌子的中年生活，谁都不像他维杉的四不像的落魄！
    </p>
    <p>
    维杉已经坐在少朗的书房里有一点多钟了，说着闲话，虽然他吃烟的时候比说话的多。难得少朗还是一味的活泼，他们中间隔着十年倒是一件不很显著的事，虽则少朗早就做过他的四十岁整寿，他的大孩子去年已进了大学。这也是旧式家庭的好处，维杉呆呆地靠在矮榻上想，眼睛望着竹帘外大院子。一缸莲花和几盆很大的石榴树，夹竹桃，叫他对着北京这特有的味道赏玩。他喜欢北京，尤其是北京的房子、院子……
    </p>
    <p>
    "你不吃西瓜么？"维杉想拿话岔开少朗不响，吃了两口烟，一边站起来按电铃，一边轻轻地说："难道你还没有忘掉？"
    </p>
    <p>
    "笑话！"维杉急了，"谁的记性抵得住时间？"
    </p>
</body>
</html>
```

在 IE11.0 中浏览,效果如图 9-11 所示。

9.3.4　大小写 text-transform

text-transform 属性主要用来控制英文单词的大小写转换。

基本语法：

text-transform:none | capitalize | uppercase | lowercase | full-width;

语法说明：

- none：无转换，正常显示。
- capitalize：将每个单词的第一个字母转换成大写。
- uppercase：将单词的每个字母转换成大写。
- lowercase：将单词的每个字母转换成小写。
- full-width：CSS3 新增值，将所有字符转换成 fullwidth(全字型或全角)形式。如果字符没有相应的 fullwidth 形式，将保留原样。这个值通常用于排版拉丁字符和数字等表意符号。目前主流浏览器中仅有 Firefox 的高版本支持该属性值。

【例 9-12】 设置大小写(9-12.html)，效果如图 9-12 所示。

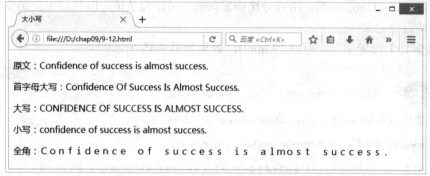

图 9-12　设置大小写转换后页面浏览效果

本例因为使用了 fullwidth 属性值，使用 Firefox47.0.1 浏览。
代码如下：

```
<!DOCTYPE html>
<html>
<head>
<title>大小写</title>
<style type="text/css">
.tt1{text-transform:capitalize;}
.tt2{text-transform:uppercase;}
.tt3{text-transform:lowercase;}
.tt4{text-transform:full-width;}
</style>
</head>
<body>
<p>原文：Confidence of success is almost success.</p>
<p>首字母大写： <span class="tt1">Confidence of success is almost success.</span></p>
<p>大写： <span class="tt2">Confidence of success is almost success.</span></p>
<p>小写： <span class="tt3">Confidence of success is almost success.</span></p>
<p>全角： <span class="tt4">Confidence of success is almost success.</span></p>
</body>
</html>
```

在 Firefox47.0.1 中浏览，效果如图 9-12 所示。

9.3.5　字符间距 letter-spacing

字符间距 letter-spacing 用来控制字符之间的距离。
基本语法：

letter-spacing:normal	长度	百分比;

语法说明：
- normal：默认间隔。

➢ 长度：用长度值指定间隔，可以为负值。
➢ 百分比：CSS3 新增，用百分比指定间隔，可以为负值，但目前主流浏览器均不支持百分比属性值。

【例 9-13】设置字符间距(9-13.html)，效果如图 9-13 所示。

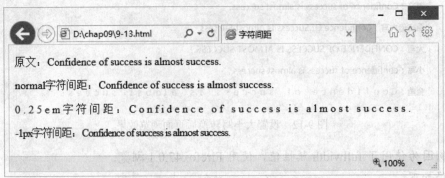

图 9-13　设置字符间距后页面浏览效果

本例设置字符间距，中西文字符均可。

代码如下：

```
<!DOCTYPE html>
<html>
<head>
<title>字符间距</title>
<style type="text/css">
.ls1{letter-spacing:normal;}
.ls2{letter-spacing:0.25em;}
.ls3{letter-spacing:-1px;}
</style>
</head>
<body>
<p>原文：Confidence of success is almost success.</p>
<p class="ls1">normal 字符间距：Confidence of success is almost success.</p>
<p class="ls2">0.25em 字符间距：Confidence of success is almost success.</p>
<p class="ls3">-1px 字符间距：Confidence of success is almost success.</p>
</body>
</html>
```

在 IE11.0 中浏览，效果如图 9-13 所示。

9.3.6　单词间距 word-spacing

word-spacing 属性将指定的间隔添加到每个单词(词内不发生)之后，但最后一个字将被排除在外。

基本语法：

word-spacing:normal | 长度 | 百分比;

语法说明：
- normal：默认间隔。
- 长度：用长度值指定间隔，可以为负值。
- 百分比：CSS3 新增，用百分比指定间隔，可以为负值，但目前主流浏览器均不支持百分比属性值。

【例 9-14】设置单词间距(9-14.html)，效果如图 9-14 所示。

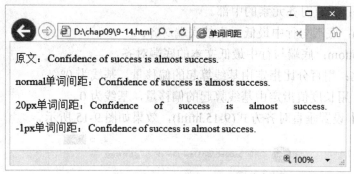

图 9-14 设置单词间距后页面浏览效果

本例设置单词间距，一般针对英文等西文形式，因为中文词汇间无空格，相当于单词内部，不会起作用。

代码如下：

```
<!DOCTYPE html>
<html>
<head>
<title>单词间距</title>
<style type="text/css">
.ws1{ word-spacing: normal;}
.ws2{ word-spacing:20px;}
.ws3{ word-spacing:-1px;}
</style>
</head>
<body>
<p>原文：Confidence of success is almost success. </p>
<p class="ws1">normal 单词间距：Confidence of success is almost success. </p>
<p class="ws2">20px 单词间距：Confidence of success is almost success. </p>
<p class="ws3">-1px 单词间距：Confidence of success is almost success. </p>
</body>
</html>
```

在 IE11.0 中浏览，效果如图 9-14 所示。

9.3.7 垂直对齐方式 vertical-align

vertical-align 属性控制内联元素(行内元素)在行内的垂直对齐方式。也有一些资料中将 vertical-align 归类于定位属性。

基本语法：

vertical-align:baseline | sub | super | top | text-top | middle | bottom | text-bottom | 百分比 | 长度;

语法说明：
- baseline：默认值，与基线对齐。
- sub：垂直对齐文本的下标。
- super：垂直对齐文本的上标。
- top：顶端与行中最高元素的顶端对齐。
- text-top：顶端与行中最高文本的顶端对齐。
- middle：垂直对齐元素的中部。
- bottom：底端与行中最低元素的底端对齐。
- text-bottom：底端与行中最低文本的底端对齐。
- 百分比：用百分比指定由基线算起的偏移量，基线为0%。
- 长度：用长度值指定由基线算起的偏移量，基线为0。

【例9-15】设置垂直对齐方式(9-15.html)，效果如图9-15所示。

图9-15 设置垂直对齐方式后页面浏览效果

本例需要注意 top 和 text-top 关键字的区别，两者前者对齐了当前行的最高元素(图片)，后者对齐了当前行的最高文本(文本"参考文字")。

代码如下：

```
<!DOCTYPE html>
<html>
<head>
<title>垂直对齐方式</title>
<style type="text/css">
p{font-size:18px;font-weight:bold;}
span{font-size:13px;}
.va1{vertical-align:baseline;}
.va2{vertical-align:sub;}
```

```
.va3{vertical-align:super;}
.va4{vertical-align:top;}
.va5{vertical-align:text-top;}
.va6{vertical-align:middle;}
.va7{vertical-align:bottom;}
.va8{vertical-align:text-bottom;}
.va9{vertical-align:10px;}
.va10{vertical-align:20%;}
</style>
</head>
<body>
<p>参考文字<span class="va1">baseline 基线对齐</span></p>
<p>参考文字<span class="va2">sub 下标对齐</span></p>
<p>参考文字<span class="va3">super 上标对齐</span></p>
<p>参考图文<img src="images/panda.png" title="参考图片" /><span class="va4">top 顶部对齐</span></p>
<p>参考图文<img src="images/panda.png" title="参考图片" /><span class="va5">text-top 顶端对齐</span></p>
<p>参考文字<span class="va6">middle 居中对齐</span></p>
<p>参考文字<span class="va7">bottom 底部对齐</span></p>
<p>参考文字<span class="va8">text-bottom 底部对齐</span></p>
<p>参考文字<span class="va9">10px 数值对齐</span></p>
<p>参考文字<span class="va10">20%数值对齐</span></p>
</body>
</html>
```

在 IE11.0 中浏览,效果如图 9-15 所示。

9.3.8 文本修饰 text-decoration

text-decoration 属性控制对象中的文本的装饰,包括修饰种类、样式和颜色。

在 CSS2.1 中,text-decoration 设置文本的修饰种类,而在 CSS3 中,text-decoration 是 text-decoration-line、text-decoration-style 和 text-decoration-color 的复合属性。

所有浏览器均支持 CSS2.1 中的 text-decoration 属性,在 CSS3 中,该属性定义被移植到其新的分解属性 text-decoration-line 上。大多数浏览器对 CSS3 就 text-decoration 的属性扩展以及分项属性 text-decoration-line、text-decoration-style 和 text-decoration-color 不支持,目前 Firefox 和 Safari 的高版本支持此属性的新解,但在个别细节上可能支持性仍然不够。

基本语法:

```
text-decoration:<text-decoration-line> || < text-decoration-style> || <text-decoration-color>;
text-decoration-line:none | [underline || overline || line-through || blink];
text-decoration-style:solid | double | dotted | dashed | wave;
text-decoration-color:颜色;
```

语法说明：

1. text-decoration-line(修饰种类)

指定文本装饰线的位置和种类。相当于 CSS2.1 的 text-decoration 属性，可取值：none、underline、overline、line-through 和 blink，除了"none"之外的属性值可以组合。

➢ none：关闭原本应用到一个元素上的所有装饰。通常，无装饰的文本是默认外观，但也不总是这样，例如，超链接默认有下划线，可以使用"text-decoration-line:none;"去掉超链接的下划线。
➢ underline：下划线。
➢ overline：上划线。
➢ line-through：贯穿线(删除线)。
➢ blink：文本闪烁，大部分浏览器都不支持 blink 值，因为规范允许用户代理忽略该效果。

2. text-decoration-style(修饰样式)

指定文本装饰的样式，也就是文本修饰线条的形状，值可以是 solid、double、dotted、dashed 和 wave。solid 表示实线，double 表示双线，dotted 表示点线，dashed 表示虚线，wave 表示波浪线。

3. text-decoration-color(修饰颜色)

指定文本装饰线条的颜色，可以使用任何合法颜色值。

【例 9-16】设置文本修饰(9-16.html)，效果如图 9-16 所示。

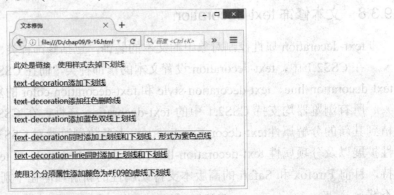

图 9-16 设置文本修饰后页面浏览效果

本例用 text-decoration 及其分项属性，设置了多种文本修饰，因为浏览器支持性，使用 Firefox47.0.1 浏览。

代码如下：

```
<!DOCTYPE html>
<html>
<head>
<title>文本修饰</title>
```

```html
<style type="text/css">
.td1 {text-decoration:none;}
.td2 {text-decoration:underline;}
.td3 {text-decoration:line-through red;}
.td4 {text-decoration:overline blue double;}
.td5 {text-decoration:overline underline purple dotted;}
.td6 {text-decoration-line:overline underline;}
.td7 {
    text-decoration-line:underline;
    text-decoration-style:dashed;
    text-decoration-color:#F09;
}
</style>
</head>
<body>
<p><a href=http://www.baidu.com class="td1">此处是链接，使用样式去掉下划线</a></p>
<p class="td2">text-decoration 添加下划线</p>
<p class="td3">text-decoration 添加红色删除线</p>
<p class="td4">text-decoration 添加蓝色双线上划线</p>
<p class="td5">text-decoration 同时添加上划线和下划线，形式为紫色点线</p>
<p class="td6">text-decoration-line 同时添加上划线和下划线</p>
<p class="td7">使用 3 个分项属性添加颜色为#F09 的虚线下划线</p>
</body>
</html>
```

在 Firefox47.0.1 中浏览，效果如图 9-16 所示。

9.3.9 文本阴影 text-shadow

text-shadow 是 CSS3 新增属性，用来设置对象中的文本是否有阴影及模糊效果，目前 IE10、Firefox3.5、chrome4.0、safari6.0 和 Opera15 及其以上版本均支持此效果。

基本语法：

```
text-shadow:none | 阴影 [, 阴影]*;
阴影=长度 1 长度 2 [长度 3] [颜色];
```

语法说明：

➢ none：无阴影。
➢ 阴影：可以设置多组阴影效果，每组参数之间用逗号分隔。
➢ 长度 1：设置阴影的水平偏移值，可以为负值，正值表示阴影在右，负值在左。
➢ 长度 2：设置阴影的垂直偏移值，可以为负值，正值表示阴影在上，负值在下。
➢ 长度 3：可选，如果提供了此值则用来设置文本的阴影模糊值，不允许负值。
➢ 颜色：设置阴影的颜色。

【例 9-17】设置文本阴影(9-17.html)，效果如图 9-17 所示。

图 9-17　设置文本阴影后页面浏览效果

本例第一段设置了右下有灰色阴影，第二段设置左上有阴影，第三行设置了 3 重颜色和偏移值不同的阴影。

代码如下：

```
<!DOCTYPE html>
<html>
<head>
<title>文本阴影</title>
<style type="text/css">
p{
    font-size:24px;
    font-family:黑体,微软雅黑;
    font-weight:bold;
}
.ts1{
    color:black;
    text-shadow:6px 6px 3px #333;
}
.ts2{
    color:#F93;
    text-shadow:-6px -4px 3px #FA6;
}
.ts3{
    color:black;
    text-shadow:5px 3px 2px #119cd5,10px 6px 2px #fed904,15px 9px 3px #7d4697;
}
</style>
</head>
<body>
<p class="ts1">一重阴影:6px 6px 3px #333</p>
<p class="ts2">一重阴影:-6px -4px 3px #FA6</p>
<p class="ts3">三重阴影:5px 3px 2px #119cd5,10px 6px 2px #fed904,15px 9px 3px #7d4697</p>
</body>
</html>
```

在 IE11.0 中浏览，效果如图 9-17 所示。

9.3.10　书写模式 writing-mode

writing-mode 控制对象的内容块固有的书写方向。原本是 IE 的私有属性之一，后期被

w3c 采纳成 CSS3 的标准属性，但各个流浏览器的支持性存在差异。
基本语法：

writing-mode:horizontal-tb | vertical-rl | vertical-lr | lr-tb | tb-rl;

语法说明：
- horizontal-tb：水平文本，左-右。CSS3 标准属性，IE 浏览器不支持，其他浏览器高版本一般支持。
- vertical-rl：垂直文本，右-左。CSS3 标准属性，IE 浏览器不支持，其他浏览器高版本一般支持。
- vertical-lr：垂直文本，左-右。CSS3 标准属性，IE 浏览器不支持，其他浏览器高版本一般支持。
- lr-tb：水平文本，左-右。IE 私有属性，但其他浏览器高版本一般也支持。
- tb-rl：垂直文本，右-左。IE 私有属性，但其他浏览器高版本一般也支持。

【例 9-18】设置书写模式(9-18.html)，效果如图 9-18 和图 9-19 所示。

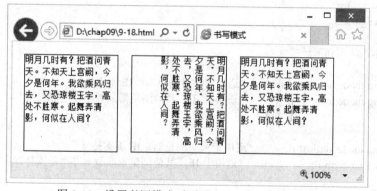

图 9-18　设置书写模式后页面在 IE11.0 中浏览效果

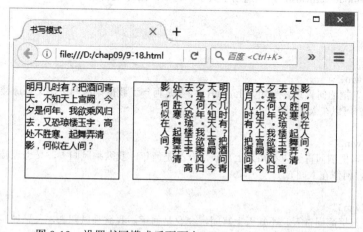

图 9-19　设置书写模式后页面在 Firefox47.0.1 中浏览效果

因为 IE 对 horizontal-tb、vertical-rl 和 vertical-lr 属性不支持，另外 horizontal-tb 相当于 IE 的私有属性 lr-tb，而 vertical-rl 相当于 IE 的私有属性 tb-rl，可以同时将两个属性都用上，

确保不同浏览器的支持性。

两个浏览其中浏览效果不同，原因是 IE11.0 对垂直自左向右(vertical-lr)不支持，也没有相应的私有属性。

代码如下：

```html
<!DOCTYPE html>
<html>
<head>
<title>书写模式</title>
<style type="text/css">
/*此处给文字所在的容器div设置大小边框等属性，读者可暂时忽略具体内容，后续详解*/
div{
    width:140px;
    height:140px;
    margin:10px;
    border:1px solid black;
    float:left;
    font-size:13px;
    line-height:1.3;
}
/*水平文本，从上到下*/
.wm1{
    writing-mode:horizontal-tb;    /*适用于大多浏览器，IE 不支持*/
    writing-mode:lr-tb;            /*适用于IE，其他浏览器高版本亦可能支持*/
}
.wm2{
    writing-mode:vertical-rl;      /*适用于大多浏览器，IE 不支持*/
    writing-mode:tb-rl;            /*适用于IE，其他浏览器高版本亦可能支持*/
}
.wm3{
    writing-mode:vertical-lr;      /*适用于大多浏览器，IE 不支持*/
}
</style>
</head>
<body>
<div class="wm1">
明月几时有？把酒问青天。不知天上宫阙，今夕是何年。我欲乘风归去，又恐琼楼玉宇，高处不胜寒。起舞弄清影，何似在人间？
</div>
<div class="wm2">
明月几时有？把酒问青天。不知天上宫阙，今夕是何年。我欲乘风归去，又恐琼楼玉宇，高处不胜寒。起舞弄清影，何似在人间？
</div>
<div class="wm3">
明月几时有？把酒问青天。不知天上宫阙，今夕是何年。我欲乘风归去，又恐琼楼玉宇，高处不胜寒。起舞弄清影，何似在人间？
</div>
</body>
</html>
```

在 IE11.0 和 Firefox47.0.1 中浏览效果分别如图 9-18 和图 9-19 所示。

代码分析：

(1) wm1{writing-mode:horizontal-tb; writing-mode:lr-tb;}同时用两种属性值设置水平方向自左向右的文本，一般浏览器均可支持。

(2) wm2{writing-mode:vertical-rl; writing-mode:tb-rl;}同时用两种属性值设置垂直方向自右向左的文本，一般浏览器均可支持。

(3) wm3{writing-mode:vertical-lr;}设置垂直方向自左向右的文本，IE 浏览器不支持，第 3 个文本块在 IE11.0 种浏览表现为默认书写模式。

(4) 代码 width:140px; height:140px; margin:10px; border:1px solid black; float:left;用来设置 div 等容器的大小、边框、浮动等属性，读者可暂时忽略此部分内容，后续章节详解。

9.3.11 断行处理 word-wrap 和 overflow-wrap

当文字在一个比较窄的容器中时，字符串超出容器范围时不会断行，而是顶破容器显示到容器外面，此时可以设置 word-wrap 或 overflow-wrap，它们可以让字符串在到达容器的宽度限制时换行。

word-wrap 这个属性最初是由微软发明的，是 IE 的私有属性，后期被 W3C 采纳成标准属性，虽然主流浏览器都支持这个属性，但 W3C 决定要用 overflow-wrap 替换 word-wrap。overflow-wrap 跟 word-wrap 具有相同的属性值，建议使用 overflow-wrap 属性时，最好同时使用 word-wrap 作为备选，作向前兼容。

基本语法：

```
word-wrap:normal | break-word;
overflow-wrap:normal | break-word;
```

语法说明：

➢ normal：允许内容顶开或溢出指定的容器边界。
➢ break-word：内容将在边界内换行。如果需要，单词内部允许断行。

【例 9-19】使用断行处理(9-18.html)，效果如图 9-20 所示。

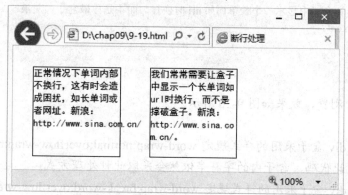

图 9-20　使用断行处理后页面浏览效果

本例中两个 div 中的 url 超出容器宽度时，处理的方式不同，左侧为默认或者 normal 的效果，http://www.sina.com.cn/顶破容器显示在外面，而右边处理断行后规定字符串 http://www.sina.com.cn/在到达容器的宽度限制时换行。

代码如下：

```html
<!DOCTYPE html>
<html>
<head>
<title>断行处理</title>
<style type="text/css">
/*此处给文字所在的容器 div 设置大小边框等属性，读者可暂时忽略具体内容，后续详解*/
div{
    width:120px;
    height:120px;
    margin:20px;
    float:left;
    border:1px solid black;
    font:13px/1.3 黑体, Calibri;
}
.wrap1{
    word-wrap:normal;
    overflow-wrap:normal;
}
.wrap2{
    word-wrap:break-word;
    overflow-wrap:break-word;
}
</style>
</head>
<body>
<div class="wrap1">
正常情况下单词内部不换行，这有时会造成困扰，如长单词或者网址。新浪：http://www.sina.com.cn/
</div>
<div class="wrap2">
我们常常需要让盒子中显示一个长单词如 url 时换行，而不是撑破盒子。新浪：http://www.sina.com.cn/。
</div>
</body>
</html>
```

在 IE11.0 中浏览，效果如图 9-20 所示。

代码分析：

(1) 第一个 div 盒子采用的样式规定 word-wrap:normal;overflow-wrap:normal;，这是默认的样式，不写此代码，盒子内的字符串依然会采取此种处理方式。

(2) 第二个 div 盒子采用的样式规定 word-wrap:break-word;overflow-wrap:break-word;，两个属性都规定字符串在到达容器的宽度限制时换行。

9.3.12 文本相关伪对象

本节简单示例介绍两个和文本相关的伪对象 first-letter 和 first-line。first-letter 伪对象规定元素中首字符的规则，first-line 伪对象规定元素中首行的样式。

【例9-20】使用文本伪对象(9-20.html)，效果如图9-21所示。

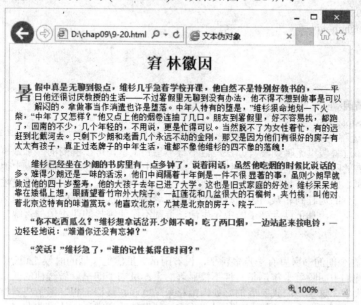

图 9-21 对首行和首字符的进行处理后页面浏览效果

本例中第一段的首字符"暑"采用蓝色粗体以及较大尺寸，下沉并其他文字环绕；每段文字的第一行蓝色粗体显示。

代码如下：

```
<!DOCTYPE html>
<html>
<head>
<title>文本伪对象</title>
<style type="text/css">
h1{
    font-size:24px;
    text-align:center;
}
p{
    font-size:13px;
    text-indent:2em;
}
/*控制所有段落的首行*/
p::first-line{
    color:#035ee5;
    font-weight:bold;
}
/*控制第一段的第一个字符*/
```

```
.firstpara{
    text-indent:0;
}
.firstpara::first-letter{
    font-size:30px;
    float:left;
    color:#035ee5;
    font-weight:bold;
}
</style>
</head>
<body>
<h1>窘　林徽因</h1>
<p class="firstpara">
```

暑假中真是无聊到极点，维杉几乎急着学校开课，他自然不是特别好教书的，——平日他还很讨厌教授的生活——不过暑假里无聊到没有办法，他不得不想到做事是可以解闷的。拿做事当作消遣也许是堕落。中年人特有的堕是，"维杉狠命地划一下火柴，"中年了又怎样？"他又点上他的烟卷连抽了几口。朋友到暑假里，好不容易找，都跑了，回南的不少，几个年轻的，不用说，更是忙得可以。当然脱不了为女性着忙，有的远赶到北戴河去。只剩下少朗和老晋几个永远不动的金刚，那又是因为他们有很好的房子有太太有孩子，真正过老牌子的中年生活，谁都不像他维杉的四不像的落魄！

```
</p>
<p>
```

维杉已经坐在少朗的书房里有一点多钟了，说着闲话，虽然他吃烟的时候比说话的多。难得少朗还是一味的活泼，他们中间隔着十年倒是一件不很显著的事，虽则少朗早就做过他的四十岁整寿，他的大孩子去年已进了大学。这也是旧式家庭的好处，维杉呆呆地靠在矮榻上想，眼睛望着竹帘外大院子。一缸莲花和几盆很大的石榴树，夹竹桃，叫他对着北京这特有的味道赏玩。他喜欢北京，尤其是北京的房子、院子……

```
</p>
<p>
```

"你不吃西瓜么？"维杉想拿话岔开.少朗不响，吃了两口烟，一边站起来按电铃，一边轻轻地说："难道你还没有忘掉？"

```
</p>
<p>
```

"笑话！"维杉急了，"谁的记性抵得住时间？"

```
</p>
</body>
</html>
```

在 IE11.0 中浏览，效果如图 9-21 所示。

代码分析：通过 p::first-line 伪对象选择符对所有段落的第一行设置蓝色粗体效果，通过 .firstpara::first-letter 对引用 .firstpara 的对象(第一段)设置首字母变大下沉样式。

9.4　CSS 列表属性

列表的符号和位置可以使用 CSS 进行设置。

9.4.1 列表项目符号 list-style-type

CSS 属性 list-style-type 用来设置对象的列表项所使用的项目符号。
基本语法：

list-style-type:disc | circle | square | decimal | lower-roman | upper-roman | lower-alpha | upper-alpha | none | armenian | cjk-ideographic | georgian | lower-greek | hebrew | hiragana | hiragana-iroha | katakana | katakana- iroha | lower-latin | upper-latin;

语法说明：
- disc：实心圆。
- circle：空心圆。
- square：实心方块。
- decimal：阿拉伯数字。
- lower-roman：小写罗马数字。
- upper-roman：大写罗马数字。
- lower-alpha：小写英文字母。
- upper-alpha：大写英文字母。
- none：不使用项目符号。
- armenian：传统的亚美尼亚数字。
- cjk-ideographic：浅白的表意数字。
- georgian：传统的乔治数字。
- lower-greek：基本的希腊小写字母。
- hebrew：传统的希伯莱数字。
- hiragana：日文平假名字符。
- hiragana-iroha：日文平假名序号。
- katakana：日文片假名字符。
- katakana-iroha：日文片假名序号。
- lower-latin：小写拉丁字母。
- upper-latin：大写拉丁字母。

【例 9-21】设置列表符号样式(9-21.html)，效果如图 9-22 所示。
本例设置不同的列表符号样式。
代码如下：

```
<!DOCTYPE html>
<html>
<head>
<title>列表符号</title>
<style type=text/css>
h1{font:14px/12px Arial;}
ol,ul{font-size:13px;}
.circle{list-style-type:circle;}
.square{list-style-type:square;}
```

```
.decimal{list-style-type:decimal;}
.upper-roman{list-style-type:upper-roman;}
.lower-alpha{list-style-type:lower-alpha;}
.upper-alpha{list-style-type:upper-alpha;}
.none{list-style-type:none;}
.armenian{list-style-type:armenian;}
```

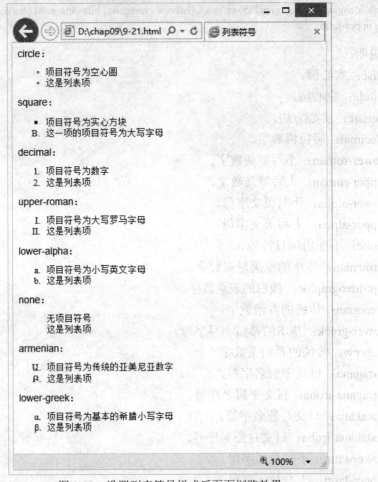

图 9-22 设置列表符号样式后页面浏览效果

```
.lower-greek{list-style-type:lower-greek;}
</style>
</head>
<body>
<h1>circle：</h1>
<ul class="circle">
    <li>项目符号为空心圆</li>
    <li>这是列表项</li>
</ul>
<h1>square：</h1>
<ul class="square">
    <li>项目符号为实心方块</li>
```

```
            <li class="upper-alpha">这一项的项目符号为大写字母</li>
    </ul>
    <h1>decimal: </h1>
    <ol class="decimal">
        <li>项目符号为数字</li>
        <li>这是列表项</li>
    </ol>
    <h1>upper-roman: </h1>
    <ul class="upper-roman">
                <li>项目符号为大写罗马字母</li>
                <li>这是列表项</li>
    </ul>
    <h1>lower-alpha: </h1>
    <ol class="lower-alpha">
        <li>项目符号为小写英文字母</li>
        <li>这是列表项</li>
    </ol>
    <h1>none: </h1>
    <ul class="none">
        <li>无项目符号</li>
        <li>这是列表项</li>
    </ul>
    <h1>armenian: </h1>
    <ul class="armenian">
        <li>项目符号为传统的亚美尼亚数字</li>
        <li>这是列表项</li>
    </ul>
    <h1>lower-greek: </h1>
    <ul class="lower-greek">
        <li>项目符号为基本的希腊小写字母</li>
        <li>这是列表项</li>
    </ul>
    </body>
</html>
```

在 IE11.0 中浏览，效果如图 9-22 所示。

9.4.2 图片符号 list-style-image

CSS 属性 list-style-image 用来设置对象的列表项使用图像作为项目符号。
基本语法：

```
list-style-image:none | url(图像文件的 URL);
```

语法说明：
- none：不指定图像
- url：指定列表项标记图像。

【例 9-22】使用图像列表符号(9-22.html),效果如图 9-23 所示。

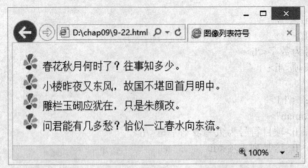

图 9-23　使用图像列表符号后页面浏览效果

本例中使用一朵桃花图像作为项目的列表符号。

代码如下:

```
<!DOCTYPE html>
<html>
<head>
<title>图像列表符号</title>
<style type=text/css>
.limg{
    list-style-image:url(images/flower.png);
    font-size:16px;
}
</style>
</head>
<body>
<ul class="limg">
    <li>春花秋月何时了？往事知多少。</li>
    <li>小楼昨夜又东风，故国不堪回首月明中。</li>
    <li>雕栏玉砌应犹在，只是朱颜改。</li>
    <li>问君能有几多愁？恰似一江春水向东流。</li>
</ul>
</body>
</html>
```

在 IE11.0 中浏览,效果如图 9-23 所示。

9.4.3　列表符号位置 list-style-position

CSS 属性 list-style-position 用来设置对象的列表符号的位置,或者可以说列表文本如何根据项目符号排列。

基本语法:

list-style-position:outside | inside;

语法说明：
➢ outside：默认值，列表项目符号放置在文本以外，且环绕文本不根据符号对齐。
➢ inside：列表项目符号放置在文本以内，且环绕文本和项目符号对齐。

【例9-23】设置列表符号位置(9-23.html)，效果如图 9-24 所示。

图 9-24　设置列表符号位置后页面浏览效果

本例在其他设置都相同的情况下，分别设置两个盒子内列表的 list-style-position 值为 outside 和 inside，则两者表现形式不同。

代码如下：

```
<!DOCTYPE html>
<html>
<head>
<title>列表符号位置</title>
<style type=text/css>
/*列表所在容器的基本属性设置，后续章节详解*/
div{
    width:200px;
    float:left;
    margin:10px;
    border:1px solid #666;
}
/*列表符号在文本外*/
.lspo{
    list-style-position:outside;
    list-style-type:upper-alpha;
}
/*列表符号在文本内*/
.lspi{
    list-style-position:inside;
    list-style-type:upper-alpha;
}
</style>
</head>
```

```
<body>
    <div>
        <h1>outside</h1>
        <ol class="lspo">
            <li>春花秋月何时了？往事知多少。</li>
            <li>小楼昨夜又东风，故国不堪回首月明中。</li>
            <li>雕栏玉砌应犹在，只是朱颜改。</li>
            <li>问君能有几多愁？恰似一江春水向东流。</li>
        </ol>
    </div>
    <div>
        <h1>inside</h1>
        <ol class="lspi">
            <li>春花秋月何时了？往事知多少。</li>
            <li>小楼昨夜又东风，故国不堪回首月明中。</li>
            <li>雕栏玉砌应犹在，只是朱颜改。</li>
            <li>问君能有几多愁？恰似一江春水向东流。</li>
        </ol>
    </div>
</body>
</html>
```

在 IE11.0 中浏览，效果如图 9-24 所示。

9.4.4 列表复合属性 list-style

list-style 是复合属性，设置列表项目相关内容。
基本语法：

list-style:[list-style-image] | [list-style-position] | [list-style-type];

语法说明：

复合属性，可以同时设置 1 项或多项。若 list-style-image 属性为 none 或指定图像不可用时，list-style-type 属性将发生作用。

【例 9-24】使用列表复合属性(9-24.html)，效果如图 9-25 所示。

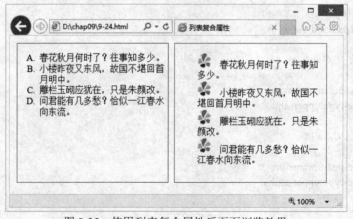

图 9-25 使用列表复合属性后页面浏览效果

本例使用 list-style 设置两个盒子内列表项的样式。

代码如下：

```html
<!DOCTYPE html>
<html>
<head>
<title>列表复合属性</title>
<style type=text/css>
/*列表所在容器的基本属性设置，后续章节详解*/
div{
    width:270px;
    height:240px;
    float:left;
    margin:5px;
    border:1px solid #666;
}
.ls1{
    list-style:outside upper-alpha;
}
.ls2{
    list-style:inside url(images/flower.png) upper-alpha;
}
</style>
</head>
<body>
<div>
    <ol class="ls1">
        <li>春花秋月何时了？往事知多少。</li>
        <li>小楼昨夜又东风，故国不堪回首月明中。</li>
        <li>雕栏玉砌应犹在，只是朱颜改。</li>
        <li>问君能有几多愁？恰似一江春水向东流。</li>
    </ol>
</div>
<div>
    <ol class="ls2">
        <li>春花秋月何时了？往事知多少。</li>
        <li>小楼昨夜又东风，故国不堪回首月明中。</li>
        <li>雕栏玉砌应犹在，只是朱颜改。</li>
        <li>问君能有几多愁？恰似一江春水向东流。</li>
    </ol>
</div>
</body>
</html>
```

在 IE11.0 中浏览，效果如图 9-25 所示。

9.5 综合实例——基本图文混排网页

文字和图像是网页中最常见的元素,图文并茂的文章能够生动准确的表达主题。本案例将利用本章所学的文本样式创建一个如图 9-25 所示的图文混排网页。

【例 9-25】基本图文混排网页示例(9-25.html&css9-25.css),效果如图 9-26 所示。

图 9-26 基本图文混排网页的页面浏览效果

1. 需求分析

案例中主要内容包括:突出显示的标题、导航条、正文内容以及被文字环绕的图像、页脚等。

(1) 通篇除导航条文字外,均采用黑色背景,白色前景。
(2) 页眉部分的标题文字居中显示,具备一定的字符间距以及阴影。
(3) 导航部分颜色显示为淡黄色,链接没有下划线。
(4) 正文部分文字采用统一的行高、颜色和缩进,图像浮动在左边。
(5) 页脚部分文字用灰色略小文字显示,并设置居中。
(6) 各部分内容之间用水平线分隔。

2. HTML 代码(9-25.html)

```
<!DOCTYPE html>
<html>
```

```html
<head>
<title>图文网页</title>
<link href="css9-25.css" rel="stylesheet" type="text/css" />
</head><body>
<!--页眉部分-->
<header>
<h1>荷塘月色-朱自清</h1>
</header>
<hr />

<!--导航部分-->
<nav>
    <ul>
        <li class="listyle"><a href="#">首页</a></li>
        <li class="listyle"><a href="#">毁灭</a></li>
        <li class="listyle"><a href="#">背影</a></li>
        <li class="listyle"><a href="#">你我</a></li>
        <li class="listyle"><a href="#">匆匆</a></li>
    </ul>
</nav>
<hr />

<!--正文部分-->
<section>
<img src="images/waterlily.jpg" />
<p>
这几天心里颇不宁静。今晚在院子里坐着乘凉，忽然想起日日走过的荷塘，在这满月的光里，总该另有一番样子吧。月亮渐渐地升高了，墙外马路上孩子们的欢笑，已经听不见了；妻在屋里拍着闰儿，迷迷糊糊地哼着眠歌。我悄悄地披了大衫，带上门出去。
</p>
<p>
沿着荷塘，是一条曲折的小煤屑路。这是一条幽僻的路；白天也少人走，夜晚更加寂寞。荷塘四面，长着许多树，蓊蓊郁郁的。路的一旁，是些杨柳，和一些不知道名字的树。没有月光的晚上，这路上阴森森的，有些怕人。今晚却很好，虽然月光也还是淡淡的。
</p>
<p>
路上只我一个人，背着手踱着。这一片天地好像是我的；我也像超出了平常的自己，到了另一个世界里。我爱热闹，也爱冷静；爱群居，也爱独处。像今晚上，一个人在这苍茫的月下，什么都可以想，什么都可以不想，便觉是个自由的人。白天里一定要做的事，一定要说的话，现在都可不理。这是独处的妙处，我且受用这无边的荷香月色好了。
</p>
<p>
曲曲折折的荷塘上面，弥望的是田田的叶子。叶子出水很高，像亭亭的舞女的裙。层层的叶子中间，零星地点缀着些白花，有袅娜地开着的，有羞涩地打着朵儿的；正如一粒粒的明珠，又如碧天里的星星，又如刚出浴的美人。微风过处，送来缕缕清香，仿佛远处高楼上渺茫的歌声似的。这时候叶子与花也有一丝的颤动，像闪电般，霎时传过荷塘的那边去了。叶子本是肩并肩密密地挨着，这便宛然有了一道凝碧的波痕。叶子底下是脉脉的流水，遮住了，不能见一些颜色；而叶子却更见风致了。
</p>
<p>
......
```

```html
            </p>
        </section>
        <hr />

        <!--页脚部分-->
        <footer>
        <p>&copy;2016 京 ICP 证 1123456789 号 清华大学出版社</p>
        <p>文章来自朱自清文集：背影</p>
        </footer>
    </body>
</html>
```

3. CSS 代码(css9-25.css)

创建 CSS 文件 css9-25.css，将文件保存在和 9-25.html 同一目录，通过 link 方式导入到 HTML 文件中。

```css
body{
    background-color:#000;
    color:#FFF;
    font-size:14px;
}
section{
    line-height:1.5;
    text-indent:2em;
}
footer{
    font-size:13px;
    text-align:center;
    color:#AAA;
    line-height:1;
}
hr{
    clear:both;
}
h1{
    text-align:center;
    font-size:24px;
    font-weight:900;
    font-family:微软雅黑,黑体;
    text-shadow:4px 3px 3px #FF9;
    letter-spacing:5px;
}
ul{
    margin:0;
    padding:0;
}
li{
    list-style-type:none;
    float:left;
```

```
        margin:2px 10px;
}
a{
        text-decoration:none;
        color:#FF9;
}
img{
        float:left;
}
```

4. 代码分析

(1) 样式 body 改写<body>标记样式,将网页设置为黑底白字,字体大小 14 像素,其中 background-color:#FFF;将页面背景颜色设置为黑色,此属性在后续章节详解。

```
body{
        background-color:#000;
        color:#FFF;
        font-size:14px;
}
```

(2) 样式 section 改写<section>标记样式,将网页正文部分设置为 1.5 倍行高,段落首行缩进 2 字符。

```
section{
        line-height:1.5;
        text-indent:2em;
}
```

(3) 样式 footer 改写<footer>标记样式,将页脚部分设置为单倍行高,大小为 13 像素,居中的灰色(#AAA)文字。

```
footer{
        font-size:13px;
        text-align:center;
        color:#AAA;
        line-height:1;
}
```

(4) 各部分之间用水平线分隔,并使用 clear:both 确保水平线不会和其他内容共用一行,clear 属性后续章节详解。

```
hr{
        clear:both;
}
```

(5) 样式 h1 改写<h1>标记样式,将 1 级标题设置为"字体 24 像素",字体依次设置为"微软雅黑,黑体",文本居中对齐,字符间距为 5 像素,900 粗细,且有淡黄色(#FF9)偏移于右下的阴影。

```
h1{
    text-align:center;
    font-size:24px;
    font-weight:900;
    font-family:微软雅黑,黑体;
    text-shadow:4px 3px 3px #FF9;
    letter-spacing:5px;
}
```

(6) 在列表项中加入链接是制作导航栏的常用方法，后续章节详解。样式 ul 改写列表标记<ul>的样式，将列表的内外边距均设置为 0，属性 magin 和 padding 后续章节详解。

```
ul{
    margin:0;
    padding:0;
}
```

(7) 样式 li 改写列表项目标记<li>的样式，将列表符号设置为无，margin 设置其上下外边距是 2px，左右外边距是 10px，float:left 设置导航条为横向显示。

```
li{
    list-style-type:none;
    float:left;
    margin:2px 10px;
    padding:0;
}
```

(8) 样式 a 改写超链接标记<a>的样式，将其设置为黄色(#FF9)无下划线样式。

```
a{
    text-decoration:none;
    color:#FF9;
}
```

(9) 样式 img 改写图像标记<img>的样式，设置网页中图像浮动在左边，被文字环绕，通过 float:left;实现，此属性后续章节详解。

```
img{
    float:left;
}
```

9.6 习题

9.6.1 单选题

1. 在以下的 CSS 语句中，可使所有<p>元素变为粗体的正确语法是(　　)。

A. p {font-weight:bold;} B. #p {font-weight:bold;}
C. p{font-style:bold;} D. p{font-weight:bold;}

2. 若要定义 CSS 样式.text，使具有该类样式的正文字体为"微软雅黑"，字体大小为 13px，行高为 1.5 倍，以下定义方法中，正确的是(   )。

A. .text{font-family:微软雅黑; font-number:13px; line-height:1.5;}
B. .text{font-family:微软雅黑; font-number:13px; line-height:1.5px;}
C. .text{font-family:微软雅黑; font-size:13px; line-height:1.5;}
D. .text{font-style:微软雅黑; font-size:13px; line-height:1.5;}

3. CSS 语法中，设置段落首行缩进的属性为(   )。

A. word-spacing B. line-height
C. text-span D. text-indent

4. 在 CSS 语法中，调整单词之间间距可以使用(   )属性。

A. letter-spacing B. letter-padding
C. word-spacing D. word-padding

5. CSS 中 text-transform 用来控制英文单词的大小写转换，当它的属性设置为(   )时能够将单词首字母大写。

A. uppercase B. lowercase C. capitalize D. none

6. 以下可设置文字同时具有上划线和下划线的是(   )。

A. text-decoration:none;
B. text-decoration:underline,overline;
C. text-decoration:underline overline;
D. text-decoration:underline; text-decoration:overline;

7. 在下列 CSS 语言中(   )是"列表样式图像"的语法。

A. list-style-position:<值> B. list-style-type:<值>
C. white-space:<值> D. list-style-image:<值>

8. 以下能够定义列表的项目符号为实心矩形的是(   )。

A. list-type:square;
B. list-style-type:normal;
C. list-type:normal;
D. list-style-type:square;

9.6.2 填空题

1. 在 CSS 语法中，属性 color 用来设置对象的前景色，可以使用的颜色值类型有_____、_____、_____、_____、_____、_____和 transparent。

2. 复合属性 font 至少指定_____和_____。

3. 如果将 h1 标题里的所有文本大写，应该定义样式为_____。

4. 在 CSS 中，_____和_____属性分别用来设置水平和垂直对齐方式。

5. text-shaow: 5px 6px gray;表示_____。

6. 在 CSS 中，可以使用 text-align 排列文本等元素的对齐方式，一般常用的属性值有 left、center、_____和 justify。

9.6.3 判断题

1. 在图 9-27 中，如果使用 CSS 样式设置(图 1)改变为(图 2)所示效果，可以设置段落文字的 CSS 属性 text-align 的属性值为 center。（ ）

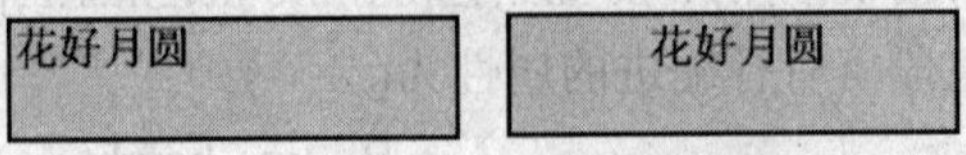

花好月圆		花好月圆
图1		图2

图 9-27　居中设置

2. text-indent:2em; text-height:30px;规定文本缩进 2 个字体高，行间距为 30 像素。（ ）

3. writing-mode 控制对象的内容块固有的书写方向。（ ）

4. word-wrap 这个属性是由微软发明的，是 IE 的私有属性，W3C 不承认此属性，主流浏览器都不支持这个属性（ ）

9.6.4 简答题

1. 请描述与列表项相关的属性。
2. 字体复合属性 font 的赋值有什么要求？

第 10 章

CSS盒子模型

盒子模型(box model)在 CSS 中是一个很重要的概念，它决定了元素在浏览器中如何定位，因为 CSS 处理每个元素都好像元素位于一个盒子里。本章主要介绍 CSS 盒子的基本属性。

本章学习目标

◎ 理解盒子元素的基本形式。
◎ 理解盒子所占幅面的大小。
◎ 能够设置边框颜色、线形和粗细等属性。
◎ 能够设置内外边距。
◎ 能够使用 CSS3 新增的圆角边框、图像边框和盒子阴影等属性。
◎ 能够综合设计盒子幅面和样式。

10.1 盒子 BOX 的基本概念

在 HTML 文档中，每个元素都有盒子模型，所以说在 Web 世界里(特别是页面布局)，盒子模型无处不在，这个盒子就是一个矩形的块，可以对其进行幅面、边框和边距的设置。

10.1.1 盒子的基本形式

每一个盒子都有三个必须了解的参数，border(边框)、padding(内边距)和 margin(外边距)，盒子模型规定了处理元素内容和内边距、边框以及外边距的方式。

倘若将盒子模型比作装裱过的画作，那么内容就是画面本身，border 就是画框，padding 就是画面与画框的留白距离，而 margin 就是画作与其他元素之间的距离。

盒子的基本形式如图 10-1 所示。

图 10-1 CSS 盒子模型

接下来我们对图 10-1 进行解读：
- 盒子模型的内部是实际的内容，直接包围内容的是内边距(padding)，内边距的边缘是边框(border)，边框以外是外边距(margin)，外边距默认是透明的，因此不会遮挡其后的任何元素。
- 内边距、边框和外边距都是可选的，默认值是零。
- border 属性设定边框线条样式，内边距和外边距都是相对于边框设定的。
- 内边距 padding 是指 border 与"内容"之间的距离。
- 外边距 margin 是指 border 与盒子外其他内容的距离。
- border、padding 和 margin 分别都有上、右、下、左四个方向，每个方向的设置可以相同也可以单独设置。

为了更好的理解盒子模型，现在我们通过一个例子为常见的网页元素<body>、<h1>、<p>、<img>、<b>添加边框，<body>元素本身就是一个包含整个页面的大盒子，而在内部的每个元素都会创建另一个盒子。

【例 10-1】盒子模型示例(10-1.html)，效果如图 10-2 所示。

图 10-2　盒子模型示例的页面浏览效果

图中的线条展示出了该页面所有的盒子的边框，同时也能看到内外边距的效果。

本例为 body、h1、p、b、span 和 img 元素都添加了二个像素的黑色实线边框、五个像素的外边距和十个像素的内边距，另外，将 b 和 span 元素的前景色设置为了#6FF。

从图 10-2 中可以看到，这些元素都表现为盒子形式，但表现形式有所区别。body、h1、p 和 h1 是块级元素，盒子默认横向占满父元素空间，下节会介绍用 width 和 height 设置块级元素盒子的宽高。b 和 span 是行内元素(内联元素)，理论上 width、height、margin 和 padding 都对其不起作用，但在实际效果中，左右内边距可以起作用，且竖直方向的内边距亦表现出效果，但竖直内边距对其他元素无任何影响，这种效果是虚的。img 是一个特殊的行内元素，一般的行内元素是 non-replaced 元素，而 img 是 replace 元素，它有着特殊的表现：可以设置 width/height，默认情况下，img 元素在屏幕占据的空间与其图片的实际大小一致，除非 CSS 有设置或者自身的 HTML 属性 width/height 有设置。且文档流中 img 的兄弟元素也不能遮盖住 img。所以从行为上看，img 元素作为替换元素，有着类似于块级元素的行为。

> **注意**
> 如果希望行内元素具有块级元素的表现形式，可以通过"display:block"设置，反之则可以用"display:inline"来实现。

代码如下：

```html
<!DOCTYPE html>
<html>
<head>
<title>盒子模型</title>
<style type="text/css">
body,h1,p,b,span,img{
    margin:5px;              /*外边距 5 像素*/
    padding:10px;            /*内边距 10 像素*/
    border:2px solid black;  /*边框 2 像素黑色实线*/
}
b,span{
    color:#6FF;
}
</style>
</head>
<body>
<h1>一级标题</h1>
<p>
<b>段落文字(此处粗体强调): </b>感受 CSS 如何处理 HTML 元素盒子，每个盒子的<span>表现形式</span>如何？在例子中会为每个盒子添加边框和内外边距。
</p>
<p>
<img src="images/scenery.jpg" />
段落文字：每一个盒子都有三个必须了解的参数，border(边框)、padding(内边距)和 margin(外边距)，盒子模型规定了处理元素内容和内边距、边框以及外边框的方式。
</p>
</body>
</html>
```

在 IE11.0 中浏览，效果如图 10-2 所示。

10.1.2　盒子大小的计算 width/height

盒子的大小可以使用 CSS 中的 width 和 height 属性来定义和改变。

基本语法：

width:auto | 长度 | 百分比;
height:auto | 长度 | 百分比;

语法说明：

➢　auto：无特定宽高值，取决于其他属性值。
➢　长度：用长度值来定义宽高，不允许负值。
➢　百分比：用百分比来定义宽高，不允许负值。

> **注意**
>
> 对于 img 元素来说，如果仅指定 width 属性，则其 height 值将根据图片源尺寸大小等比例缩放。

根据目前多数主流高版本浏览器的盒子大小计算规则，width 和 height 默认指的是内容部分的宽高，是不包含 padding、margin 和 border 在内的，要想改变盒子大小的计算规则，则要使用 box-sizing 属性，此属性下一小节详解。

多数情况下，盒子所占据的真正大小是：

盒子所占宽度=width(内容宽度)+padding(左右)+margin(左右)+border(左右)

盒子所占高度=height(内容高度)+padding(上下)+margin(上下)+border(上下)

下面我们通过一个例子来说明盒子的大小，例子中使用 div 元素盒子，div 是一种常用的盒子容器，可定义文档中的分区(division)，其本身并无实际的意义,可以通过 CSS 样式为其赋予不同的表现。

<div>是一个块级元素，这意味着它的内容单独占据一个新行。实际上，换行是<div>固有的唯一表现，因此可以把文档分割为独立的、不同的部分，它可以用作严格的组织工具，并且不使用任何格式与其关联。但如果用 id 或 class 来标记<div>，那么该标记的作用会变得更加有效，一般来说<div>更多的使用 id 属性。

【例 10-2】设置盒子大小(10-2.html)，效果如图 10-3 所示。

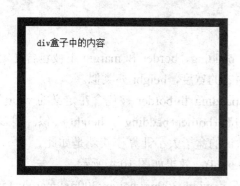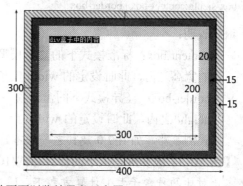

图 10-3　设置盒子大小的页面浏览效果和示意图

本例描述一个 div 元素，设置了内容的宽高、边框、内边距和外边距。例子在 IE11.0 中的效果如图 10-3 左图所示，右图为其基本属性的示意。

代码如下：

```
<!DOCTYPE html>
<html>
<head>
<title>盒子大小</title>
<style type="text/css">
div{
```

```
            width:300px;              /*宽 300 像素*/
            height:200px;             /*高 200 像素*/
            margin:15px;              /*外边距 15 像素*/
            padding:20px;             /*内边距 20 像素*/
            border:15px solid green;  /*边框 15 像素绿色实线*/
        }
        </style>
    </head>
    <body>
        <div>div 盒子中的内容</div>
    </body>
</html>
```

在例 10-2 中，盒子所占的宽度和高度分别是：

盒子所占宽度=300+15×2+20×2+15×2=400(px)

盒子所占高度=200+15×2+20×2+15×2=300(px)

10.1.3 改变盒子大小的计算方式 box-sizing

width 和 height 设定盒子的大小，目前的主流浏览器都认为规定的是内容的宽高，但是使用 CSS3 新增的属性 box-sizing 可以改变盒子大小的计算方式。

基本语法：

```
width:值;
height:值;
box-sizing:content-box | border-box;
```

语法说明：

➢ content-box：标准模式下的盒子模型。padding、border 和 margin 不被包含在定义的宽高之内，此时设定的 width 仅指内容的宽度，height 亦类似。

➢ border-box：怪异模式下的盒子模型。padding 和 border 被包含在定义的 width 和 height 之内，此时设定的 width 指"内容+border+padding"，height 类似。很多旧式浏览器，如 IE7.0 及其之前版本，默认的盒子大小计算模式就是如此。

【例 10-3】改变盒子大小的计算方式(10-3.html)，效果如图 10-4 所示。

本例对比两种盒子大小计算方式下，同样设置 width:300px; height:200px; margin:15px; padding:10px; border:10px solid green;的情况下。在 content-box 方式，盒子内容部分大小为 300×200，整个盒子幅面大小为 400×300；在 border-box 方式，盒子内容部分大小为 330×230，内容幅面大小为 230×130。

代码如下：

```
<!DOCTYPE html>
<html>
    <head>
        <title>box-sizing</title>
        <style type="text/css">
```

CSS 盒子模型

图 10-4　不同盒子大小计算方式的页面浏览效果

```
<!DOCTYPE html>
<html>
<head>
<title>盒子大小计算方式</title>
<style type="text/css">
#cbox{
    width:300px;              /*宽 300 像素*/
    height:200px;             /*高 200 像素*/
    margin:15px;              /*外边距 15 像素*/
    padding:20px;             /*内边距 20 像素*/
    border:15px solid green;       /*边框 15 像素绿色实线*/
    box-sizing:content-box;     /*width、height 仅指内容宽高*/
}
#bbox{
    width:300px;              /*宽 300 像素*/
    height:200px;             /*高 200 像素*/
    margin:15px;              /*外边距 15 像素*/
    padding:20px;             /*内边距 20 像素*/
    border:15px solid green;       /*边框 15 像素绿色实线*/
    box-sizing:border-box;      /*width、height 指内容宽高+padding+border*/
}
</style>
</head>
<body>
<div id="cbox">content-box 方式：盒子所占实际大小为 400px*300px，内容部分大小为 300px*200px</div>
<div id="bbox">border-box 方式：盒子所占实际大小为 330px*230px,，内容部分大小为 230px*130px</div>
</body>
</html>
```

在 IE11.0 中浏览，效果如图 10-4 所示。

为了更直观地理解两种盒子大小计算方式，图 10-5 给出不同盒子大小计算方式的示意。

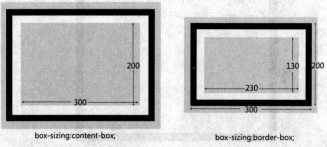

图 10-5　不同盒子大小计算方式示意

10.2　边框的基本属性

边框 border 用于指定盒子的边框应如何呈现，边框样式属性最基本的有 style、color 和 width，分别表示边框的样式、颜色和厚度。

10.2.1　边框样式 border-style

border-style 属性用来控制对象的边框样式，可同时设定一个或多个边框样式。另外还有四个分属性 border-top-style、border-right-style、border-bottom-style 和 border-left-style 分别对应上、右、下、左四个边的边框样式。

基本语法：

border-style:样式值{1,4};
border-top-style:样式值;
border-bottom-style:样式值;
border-left-style:样式值;
border-right-style:样式值;

语法说明：

➢ 样式值如表 10-1 所示。
➢ border-top-style、border-right-style、border-bottom-style 和 border-left-style 属性只能有 1 个值。
➢ border-style 的值可以是 1~4 个，中间以空格分隔。如果只提供一个值，将用于全部的四个边框；如果提供二个值，则第一个用于上、下边框，第二个用于左、右边框；如果提供三个值，则第一个用于上边框，第二个用于左、右边框，第三个用于下边框；如果提供全部四个值，将按照上、右、下、左的顺序作用于四个边框。

CSS 盒子模型

表 10-1 border-style 属性的取值

关键字	说明
none	无轮廓，默认值。同时 border-color 将被忽略，border-width 值为 0，除非用 border-image 设置图像边框
hidden	hidden：隐藏边框
dotted	点状轮廓。IE6 下显示为 dashed 效果
dashed	虚线轮廓
solid	实线轮廓
double	双线轮廓。两条单线与其间隔的和等于指定的 border-width 值
groove	3D 凹槽轮廓
ridge	3D 凸槽轮廓
inset	3D 凹边轮廓
outset	3D 凸边轮廓

【例 10-4】设置边框样式(10-4.html)，效果如图 10-6 所示。

图 10-6 设置边框样式后页面浏览效果

边框样式特别是 3D 相关的四个样式，在不同的浏览器中会所有差别，图 10-6 所示分别为在 IE11.0 和 Firefox47.0.1 浏览效果。

代码如下：

```html
<!DOCTYPE html>
<html>
<head>
<title>边框样式</title>
<style type="text/css">
div{
    width:80px;
    height:50px;
    margin:10px;       /*外边距*/
    float:left;        /*左边浮动*/
    font-size:13px;
}
#bs1{border-style:none;}
#bs2{border-style:solid;}
#bs3{border-style:solid dashed;}
#bs4{border-style:solid dashed double;}
#bs5{border-style:solid dashed double dotted;}
#bs6{border-style:groove;}
#bs7{border-style:ridge;}
#bs8{border-style:inset;}
#bs9{border-style:outset;}
#bs10{
    border-top-style:solid;
    border-right-style:dashed;
    border-bottom-style:double;
    border-left-style:dotted;
}
</style>
</head>
<body>
<div id="bs1">none 无边框</div>
<div id="bs2">1 个值 solid</div>
<div id="bs3">2 个值 solid dashed</div>
<div id="bs4">3 个值 solid dashed double</div>
<div id="bs5">4 个值 solid dashed double dotted</div>
<div id="bs6">groove3D 凹槽</div>
<div id="bs7">ridge3D 凸槽</div>
<div id="bs8">inset3D 凹边</div>
<div id="bs9">outset3D 凸边</div>
<div id="bs10">分别设定四个边</div>
</body>
</html>
```

在 IE11.0 和 Firefox47.0.1 中浏览，效果如图 10-6 所示。

10.2.2 边框厚度 border-width

border-width 属性用来控制对象的边框线宽(厚度)，可同时设定 1 个或多个边框厚度。另外还有四个分属性 border-top-width、border-right-width、border-bottom-width 和 border-

left-style-width 分别对应上、右、下、左四个边的边框线宽。
基本语法：

```
border-width:厚度值{1,4};
border-top-width:厚度值;
border-bottom-width:厚度值;
border-left-width:厚度值;
border-right-width:厚度值;
```

语法说明：
- 厚度值可以是长度或关键字，关键字可以是 medium、thin 和 thick，分别表示中等厚度的边框、细边框和粗边框。
- border-top-width、border-right-width、border-bottom-width 和 border-left-width 属性只能有一个值。
- border-width 的值可以是 1~4 个，中间以空格分隔。如果只提供一个值，将用于全部的四个边框；如果提供二个值，第一个用于上、下边框，第二个用于左、右边框；如果提供三个值，第一个用于上边框，第二个用于左、右边框，第三个用于下边框；如果提供全部四个值，将按照上、右、下、左的顺序作用于四个边框。

【例 10-5】设置边框厚度(10-5.html)，效果如图 10-7 所示。

图 10-7 设置边框厚度后页面浏览效果

本例 div 盒子宽高等基本样式一致，边框样式都是实线，边框厚度采用了多种赋值方法。代码如下：

```
<!DOCTYPE html>
<html>
<head>
<title>边框厚度</title>
<style type="text/css">
div{
    width:80px;
    height:50px;
    margin:10px;        /*外边距*/
    float:left;         /*左边浮动*/
    font-size:13px;
    border-style:solid;    /*边框样式 solid*/
}
```

```
#bw1{border-width:thick;}
#bw2{border-width:2px 4px;}
#bw3{border-width:2px 4px 6px;}
#bw4{border-width:2px 4px 6px 8px;}
#bw5{
    border-top-width:2px;
    border-right-width:4px;
    border-bottom-width:6px;
    border-left-width:8px;
}
</style>
</head>
<body>
<div id="bw1">1 个值 thick</div>
<div id="bw2">2 个值 2px 4px</div>
<div id="bw3">3 个值 2px 4px 6px</div>
<div id="bw4">4 个值 2px 4px 6px 8px</div>
<div id="bw5">分别设定 4 个边 2px、4px、6px 和 8px</div>
</body>
</html>
```

在 IE11.0 中浏览，效果如图 10-7 所示。

10.2.3 边框颜色 border-color

border-color 属性用来控制对象的边框颜色，可同时设定一个或多个边框颜色。

另外还有四个分属性 border-top-color、border-right-color、border-bottom-color 和 border-left-color 分别对应上、右、下、左四个边的边框颜色。

基本语法：

```
border-color:颜色值{1,4};
border-top-color:颜色值;
border-right-color:颜色值;
border-bottom-color:颜色值;
border-left-color:颜色值;
```

语法说明：

颜色值可以是任何合法 CSS 颜色值。

➢ border-top-color、border-right-color、border-bottom-color 和 border-left-color 属性只能有一个值。

➢ border-color 的值可以是 1~4 个，中间以空格分隔。如果只提供一个值，将用于全部的四个边框；如果提供二个值，第一个用于上、下边框，第二个用于左、右边框；如果提供三个值，第一个用于上边框，第二个用于左、右边框，第三个用于下边框；如果提供全部四个值，将按照上、右、下、左的顺序作用于四个边框。

【例 10-6】设置边框颜色(10-6.html)，浏览效果如图 10-8 所示。

CSS 盒子模型

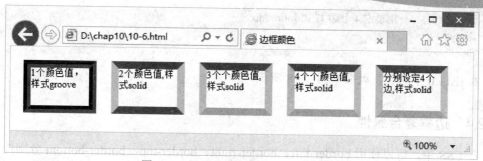

图10-8 设置边框颜色后页面浏览效果

本例 div 盒子宽高等基本样式一致，边框样式都是实线，边框宽度都设置为十个像素，边框颜色则采用了多种赋值方法。

代码如下：

```
<!DOCTYPE html>
<html>
<head>
<title>边框颜色</title>
<style type="text/css">
div{
     width:80px;
     height:50px;
     margin:10px;        /*外边距*/
     float:left;         /*左边浮动*/
     font-size:13px;
     border-style:solid;      /*边框样式 solid*/
     border-width:10px;       /*边框宽度 10 像素*/
}
#bc1{
     border-style:groove;
     border-color:#81409A;
}
#bc2{border-color:#81409A #B7D5EF;}
#bc3{border-color:#81409A #B7D5EF #B6CE44;}
#bc4{border-color:#81409A #B7D5EF #B6CE44 #FDDA04;}
#bc5{
     border-top-color:#81409A;
     border-right-color:#B7D5EF;
     border-bottom-color:#B6CE44;
     border-left-color:#FDDA04;;
}
</style>
</head>
<body>
<div id="bc1">1 个颜色值，样式 groove</div>
<div id="bc2">2 个颜色值,样式 solid</div>
<div id="bc3">3 个个颜色值,样式 solid</div>
<div id="bc4">4 个个颜色值,样式 solid</div>
```

```
<div id="bc5">分别设定 4 个边,样式 solid</div>
</body>
</html>
```

在 IE11.0 中浏览,效果如图 10-8 所示。

10.2.4 边框复合属性

在 CSS 中,可以使用 border-left、border-right、border-top、border-bottom 分别控制左边框、右边框、上边框和下边框样式如何呈现,border 则可以同时设置四个边框样式如何呈现。

每个复合属性可以有一个或多个值,值之间用空格分隔。

基本语法:

```
border-left:[宽度] [样式] [颜色];
border-right:[宽度] [样式] [颜色];
border-top:[宽度] [样式] [颜色];
border-bottom:[宽度] [样式] [颜色];
border:[宽度] [样式] [颜色];
```

语法说明:
- 属性值中"宽度""颜色"和"样式"可同时设定一个或多个,值之间无特定顺序,用空格分隔。
- "宽度"、"颜色"和"样式"参考前文章节。

【例 10-7】使用边框复合属性(10-7.html),效果如图 10-9 所示。

图 10-9 使用边框复合属性后页面浏览效果

本例使用边框复合属性控制四个 div 的边框呈现样式。

代码如下:

```
<!DOCTYPE html>
<html>
<head>
<title>边框复合属性</title>
<style type="text/css">
div{
```

```
        width:100px;
        height:60px;
        margin:10px;      /*外边距*/
        float:left;       /*左边浮动*/
        font-size:13px;
}
#b1{
        border:solid;
        color:#159DD7;           /*前景色*/
}
#b2{border:double #81409A;}
#b3{border:dashed #047C3F 6px;}
#b4{
        border-top:double;
        border-right:solid #B6CE44;
        border-bottom:dotted 2px;
        border-left:ridge #B7D5EF 8px;
}
</style>
</head>
<body>
<div id="b1">border:solid,边框颜色默认使用前景色</div>
<div id="b2">border:double #81409A;</div>
<div id="b3">border:dashed #047C3F 6px;</div>
<div id="b4">4 个边分别设置</div>
</body>
</html>
```

在 IE11.0 中浏览,效果如图 10-9 所示。

10.3 边距

如前文所述,盒子有内边距和外边距,分别指内容离边框的距离和边框离其他元素的距离。

10.3.1 内边距 padding

padding 属性用来控制对象的边框内边距(也叫内补白),可同时设定一个或多个内边距。

padding-top、padding-right、padding-bottom 和 padding-left 属性分别控制上、右、下、左四个方向的内边距。

基本语法:

```
padding:值{1,4};
padding-top:值;
padding-bottom:值;
```

padding-left:值;
padding-right:值;

语法说明：

- 属性值可以是长度值和百分比，不可以是负值，百分比在水平书写模式下，参照其包含块 width 进行计算。
- padding-top、padding-right、padding-bottom 和 padding-left 属性只能有一个值。
- padding 的值可以是 1~4 个，中间以空格分隔。如果只提供一个值，将用于全部四个边；如果提供两个值，第一个用于上、下边，第二个用于左、右边；如果提供三个，第一个用于上边，第二个用于左、右边，第三个用于下边；如果提供全部四个参数值，将按上、右、下、左的顺序作用于四个边。
- 所有对象可以使用该属性设置左、右两边的内边距；若要设置内联元素的上、下两边的内边距，必须先设置对象为块级元素。

【例 10-8】设置内边距(10-8.html)，效果如图 10-10 所示。

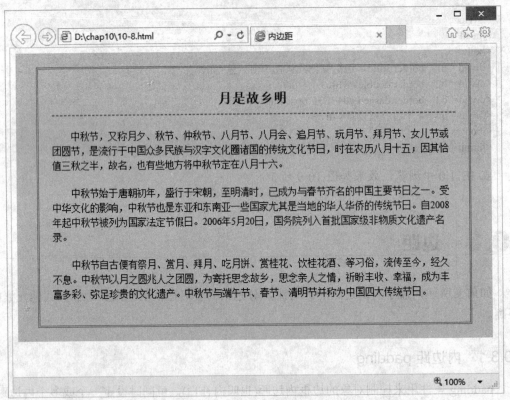

图 10-10　设置内边距后页面浏览效果

本例中有内外两层盒子的嵌套用来放置文字，外层盒子呈现蓝色背景，内层盒子呈现双线边框，两个盒子均有内边距。另外标题文字、段落文字等也使用到内边距来调整位置。代码如下：

```
<!DOCTYPE html>
<html>
```

```html
<head>
<title>内边距</title>
<style type="text/css">
/*父层样式*/
#parent{
    padding:20px 30px;              /*父层内边距*/
    background-color:#B0DFE9;       /*父层背景色*/
}
/*子层样式*/
#child{
    border:3px double #189FD7;      /*子层边框*/
    padding:20px;                   /*子层内边距*/
}
/*h1 样式*/
h1{
    font-size:20px;
    border-bottom:2px dashed #189FD7;
    padding-bottom:10px;            /*下边内边距*/
    text-align:center;
}
/*p 元素样式*/
p{
    font-size:14px;
    line-height:1.5;
    text-indent:2em;
    padding-top:5px;                /*上边内边距*/
}
</style>
</head>
<body>
<div id="parent">
    <div id="child">
        <h1>月是故乡明</h1>
        <p>
        中秋节，义称月夕、秋节、仲秋节、八月节、八月会、追月节、玩月节、拜月节、女儿节或团圆节，是流行于中国众多民族与汉字文化圈诸国的传统文化节日，时在农历八月十五；因其恰值三秋之半，故名，也有些地方将中秋节定在八月十六。
        </p>
        <p>
        中秋节始于唐朝初年，盛行于宋朝，至明清时，已成为与春节齐名的中国主要节日之一。受中华文化的影响，中秋节也是东亚和东南亚一些国家尤其是当地的华人华侨的传统节日。自2008年起中秋节被列为国家法定节假日。2006年5月20日，国务院列入首批国家级非物质文化遗产名录。
        </p>
        <p>
        中秋节自古便有祭月、赏月、拜月、吃月饼、赏桂花、饮桂花酒、等习俗，流传至今，经久不息。中秋节以月之圆兆人之团圆，为寄托思念故乡，思念亲人之情，祈盼丰收、幸福，成为丰富多彩、弥足珍贵的文化遗产。中秋节与端午节、春节、清明节并称为中国四大传统节日。
        </p>
    </div>
</div>
```

```
</body>
</html>
```

在 IE11.0 中浏览，效果如图 10-10 所示。

代码分析：

(1) 外层盒子设置 padding:20px 30px;，上下内边距为 20px，左右两侧内边距为 30px。
(2) 内层盒子设置 padding:20px;，四个方向的内边距均为 20px。
(3) h1 元素设置 padding-bottom:10px;底部内边距为 10px，调整文字与下边框线条的距离。
(4) p 元素设置 padding-top:5px;，顶部内边距为 5px，调整段落之间的距离。

10.3.2 外边距 margin

margin 属性用来控制对象的边框外边距(也叫外补白)，可同时设定一个或多个外边距。margin-top、margin-right、margin-bottom 和 margin-left 属性分别控制上、右、下、左四个方向的外边距。

基本语法：

```
margin:值{1,4};
margin-top:值;
margin-bottom:值;
margin-left:值;
margin-right:值;
```

语法说明：

- 属性值可以是长度值和百分比，不可以是负值，百分比在水平书写模式下，参照其包含块 width 进行计算。
- margin-top、margin-right、margin-bottom 和 margin-left 属性只能有一个值。
- margin 的值可以是 1～4 个，中间以空格分隔。如果只提供一个值，将用于全部四个边；如果提供二个值，第一个用于上、下边，第二个用于左、右边；如果提供三个，第一个用于上边，第二个用于左、右边，第三个用于下边；如果提供全部四个参数值，将按上、右、下、左的顺序作用于四个边。
- 若要设置内联元素的外边距，必须先使该元素表现为块级显示，外边距始终透明。

【例 10-9】设置外边距(10-9.html)，效果如图 10-11 所示。

本例在上一个示例的基础上修改，内外两层盒子均增加了外边距，并且给图像增加了外边距以调整图像周围环绕文字的距离，前文提到图像是特殊的内联元素，可以为其设置外边距。

代码如下：

```
<!DOCTYPE html>
<html>
<head>
<title>外边距</title>
<style type="text/css">
```

```css
/*父层样式*/
#parent{
    padding:20px 30px;          /*父层内边距*/
    margin:10px;                /*父层外边距*/
    background-color:#B0DFE9;   /*父层背景色*/
}
```

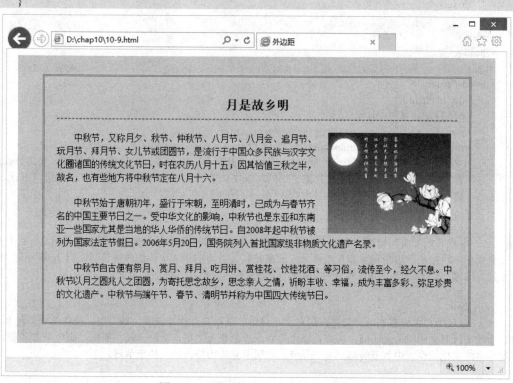

图10-11　设置外边距后页面浏览效果

```css
/*子层样式*/
#child{
    border:3px double #189FD7;  /*子层边框*/
    padding:20px;               /*子层内边距*/
    margin:10px;
}
/*h1 样式*/
h1{
    font-size:20px;
    border-bottom:2px dashed #189FD7;
    padding-bottom:10px;        /*下边内边距*/
    text-align:center;
}
/*p 元素样式*/
p{
    font-size:14px;
    line-height:1.5;
    text-indent:2em;
    padding-top:5px;            /*上边外边距*/
```

```
    }
    /*img 元素样式*/
    img{
        width:200px;
        margin:0px 10px;         /*图像外边距*/
        float:right;
    }
    </style>
    </head>
    <body>
    <div id="parent">
        <div id="child">
        <h1>月是故乡明</h1>
        <p>
        <img src= "images/midautumn.jpg"/>
        中秋节，又称月夕、秋节、仲秋节、八月节、八月会、追月节、玩月节、拜月节、女儿节或团圆节，是流行于中国众多民族与汉字文化圈诸国的传统文化节日，时在农历八月十五；因其恰值三秋之半，故名，也有些地方将中秋节定在八月十六。
        </p>
        <p>
        中秋节始于唐朝初年，盛行于宋朝，至明清时，已成为与春节齐名的中国主要节日之一。受中华文化的影响，中秋节也是东亚和东南亚一些国家尤其是当地的华人华侨的传统节日。自 2008 年起中秋节被列为国家法定节假日。2006 年 5 月 20 日，国务院列入首批国家级非物质文化遗产名录。
        </p>
        <p>
        中秋节自古便有祭月、赏月、拜月、吃月饼、赏桂花、饮桂花酒、等习俗，流传至今，经久不息。中秋节以月之圆兆人之团圆，为寄托思念故乡，思念亲人之情，祈盼丰收、幸福，成为丰富多彩、弥足珍贵的文化遗产。中秋节与端午节、春节、清明节并称为中国四大传统节日。
        </p>
        </div>
    </div>
    </body>
    </html>
```

在 IE11.0 中浏览，效果如图 10-11 所示。

在排版中，经常会使用到盒子的父子关系，在父子关系中 margin 和 padding 的值对 CSS 布局排版有重要作用。比如，当一个<div>中包含另一个<div>时，就形成了典型的父子关系，其中子层的 margin 将以父层的内容 content 为参考，如图 10-12 所示。

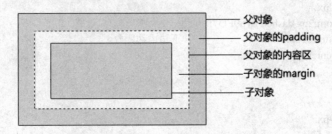

图 10-12 父子对象的边距示意图

请大家修改例 10-9 中的父子 div 的内外边距，感受两者的关系。

10.4 边框的其他属性

除了 10.2 节边框基本样式，CSS3 增加了圆角边框、图像边框、盒子阴影和盒子倒影等新属性，这些属性已被部分浏览器支持，本节讲解边框相关的几个常用新增属性。

10.4.1 圆角边框 border-radius

CSS3 中新增的 border-radius 相关属性可以控制对象使用圆角边框。可以使用 border-radius 属性同时控制四个角的圆角样式，也可以使用分项属性 border-top-left-radius、border-top-right-radius、border-bottom-right-radius 和 border-bottom-left-radius 分别设置对象左上角、右上角、右下角和左下角的圆角样式。

边框圆角的水平和垂直半径值的定义如图 10-13 所示。

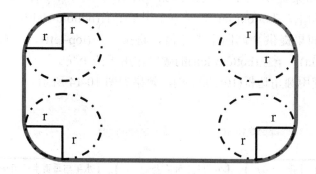

图 10-13　边框圆角的半径值的定义

1. 分别设置 4 个角

基本语法：

```
border-top-left-radius:[水平半径] [垂直半径];
border-top-right-radius:[水平半径] [垂直半径];
border-bottom-right-radius:[水平半径] [垂直半径];
border-bottom-left-radius:[水平半径] [垂直半径];
```

语法说明：

- border-top-left-radius、border-top-right-radius、border-bottom-right-radius 和 border-bottom-left-radius 分别设置对象左上角、右上角、右下角和左下角的圆角样式。
- 属性值可以是长度值或百分比，表示圆角的水平和垂直半径，如果数值为 0 则表示是直角边框。
- 提供二个参数，以空格分隔，第一个参数表示水平半径，第二个参数表示垂直半径，如果第二个参数省略，则默认等于第一个参数。

2. 同时设置 4 个角

可以使用 border-radius 属性同时设置四个角的圆角边框。
基本语法：

border-radius:取值{1,4} [/取值{1,4}];

语法说明：
- 属性值可以是长度值或百分比，表示圆角的水平和垂直半径，如果数值为 0 则表示是直角边框。
- 它提供两组参数，以/分隔，每组参数允许设置 1~4 个参数值，第一组参数表示水平半径，第二组参数表示垂直半径，如第二组参数省略，则默认等于第一组参数。
- 每组参数如果只提供一个参数值，将全部用于四个角。
- 每组参数如果提供两个参数值，第一个用于上左(top-left)和下右(bottom-right)，第二个用于上右(top-right)和下左(bottom-left)。
- 每组参数如果提供三个参数值，第一个用于上左(top-left)，第二个用于上右(top-right)和下左(bottom-left)，第三个用于下右(bottom-right)。
- 每组参数如果提供全部四个参数值，将按上左(top-left)、上右(top-right)、下右(bottom-right)、下左(bottom-left)的顺序作用于四个角。

【例 10-10】使用圆角边框(10-10.html)，效果如图 10-14 所示。

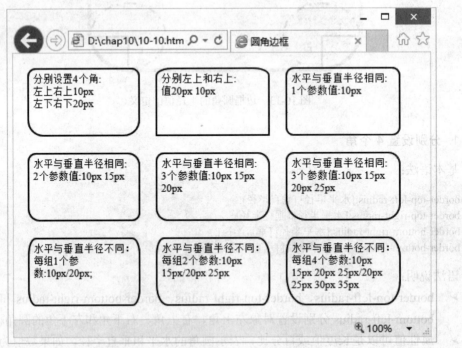

图 10-14 使用圆角边框后页面浏览效果

本例使用各种不同的赋值方法设置盒子的圆角边框。
代码如下：

```html
<!DOCTYPE html>
<html>
<head>
<title>圆角边框</title>
<style type="text/css">
div{
    width:130px;
    height:70px;
    margin:10px;
    float:left;         /*左边浮动*/
    font-size:13px;
    border:2px solid #000;
    padding:5px;
}
#br1{
    border-top-left-radius:10px;
    border-top-right-radius:10px;
    border-bottom-right-radius:20px;
    border-bottom-left-radius:20px;
}
#br2{
    border-top-left-radius:20px 10px;
    border-top-right-radius:20px 10px;
}
#br3{border-radius:10px;}
#br4{border-radius:10px 15px;}
#br5{border-radius:10px 15px 20px;}
#br6{border-radius:10px 15px 20px 25px;}
#br7{border-radius:10px/20px;}
#br8{border-radius:10px 15px/20px 25px;}
#br9{border-radius:10px 15px 20px 25px/20px 25px 30px 35px;}
</style>
</head>
<body>
<div id="br1">分别设置4个角:<br />左上右上 10px<br />左下右下 20px</div>
<div id="br2">分别左上和右上:<br />值 20px 10px</div>
<div id="br3">水平与垂直半径相同:<br />1个参数值:10px</div>
<div id="br4">水平与垂直半径相同:<br />2个参数值:10px 15px</div>
<div id="br5">水平与垂直半径相同:<br />3个参数值:10px 15px 20px</div>
<div id="br6">水平与垂直半径相同:<br />3个参数值:10px 15px 20px 25px</div>
<div id="br7">水平与垂直半径不同: <br />每组1个参数:10px/20px;</div>
<div id="br8">水平与垂直半径不同: <br />每组2个参数:10px 15px/20px 25px</div>
<div id="br9">水平与垂直半径不同: <br />每组4个参数:10px 15px 20px 25px/20px 25px 30px 35px</div>
</body>
</html>
```

在 IE11.0 中浏览，效果如图 10-14 所示。

10.4.2 图像边框 border-image

在 CSS3 中，新增 border-image 属性来控制对象的边框样式使用图像来填充，它是复合属性，对应的属性分别为 border-image-source、border-image-slice、border-image-width、border-image-outset 和 border-image-repeat。

基本语法：

border-image:<border-image-source> || <border-image-slice> [/ <border-image-width> | / < border- image-width>? / <border-image-outset>]? || <border-image-repeat>

这几个属性的意义如下：
- border-image-source：控制对象的边框要使用的图像。
- border-image-slice：控制对象的边框图像的切片方式。
- border-image-width：控制对象的边框厚度。
- border-image-outset：控制对象的边框图像的外延扩展。
- border-image-repeat：控制对象的边框图像的平铺方式。

下面我们对几个分项属性进行详解。

1. border-image-source 属性

控制对象的边框要使用的图像，属性值可以是 none 或者图像 url，假如该属性的值为 none 或者无法显示图片，则将会使用 border-style(如果定义了 border-style)的设置显示边框。

基本语法：

border-image-source:none | url(图像路径);

语法说明：
- none：不使用图像边框。
- url：边框图像的路径。

2. border-image-slice 属性

控制对象的边框图像的切片方式，属性可以是 1～4 个数字或百分比，也可以增加一个 fill 关键字。

基本语法：

border-image-slice:[数字 | 百分比]{1,4}&&fill?

语法说明：
- 值可以是 1～4 个数字或百分比，这四个值分别表示相对于图片的上、右、下、左边缘的偏移量，将图像分成四个角，四条边和中间区域的九个切片，中间区域始终是透明的(即没有图像填充)，除非加上关键字 fill。
- 如果第四个值不存在，它会等同于第二个值；如果第三个值不存在，它会等同于第一个值；如果第二个值不存在，它会等同于第一个值。
- 当值为数字时，代表图像中的像素，注意不能加 px 表示单位，直接使用数字。
- 当使用百分比时，相对于图片的大小。

➢ fill 关键字存在的话，将会保留 border-image 中间的部分。

图 10-15 为九宫格切片的示意图。

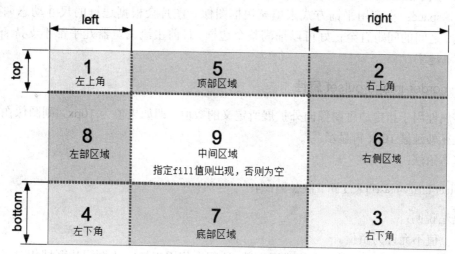

图 10-15 九宫格切片示意图

3. border-image-width 属性

该属性用于指定使用多厚的边框来承载被裁剪后的图像。
基本语法：

border-image-width:[长度值 | 百分比 | 浮点数 | auto]{1,4}

语法说明：

➢ 值可以是 1~4 个长度值、百分比、浮点数或者关键字 auto，这四个值用来指定边框图片区域相对于上、右、下、左四个侧边的厚度。
➢ 如果第四个值不存在，它会等同于第二个值；如果第三个值不存在，它会等同于第一个值；如果第二个值不存在，它会等同于第一个值。
➢ auto 表示边框图片的厚度为图片分割后切片的宽度或高度，即和 border-image-slice 的值相同。

4. border-image-repeat 属性

该属性用于指定边框图像的填充方式。可定义 0~2 个参数值，即水平和垂直方向。如果两个值相同，可合并成一个，表示水平和垂直方向都用相同的方式填充边框背景图；如果两个值都为 stretch，则可省略不写。
基本语法：

border-image-repeat:[stretch | repeat | round | space]{1,2}

语法说明：

➢ stretch：指定用拉伸方式来填充边框图像。
➢ repeat：指定用平铺方式来填充边框图像。当图片遇到边界时，如果超出则被截断。

- round：指定用平铺方式来填充边框图像。图片会根据边框的尺寸动态调整图片的大小直至正好可以铺满整个边框。
- space：指定用平铺方式来填充边框图像。图片会根据边框的尺寸动态调整图片之间的间距直至正好可以铺满整个边框。目前主流浏览器几乎都不支持 space 关键字。

5. border-image-outset 属性

该属性用于指定边框图像向外扩展所定义的数值，即如果值为 10px，则图像在原本的基础上往外延展 10px 再显示。

基本语法：

border-image-outset:[长度值 | 浮点数]{1,4}

语法说明：
- 值不允许为负值。
- 值可以是 1~4 个长度值或浮点数，这四个值用来指定边框图片区域相对于上、右、下、左四个侧边的外延。
- 如果第四个值不存在，它会等同于第二个值；如果第三个值不存在，它会等同于第一个值；如果第二个值不存在，它会等同于第一个值。

接下来我们借用 w3c 的专用图，一个 81px 的正方形位图，九个菱形图案，每个菱形图案大小为 27px*27px，并且我们把图片上的区域标上标号(如图 10-16 所示)，以追踪它在例子中出现的位置。

图 10-16　用于边框的示例图像

【例 10-11】设置图像边框(10-11.html)，效果如图 10-17 所示。

本例旨在说明图像边框的样式变化，使用了加上编号的 W3C 专用九宫格图，视觉效果较差。在实际使用过程中，用户应该从美感的角度去设置图像边框。

代码如下：

```
<!DOCTYPE html>
<html>
<head>
<title>图像边框</title>
<style type="text/css">
div{
    padding:30px;
    margin:20px;
    font-size:14px;
    background-color:#9FF;        /*设置 div 背景颜色*/
```

```
        float:left;
        width:160px;
        height:80px;
    }
    #bi1{
```

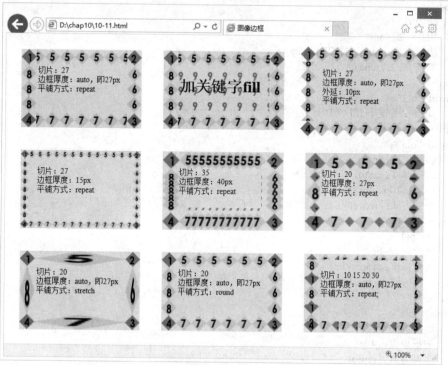

图 10-17 设置图像边框后页面浏览效果

```
        border-image-source:url("images/test.png");
        border-image-slice:27;
        border-image-width:auto;
        border-image-repeat:repeat;
    }
    #bi2{
        border-image-source:url("images/test.png");
        border-image-slice:27 fill;
        border-image-width:auto;
        border-image-repeat:repeat;
    }
    #bi3{
        border-image-source:url("images/test.png");
        border-image-slice:27;
        border-image-width:auto;
        border-image-outset:10px;
        border-image-repeat:repeat;
    }
    #bi4{border-image:url("images/test.png") 27/15px repeat;}
    #bi5{border-image:url("images/test.png") 35/40px repeat;}
    #bi6{border-image:url("images/test.png") 20/27px repeat;}
```

```
#bi7{border-image:url("images/test.png") 27/auto stretch;}
#bi8{border-image:url("images/test.png") 27/auto round;}
#bi9{border-image:url("images/test.png") 10 15 20 30/auto repeat;}
    </style>
</head>
<body>
<div id="bi1">
        切片：27<br />
        边框厚度：auto，即 27px <br />
        平铺方式：repeat
</div>
<div id="bi2">
        <h1>加关键字 fill</h1>
</div>
<div id="bi3">
        切片：27<br />
        边框厚度：auto，即 27px <br />
        外延：10px <br />
        平铺方式：repeat
</div>
<div id="bi4">
        切片：27<br />
        边框厚度：15px <br />
        平铺方式：repeat
</div>
<div id="bi5">
        切片：35<br />
        边框厚度：40px <br />
        平铺方式：repeat
</div>
<div id="bi6">
        切片：20<br />
        边框厚度：27px <br />
        平铺方式：repeat
</div>
<div id="bi7">
        切片：20<br />
        边框厚度：auto，即 27px <br />
        平铺方式：stretch
</div>
<div id="bi8">
        切片：20<br />
        边框厚度：auto，即 27px <br />
        平铺方式：round
</div>
<div id="bi9">
        切片：10 15 20 30<br />
        边框厚度：auto，即 27px <br />
        平铺方式：repeat;
</div>
</body>
</html>
```

在 IE11.0 中浏览，效果如图 10-17 所示。

代码分析：

(1) 第一个盒子："border-image-slice:27"表示切片大小 27 像素，刚好是图像的一个菱形块大小，注意此时不能写出像素单位 px；"border-image-width:auto"表示图像边框厚度为自动大小，等同于切片大小，即 27px；"border-image-repeat:repeat"表示图像边框填充方式为平铺重复方式，当图片遇到边界时，如果超出则被截断，图中可看出第五块和第七块被截断。

```
#bi1{
    border-image-source:url("images/test.png");
    border-image-slice:27;
    border-image-width:auto;
    border-image-repeat:repeat;
}
```

(2) 第二个盒子：与第一个盒子设置基本相同，不同之处在于"border-image-slice:27 fill"，使用 fill 关键字表示保留九宫格的中间部分(第 9 块)。

(3) 第三个盒子：在第一个盒子的基础上，使用代码"border-image-outset:10px"表示向外延伸 10 个像素。

(4) 第四个盒子：使用复合属性设置边框图像样式"border-image:url("images/test.png") 27/15px repeat;"，与第一个盒子的区别在于设置了边框厚度为 15px，边框厚度小于切片大小，切片被缩小。

(5) 第五个盒子：使用复合属性设置边框图像样式"border-image:url("images/test.png") 35/40px repeat;"，与第一个盒子的区别在于设置了切片大小 35px 而边框厚度为 40px，边框厚度大于切片大小，切片被放大。

(6) 第六个盒子：使用复合属性设置边框图像样式"border-image:url("images/test.png") 20/27px repeat;"，切片大小 20px，没有切下九宫格的完整菱形，即使边框厚度为 27px，也不能完全显示菱形。

(7) 第七个盒子：使用复合属性设置边框图像样式"border-image:url("images/test.png") 27/auto stretch;"，与第一个盒子的区别在于设置了填充方式为 stretch，stretch 指定用拉伸方式来填充边框图像，图中可看到第 5-7 块菱形被拉伸。

(8) 第八个盒子：使用复合属性设置边框图像样式"border-image:url("images/test.png") 27/auto round;"，与第一个盒子的区别在于设置了填充方式为 round，此时图片会根据边框的尺寸动态调整图片的大小直至正好可以铺满整个边框。

(9) 第九个盒子：使用复合属性设置边框图像样式"border-image:url("images/test.png") 10 15 20 30/auto repeat;"，与第一个盒子的区别在于四个方向切片大小不同。

10.4.3 盒子阴影 box-shadow

前文曾学习过的 text-shadow 是给文本添加阴影效果，而本节将要学习的 box-shadow 则是给盒子添加周边阴影效果。随着 HTML5 和 CSS3 的普及，阴影效果的使用越来越普遍。

box-shadow 属性的值可以是 none 或者一个到多个阴影的叠加效果。none 表示没有阴影，为默认值；如果有阴影，则每个阴影有六个值可以设置：2~4 个长度值、一个颜色值和一个阴影类型关键字 inset(inset 为可选)。

基本语法：

box-shadow:none | 阴影 [, 阴影]*;
阴影=[inset] 水平偏移量 垂直偏移量 [阴影模糊半径] [阴影扩展半径] [阴影颜色]

语法说明：
- none：没有阴影。
- 阴影：可以设定多组阴影效果，每组参数值以逗号分隔。
- inset：设置对象的阴影类型为内部阴影，可以没有，如果没有该值，则对象的阴影默认为外部阴影。
- 水平偏移量：该长度值用来设置对象的阴影水平偏移值，可以为负值，正值表示向右偏移，负值表示向左偏移。
- 垂直偏移量：该长度值用来设置对象的阴影垂直偏移值，可以为负值，正值表示向下偏移，负值表示向上偏移。
- 阴影模糊半径：此值可选，如果提供了此长度值则用来设置对象的阴影模糊值，不允许负值，值越大阴影就越模糊，默认值为 0，表示没有模糊。
- 阴影扩展半径：此值可选，如果提供了此长度值则用来设置对象的阴影扩展半径，可以为负值。正值表示在所有方向扩展，负值表示在所有方向上消减，默认值为 0，表示没有扩展。
- 阴影颜色：设置对象的阴影颜色，可以省略，默认为黑色。

【例 10-12】设置盒子阴影(10-12.html)，效果如图 10-18 所示。

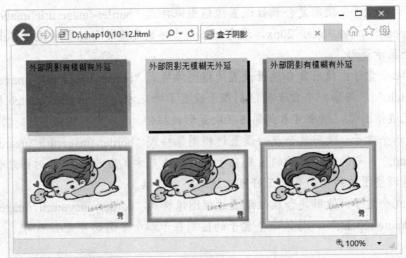

图 10-18　设置盒子阴影后页面浏览效果

本例 div 和 img 盒子的大小浮动性等设置相同，使用 box-shadow 为两类元素添加阴影。代码如下：

```html
<!DOCTYPE html>
<html>
<head>
<title>盒子阴影</title>
<style type="text/css">
div,img{
    width:150px;
    height:100px;
    margin:15px;
    padding:5px;
    float:left;
    font-size:13px;
}
#bs1{
    box-shadow:4px 4px 2px 2px #61f7eb;
    background-color:#EC3B58;
}
#bs2{
    box-shadow:4px 4px;
    background-color:#9CDFFC;
}
#bs3{
    box-shadow:-4px 4px 2px 2px #ef41d4;
    background-color:#7afe84;
}
#bs4{
    box-shadow:0 0 6px 6px #9366f7;
}
#bs5{
    box-shadow:inset 0 0 6px 6px #9366f7;
}
#bs6{           /*多重阴影效果*/
    box-shadow: 0 0 2px 2px #56f79a, 0 0 2px 4px #fcf276,0 0 2px 7px #5fcff5,0 0 2px 11px #f34ddf;
}
</style>
</head>
<body>
<div id="bs1">外部阴影有模糊有外延</div>
<div id="bs2">外部阴影无模糊无外延</div>
<div id="bs3">外部阴影有模糊有外延</div>
<img id="bs4" src="images/qute.png" />
<img id="bs5" src="images/qute.png" />
<img id="bs6" src="images/qute.png" />
</body>
</html>
```

在 IE11.0 中浏览，效果如图 10-18 所示。

代码分析：

(1) 第一个 div：代码 box-shadow:4px 4px 2px 2px #61f7eb;，阴影默认为外部阴影，水平向右偏移 4px，垂直向下偏移 4px，模糊 2px，外延 2px，阴影颜色为#61f7eb。

(2) 第二个 div：代码 box-shadow:4px 4px;，外部阴影，水平向右垂直向下均偏移 4px，没有模糊和外延，阴影默认颜色为黑色。

(3) 第三个 div：代码 box-shadow:-4px 4px 2px 2px #ef41d4;，阴影默认为外部阴影，水平向左偏移 4px，垂直向下偏移 4px，模糊 2px，外延 2px，阴影颜色为#ef41d4。

(4) 第一个 img：代码 box-shadow:0 0 6px 6px #9366f7;，外部阴影且在水平垂直方向均无偏移，四个方向模糊和外延均为 6px，阴影颜色#9366f7。

(5) 第二个 img：代码 box-shadow:inset 0 0 6px 6px #9366f7;，内部阴影，其他样式与第 1 个 img 相同。

(6) 第三个 img：代码 box-shadow: 0 0 2px 2px #56f79a, 0 0 2px 4px #fcf276,0 0 2px 7px #5fcff5,0 0 2px 11px #f34ddf;，使用了 4 重阴影效果，每重阴影均为外部无偏移且模糊 2px 的样式，不同之处在于颜色和外延，造成阴影的层叠效果。

10.5 综合案例——盒子布局排版

在学习了盒子模型相关知识后，利用前文章节和本章盒子知识布局排版网页。

【例 10-13】使用盒子布局(10-13.html & css10-13.css)，浏览效果如图 10-19 所示。

图 10-19　盒子布局页面浏览效果

1. 案例分析

- 案例主要有页眉、导航栏、主要内容和页脚四个部分组成，可以使用 div 布局。
- 页眉部分添加 banner 图像。
- 导航部分由文字组成，设置背景色和文字分布。
- 主要内容部分由段落文字组成，设置段落文本样式。
- 页脚部分由文字组成，设置背景色和文字位置。

2. HTML 代码(10-13.html)

此案例 HTML 代码部分相对简单，主要由外层和内层 div 组成。

```html
<!DOCTYPE html>
<html>
<head>
<title>途风户外</title>
<link href="css10-13.css" rel="stylesheet" type="text/css">
</head>
<body>
<div id="container">
    <!--页眉部分开始-->
    <div id="top">
    <img src="images/banner.jpg" />
    </div>

    <!--导航部分开始-->
    <div id="navi">
    <span>优惠活动</span><span>产品特色</span><span>行程介绍</span><span>费用说明</span><span>预订须知</span><span>游客点评</span><span>签证信息</span><span>在线问答</span>
    </div>

    <!--主内容部分开始-->
    <div id="content">
    <p>
    普吉岛属于泰王国普吉府管辖，面积 543 平方千米，是泰国最大的岛，也是泰国最小的府，2014 年，岛民共计超过 60 万人。普吉岛位于泰国西南方，安达曼海东南部海面之上，是一座南北较长(最长处 48.7 千米)、东西稍窄(最宽处 21.3 千米)的狭长状岛屿，北以巴帕海峡与泰国本土的攀牙府相邻，而东侧则是隔着攀牙湾与对岸的甲米府呼应，西岸及南岸则都濒临安达曼海。普吉岛由于面临安达曼海，气候备受海洋季风影响，上半年炎热，下半年多雨。普吉岛以其迷人的热带风光和丰富的旅游资源被称为"安达曼海上的一颗明珠"，而且自然资源十分丰富，有"珍宝岛"、"金银岛"的美称。主要矿产是锡，还盛产橡胶、海产和各种水果。岛上工商业、旅游业都较发达。首府普吉镇地处岛东南部，是一个大港口和商业中心。
    </p>
    <p>
    宽阔美丽的海滩、洁白无瑕的沙粒、碧绿翡翠的海水，作为印度洋安达曼海上的一颗"明珠"，普吉岛无可挑剔。这里欢迎着每一位游客，你来自哪里并不重要，重要的是你来到了普吉岛这个世界村，良好的包容性使普吉成为东南亚最具代表性的海岛旅游度假胜地。在普吉，一年到头人们似乎都在寻找着各种各样狂欢的理由，众多节日和丰富多彩的夜生活是生活的一部分。参与其中，忘记自己过客的身份，享受海岛风情的愉悦和惬意。因此无论单身前往，还是结伴而行，都能在普吉玩得尽兴。
```

```
        </p>
        <p>
            普吉行程描述 攀牙湾—007岛—割喉岛泛舟—骑大象—周末夜市(此夜市为周六、周日开放，
根据日期调整行程顺序如遇到特殊团队日期将无法安排，敬请您谅解)，上午抵达后乘车前往有小桂林之称
的攀牙湾『车程约90m』，岛上是奇异迷人的石群和蠹海中得断崖岛屿所组成的，一路乘游船沿海观赏
由石灰岩所组成的大小岛屿，洞顶垂吊向下的钟乳石。之后乘座快艇前往PP岛，此岛被泰国观光局列为
喀比府风景最美的国家公园，亦为欧美旅客最向往的渡假胜地。电影《The Beach》在此拍摄后，又再次
掀起旅游热潮。途经燕子洞，欣赏洞外奇观。我们特别而为您安排：快艇小PP环岛游、情人沙滩、浮潜、
喂鱼，此时你到达了真正的世外桃源，一缕轻轻的海风，加上银白色的细沙，就在你的身旁，阳光海滩水里
的鱼儿也在等待着您。
        </p>
        <p>
            泰国海事警察局近期对快艇船务公司发出通知：为了保证游客安全，对55岁以上的游客不建议
出海过岛(此年龄段客人是否可以过岛，船务公司会根据客人实际情况予以告知)；不可过岛的游客由船务
公司安排沙滩自由活动及中餐：简餐。特此告知，报名前敬请知晓。如若不听取建议，造成的严重后果
均由自己承担！！
        </p>
    </div>

    <!--页脚部分开始-->
    <div id="foot">
        关于我们 | 用户反馈 | 版权所有本书所有作者 京ICP备0810898789号
    </div>
</div>
</body>
</html>
```

3. CSS 代码(css10-13.css)

此案例使用外部 CSS 样式，保存为 css10-13.css。

```
body{
    text-align:center;
    font-size:14px;
}
#container{
    margin:0 auto;         /*外部 div 的外边距设置*/
    width:1035px;
}
#top{
    height:400px;
    margin-bottom:4px;
}
#navi{
    background-color:#FF8;
    padding:8px;
}
#content{
    text-align:left;
    line-height:22px;
```

```
        text-indent:2em;
}
#foot{
        background-color:#ACD;
        padding:20px;
        font-size:12px;
}
span{
        padding:0 30px;
}
```

4. 代码分析

(1) 首先给出如图 10-20 所示的页面布局和样式示意图。

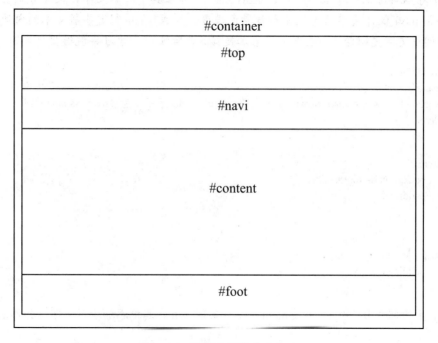

图 10-20　页面布局样式示意

(2) 样式 body 制定页面主体部分基本样式，设置页面内容居中。

```
body{
        text-align:center;
        font-size:14px;
}
```

(3) HTML 文件总体上表现为外层使用 id 为 container 的 div 盒子，而下述 CSS 样式设置父 div 的宽和外边距，其中 "margin:0 auto" 设置上下边距为 0，左右边距为自动模式，左右外边距为 auto 配合 body 部分的居中设置实现 container 盒子在页面中居中。

```
#container{
        margin:0 auto;
```

```
        width:980px;
}
```

(4) 页眉部分由一个 id 为 top 的 div 实现，并在其中添加图像。top 样式设定页面所在 div 的高度、底部的外边距。

```
<div id="top"><img src="images/banner.jpg" /></div>
```

```
#top{
        height:380px;
        margin-bottom:4px;
}
```

(5) 导航部分由一个 id 为 navi 的 div 实现，并在其中添加文字，文字分别置于<span>中。样式 navi 仅作简单的内边距和背景色设置。样式 span 制定导航文本的内边距，通过内边距调整文字之间距离。这里文字未加链接，在后续章节学习导航链接样式时再做详述。

```
<div id="navi">
    <span>优惠活动</span><span>产品特色</span><span>行程介绍</span><span>费用说明</span><span>预订须知</span><span>游客点评</span><span>签证信息</span><span>在线问答</span>
</div>
```

```
#navi{
        background-color:#FF8;
        padding:8px;
}
```

```
span{
        padding:0 26px;
}
```

(6) 主体部分由一个 id 为 content 的 div 实现，并在其中添加段落文字，并作基本样式的设置。

```
#content{
        text-align:left;
        line-height:22px;
        text-indent:2em;
}
```

(7) 页脚部分由一个 id 为 foot 的 div 实现，并在其中添加文字，设置页脚背景色和文字大小，并通过 padding 实现文字在视觉上的垂直居中。

```
<div id="foot">关于我们 | 用户反馈 | 版权所有本书所有作者 京 ICP 备 0810898789 号</div>
```

```
#foot{
        background-color:#ACD;
        padding:20px;
```

```
        font-size:12px;
}
```

5. 案例拓展

接下来，通过利用盒子阴影、边框样式、图像边框和圆角边框等对上例进行拓展，只需改变 css 样式即可，这里给出如图 10-21 所示的效果供读者思考，并给出了拓展后 CSS 代码 css10-13-2.css 供读者参考。

图 10-21　盒子布局拓展后的页面浏览效果

盒子布局拓展(css10-13-2.css)代码如下：

```
body{
        text-align:center;
        font-size:14px;
}
#container{
        margin:0 auto;
        width:980px;
```

```css
}
#top{
    height:380px;
    margin-bottom:4px;
    box-shadow: 2px 2px 2px gray;    /*盒子阴影*/
}
#navi{
    background-color:#FF8;
    padding:8px;
    box-shadow: 2px 2px 2px gray;
}
#content{
    text-align:left;
    line-height:22px;
    text-indent:2em;
    border-image:url(images/flower.png) 4/4px repeat;    /*图像边框*/
    padding: 8px;
    margin:4px 0px;
    box-shadow: 2px 2px 2px gray;
}
#foot{
    background-color:#ACD;
    padding:20px;
    box-shadow: 2px 2px 2px gray;
    border-radius:0 0 10px 10px;    /*圆角边框*/
}
span{
    padding:0 26px;
}
```

10.6 习题

10.6.1 单选题

1. 以下关于边框颜色属性的说法，不正确的是(　　)。
   A. 边框样式属性 border-color 是一个复合属性
   B. 边框样式属性 border-color 可以同时设置四条边框为不同的颜色
   C. border-color 也可写为 border-colour
   D. border-left-color 可以单独设置左边框的颜色

2. 关于使用图像作为盒子的边框，以下描述错误的是(　　)。
   A. 属性 border-image-source 设置边框样式使用的图像文件
   B. 属性 border-image-width 指定使用多厚的边框来承载被裁剪后的图像，当其值为 auto 时表示与 border-image-slice 的值相同
   C. border-repeat 表示边框背景图的扩展方式
   D. border-image 属性是复合属性

3. 如图 10-22 所示，将一副图像加入 div 中，根据效果判断该 div 最有可能使用的 CSS 样式代码是( )。

图 10-22 将图像加入 div 中

A. border:10px double #715a4a;   B. border:10px solid #715a4a;

C. border:10px;   D. border:double;

4. 图 10-23 所示是一个 div 盒子，蓝色表示边框，灰色斜线表示内补白，在 box-sizing 为 content-box 的标准模式下，关于此 div 盒子有如下设置：CSS 属性设置为 width:200px; height: 160px; padding: 20px; margin:0; border:5px solid blue; background:#FF9;，则盒子所占的幅面大小为( )。

图 10-23 div 盒子

A. 250px*210px   B. 200px*160px

C. 210px*170px   D. 240px*200px

5. CSS 语法中 border:red solid 4px 定义的是( )。

A. 边框颜色为红色、4 个像素粗细的双线

B. 边框颜色为红色、4 个像素的实线

C. 字体颜色为红色、4 个像素大小、字体为 solid

D. 字体为 4 个像素大小、字体为 solid、背景为红色

6. 在 CSS 语言中下列( )是"上边框"的语法。

A. letter-spacing   B. border-top

C. border-top-width   D. text-transform

10.6.2 填空题

1. 在 CSS 中，改变元素的外部边距使用属性 margin，改变元素的内部填充使用属性_____。
2. 盒子的大小主要是由宽和高决定，所对应的属性为_____和_____。
3. 在 CSS3 中，_____属性用来设置盒子左下角的圆角样式。
4. 在 CSS 中，可以利用 border-width 属性来控制边框的宽度；border-color 属性来控制边框的颜色，_____来属性来控制边框的样式。
5. _____属性可以为对象设置阴影效果，该属性的值可以是 none 或者 1 到多个阴影的叠加效果。

10.6.3 判断题

1. 外边距 margin 是指 border 与盒子外其他内容的距离。（　　）
2. IE11.0 等新版浏览器中，默认情况下，width 和 height 属性指整个盒子的大小，边框和内边距也计算在内。（　　）
3. 内边距 padding 的值如果有四个，将按上下左右的顺序作用于四个边框。（　　）
4. 代码 border-radius:10px 20px;表示设置圆角水平与垂直半径相同，左上角和右下角的半径为 10px，左下和右上角的半径为 20px。（　　）
5. 在 CSS 属性中，设置一个盒子的外边距，margin:5px 10px 和 margin:5px 10px 10px 10px 是相同的。（　　）

10.6.4 简答题

1. 试述 CSS 盒子模型的基本结构。
2. 默认情况下，如何计算 CSS 盒子模型幅面大小？
3. 试述图 10-24 所示网页中可能使用的 CSS 样式。

图 10-24　网页

第11章

CSS 背景

在人的知觉系统中最基本的一种知觉能力是在主体与背景间做出区分。"主体"是居于前部的区域，是主要内容的表现，"背景"居于底部区域，被看成是内容的衬托。在网页设计中，主体固然重要，我们同样不能忽视背景的作用，主体是依赖于背景而存在的，要使主体感到存在，必然要有底将它衬托出来。"白纸黑字"是我们对版面设计最基本的要求，当然在页面设计中，我们能做到的不仅仅是"白纸黑字"。本章我们主要学习元素背景的设置。

本章学习目标

◎ 了解前景色和背景色的搭配。
◎ 掌握背景色的设置并能够使用背景色给页面分块。
◎ 掌握背景图像的设置。
◎ 掌握背景图像相关属性，如背景图像重复、背景图像固定、背景图像位置等。
◎ 可以简单使用 CSS3 新增的 opacity 属性制作透明元素。
◎ 掌握线性渐变背景和多背景的设置方法。
◎ 能够综合运用背景和前景来进行页面基本色调设计。

11.1 CSS 背景概述

背景的设置一般通过 CSS 实现，如在上一章中所见，CSS 元素就像一个个的盒子，可以使用属性控制这些盒子的背景样式，而在<body>元素上使用背景属性时，则会影响整个浏览器窗口。

表 11-1 给出了 CSS 背景的主要属性，这些属性可以全部合并为一个缩写属性：background。

表 11-1 背景属性

属性	说明
background	背景复合属性
background-color	控制背景颜色
background-image	控制背景图像
background-repeat	控制背景图像的平铺方式
background-attachment	控制背景图像是固定于页面中的一个位置，还是在用户向下滚动页面时留在原地
background-position	控制背景图像的位置
background-origin	控制背景图像的显示区域
background-size	控制背景图像的大小
background-clip	控制背景图像的裁剪区域

11.2 背景颜色

一般来说图片背景会降低网页的打开速度，而颜色背景就是一个良好的解决方案了。

11.2.1 背景颜色 background-color

在 CSS 中，background-color 属性能够为任何元素背景指定一个单一背景色，它可以用来设置网页、div、表格、单元格、段落等元素的背景色，同属性 color 一样，background-color 可以接受任何有效的颜色值。

基本语法：

background-color:颜色值;

【例 11-1】设置背景颜色(11-1.html)，效果如图 11-1 所示。

本例主要设置网页元素的背景色：整个页面设置黑色背景，三个段落设置不同的背景色，第一个段落里的强调文本"重新认识自己"设置了深红色背景。

代码如下：

CSS 背景

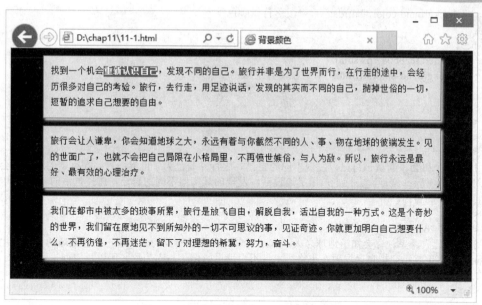

图 11-1 设置背景颜色后页面浏览效果

```
<!DOCTYPE html>
<html>
<head>
<title>背景颜色</title>
<style type="text/css">
body{
    background-color:#000;      /*网页背景颜色*/
    text-align:center;
}
p{
    width:560px;
    height:auto;
    padding:10px;
    margin:10px auto;
    box-shadow:3px 3px 5px #FFF;
    text-align:left;
    font-size:13px;
    line-height:170%;
}
p b{
    background-color:#d9311c;   /*段落中 b 元素背景颜色*/
    color:#FFF;
}
.bc1{
    border:#d9311c 1px solid;
    background-color:#ffe4cf;   /*段落背景颜色*/
}
.bc2{
    border:#038b3c 1px solid;
```

```
        background-color:#bdffda;      /*段落背景颜色*/
    }
    .bc3{
        border:#e2bb04 1px solid;
        background-color:#ffffab;      /*段落背景颜色*/
    }
    </style>
    </head>
    <body>
    <p class="bc1">
    找到一个机会重新认识自己，发现不同的自己。旅行并非是为了世界而行，在行走的途中，会经历很多对自己的考验。旅行，去行走，用足迹说话，发现的其实而不同的自己，抛掉世俗的一切，短暂的追求自己想要的自由。
    </p>
    <p class="bc2">
    旅行会让人谦卑，你会知道地球之大，永远有着与你截然不同的人、事、物在地球的彼端发生。见的世面广了，也就不会把自己局限在小格局里，不再愤世嫉俗，与人为敌。所以，旅行永远是最好、最有效的心理治疗。
    </p>
    <p class="bc3">
    我们在都市中被太多的琐事所累，旅行是放飞自由，解脱自我，活出自我的一种方式。这是个奇妙的世界，我们留在原地见不到所知外的一切不可思议的事，见证奇迹。你就更加明白自己想要什么，不再彷徨，不再迷茫，留下了对理想的希冀，努力，奋斗。
    </p>
    </body>
    </html>
```

在 IE11.0 中浏览，效果如图 11-1 所示。

11.2.2 用背景色给页面分块

在排版布局时，可以使用 background-color 属性对 HTML 元素设置背景色，并使用背景色来实现分块的目的。

下面案例结合表格对页面不同区域进行颜色划分。

【例 11-2】使用背景色给页面分块(表格)(11-2.html)，浏览效果如图 11-2 所示。

本例页面背景、导航栏、页眉、页脚、主体部分、左侧盒子部分采用不同的背景颜色，实现了页面分块的目的。

```
<!DOCTYPE html>
<html>
<head>
<title>利用背景颜色分块</title>
<style type="text/css">
body{
    background-color:#f9e289;      /*页面背景色*/
    text-align:center;
}
table{border-collapse:collapse;}
.top{
```

CSS 背景

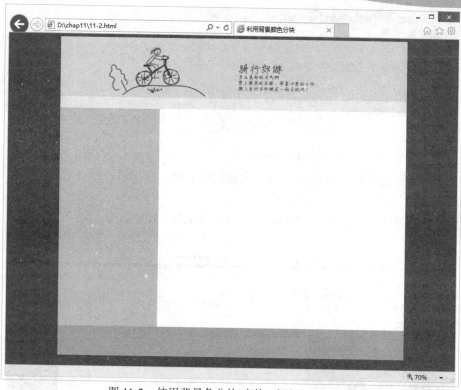

图 11-2 使用背景色分块(表格)后页面浏览效果

```
        background-color:#f5b64b;          /*顶端 banner 的背景色*/
        height:200px;
    }
    .left{
        width:200px;
        height:400px;
        background-color:#F2A21C;          /*主体部分左侧背景色*/
    }
    .right{
        background-color:white;             /*主体部分右侧背景色*/
        width:560px;
    }
    .foot{
        background-color:#E6950D;           /*页脚部分的背景色*/
        height:80px;
    }
    </style>
    </head>
    <body>
    <table>
        <tr>
            <td colspan="2" class="top"><img src="images/banner.png" /></td>
        </tr>
        <tr>
            <td class="left"> </td>
```

291

```
                <td class="right"> </td>
            </tr>
            <tr>
                <td colspan="2" class="foot"> </td>
            </tr>
        </table>
    </body>
</html>
```

在 IE11.0 中浏览，效果如图 11-2 所示。

使用表格布局已经逐步被淘汰，接下来我们对上例进行拓展，结合 div 元素对页面不同区域进行颜色划分。

【例 11-3】使用背景色给页面分块(div)(11-3.html)，效果如图 11-3 所示。

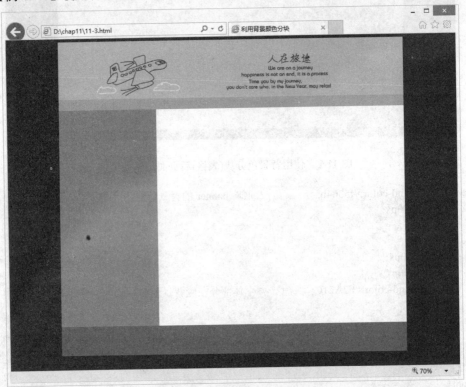

图 11-3　利用背景色分块(div)

本例效果与例 11-2 类似，最根本的不同在于采用 div 进行布局，并对不同的 div 设置不同的背景色以实现分块的目的。

代码如下：

```
<!DOCTYPE html>
<html>
<head>
<title>利用背景颜色分块</title>
<style type="text/css">
body{
```

```css
        background-color:#0a3568;        /*页面背景色*/
        text-align:center;
    }
    #container{
        margin:0 auto;
        border-collapse:collapse;
        width:980px;
    }
    #top{
        height:160px;
        background-color:#96c5ff;         /*顶端 banner 的背景色*/
    }
    #navi{
        height:30px;
        background-color:#7cb4f9;         /*导航部分的背景色*/
    }
    #main{
        width:980px;
        height:600px;
    }
    #left{
        width:280px;
        height:600px;
        background-color:#4b9afa;         /*主体左侧的背景色*/
        float:left;
    }
    #right{
        width:700px;
        height:600px;
        background-color:white;           /*主体右侧的背景色*/
        float:right;
    }
    #foot{
        height:80px;
        background-color:#2b7bdd;         /*页脚部分的背景色 */
    }
</style>
</head>
<body>
<div id="container">
    <div id="top"><img src="images/banner2.png" /></div>
    <div id="navi"> </div>
    <div id="main">
            <div id="left"> </div>
            <div id="right"> </div>
    </div>
    <div id="foot"> </div>
</div>
</body>
</html>
```

在 IE11.0 中浏览,效果如图 11-3 所示。

11.3 背景图像

网页元素除了使用颜色作为背景外，也可以设置背景图像，虽然说图像背景可能会降低网站的加载速度，但是却以其优美的视觉效果受到人们的欢迎。

11.3.1 页面背景图像 background-image

CSS 中，background-image 属性用来设置网页元素的背景图片。

在设置背景图像时，可以同时设置背景色，如果背景图像不可用，则背景色显示；如果背景图像可用，在背景图像有透明区域时，背景色可见。

基本语法：

background-image:none | url(图像路径);

语法说明：

- none：无背景。
- url：背景图像的具体路径。

【例 11-4】设置背景图像(11-4.html)，效果如图 11-4 所示。

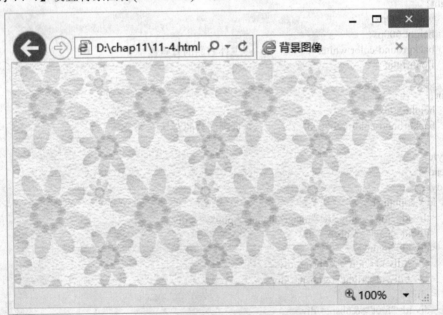

图 11-4　设置背景图像后页面浏览效果

本例设置了整个页面的背景图像，默认情况下，背景图像进行了水平和垂直方向的平铺。

代码如下：

```
<!DOCTYPE html>
<html>
<head>
<title>背景图像</title>
<style type="text/css">
    body{background-image:url(images/bg1.gif);}          /*设置页面背景图像*/
</style>
</head>
<body>
</body>
</html>
```

在 IE11.0 中浏览，效果如图 11-4 所示。

【例 11-5】设置背景图像与背景颜色(11-5.html)，效果如图 11-5 所示。

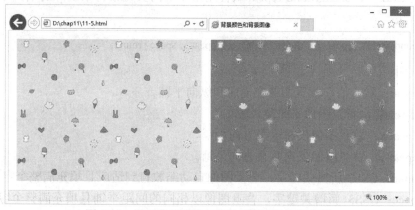

图 11-5　设置背景图像与颜色后页面的浏览效果

本例对两个 div 同时设置背景颜色与背景图像，两个 div 的背景图像均采用透明的 PNG 图片(bg2.png)，除了图案之外的所有位置都是透明的，两个 div 设置的背景颜色不同，在透明部分显示出不同的背景颜色。

```
<!DOCTYPE html>
<html>
<head>
<title>背景颜色和背景图像</title>
<style type="text/css">
div{
    width:400px;
    height:300px;
    float:left;
    margin:10px;
}
#bi1{
    background-image:url(images/bg2.png);      /*背景图像*/
    background-color:#b4f4fd;        /*背景颜色*/

}
#bi2{
    background-image:url(images/bg2.png);      /*背景图像*/
    background-color:#f46350;        /*背景颜色*/
}
```

```
</style>
</head>
<body>
<div id="bi1"></div>
<div id="bi2"></div>
</body>
</html>
```

在 IE11.0 中浏览，效果如图 11-5 所示。

11.3.2 背景图像重复 background-repeat

如例 11-4 所示，在默认情况下，背景图像铺满整个页面，但这种方式有时候可能是不合适的。在 CSS 中，background-repeat 属性用来设置网页元素背景图片的重复方式。

基本语法：

background-repeat: repeat | no-repeat | repeat-x | repeat-y | space | round;

语法说明：
- repeat：默认值，背景图像在横向和纵向平铺。
- no-repeat：背景图像不重复。
- repeat-x：背景图像仅在水平方向平铺。
- repeat-y：背景图像仅在垂直方向平铺。
- round：CSS3 新增关键字，背景图像自动缩放直到适应且填充满整个容器。
- space：CSS3 新增关键字，背景图像以相同的间距平铺且填充满整个容器或某个方向。

【例 11-6】设置背景图像重复方式(11-6.html)，效果如图 11-6 所示。

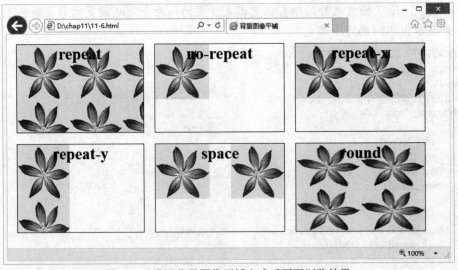

图 11-6 设置背景图像平铺方式后页面浏览效果

本例设置的 div 盒子大小均为 240px*160px，6 个 div 均使用大小为 100px*100px 的背景图像，根据平铺方式的不同设置，显示的效果也有所不同。

1. 代码

代码如下:

```html
<!DOCTYPE html>
<html>
<head>
<title>背景图像平铺</title>
<style type="text/css">
div{
    width:240px;
    height:160px;
    float:left;
    margin:10px;
    font-size:30px;
    font-weight:900;
    text-align:center;
    border:1px solid black;
    background-image:url(images/bg3.jpg);     /*所有 div 设置同样的背景图像*/
}
#br1{
    background-repeat:repeat;                  /*背景图像重复*/
}
#br2{
    background-repeat:no-repeat;               /*背景图像不重复*/
}
#br3{
    background-repeat:repeat-x;                /*背景图像横向重复*/
}
#br4{
    background-repeat:repeat-y;                /*背景图像纵向重复*/
}
#br5{
    background-repeat:space;                   /*背景图像纵向重复*/
}
#br6{
    background-repeat:round;                   /*背景图像纵向重复*/
}
</style>
</head>
<body>
<div id="br1">repeat</div>
<div id="br2">no-repeat</div>
<div id="br3">repeat-x</div>
<div id="br4">repeat-y</div>
<div id="br5">space</div>
<div id="br6">round</div>
</body>
</html>
```

在 IE11.0 中浏览,效果如图 11-6 所示。

2. 代码分析

(1) 第 1 个盒子:代码 "background-repeat:repeat;",正常在水平和垂直方向重复。

(2) 第 2 个盒子：代码 "background-repeat:no-repeat;"，背景图像不重复。

(3) 第 3 个盒子：代码 "background-repeat:repeat-x;"，背景图像仅在水平方向重复。

(4) 第 4 个盒子：代码 "background-repeat:repeat-y;"，背景图像仅在垂直方向重复。

(5) 第 5 个盒子：代码 "background-repeat:round;"，背景图像以相同的间距平铺且填充满整个容器或某个方向，这里两个背景图像填满盒子的水平方向，两者之间有间距。

(6) 第 6 个盒子：代码 "background-repeat:space;"，背景图像自动缩放直到适应且填充满整个容器，水平和垂直方向均重复两个图像，通过缩放适应盒子大小。

11.3.3　背景图像滚动 background-attachment

background-attachment 用来设置背景图像是否随着滚动条的滚动而移动。

基本语法：

background-attachment:scroll | fixed | local;

语法说明：
- fixed：背景图像相对于窗体固定。
- scroll：背景图像相对于元素固定，也就是说当元素内容滚动时背景图像不会跟着滚动，因为背景图像总是要跟着元素本身。但会随元素的祖先元素或窗体一起滚动。
- local：CSS3 新增关键字。背景图像相对于元素内容固定，也就是说当元素随元素滚动时背景图像也会跟着滚动，因为背景图像总是要跟着内容。

【例 11-7】设置背景图像滚动方式(11-7.html)，效果如图 11-7 所示。

图 11-7　设置背景图像滚动方式后页面浏览效果

本例中，共使用了 3 个 background-attachment 属性。

CSS 背景

1. 代码

代码如下：

```html
<!DOCTYPE html>
<html>
<head>
<title>背景图像滚动</title>
<style type="text/css">
body{
    background-image:url(images/bg4.jpg);     /*网页的背景图像*/
    background-attachment:fixed;              /*背景图像相对于窗体固定*/
}
div{
    width:300px;
    height:300px;
    margin:10px;
    overflow:auto;                            /*盒子内容溢出时自动加上滚动条*/
    border:1px solid black;
    background-image:url(images/bg5.jpg);     /*三个div设置同样的背景图像*/
    line-height:2;
}
#ba1{           /*背景图像相对于元素固定，背景图像跟着元素(div盒子)本身*/
    background-attachment:scroll;
}
#ba2{           /*背景图像相对于元素内容固定，背景图像跟着内容(文本)滚动*/
    background-attachment:local;
}
</style>
</head>
<body>
<div id="ba1">
<h2>scroll</h2>
蒹葭苍苍，白露为霜。<br />所谓伊人，在水一方。<br />
溯洄从之，道阻且长。<br />溯游从之，宛在水中央。<br />
蒹葭萋萋，白露未晞。<br />所谓伊人，在水之湄。<br />
溯洄从之，道阻且跻。<br />溯游从之，宛在水中坻。<br />
蒹葭采采，白露未已。<br />所谓伊人，在水之涘。<br />
溯洄从之，道阻且右。<br />溯游从之，宛在水中沚。
</div>
<div id="ba2">
<h2>local</h2>
蒹葭苍苍，白露为霜。<br />所谓伊人，在水一方。<br />
溯洄从之，道阻且长。<br />溯游从之，宛在水中央。<br />
蒹葭萋萋，白露未晞。<br />所谓伊人，在水之湄。<br />
溯洄从之，道阻且跻。<br />溯游从之，宛在水中坻。<br />
蒹葭采采，白露未已。<br />所谓伊人，在水之涘。<br />
溯洄从之，道阻且右。<br />溯游从之，宛在水中沚。
</div>
<div>
<h2>div等元素默认滚动方式</h2>
蒹葭苍苍，白露为霜。<br />所谓伊人，在水一方。<br />
溯洄从之，道阻且长。<br />溯游从之，宛在水中央。<br />
蒹葭萋萋，白露未晞。<br />所谓伊人，在水之湄。<br />
溯洄从之，道阻且跻。<br />溯游从之，宛在水中坻。<br />
```

蒹葭采采，白露未已。
所谓伊人，在水之涘。
溯洄从之，道阻且右。
溯游从之，宛在水中沚。
</div>
</body>
</html>

在 IE11.0 中浏览，效果如图 11-7 所示。

2．代码分析

（1）控制 body 元素：代码 "background-attachment:fixed;"。body 元素可控制整个网页窗体的背景，fixed 关键字设置相对于窗体固定，所以当拖动网页滚动条时，网页背景固定不动。而在默认情况下，窗体的背景随网页内容滚动，当去掉代码此行代码时，将网页滚动条拖动到下方时，效果如图 11-8 所示。另外如果对 body 元素添加代码 "background-attachment:scroll;"，因为 scroll 关键字设置 "背景图像相对于元素固定"，在这里元素是 body，表现的效果也会如图 11-8 所示。同样的方法分析 body 设置为 "background-attachment:local;" 也会实现背景随内容滚动。

图 11-8　改变背景图像滚动方式后页面浏览效果

（2）控制第 1 个 div 元素：代码 "background-attachment:scroll;"。scroll 关键字背景图像相对于元素固定，这里是 div 元素，也就是说背景图像固定在 div 上，不随着文字滚动而滚动。

（3）控制第 2 个 div 元素：代码 "background-attachment:local;"。local 关键字背景图像相对于内容固定，背景图像永远跟随内容滚动。

（4）第 3 个 div 采用默认的方式，背景图像固定于 div 盒子。

11.3.4　背景图像位置 background-position

background-position 用来设置背景图像的位置。

CSS 背景

基本语法：

background-position:关键字 | 百分比 | 长度;

语法说明：

- ➢ 值可以是关键字、百分比和长度。
- ➢ 关键字在水平方向上有 left、center 和 right，垂直方向有 top、center 和 bottom，关键字含义如下。水平方向和垂直方向的关键字可以相互搭配使用。
  - ♦ center：背景图像横向或纵向居中。
  - ♦ left：背景图像在横向上填充从左边开始。
  - ♦ right：背景图像在横向上填充从右边开始。
  - ♦ top：背景图像在纵向上填充从顶部开始。
  - ♦ bottom：背景图像在纵向上填充从底部开始。
- ➢ 百分比表示用百分比指定背景图像填充的位置，可以为负值。一般要指定两个值，两个值之间用空格隔开，分别代表水平位置和垂直位置，水平位置的起始参考点在网页页面左端，垂直位置的起始参考点在页面顶端。默认值 0% 0%，效果等同于 left top。
- ➢ 长度表示用长度值指定背景图像填充的位置，可以为负值。也要指定两个值代表水平位置和垂直位置，起始点相对于页面左端和顶端。例如 background-position: 200px-100px，表示背景图片的水平位置为左起 200px，垂直位置为顶端起-100px。

【例 11-8】设置背景图像位置(11-8.html)，效果如图 11-9 所示。

图 11-9　设置背景图像位置后页面浏览效果

本例中设置背景图像水平居中、垂直顶端。

1. 代码

代码如下：

```
<!DOCTYPE html>
<html>
<head>
<title>背景图像位置</title>
<style type="text/css">
body{
    background-image:url(images/bg4.jpg);    /*网页的背景图像*/
    background-attachment:fixed;             /*背景图像相对于窗体固定*/
    background-repeat:no-repeat;             /*背景图像不重复*/
    background-position:center bottom;       /*背景图像水平居中，垂直底部*/
    text-align:center;
    line-height:1.5;
}
</style>
</head>
<body>
<h2>蒹葭</h2>
蒹葭苍苍，白露为霜。<br />所谓伊人，在水一方。<br />
溯洄从之，道阻且长。<br />溯游从之，宛在水中央。<br />
蒹葭萋萋，白露未晞。<br />所谓伊人，在水之湄。<br />
溯洄从之，道阻且跻。<br />溯游从之，宛在水中坻。<br />
蒹葭采采，白露未已。<br />所谓伊人，在水之涘。<br />
溯洄从之，道阻且右。<br />溯游从之，宛在水中沚。
</body>
</html>
```

在IE11.0中浏览，效果如图11-9所示。

2. 代码分析

设置background-position:center bottom;，则背景图像不管浏览器窗口多大，都选择从水平居中底部底端起填充背景图像。

11.3.5 背景参考原点 background-origin

在CSS3中，新增了一个background-origin属性，用来设置背景图像的参考原点。
基本语法：

background-origin:padding-box | border-box | content-box;

语法说明：

- ➢ padding-box：从padding区域(含padding)开始显示背景图像。
- ➢ border-box：从border区域(含border)开始显示背景图像。
- ➢ content-box：从content区域开始显示背景图像。

【例11-9】设置背景图像参考原点(11-9.html)，效果如图11-10所示。

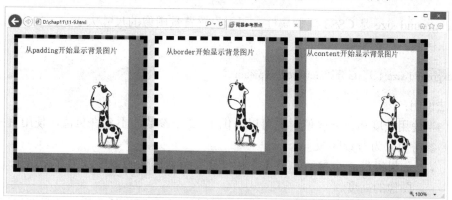

图11-10 设置背景显示参考原点后页面浏览效果

本例三个盒子均有内外边距和边框，使用同一个背景图像，但设置背景图像的参考原点不同。

代码如下：

```
<!DOCTYPE html>
<html>
<head>
<title>背景参考原点</title>
<style type="text/css">
body{
    background-color:#fefab1;
}
p{
    width:300px;
    height:300px;
    padding:20px;
    border:10px dashed #000;
    background-color:#0dcff2;
    background-image:url(images/bg5.jpg);
    background-repeat:no-repeat;
    float:left;
    margin:10px;
    font-size:20px;
}
.bo1{background-origin:padding-box;}
.bo2{background-origin:border-box;}
.bo3{background-origin:content-box;}
</style>
</head>
<body>
<p class="bo1">从 padding 开始显示背景图片</p>
<p class="bo2">从 border 开始显示背景图片</p>
<p class="bo3">从 content 开始显示背景图片</p>
</body>
</html>
```

在IE11.0中浏览，效果如图11-10所示。

11.3.6 背景图像尺寸 background-size

background-size 是 CSS3 新增属性,用于设置背景图像的尺寸大小。
基本语法:

background-size:长度|百分比|auto|cover|contain;

语法说明:
> 当使用长度和百分比值时,可以提供 1~2 个参数,不允许负值,使用百分比时,参考对象为背景区域。
>   - 如果提供 2 个参数,第 1 个用于定义背景图像的宽度,第 2 个用于定义背景图像的高度。
>   - 如果只提供 1 个参数,该值将用于定义背景图像的宽度,背景图以提供的宽度作为参照来进行等比缩放。
> 关键字的含义如下。
>   - auto:背景图像的真实大小。
>   - cover:将背景图像等比缩放到完全覆盖容器,背景图像有可能超出容器。
>   - contain:将背景图像等比缩放到宽度或高度与容器的宽度或高度相等,背景图像始终被包含在容器内。

【例 11-10】设置背景图像尺寸(11-10.html),效果如图 11-11 所示。

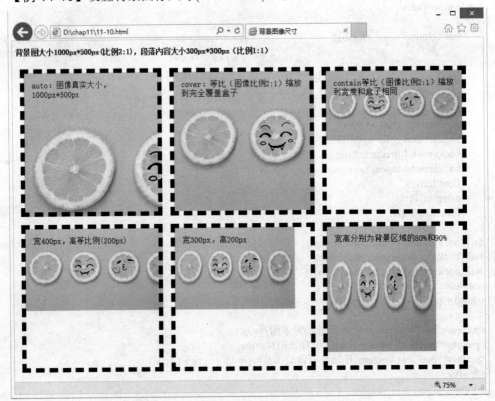

图 11-11 设置背景图像尺寸后页面浏览效果

CSS 背景 11

本例六个盒子均有内外边距和边框，使用同一个背景图像，但设置背景图像的尺寸不同。

1. 代码

代码如下：

```html
<!DOCTYPE html>
<html>
<head>
<title>背景图像尺寸</title>
<style type="text/css">
p{
    width:300px;
    height:300px;
    padding:20px;
    border:10px dashed #000;
    background-image:url(images/bg6.jpg);
    background-repeat:no-repeat;
    float:left;
    margin:10px;
    font-size:20px;
}
.bs1{background-size:auto;}
.bs2{background-size:cover;}
.bs3{background-size:contain;}
.bs4{background-size:400px;}
.bs5{background-size:300px 200px;}
.bs6{background-size:80% 90%;}
</style>
</head>
<body>
<h3>背景图人小 1000px*500px(比例 2:1)，段落内容大小 300px*300px(比例 1:1)</h3>
<p class="bs1">auto：图像真实大小，1000px*500px</p>
<p class="bs2">cover：等比(图像比例 2:1)缩放到完全覆盖盒子</p>
<p class="bs3">contain 等比(图像比例 2:1)缩放到宽度和盒子相同</p>
<p class="bs4">宽 400px，高等比例(200px)</p>
<p class="bs5">宽 300px，高 200px</p>
<p class="bs6">宽高分别为背景区域的 80%和 90%</p>
</body>
</html>
```

在 IE11.0 中浏览，效果如图 11-11 所示。

2. 代码分析

前提：背景图大小 1000px*500px(比例 2:1)，盒子内容大小 300px*300px(比例 1:1)。

(1) 第 1 个盒子：代码 "background-size:auto"，图像真实大小，仅显示图像的一部分区域。

(2) 第 2 个盒子：代码 "background-size:cover"，按照图像的比例 2:1 缩放到完全覆盖盒子，因为盒子的比例为 1:1，则背景图像水平方向超出盒子。

(3) 第 3 个盒子：代码 "background-size:contain"，按照图像的比例 2:1 缩放到完全覆盖盒子，因为要将背景图像始终包含在盒子里，垂直方向有空白。

(4) 第 4 个盒子：代码 "background-size:400px"，背景缩放至图像宽 400px，高按比例缩放至 200px。

(5) 第 5 个盒子：代码 "background-size:300px 200px"，背景图像缩放至宽 300px，高 200px。

(6) 第 6 个盒子：代码 "background-size:80% 90%;"，背景图像横向缩放至背景区域的 80%，垂直缩放至背景区域的 90%。

11.3.7 背景图像裁剪区域 background-clip

background-clip 是 CSS3 新增属性，用于设置背景图像向外裁剪的区域，也可以理解为背景呈现的区域。

基本语法：

```
background-clip:border-box|padding-box|content-box|text;
```

语法说明：
- border-box：默认值，不会发生裁剪。
- padding-box：超出 padding 区域也就是 border 区域的背景将会被裁剪。
- content-box：从 content 区域开始向外裁剪背景，即 border 和 padding 区域内的背景将会被裁剪掉。
- text：从前景内容的形状(比如文字)作为裁剪区域向外裁剪，如此即可实现使用背景作为填充色之类的遮罩效果，IE、Firefox 等浏览器不支持此效果，即使使用 Chrome 等支持该效果的浏览器，text 的属性值也仅能使用 webkit。

> **注意**
>
> WebKit 是一个开源的浏览器引擎(Chrome、Safari 等使用)，与之相对应的引擎有 Gecko(Firefox 等使用)和 Trident(也称 MSHTML，IE 使用)。

在 CSS 中，-webkit 代表 Chrome、Safari 私有属性。

【例 11-11】使用背景图像裁剪(11-11.html)，效果如图 11-12 所示。

CSS 背景

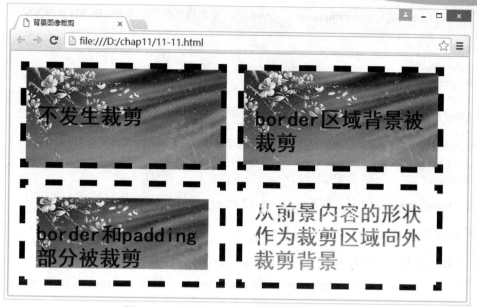

图 11-12 设置背景图像裁剪后页面浏览效果

本例中四个盒子实现不裁剪、border 部分被裁剪、border+padding 部分被裁剪以及 text 裁剪。

1. 代码

代码如下：

```
<!DOCTYPE html>
<html>
<head>
<title>背景图像裁剪</title>
<style type="text/css">
p{
    width:300px;
    height:120px;
    padding:20px;
    border:10px dashed #000;
    background-image:url(images/bg7.jpg);
    background-repeat:no-repeat;
    float:left;
    margin:10px;
    font-size:36px;
    font-weight:900;
    font-family:黑体;
}
.bclip1{background-clip:border-box;}
.bclip2{background-clip:padding-box;}
.bclip3{background-clip:content-box;}
.bclip4{
    -webkit-background-clip:text;        /*webkit,从前景内容的形状作为裁剪区域向外裁剪背景*/
```

307

```
            -webkit-text-fill-color:transparent;    /*webkit，文本颜色设置为透明，透出背景图像*/
}
</style>
</head>
<body>
<p class="bclip1"><br />不发生裁剪</p>
<p class="bclip2"><br />border 区域背景被裁剪</p>
<p class="bclip3"><br />border 和 padding 部分被裁剪</p>
<p class="bclip4">从前景内容的形状作为裁剪区域向外裁剪背景</p>
</body>
</html>
```

在 Chrome 49.0 中浏览，效果如图 11-12 所示。

2. 代码分析

(1) 第一个盒子：代码 background-clip:border-box，不裁剪。

(2) 第二个盒子：代码 background-clip:padding-box，超出 padding 部分即 border 部分被裁剪。

(3) 第三个盒子：代码 background-clip:content-box，超出 conent 部分即 border 和 padding 部分被裁剪。

(4) 第四个盒子：使用私有属性-webkit。-webkit-background-clip:text 表示从前景内容的形状(这里是文字)作为裁剪区域向外裁剪背景；-webkit-text-fill-color:transparent 设置文本颜色设置为透明，以便透出背景图像。

11.3.8 线性渐变背景图像

CSS3 中可以使用 linear-gradient()创建线性渐变图像，radial-gradient()创建径向渐变图像，repeating-linear-gradient()创建重复的线性渐变图像，repeat-radial-gradient()创建径向渐变图像。在背景设计中常常用到线性渐变图像，在此对 linear-gradient()进行介绍，其他三个留作自学。

基本语法：

```
<linear-gradient>:linear-gradient([<point>,]? <color-stop>[, <color-stop>]+);
<point>:[ left | right ]? [ top | bottom ]? || <angle>?
<color-stop>:<color> [ <length> | <percentage> ]?
```

语法说明：
- ➢ <point>。
    - ◆ left：设置左边为渐变起点的横坐标值。
    - ◆ right：设置右边为渐变起点的横坐标值。
    - ◆ top：设置顶部为渐变起点的纵坐标值。
    - ◆ bottom：设置底部为渐变起点的纵坐标值。
    - ◆ <angle>：用角度值指定渐变的方向(或角度)。

- ◆ <color-stop>：指定渐变的起止颜色。
- ➢ <color-stop>。
  - ◆ <color>：指定颜色。
  - ◆ <length>：用长度值指定起止色位置，不允许负值。
  - ◆ <percentage>：用百分比指定起止色位置。

【例 11-12】设置渐变背景(11-12.html)，效果如图 11-13 所示。

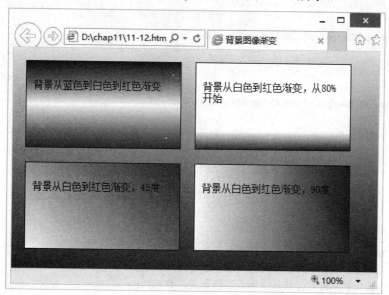

图 11-13　设置渐变背景后页面浏览效果

本例设置整个页面的背景为渐变，同时 4 个盒子也设置不同形式的背景渐变效果。

1. 代码

代码如下：

```
<!DOCTYPE html>
<html>
<head>
<title>背景图像渐变</title>
<style type="text/css">
body{
    background-image:linear-gradient(yellow,red);        /*网页背景从黄色渐变至红色*/
    background-attachment:fixed;
}
p{
    width:200px;
    height:100px;
    padding:10px;
    float:left;
    border:1px solid #000;
    background-repeat:no-repeat;
```

```
            margin:10px;
            font-size:14px;
        }
        /*背景从蓝色到白色到红色渐变*/
        .blinear1{
            background:linear-gradient(blue,white,red);
        }
        /*背景从白色到红色渐变,从80%开始*/
        .blinear2{
            background:linear-gradient(white 80%,red);
        }
        /*背景从白色到红色渐变,45度*/
        .blinear3{
            background:linear-gradient(45deg,white,red);
        }
        /*背景从白色到红色渐变,90度*/
        .blinear4{
            background:linear-gradient(90deg,white,red);
        }
    </style>
</head>
<body>
<p class="blinear1"><br />背景从蓝色到白色到红色渐变</p>
<p class="blinear2"><br />背景从白色到红色渐变,从 80%开始</p>
<p class="blinear3"><br />背景从白色到红色渐变,45 度</p>
<p class="blinear4"><br />背景从白色到红色渐变,90 度</p>
</body>
</html>
```

在 IE11.0 中浏览,效果如图 11-13 所示。

2. 代码分析

(1) 控制 body 元素的背景,代码"background-image:linear-gradient(yellow,red); background-attachment:fixed;",网页背景从黄色渐变至红色且固定。

(2) 第 1 个段落,代码"background:linear-gradient(blue,white,red);",背景从蓝色到白色到红色渐变。

(3) 第 2 个段落,代码"background:linear-gradient(white 80%,red);",背景从白色到红色渐变,从 80%开始变化。

(4) 第 3 个段落,代码"background:linear-gradient(45deg,white,red);",背景在 45 度方向从白色到红色渐变。

(5) 第 4 个段落,代码"background:linear-gradient(90deg,white,red);",背景在 90 度方向从白色到红色渐变。

11.4 背景复合属性和多背景

背景颜色和背景图像等相关属性可以全部合并为一个缩写属性 background。本节对 background 复合属性和多个图片作为背景进行阐述。

11.4.1 背景复合属性 background

background 属性是其他背景属性的复合属性或快捷方式，其属性值可以由 1 个或多个值组成，值之间使用空格隔开，属性值之间没有顺序的要求。例如："background: gray;"表示设置元素背景为灰色；"background:url(bg00.jpg) no-repeat fixed center;"表示设置背景图像为 bg00.jpg、不重复、固定、水平垂直居中。

前文例子的代码：

```
background-image:url(images/bg4.jpg);      /*网页的背景图像*/
background-attachment:fixed;               /*背景图像相对于窗体固定*/
background-repeat:no-repeat;               /*背景图像不重复*/
background-position:center bottom;         /*背景图像水平居中，垂直底部*/
```

可以简写为：

```
background-image:url(images/bg4.jpg) fixed no-repeat center bottom;
```

11.4.2 多背景

在 CSS3 中，可以对一个元素应用多个图像作为背景，需要用逗号来区别各个图像。默认情况下，第一个声明的图像定位在元素顶部，其他的图像按序在其下排列，例如：

```
background-image:url(top-image.jpg), url(middle-image.jpg), url(bottom-image.jpg);
```

当然，配合其他属性，亦可实现图像的定位，例如：

```
background:url(images/1.jpg) no-repeat top left,
           url(images/2.jpg) no-repeat top right,
           url(images/3.jpg) no-repeat bottom left,
           url(images/4.jpg) no-repeat bottom right,
           url(images/5.jpg) no-repeat center center;
```

【例 11-13】使用多背景(11-13.html)，效果如图 11-14 所示。

图 11-14 使用多背景后页面浏览效果

本例设置网页具有 3 副背景图片，分别位于中上、右下和中下。
代码如下：

```
<!DOCTYPE html>
<html>
<head>
<title>多背景</title>
<style type="text/css">
body{
    text-align:center;
    /*设置3副背景图片，分别位于中上，右下和中下*/
    background:url(images/bg8.png) no-repeat center top fixed,
        url(images/bg9.png) no-repeat right bottom fixed,
        url(images/bg10.png) no-repeat center bottom fixed;
}
#container{
    width:780px;
    margin:0 auto;
    margin-top:200px;
}
p{
    background:url(images/bg11.png);
    width:240px;
    height:240px;
    padding:30px;
    float:left;
    margin:20px;
```

```html
            font-size:13px;
            line-height:2;
            text-align:left;
        }
    </style>
</head>
<body>
<div id="container">
<p>
<b>欧洲杯射手榜</b><br />
排名 球员 国家 进球数<br />
01 格列兹曼 法国 7<br />
02 纳尼 葡萄牙 3 <br />
03 C.罗 葡萄牙 3 <br />
04 帕耶特 法国 3 <br />
05 贝尔 威尔士 3 <br />
06 吉鲁 法国 3 <br />
07 莫拉塔 西班牙 3
</p>
<p>
<b>小组赛</b><br />
比赛时间 比赛地点 交战对手<br />
2016.06.11 圣丹尼斯 法国 VS 罗马尼亚<br />
2016.06.11 朗斯 阿尔巴尼亚 VS 瑞士<br />
2016.06.12 波尔多 威尔士 VS 斯洛伐克<br />
2016.06.12 马赛 英格兰 VS 俄罗斯<br />
2016.06.12 巴黎 土耳其 VS 克罗地亚<br />
……
</p>
<p>
<b>足球宝贝</b><br />
性感女神力挺布冯<br />
意大利女神热舞助兴<br />
普罗旺斯迎来中国金花<br />
宝贝街头性感玩快闪<br />
妍子沁花海助威威尔士<br />
</p>
<p>
<b>新闻</b><br />
世预赛综述-卢卡库2球比利时胜<br />
C罗:没想到能捧欧洲杯<br />
华人文化重注体育大数据<br />
足球魔方领跑数据类应用<br />
比利时新帅：我来率领你们夺得世界冠军
</p>
</div>
```

```
</body>
</html>
```

在 IE11.0 中浏览，效果如图 11-14 所示。

11.5 定义不透明度

CSS3 新增的 opacity 属性可以在元素级别控制透明度，该属性不属于背景模块而属于颜色 color 模块，我们仅在此处对其进行简单说明。

基本语法：

```
opacity:浮点数;
```

语法说明：

使用浮点数指定对象的不透明度。值被约束在[0.0-1.0]范围内，如果超过了这个范围，其计算结果将截取到与之最相近的值。

【例 11-14】定义不透明度(11-14.html)，效果如图 11-15 所示。

图 11-15　定义不透明度后页面的浏览效果

本例两个盒子发生重叠，其中一个具有透明效果，透出其下元素内容。

代码如下：

```html
<!DOCTYPE html>
<html>
<head>
<title>透明度</title>
<style type="text/css">
.div1{
    width:200px;
    height:200px;
    text-align:center;
    background:url(images/bg3.jpg);
}
.div2{
    width:200px;
    height:200px;
    text-align:center;
    margin:-150px 0 0 120px;
    background:url(images/bg12.jpg);
    opacity:0.6;     /*不透明度60%*/
}
</style>
</head>
<body>
<div class="div1">不透明度为100%的盒子</div>
<div class="div2">不透明度为60%的盒子</div>
</body>
</html>
```

在 IE11.0 中浏览，效果如图 11-15 所示。

11.6 综合实例——设置背景

本案例将利用前文和本章所学内容制作一个综合使用背景的案例。图 11-16 所示的是网页在 1366*768 分辨率下，使用 IE11.0 拖动滚动条在不同位置时得到的效果，图 11-17 所示的是网页 IE11.0 中不考虑背景时页面主体部分的浏览效果。

【例 11-15】综合设置背景(11-15.html & css11-15.css)，效果如图 11-16 和图 11-17 所示。

1. 案例分析

案例中主要内容包括，页面背景、表单搜索项、导航条、主体内容部分和页脚部分。

➤ 页面背景设置为顶部图像以及从白色到酒红色的渐变；

➢ 导航条和页脚部分主要设置背景色和前景色；

➢ 主体部分由 3 部分组成，第 1 和第 3 部分同时设置背景图像和背景颜色，第 2 部分加入 3 副图像，鼠标经过时图像透明度降低。

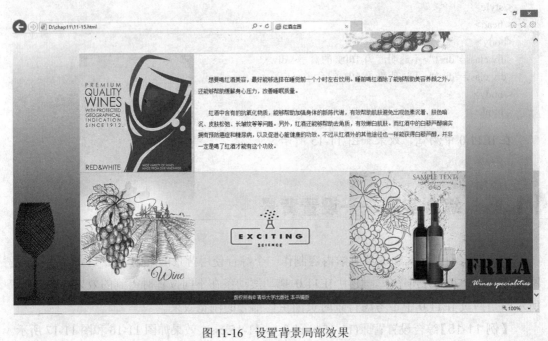

图 11-16 设置背景局部效果

图 11-17　设置背景主体部分整体效果

2. HTML 代码(11-15.html)

页面主体部分主要由 7 个 div 组成，父层 div 的 id 为 container，子 div 的 id 自上而下分别为 search、navi、main1、main2、main3 和 foot。

```
<!DOCTYPE html>
```

```html
<html>
<head>
<title>红酒庄园</title>
<link href="css11-15.css" rel="stylesheet" type="text/css">
</head>
<body>
<div id="container">
    <div id="search">
    <form action="">
        <input type="text" class="sinput" placeholder="输入关键字后回车搜索" />
        <input type="submit" value="搜索" class="sbtn" />
    </form>
    </div>
    <div id="navi">
    <span>首页</span><span>关于我们</span><span>合作伙伴</span><span>庄园纪事</span>
    </div>
    <div id="main1">
    红酒(Red wine)是葡萄酒的一种,并不一定特指红葡萄酒。<br />
    红酒的成分相当简单,是经自然发酵酿造出来的果酒,含有最多的是葡萄汁,葡萄酒酒有许多分类方式。<br />
    以成品颜色来说,可分为红葡萄酒、白葡萄酒及粉红葡萄酒三类。<br />
    其中红葡萄酒又可细分为干红葡萄酒、半干红葡萄酒、半甜红葡萄酒和甜红葡萄酒。<br />
    白葡萄酒则细分为干白葡萄酒、半干白葡萄酒、半甜白葡萄酒和甜白葡萄酒。<br />
    粉红葡萄酒也叫桃红酒、玫瑰红酒。杨梅酿制的叫作杨梅红酒。
    </div>
    <div id="main2">
    <p>
    想要喝红酒美容,最好能够选择在睡觉前一个小时左右饮用。睡前喝红酒除了能够帮助美容养颜之外,还能够帮助缓解身心压力,改善睡眠质量。
    </p>
    <p>
    红酒中含有的抗氧化物质,能够帮助加强身体的新陈代谢,有效帮助肌肤避免出现色素沉着、肤色暗沉、皮肤松弛、长皱纹等等问题。另外,红酒还能够帮助去角质,有效嫩白肌肤。而红酒中的白藜芦醇确实拥有预防癌症和糖尿病,以及促进心脏健康的功效。不过从红酒外的其他途径也一样能获得白藜芦醇,并非一定是喝了红酒才能有这个功效。
    </p>
    </div>
    <div id="main3">
    <img src="images/grape2.jpg" /><img src="images/text2.png" /><img src="images/grape3.jpg" />
    </div>
    <div id="foot">
    版权所有&copy 清华大学出版社 本书编委
    </div>
</div>
</body>
</html>
```

3. CSS 代码(css11-15.css)

创建 CSS 文件 css11-15.css,将文件保存在和 11-15.html 同一目录,通过 link 方式导入到 HTML 文件中。

```css
/*body 样式，背景由两幅图像和渐变色组成*/
body{
    text-align:center;
    margin:0px;
    background:url(images/cup1.png) fixed no-repeat left bottom ,
        url(images/text1.png) fixed no-repeat right bottom ,
        linear-gradient(white,#672a2f) fixed;
}

/*外部父 div 样式*/
#container{
    width:1000px;
    height:auto;
    margin:0 auto;
    /*背景由顶部不重复图像和颜色组成*/
    background:#fefddf url(images/bg13.jpg) no-repeat center top;
}

/*搜索表单所在 div——search 的样式*/
#search{
    height:400px;
    padding:40px;
}
/*搜索文本框样式*/
.sinput{
    width:300px;
    height:21px;
    padding:4px 7px;
    color:#737272;
    border:1px solid #787575;
    border-radius:2px 0 0 2px;
    opacity:0.7;
}
/*搜索按钮样式*/
.sbtn {
    width:60px;
    height:31px;
    padding:0 12px;
    margin-left:-10px;
    border-radius:0 2px 2px 0;
    border:1px solid #787575;
    background-color:#4c4b4b;
    font-size:14px;
    color:#f3f7fc;
}

/*导航栏——navi 样式*/
#navi{
```

```css
            background:#672a2f;
            color:white;
            padding:10px;
    }
    #navi span{
            margin:0 80px;
            font-size:14px;
            font-family:黑体;
    }

    /*主体内容1——main1样式*/
    #main1{
            box-sizing:border-box;
            text-align:left;
            font-size:14px;
            padding:40px 20px;
            line-height:2;
            height:255px;
            /*背景由右侧不重复图像和颜色组成*/
            background:#fefddf url(images/grape1.jpg) no-repeat right top;
            border-top:1px solid #c7a7a6;
            border-bottom:1px solid #c7a7a6;
    }

    /*主体内容2——main2样式*/
    #main2{
            box-sizing:border-box;
            text-align:right;
            font-size:14px;
            padding:40px 20px;
            line-height:2;
            height:300px;
            /*背景由左侧不重复图像和颜色组成*/
            background:#fefddf url(images/cup2.jpg) no-repeat left top;
    }
    /*main2中段落样式*/
    #main2 p{
            width:670px;
            float:right;
            text-align:left;
            text-indent:2em;
    }

    /*主体内容3——main3样式*/
    #main3{
            height:300px;
            border-top:1px solid #c7a7a6;
            border-bottom:1px solid #c7a7a6;
    }
    /*鼠标经过main3中图像的样式*/
```

```
#main3 img:hover{opacity:0.5;}

/*页脚——foot 样式*/
#foot{
    background:#672a2f;
    color:white;
    padding:10px;
    font-size:12px;
}
```

4. 代码分析

(1) 首先给出如图 11-18 所示的页面布局和样式示意图。

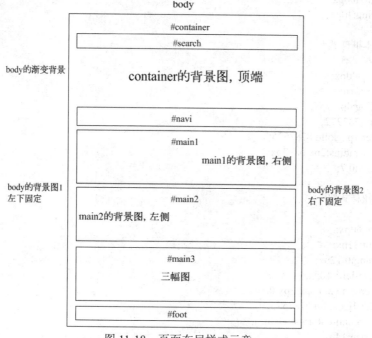

图 11-18 页面布局样式示意

(2) 样式 body 改写<body>标记样式,将页面内容设置为居中,页面边距为 0,并进行多重背景设置:①左下固定不重复图像 cup1.png;②右下固定不重复图像 text1.png;③从白色到酒红色#672a2f 的线性渐变。

```
body{
    text-align:center;
    margin:0px;
    background:url(images/cup1.png) fixed no-repeat left bottom ,
        url(images/text1.png) fixed no-repeat right bottom ,
        linear-gradient(white,#672a2f) fixed;
}
```

(3) 样式#container 对应 HTML 文档中父层,设置其宽高和左右外边距,并设置背景为背景颜色#fefddf 和置于顶部的不重复的图像 bg13.jpg。

```css
#container{
    width:1000px;
    height:auto;
    margin:0 auto;
    /*背景由顶部不重复图像和颜色组成*/
    background:#fefddf url(images/bg13.jpg) no-repeat center top;
}
```

(4) 完成搜索的表单置于 id 为 search 的 div 中，简单设置 div 的高度和内边距。并对表单中的文本项和提交按钮进行常规样式设置。

```css
#search{
    height:400px;
    padding:40px;
}
/*搜索文本框样式*/
.sinput{
    width:300px;
    height:21px;
    padding:4px 7px;
    color:#737272;
    border:1px solid #787575;
    border-radius:2px 0 0 2px;
    opacity:0.7;
}
/*搜索按钮样式*/
.sbtn {
    width:60px;
    height:31px;
    padding:0 12px;
    margin-left:-10px;
    border-radius:0 2px 2px 0;
    border:1px solid #787575;
    background-color:#4c4b4b;
    font-size:14px;
    color:#f3f7fc;
}
```

(5) 导航栏#navi 样式非常简单，背景颜色和前景色，以及 navi 中每一项文字所在 span 元素的样式设置。

```css
#navi{
    background:#672a2f;
    color:white;
    padding:10px;
}
#navi span{
    margin:0 80px;
    font-size:14px;
    font-family:黑体;
}
```

(6) 主体内容#main1 由背景和文字组成，重点在于背景设置为颜色#fefddf和位于右侧不重复的图像 grape1.jpg。

```
#main1{
    box-sizing:border-box;
    text-align:left;
    font-size:14px;
    padding:40px 20px;
    line-height:2;
    height:255px;
    /*背景由右侧不重复图像和颜色组成*/
    background:#fefddf url(images/grape1.jpg) no-repeat right top;
    border-top:1px solid #c7a7a6;
    border-bottom:1px solid #c7a7a6;
}
```

(7) 主体内容#main2 类似于 main1，背景图像的位置位于左侧，另外需要对其内的段落进行样式设置。

(8) 主体内容#main3 对应的 div 中有 3 副图像，关键技术在于通过以下样式实现鼠标经过时图像半透明

```
#main3 img:hover{opacity:0.5;}
```

(9) 页脚#foot 部分非常简单，设置背景色、前景色、文字大小、内边距等即可，不做详述。

11.7 习题

11.7.1 单选题

1. 下列 CSS 属性中不属于设置背景图像样式的是( )。
   A. background-image   B. background-begin
   C. background-repeat   D. background-size
2. 要实现背景图像不重复，应该设置为( )。
   A. background-repeat:repeat   B. background-repeat:repeat-x
   C. background-repeat:repeat-y   D. background-repeat:no-repeat
3. 在 CSS3 中，设置背景图像的参考原点的属性是( )。
   A. background-repeat   B. background-attachment
   C. background-origin   D. background-position
4. 在 CSS3 中，代码 background-size:cover;表示( )。
   A. 将背景图像等比缩放到宽度或高度与容器的宽度或高度相等，背景图像始终被包含在容器内

B. 将背景图像等比缩放到完全覆盖容器，背景图像有可能超出容器
C. 背景图像为真实大小
D. 背景图像缩放到宽度、高度都和容器宽高相同，图像可能不等比例缩放

11.7.2 填空题

1. 在 CSS 中要设置 body 元素的背景图像不随着滚动条的滚动而移动，应该设置属性 background-attachment 的值为_____。
2. 在网页中加入背景图像时，如果设置背景图片不重复，使用 CSS 语法将背景图片位置显示为水平居中、垂直在底部，代码为_____。
3. 给所有的 DIV 元素设置背景从白色渐变到灰色#666 的代码为_____。
4. 添加背景图像的 CSS 代码：

background-image:url(bg.jpg);
background-repeat:no-repeat;
background-position:right bottom;

如果使用复合属性 background 简写，则代码改写为_____。

11.7.3 判断题

1. CSS 中的 color 属性用于设置 HTML 元素的背景颜色。（　　）
2. CSS 中的 background-origin 属性设置为 content-box 表示从 content 区域开始显示背景图像。（　　）
3. 复合属性 background 不能只有一个属性值。（　　）
4. 代码 background-opacity:0.6 表示背景的不透明度为 60%。（　　）

11.7.4 简答题

1. 在设置盒子背景时，如果同时设置背景图像和背景颜色，不同情况下两者会有何种呈现方式？
2. 在设置多个背景时默认如何排列，如何进行位置的控制？

第 12 章
CSS美化表格与表单

表格在网页中主要用于展示排版数据。在 HTML4 及其之前版本，可以直接在表格的相关标记中添加属性设置，这使得表格结构复杂，不能够实现内容与表现的分离，不符合 Web 标准的要求。在 HTML5 时代，建议使用 CSS 样式对表格样式进行控制。

在网站与用户的交流中，表单起着举足轻重的作用。要让用户有一个良好的浏览环境，必须对表单进行细致用心的设计，让它具有美好的外观以及便捷的操作性，只有这样的网页才称得上成功的设计。

本章主要讲解用 CSS 对表格和表单进行样式控制。

本章学习目标

◎ 能够使用样式表对表格进行美化。
◎ 能够使用样式表对表单进行美化。
◎ 能够举一反三地灵活运用美化技巧。

12.1 CSS 美化表格

网页中表格的应用无处不在，在 HTML 中，表格最初主要应用于展示纯数据，后来表格也慢慢应用在为基本页面布局；但是在 Web 标准中，正在渐渐地取消表格布局的用途，即只用来显示表格数据。如今，表格已经成为可视化构成与格式化输出的主要方式。本节介绍使用 CSS 样式设置表格的方法，阐述 Web 标准网站的页面中数据的制作方法，并使用 CSS 样式表对数据表美化。

12.1.1 表格边框颜色设置

【例 12-1】设置表格边框样式(12-1.html)，效果如图 12-1 所示。

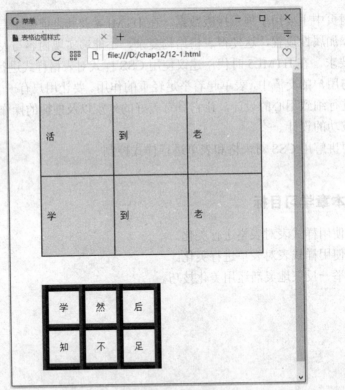

图 12-1 表格边框样式设定浏览效果

本例中创建了两个 2 行 3 列的表格，并对表格的边框样式、宽度、内外边距、合并成单线、尺寸、颜色等样式进行设置。

代码如下：

```
<!DOCTYPE HTML>
<html>
<head>
```

```
        <title>表格边框样式</title>
</head>
<style type="text/css">

        table{                            /*表格整体样式*/
                margin:50px;              /*外边距 50px*/
                border-collapse:collapse; /*合并为单一的边框线*/
        }
        /*设置 tb1 类的表格样式*/
        table.tb1 td{
                padding:10px;border:2px solid green;
                width:150px;
                height:120px;
                background-color:yellow;
        }
        /*设置 tb2 类的表格样式*/
        table.tb2 td{
                padding:20px;border:12px inset green;
        }
</style>
<body>
        <table class="tb1">
                <tr><td>活</td><td>到</td><td>老</td></tr>
                <tr><td>学</td><td>到</td><td>老</td></tr>
        </table>
        <table class="tb2">
                <tr><td>学</td><td>然</td><td>后</td></tr>
                <tr><td>知</td><td>不</td><td>足</td></tr>
        </table>
</body>
</html>
```

在 Opera38 中浏览，效果如图 12-1 所示。

12.1.2 盒子阴影

【例 12-2】设置盒子阴影(12-2.html)，效果如图 12-2 所示。

本例创建一个 2 行 2 列的表格，并设置了表格的样式，增加了阴影效果，你会发现每个单元格都带有一种类似阴影的效果，这是因为给单元格加上了盒子阴影。盒子阴影通过属性 box-shadow 来实现的。

代码如下：

```
<!DOCTYPE HTML>
<html>
<head>
        <title>盒子阴影</title>
</head>
<style type="text/css">
```

```
.table_style{
    margin: 10px auto;         /*外补白*/
```

图 12-2　盒子的阴影浏览效果

```
        padding:20px 20px 20px;             /*内补白*/
        border-style: inset;                /*表格边框样式*/
        border-collapse: separate;          /*边框是否被合并*/
        border-width:20px;
        border-spacing:10px 10px;           /*单元格间距*/
        border-color: blue;
        color: #000;                        /*前景色*/
        background: #bb8F20;                /*背景色*/
    }
    .table_styletd{
        width:50px;                         /*单元格宽度*/
        height: 50px;                       /*单元格高度*/
        padding:0px 20px 20px;              /*内补白*/
        border-style:double;                /*单元格边框样式*/
        border-width:20px;                  /*单元格边框宽度*/
        border-color: #F90;                 /*单元格边框颜色*/
        background: #FADD56;                /*单元格背景色*/
        text-align:center;                  /*内容居中*/
        font-size:72px;
        font-family:"楷体 gb2312";
        box-shadow:30px 30px 20px #333333;  /*盒子阴影*/
        vertical-align:top;
    }

    .title2{
        color:#000;
        font-family:"方正舒体";
        font-size:64px;
        font-weight:bold;
```

```
    }
</style>
<body>
<table class="table_style">
    <tr>
        <td>
        <span class="title2">甲</span>
        </td>
        <td><span class="title2">乙</span>
        </td>
    </tr>
    <tr>
        <td>
        <span class="title2">丙</span>
        </td>
        <td><span class="title2">丁</span>
        </td>
    </tr>
</table>
</body>
</html>
```

在 Opera38 中浏览，效果如图 12-2 所示。

12.1.3 表格隔行变色

【例 12-3】设置表格隔行变色(12-3.html)，效果如图 12-3 所示。

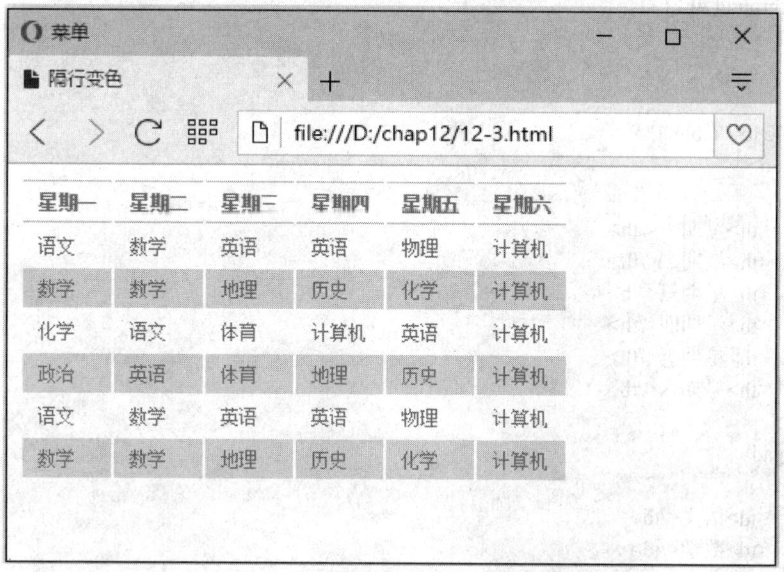

图 12-3　表格边框样式设定浏览效果

本例中实现了表格隔行变色，其中用到了:nth-child(even)和:nth-child(odd)伪类选择器，odd 和 even 是可用于匹配下标是奇数或偶数的子元素的关键词(第一个子元素的下标是 1)。

例如：tr:nth-child(even)表示表格的偶数行。用这个选择器实现表格的奇偶行的变色。

代码如下：

```html
<!DOCTYPE HTML>
<html>
<head>
    <title>隔行变色</title>
</head>
<style type="text/css">
#table-1 th, #table-1 tr{
    border-top-width:1px;
    border-top-style:solid;
    border-top-color:rgb(230,189,189);
    border-bottom-width:1px;
    border-bottom-style:solid;
    border-bottom-color:rgb(230,189,189);
}
#table-1 td, #table-1 th{
    padding:5px 10px;
    font-size:12px;
    font-family:Verdana;
    color: rgb(177,106,104);
}
#table-1 tr:nth-child(even){
    background:rgb(238,211,210)
}
#table-1 tr:nth-child(odd) {
    background:#FFF
}
</style>
<body>
    <table id="table-1">
    <thead>
    <tr>
        <th>星期一</th>
        <th>星期二</th>
        <th>星期三</th>
        <th>星期四</th>
        <th>星期五</th>
        <th>星期六</th>
    </tr>
    </thead>
    <tr>
        <td>语文</td>
        <td>数学</td>
        <td>英语</td>
        <td>英语</td>
        <td>物理</td>
        <td>计算机</td>
    </tr>
```

```html
        <tr>
            <td>数学</td>
            <td>数学</td>
            <td>地理</td>
            <td>历史</td>
            <td>化学</td>
            <td>计算机</td>
        </tr>
        <tr>
            <td>化学</td>
            <td>语文</td>
            <td>体育</td>
            <td>计算机</td>
            <td>英语</td>
            <td>计算机</td>
        </tr>
        <tr>
            <td>政治</td>
            <td>英语</td>
            <td>体育</td>
            <td>地理</td>
            <td>历史</td>
            <td>计算机</td>
        </tr>
        <tr>
            <td>语文</td>
            <td>数学</td>
            <td>英语</td>
            <td>英语</td>
            <td>物理</td>
            <td>计算机</td>
        </tr>
        <tr>
            <td>数学</td>
            <td>数学</td>
            <td>地理</td>
            <td>历史</td>
            <td>化学</td>
            <td>计算机</td>
        </tr>
    </table>
</body>
</html>
```

在 Opera38 中浏览，效果如图 12-3 所示。在例子中是设定了奇数行和偶数行，如果想定位到任何一行可以使用:nth-child(n)选择器，匹配属于其父元素的第 n 个子元素，n 可以是数字、关键词或公式，例如，:nth-child(1)表示选取第一个元素；:nth-child(3n+1)表示选取 3n+1 的元素(n 从 0 开始)。IE8 及更早的版本不支持这个选择器。

12.1.4 表格交互变色

【例 12-4】设置高亮显示选中行(12-4.html)，效果如图 12-4 所示。

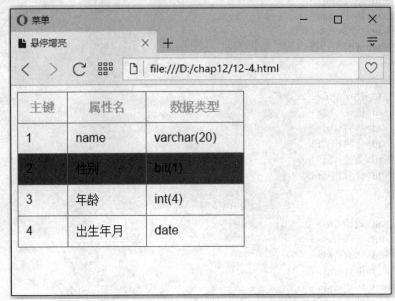

图 12-4 高亮显示选中行浏览效果

本例中当用鼠标指向表格除表头的某一行时，该行的背景色就会显示为红色。下面我们来看一下代码。只需要使用:hover 伪类选择器，修改当下行的背景色。

代码如下：

```
<!DOCTYPE html>
<html>
<head>
    <title>悬停增亮</title>
</head>
<style>
    table{
    border-collapse:collapse;
    font-family:Futura,Arial,sans-serif;
    width:300px;
    height:200px;
    }
    th,td{
    padding:.65em;
    }
    th{
    background:#555 nonerepeat scroll 0 0;
    border:1px solid #777;
    color:#cfb423;
    }
    td{
```

```
            border:1px solid #777;
        }
        tbodytr:hover{
            background:red;
        }
    </style>
<body>
    <table>
        <thead>
            <tr>
                <th>主键</th>
                <th>属性名</th>
                <th>数据类型</th>
            </tr>
        </thead>
        <tbody>
            <tr>
                <td>1</td>
                <td>name</td>
                <td>varchar(20)</td>
            </tr>
            <tr>
                <td>2</td>
                <td>性别</td>
                <td>bit(1)</td>
            </tr>
            <tr>
                <td>3</td>
                <td>年龄</td>
                <td>int(4)</td>
            </tr>
            <tr>
                <td>4</td>
                <td>出生年月</td>
                <td>date</td>
            </tr>
        </tbody>
    </table>
</body>
</html>
```

在 Opera38 中浏览，效果如图 12-4 所示。

12.2　CSS 美化表单

CSS 的功能很强大，利用样式表可以重新定义各种标记元素的外观，比如字体样式、背景颜色和图像样式、边框样式等。本节分析和讨论如何将 CSS 样式应用到表单元素中，让普通的表单更加美观实用。接下来我们通过简短的小例子来学习具体表单样式的美化的方法。

12.2.1 美化表单文本框

【例 12-5】设置表单项边框样式(12-5.html)，效果如图 12-5 所示。

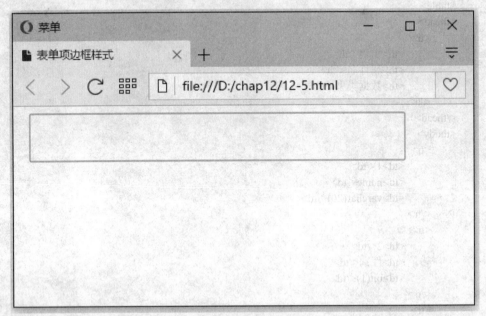

图 12-5　表单项边框浏览效果

本例中创建一个简单表单，给表单中的文本框设置了常用样式，框的大小、颜色、粗细、内外留白、字的尺寸等样式。

代码如下：

```
<!DOCTYPE html>
<html>
<head>
    <title>表单项边框样式</title>
</head>
<style>
.text{
    border:#fff 4px solid;
    margin:0px 0px 15px 10px;
    padding-left:10px;
    float:left;
    font-size:2em;
    line-height:1.5em;
    height:40px;
    text-align:left;
}
</style>
```

```
<body>
    <form>
        <input type="text" class="text" size="20" autofocus="autofocus"/>
    </form>
</body>
</html>
```

在 Opera38 中浏览，效果如图 12-5 所示。

12.2.2 美化表单元素背景颜色

【例 12-6】设置表单元素的背景颜色(12-6.html)，效果如图 12-6 所示。

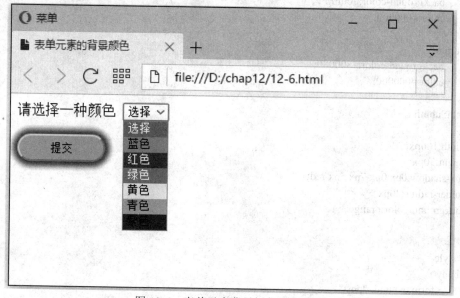

图 12-6　表单元素背景颜色浏览效果

本例中设置表单元素的背景颜色。按钮不但设置了背景色，而且设置了边框的形状和阴影，下拉菜单的每一项都设定了背景色。也可根据情况在开发的过程中，用类似的方法设置背景图片。

代码如下：

```
<!DOCTYPE html>
<html>
<head>
    <title>表单元素的背景颜色</title>
</head>
<style>
.blue{
    background-color:#7598FB;
    color:#000000;
}
.red{
```

```css
        background-color:#E20A0A;
        color:#ffffff;
}
.green{
        background-color:#3CB371;
        color:#ffffff;
}
.yellow{
        background-color:#FFFF6F;
        color:#000000;
}
.cyan{
        background-color:#00FFFF;
        color:#000000;
}
.purple{
        background-color:#800080;
        color:#000000;
}
#btnSubmit
{
width:100px;
height:30px;
box-shadow:0px 0px 7px 5px red;
border-radius:20px;
background-color:orange;
}
```

```html
    </style>
    <body>
        <form method="post">
            请选择一种颜色
            <select name="color" id="color">
                <option value="">选择</option>
                <option value="blue" class="blue">蓝色</option>
                <option value="red" class="red">红色</option>
                <option value="green" class="green">绿色</option>
                <option value="yellow" class="yellow">黄色</option>
                <option value="cyan" class="cyan">青色</option>
                <option value="purple" class="purple">紫色</option>
            </select>
    <p><input type="submit" name="btnSubmit"id="btnSubmit" value="提交"></p>
        </form>
    </body>
</html>
```

在 Opera38 中浏览，效果如图 12-6 所示。

12.2.3 美化注册表单元素例子

接着我们通过一个注册页面来说明表单元素美化的实例。

【例 12-7】创建注册表单实例(12-7.html)，效果如图 12-7 所示。

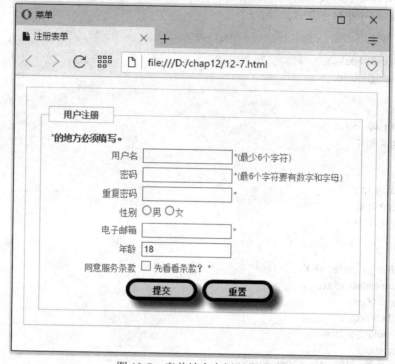

图 12-7 表单综合实例浏览效果

本例创建了用户注册表单，对表单的各个部分进行的相应的美化。
代码如下：

```
<!DOCTYPE html>
<html>
<head>
    <title>注册表单</title>
</head>
<style type="text/css">
<!--
body{
    font-family: Arial, Helvetica, sans-serif;
    font-size:12px;
    color:#666666;
    background:#fff;
    text-align:center;
}
*{
    margin:0;padding:0;
}
a{
```

```css
        color:#1E7ACE;
        text-decoration:none;
}
a:hover{
        color:#000;
        text-decoration:underline;
}
h3{
        font-size:14px;
        font-weight:bold;
}
p{
        color:red;
        margin:4px;
}
input{
        padding:1px;
        margin:2px;
        font-size:11px;
}
.buttom{
        border:5px outset #00F;
        border-radius:15px;
        width:100px;
        height:30px;
        font:bold 8px Tahoma;
        color:#00f;
        box-shadow:10px 10px 10px #06C;
}
#formwrapper{
        width:450px;
        margin:15px auto;
        padding:20px;
        text-align:left;
        border:1px solid #A4CDF2;
}
fieldset{
        padding:10px;
        margin-top:5px;
        border:1px solid #A4CDF2;
        background:#fff;
}
fieldset legend{
        color:#1E7ACE;
        font-weight:bold;
        padding:3px 20px 3px 20px;
        border:1px solid #A4CDF2;
        background:#fff;
}
fieldset label{
```

```
            float:left;
            width:120px;
            text-align:right;
            padding:4px;
            margin:1px;
    }
    fieldset div{
            clear:left;
            margin-bottom:2px;
    }
    .input{
            width:120px;
    }
    .enter{
            text-align:center;
    }
    -->
    </style>
    <body>
    <div id="formwrapper">

            <form method="post" name="apForm" id="apForm">
            <fieldset>
                    <legend>用户注册</legend>
                    <p><strong>*的地方必须填写。</strong></p>
                    <div>
                            <label for="Name">用户名</label>
                            <input type="text" name="Name" class="input" id="Name" size="20" maxlength="30" />*(最少 6 个字符)<br/>
                    </div>
                    <div>
                            <label for="password">密码</label>
                            <input type="password" name="password" class="input" id="password" size="18" maxlength="15" />*(最 6 个字符要有数字和字母)<br/>
                    </div>
                    <div>
                            <label for="confirm_password">重复密码</label>
                            <input type="password" name="confirm_password" class="input" id="confirm_password" size="18" maxlength="15" />*<br/>
                    </div>
                    <div>
                            <label for="sex">性别</label>
                            <input type="radio" name="sex" id="sex" />男
                            <input type="radio" name="sex" id="sex" />女<br/>
                    </div>
                    <div>
                            <label for="Email">电子邮箱</label>
                            <input type="text" name="Email" class="input" id="Email" size="20" maxlength="150" />*<br/>
                    </div>
```

```html
        <div>
            <label for="age">年龄</label>
            <input type="number" name="number" class="input" size="4" maxlength="3" value="18"/><br/>
        </div>
        <div>
            <label for="AgreeToTerms">同意服务条款</label>
            <input type="checkbox" name="AgreeToTerms" id="AgreeToTerms" value="1" />
            <a href="#" title="您是否同意服务条款">先看看条款？</a> *
        </div>
        <div class="enter">
            <input name="submit" type="submit" class="buttom" value="提交" />
            <input name="reset" type="reset" class="buttom" value="重置" /></div>
    </fieldset>
</form>
</div>
</body>
</html>
```

在Opera38中浏览，效果如图12-7所示。

第13章 CSS盒子布局和定位

HTML 文档中的每一个元素根据盒子模型产生零到多个盒子，这些盒子的布局由盒子的尺寸和类型、盒子的定位方式、元素之间的关系等控制。本章重点介绍 CSS 盒子的定位和布局的相关属性。

本章学习目标

◎ 理解网页中 BOX 的正常流向。
◎ 会使用 top、bottom、right 和 left 属性配合 position 属性定义偏移量。
◎ 掌握 CSS 元素的定位方法，重点掌握 static、relative 和 absolute 定位，理解 fixed 和 sticky 定位。
◎ 盒子发生堆叠时，会使用 z-index 控制堆叠次序。
◎ 理解盒子内容的裁切。
◎ 能控制盒子的可见性和溢出方式。
◎ 能够使用 display 改变常见元素的显示方式。
◎ 能够使用 float 和 clear 控制浮动定位。

13.1 CSS 定位属性

CSS 的定位方式可以帮助设计者使文档更容易阅读，CSS 主要通过 position 属性进行定位。

13.1.1 正常流向

正常流向是预先设定的定位方式。默认情况下网页布局就是按文档流的正常流向，即按 HTML 的结构顺序。由上而下、由左至右这样的走向就是所谓的正常流向，浏览器也是依据这样的走向来解译我们的编码。

换个角度来说，在大部分的情况下，正常流向指的是网页中元素标记的方式。另外，多数的 HTML 元素都是属于行内元素或块级元素。块级元素里可以包含行内元素和块级元素，而行内元素里不能包含有块级元素。

在正常流向中，块级元素盒子会在其父对象盒子中自上而下排列，而行内元素盒子则会按照由左至右的顺序排列。

【例 13-1】正常流向(13-1.html)示例，效果如图 13-1 所示。

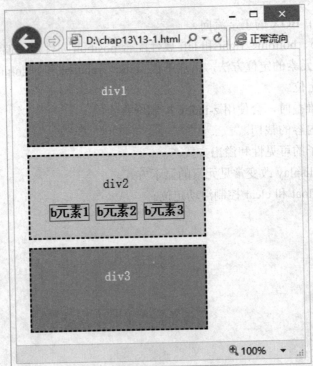

图 13-1 正常流向示例页面的浏览效果

本例中用到了 3 个 div 元素对象和三个 b 元素对象，div 是块级元素，正常流向自上而下，b是行内元素，正常流向自左向右。

代码如下：

```html
<!DOCTYPE html>
<html>
<head>
<title>正常流向</title>
<style type="text/css">
div{
    width:200px;
    height:80px;
    margin:10px;
    padding:10px;
    border:2px dashed #000;
    text-align:center;
}
#div1{
    background:#ba9578;
    color:#FFF;
}
#div2{
    background:#cef091;
    color:#000;
}
#div3{
    background:#70c17f;
    color:#FFF;
}
b{
    border:1px solid red;
}
</style>
</head>
<body>
<div id="div1"><p>div1</p></div>
<div id="div2">
    <p>div2</p>
    <b>b 元素 1</b>
    <b>b 元素 2</b>
    <b>b 元素 3</b>
</div>
<div id="div3"><p>div3</p></div>
</body>
</html>
```

在 IE11.0 中浏览，效果如图 13-1 所示。

13.1.2 定位偏移属性 top、bottom、right、left

CSS 的 position 属性进行定位时确定元素相对于某个元素或对象进行偏移，需要配合 top、right、bottom 和 left 属性进行设置。top 属性指定元素的顶部边缘向下移动的距离；right 属性指定元素的右边缘向左移动的距离；bottom 属性指定元素的底部边缘向上移动的距离；left 属性指定元素的左部边缘向右移动的距离。

基本语法：

```
top:auto | 长度 | 百分比;
bottom:auto | 长度 | 百分比;
right:auto | 长度 | 百分比;
left:auto | 长度 | 百分比;
```

语法说明：
- auto：无特殊定位，根据 HTML 定位规则在文档流中分配。
- 长度：用长度值来定义偏移量，可以为负值。
- 百分比：用百分比来定义偏移量，百分比参照包含块的高度，可以为负值。

13.1.3 定位方式 position

定位的思想很简单，允许定义元素相对于其正常位置应该出现的位置，或者相对于父元素、另一个元素甚至浏览器窗口的位置。CSS 使用 position 属性控制定位类型，并配合 4 个定位偏移属性 left、right、top 和 bottom 控制偏移量。

基本语法：

```
position:static | relative | absolute | fixed | center | page | sticky;
```

- static：静态定位，遵循正常文档流，是所有元素默认的定位方式，此时 4 个定位偏移属性不会被应用。一般不特别设定，除非要取消继承其他元素的特别定位。
- relative：相对定位，遵循正常文档流，基准位置为其在正常文档流中的位置，并通常需要 top、bottom、right、left 属性配合完成，设定元素相对于原来位置的偏移量。设置为相对定位的元素会偏移某个距离，元素仍然保持其未偏移前的形状，它原来所占的空间仍保留，元素移动后可能会覆盖其他元素。
- absolute：绝对定位，设置为绝对定位的元素从文档流中删除，元素原先在文档中所占的位置会取消，不再占用原有的空间。绝对定位"相对于"该元素最近的已经定位的祖先元素，若不存在已定位的祖先元素，则一直回溯到 body 元素。绝对定位的盒子偏移位置不影响常规文档流中的任何元素。
- fixed：固定定位，与 absolute 一致，偏移量定位一般以窗口为参考，当出现滚动条时，对象不会随着滚动。元素原有位置空间不保留，对象脱离常规流。
- center：CSS3 新增关键字，与 absolute 一致，偏移量定位以祖先元素的中心点为参考，盒子在其包含容器中垂直水平居中。盒子的偏移位置不影响常规流中的任何元素，对象脱离常规流。目前主流浏览器均不支持该属性值。

- page：CSS3 新增关键字，与 absolute 一致，元素在分页媒体或区域块内，元素的包含块始终是初始包含块，否则取决于每个 absolute 模式。
- sticky：CSS3 新增关键字，对象在常态时遵循常规流，也就是当对象在屏幕中正常显示时按常规流排版，当卷动到屏幕外时则表现如 fixed。该属性的表现就是现实中我们见到的吸附效果。

接下来对常用的一些定位方式进行详细说明。

1. 相对定位 relative

相对定位一开始会按照"正常流向"来定位，所有的盒子会先定好位置。一旦一个盒子按照正常流向得到自己的位置，它还可以相对该位置而偏移，这就是相对定位。

【例 13-2】使用相对定位(13-2.html)，效果如图 13-2 所示。

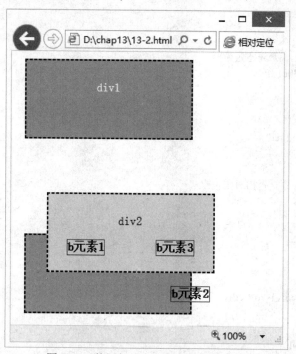

图 13-2 使用相对定位的页面浏览效果

本例在【例 13-1】的基础上做出修改，div2 和第二个 b 元素对象使用相对定位。代码如下：

```
<!DOCTYPE html>
<html>
<head>
<title>相对定位</title>
<style type="text/css">
div{
    width:200px;
    height:80px;
    margin:10px;
```

```
        padding:10px;
        border:2px dashed #000;
        text-align:center;
    }
    #div1{
        position:static;       /*静态定位*/
        background:#ba9578;
        color:#FFF;
    }
    #div2{
        position:relative;     /*相对定位*/
        top:60px;
        left:30px;
        background:#cef091;
        color:#000;
    }
    #div3{
        position:static;       /*静态定位*/
        background:#70c17f;
        color:#FFF;
    }
    b{
        border:1px solid red;
    }
    .b2{
        position:relative;     /*相对定位*/
        left:80px;
        top:60px;
    }
    </style>
    </head>
    <body>
    <div id="div1"><p>div1</p></div>
    <div id="div2">
        <p>div2</p>
        <b>b 元素 1</b>
        <b class="b2">b 元素 2</b>
        <b>b 元素 3</b>
    </div>
    <div id="div3"><p>div3</p></div>
    </body>
    </html>
```

在 IE11.0 中浏览，效果如图 13-2 所示。

代码分析：

(1) div1 和 div3 为静态定位，正常流向。

(2) div2 为相对定位，相对于 div2 原本在文档流中的位置 left 偏移 30px，top 偏移 60px，div2 原来的位置包保留，不会影响 div1 和 div3 的原来位置。

(3) 第 2 个 b 元素 b2 采用相对定位，参考原来的位置向右 80px，向下 60px。

2. 绝对定位 absolute

绝对定位的盒子不存在正常流向问题，也不会影响到正常流向中的其他 BOX。

【例 13-3】使用绝对定位(13-3.html)，效果如图 13-3 所示。

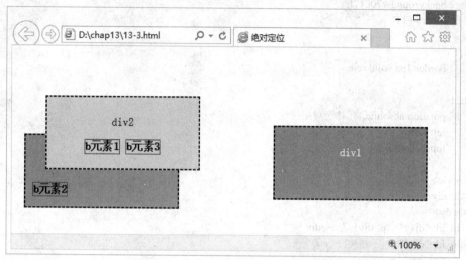

图 13-3 使用绝对定位后页面浏览效果

本例在【例 13-2】的基础上修改，div1 和第 2 个 b 元素对象采用绝对定位方式。代码如下：

```
<!DOCTYPE html>
<html>
<head>
<title>绝对定位</title>
<style type="text/css">
div{
    width:200px;
    height:80px;
    margin:10px;
    padding:10px;
    border:2px dashed #000;
    text-align:center;
}
#div1{
    position:absolute;      /*绝对定位*/
    top:100px;
    right:30px;
    background:#ba9578;
    color:#FFF;
}
#div2{
    position:relative;      /*相对定位*/
    top:60px;
    left:30px;
    background:#cef091;
```

```
        color:#000;
    }
    #div3{
        position:static;      /*静态定位*/
        background:#70c17f;
        color:#FFF;
    }
    b{
        border:1px solid red;
    }
    .b2{
        position:absolute;    /*绝对定位*/
        left:-20px;
        top:120px;
    }
</style>
</head>
<body>
<div id="div1"><p>div1</p></div>
<div id="div2">
    <p>div2</p>
    <b>b 元素 1</b>
    <b class="b2">b 元素 2</b>
    <b>b 元素 3</b>
</div>
<div id="div3"><p>div3</p></div>
</body>
</html>
```

在 IE11.0 中浏览，效果如图 13-3 所示。

代码分析：

(1) div1 采用绝对定位，脱离正常文档流，参考父对象(浏览器窗口)，相对顶部偏移 100px，相对于窗口右侧偏移 30px。

(2) div2 采用相对定位，参考原来正常文档流位置，相对左侧偏移 30px，相对于顶端偏移 60px。

(3) div3 为静态定位，正常文档流位置。

(4) 第 2 个 b 元素对象 b2 采用绝对定位，参考已定位的父对象(div2)，相对顶部偏移 120px，相对于左侧偏移-20px(向左 20px)。

3. 固定定位 fixed

固定定位是绝对定位的一个子类，唯一的区别是对于连续介质，固定 BOX 并不随着文档的滚动而移动，类似于固定的背景图像。对于分页介质，固定定位 BOX 在每页中重复，当需要在每一放置同一个内容时(例如在底部放置一个签名)，这个方法非常有用。

【例 13-4】使用固定定位(13-4.html)，效果如图 13-4 所示。

CSS 盒子布局和定位

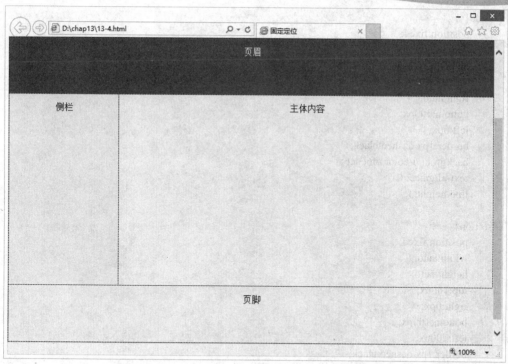

图 13-4　使用固定定位后页面浏览效果

本例中 header、aside、section 和 footer 元素都采用 fixed 定位，通过设定幅面大小和偏移量设置占满浏览器窗口。

代码如下：

```
<!DOCTYPE html>
<html>
<head>
<title>固定定位</title>
<style type="text/css">
body{
    height:700px;
}
header{
    position:fixed;
    width:100%;
    height:100px;
    top:0px;
    right:0px;
    bottom:auto;
    left:0px;
    border:1px dashed black;
    color:#FFF;
    background-color:#5f6062;
    text-align:center;
    line-height:3;
}
```

```css
aside{
    position:fixed;
    width:200px;
    height:auto;
    top:100px;
    right:auto;
    bottom:100px;
    left:0px;
    border:1px dashed black;
    background-color:#f6edc6;
    text-align:center;
    line-height:3;
}
section{
    position:fixed;
    width:auto;
    height:auto;
    top:100px;
    right:0px;
    bottom:100px;
    left:200px;
    border:1px dashed black;
    background-color:#fde8ed;
    text-align:center;
    line-height:3;
}
footer{
    position:fixed;
    width:100%;
    height:100px;
    top:auto;
    right:0;
    bottom:0;
    left:0px;
    border:1px dashed black;
    background-color:#f0ede4;
    text-align:center;
    line-height:3;
}
</style>
</head>
<body>
<header>页眉</header>
<aside>侧栏</aside>
<section>主体内容</section>
<footer>页脚</footer>
</body>
</html>
```

在浏览器 IE11.0 中的显示效果如图 13-4 所示。

代码分析：在本例中可以将 fixed 换成 absolute，感受两者的区别，fixed 定位时拖动滚动条，盒子固定在窗体上不随之移动，而在 absolute 定位时盒子随滚动条移动。而如果将代码中 body{height:700px;}去掉，absolute 定位和 fixed 定位效果一样，盒子占满整个窗体，不出现窗体滚动条。读者可思考一下各种情况下出现不同现象的原因，体会之间区别。

4. 吸附定位 sticky

sticky 定位屏幕中正常显示时遵循文档流，而当随着滚动条移动可能卷到屏幕外边时，则会表现出 fixed 的吸附效果。

【例 13-5】使用吸附定位(13-5.html)，效果(Firefox48.0)如图 13-5 所示。

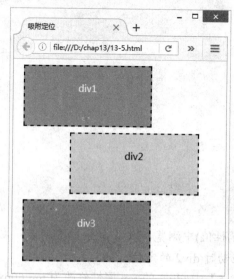
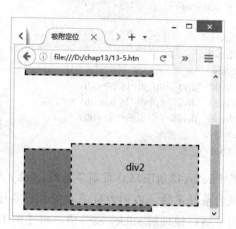

图 13-5　使用吸附定位后页面浏览效果 1

本例中 div1 和 div3 是静态定位，div2 是固定定位，图 13-5 左侧 div2 有足够的浏览器窗口，没有卷出窗口的可能时是正常文档流，而右侧则是拖动滚动条可能卷出窗口时，div2 吸附在窗口的效果。

代码如下：

```
<!DOCTYPE html>
<html>
<head>
<title>吸附定位</title>
<style type="text/css">
div{
    width:200px;
    height:80px;
    margin:10px;
    padding:10px;
    border:2px dashed #000;
    text-align:center;
}
```

```css
#div1{
    position:static;      /*静态定位*/
    background:#ba9578;
    color:#FFF;
}
#div2{
    position:sticky;      /*吸附定位*/
    top:140px;
    left:100px;
    background:#cef091;
    color:#000;
}
#div3{
    position:static;      /*静态定位*/
    background:#70c17f;
    color:#FFF;
}
</style>
</head>
<body>
<div id="div1"><p>div1</p></div>
<div id="div2"><p>div2</p></div>
<div id="div3"><p>div3</p></div>
</body>
</html>
```

在 Firefox48.0(IE11.0 目前不支持 sticky 属性值)中浏览，效果如图 13-5 所示，左侧为没有滚动条时定位，右侧为有滚动条且将其拖动时 div2 的定位。

为了更好地理解 sticky 属性值，将【例 13-5】中#div2 的 top 属性修改为 top:60px，则无滚动条和拖动滚动条时两者的效果如图 13-6 所示，请读者进一步思考其用法。

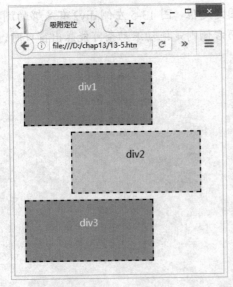
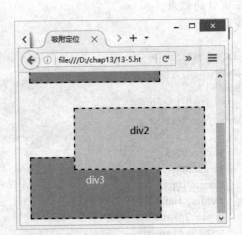

图 13-6　使用吸附定位后的页面浏览效果 2

13.1.4 分层呈现 z-index

当使用 CSS 样式对元素进行定位的时候,可能会引起元素的堆叠问题,此时通过元素的 z 坐标(z-index)来确定其堆叠级层。CSS 对元素进行定位时 position 属性值选择为 static 以外的值时,可以使用 z-index 属性定义元素的堆叠次序。

基本语法:

```
z-index:auto | 数字;
```

语法说明:

- auto:元素在当前层叠上下文中的层叠级别是 0。元素不会创建新的局部层叠上下文,除非它是根元素。
- 数字:用整数值来定义堆叠级别。z-index 的值越小,表明该 BOX 层级越低,堆叠发生时处于下层,反之则处于上层。如果两个元素的 z-index 一样,则按照出现的先后顺序来决定,出现较晚的元素堆叠在上层。

【例 13-6】设置堆叠次序(13-6.html),效果如图 13-7 所示。

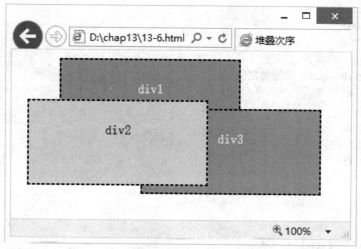

图 13-7 堆叠次序

本例三个 div 均采用绝对定位,根据 top 和 left 偏移,三者发生重叠,默认情况下,按照出现次序,div1 位于最底层,div3 位于顶层。

代码如下:

```
<!DOCTYPE html>
<html>
<head>
<title>堆叠次序</title>
<style type="text/css">
div{
    position:staic;
    width:200px;
    height:80px;
```

```
        margin:10px;
        padding:10px;
        border:2px dashed #000;
        text-align:center;
    }
    #div1{
        position:absolute;      /*绝对定位*/
        z-index:2;              /*堆叠次序*/
        top:0px;
        left:0px;
        background:#ba9578;
        color:#FFF;
    }
    #div2{
        position:absolute;      /*绝对定位*/
        z-index:6;              /*堆叠次序*/
        top:70px;
        left:50px;
        background:#cef091;
        color:#000;
    }
    #div3{
        position:absolute;      /*绝对定位*/
        z-index:4;              /*堆叠次序*/
        top:140px;
        left:100px;
        background:#70c17f;
        color:#FFF;
    }
    </style>
    </head>
    <body>
    <div id="div1"><p>div1</p></div>
    <div id="div2"><p>div2</p></div>
    <div id="div3"><p>div3</p></div>
    </body>
    </html>
```

在 IE11.0 中浏览，效果如图 13-7 所示。

代码分析：经过设置 z-index 属性，div1 的 z-index 值 2，div2 的 z-index 值 6，div3 的 z-index 值 4，则 z-index 值越大堆叠越靠上。

13.1.5 裁切 clip

剪裁(clip)属性针对绝对定位元素进行剪裁，实现对元素的部分显示，必须将 position 的值设为 absolute、fixed 等绝对定位方式，此属性才可使用。

CSS 盒子布局和定位

基本语法：

clip:auto | <shape>
<shape>:rect(<number>|auto <number>|auto <number>|auto <number>|auto)

语法说明：

- auto：默认，不裁剪。
- rect(<number>|auto<number>|auto<number>|auto<number>|auto)：依据上-右-下-左的顺序提供以对象左上角为(0,0)坐标计算的四个偏移数值，其中任一数值都可用 auto 替换，即此边不剪切。
- "上-左"方位的裁剪：从 0 开始剪裁直到设定值，即"上-左"方位的 auto 值等同于 0；"右-下"方位的裁切：从设定值开始裁切直到最右边和最下边，即"右-下"方位的 auto 值为盒子的实际宽度和高度。

例如如下代码表示上边不裁切，右边从左起第 40 个像素开始裁切直至最右边，下边从上起第 60 个像素开始裁切直至最底部，左边不裁切。

clip:rect(auto 40px 60px auto);

【例 13-7】使用裁切(13-7.html)，效果如图 13-8 所示。

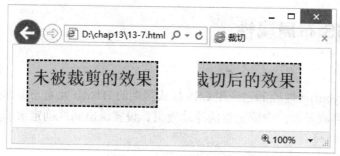

图 13-8　clip 裁切效果

本例两个 div 盒子均设置为 absolute 定位，一个不发生裁切，一个对底端和左侧进行裁切。

代码如下：

```
<!DOCTYPE html>
<html>
<head>
<title>裁切</title>
<style>
div{
    position:absolute;       /*绝对定位*/
    width:180px;
    height:60px;
    font-size:24px;
    line-height:2;
    background:#cef091;
    border:2px dashed #000;
```

```
            text-align:center;
        }
        #div1{
            left:20px;
            top:20px;
        }
        #div2{
            left:220px;
            top:20px;
            clip:rect(0px auto 50px 40px);      /*裁切*/
        }
    </style>
</head>
<body>
    <div id="div1">未被裁剪的效果</div>
    <div id="div2">被裁切后的效果</div>
</body>
</html>
```

在 IE11.0 中浏览，效果如图 13-8 所示。

13.2 CSS 布局属性

CSS 布局(Layout)属性控制已应用 CSS 样式规则的 HTML 元素与页面上的其他元素进行交互。例如，隐藏元素、设置元素的浮动效果、设置溢出属性确定滚动条能否出现等。

13.2.1 可见性 visibility

可见性(visibility)属性设置或检索是否显示元素。
基本语法：

visibility:visible | hidden | collapse;

语法说明：
- visible：元素可见。
- hidden：元素隐藏，但元素保留其占据的原有空间，影响页面的布局。
- collapse：主要用来隐藏表格的行或列。隐藏的行或列能够被其他内容使用。对于表格外的其他对象，其作用等同于 hidden。

【例 13-8】设置可见性(13-8.html)，效果如图 13-9 所示。

本例第一个 div 可见性设置为 visible；第二个设置为 hidden，盒子隐藏但其所占位置仍在；第三个 div 中的表格有三行三列，第二行和第七个单元格设置为 collapse。

CSS 盒子布局和定位

图 13-9　设置可见性后页面浏览效果

代码如下：

```
<!DOCTYPE html>
<html>
<head>
<title>可见性</title>
<style type="text/css">
div{
    width:200px;
    height:80px;
    margin:10px;
    padding:10px;
    border:2px dashed #000;
    text-align:center;
}
#div1{
    visibility:visible;    /*可见*/
    background:#ba9578;
    color:#FFF;
}
#div2{
    visibility:hidden;     /*隐藏*/
    background:#cef091;
    color:#000;
}
#div3{
    background:#70c17f;
}
.vc{
```

```
            visibility:collapse;      /*隐藏表格行列*/
        }
        </style>
    </head>
    <body>
        <div id="div1"><p>显示</p></div>
        <div id="div2"><p>隐藏</p></div>
        <div id="div3">
        <table border="1">
            <tr>
                <td>单元格 1</td>
                <td>单元格 2</td>
                <td>单元格 3</td>
            </tr>
            <tr class="vc">
                <td>单元格 4</td>
                <td>单元格 5</td>
                <td>单元格 6</td>
            </tr>
            <tr>
                <td class="vc">单元格 7</td>
                <td>单元格 8</td>
                    <td>单元格 9</td>
            </tr>
        </table>
        </div>
    </body>
</html>
```

在 IE11.0 中浏览，效果如图 13-9 所示。

13.2.2 溢出 overflow

如果元素被指定了大小，但元素的内容部分不适合该大小，比如元素内容较多以至于元素无法完全显示，此时就可以用溢出(overflow)属性来定义溢出时如何处理。另外和 overflow 属性对应的还有 overflow-x、overflow-y 属性，overflow 的效果等同于 overflow-x + overflow-y。overflow-x 属性表示元素的内容超过其指定的宽度时如何显示，overflow-y 属性表示元素的内容超过其指定的高度时如何显示。

基本语法：

Overflow:visible | hidden | scroll | auto | paged-x| paged-y | paged-x-controls| paged-y-controls | fragments;
overflow-x:visible | hidden | scroll | auto | paged-x| paged-y | paged-x-controls| paged-y-controls | fragments;
overflow-y:visible | hidden | scroll | auto | paged-x| paged-y | paged-x-controls| paged-y-controls | fragments;

语法说明：

➢ visible：对溢出内容不做处理，内容可能会超出容器。

CSS 盒子布局和定位

> hidden：隐藏溢出容器的内容且不出现滚动条。
> scroll：无论是否溢出都出现滚动条。
> auto：当内容没有溢出容器时不出现滚动条，当内容溢出容器时出现滚动条，按需出现滚动条。此为 body 元素和 textarea 的默认值。
> page-x、page-y、page-x-controls、page-y-controls 和 fragments 属性值都是 CSS3 新增，目前主流浏览器均不支持，不做详述。

【例 13-9】设置 CSS 溢出效果(13-9.html)，效果如图 13-10 所示。

图 13-10　溢出

本例 4 个盒子溢出处理方法不同，效果不同。

代码如下：

```
<!DOCTYPE html>
<html>
<head>
<title>溢出</title>
<style type="text/css">
div{
    width:200px;
    height:100px;
    margin:30px 5px ;
    padding:5px;
    border:1px solid #000;
    text-align:center;
    float:left;
    background:#daf6f7;
}
#div1{
    overflow:visible;      /*溢出内容可见，不做处理*/
```

```
}
#div2{
    overflow:hidden;      /*隐藏溢出容器的内容且不出现滚动条*/
}
#div3{
    overflow:scroll;      /*无论溢出与否都有滚动条*/
}
#div4{
    overflow:auto;        /*按需出现滚动条*/
}
</style>
</head>
<body>
<div id="div1">
守得莲开结伴游。<br />约开萍叶上兰舟。<br />来时浦口云随棹，<br />采罢江边月满楼。<br />花不语，水空流。<br />年年拚得为花愁。<br />明朝万一西风动，<br />争向朱颜不耐秋。
</div>
<div id="div2">
守得莲开结伴游。<br />约开萍叶上兰舟。<br />来时浦口云随棹，<br />采罢江边月满楼。<br />花不语，水空流。<br />年年拚得为花愁。<br />明朝万一西风动，<br />争向朱颜不耐秋。
</div>
<div id="div3">
守得莲开结伴游。<br />约开萍叶上兰舟。<br />来时浦口云随棹，<br />采罢江边月满楼。<br />花不语，水空流。<br />年年拚得为花愁。<br />明朝万一西风动，<br />争向朱颜不耐秋。
</div>
<div id="div4">
守得莲开结伴游。<br />约开萍叶上兰舟。<br />来时浦口云随棹，<br />采罢江边月满楼。<br />花不语，水空流。<br />年年拚得为花愁。<br />明朝万一西风动，<br />争向朱颜不耐秋。
</div>
</body>
</html>
```

在IE11.0中浏览，效果如图13-10所示。

代码分析：

(1) 第1个盒子：代码overflow:visible，溢出内容可见，可以超过盒子范围，不做处理。

(2) 第2个盒子：代码overflow:hidden，隐藏溢出容器的内容且不出现滚动条。

(3) 第3个盒子：代码overflow:scroll，无论是否溢出都有滚动条，水平和垂直方向都有。

(4) 第4个盒子：代码overflow:auto，按需出现滚动条，水平方向无滚动，垂直方向有滚动条。

13.2.3 显示 display

CSS 中的 display 属性控制对象是否以及如何显示。

基本语法：

> display:none | inline | block | list-item | inline-block | table | inline-table | table-caption | table-cell | table-row | table-row-group | table-column | table-column-group | table-footer-group | table-header-group | run-in | box | inline-box| flexbox | inline-flexbox| flex| inline-flex;

语法说明：

- none：隐藏对象。与 visibility 属性的 hidden 值不同，其不为被隐藏的对象保留其物理空间。
- inline：指定对象为内联元素。
- block：指定对象为块级元素。
- list-item：指定对象为列表项目。
- inline-block：指定对象为内联块元素。
- table：指定对象作为块元素级的表格。类同于 html 标记<table>。
- inline-table：指定对象作为内联元素级的表格。类同于 html 标记<table>。
- table-caption：指定对象作为表格标题。类同于 html 标记<caption>。
- table-cell：指定对象作为表格单元格。类同于 html 标记<td>。
- table-row：指定对象作为表格行。类同于 html 标记<tr>。
- table-row-group：指定对象作为表格行组。类同于 html 标记<tbody>。
- table-column：指定对象作为表格列。类同于 html 标记<col>。
- table-column-group：指定对象作为表格列组显示。类同于 html 标记<colgroup>。
- table-header-group：指定对象作为表格标题组。类同于 html 标记<thead>。
- table-footer-group：指定对象作为表格脚注组。类同于 html 标记<tfoot>。
- run-in：CSS3 新增关键字，根据上下文决定对象是内联对象还是块级对象。
- box：CSS3 新增关键字，将对象作为弹性伸缩盒显示(伸缩盒最老版本)。
- inline-box：CSS3 新增关键字，将对象作为内联块级弹性伸缩盒显示(伸缩盒最老版本)。
- flexbox：CSS3 新增关键字，将对象作为弹性伸缩盒显示(伸缩盒过渡版本)。
- inline-flexbox：CSS3 新增关键字，将对象作为内联块级弹性伸缩盒显示(伸缩盒过渡版本)。
- flex：CSS3 新增关键字，将对象作为弹性伸缩盒显示(伸缩盒最新版本)。
- inline-flex：CSS3 新增关键字，将对象作为内联块级弹性伸缩盒显示(伸缩盒最新版本)。

【例 13-10】使用 display 构造表格(13-10.html)，效果如图 13-11 所示。

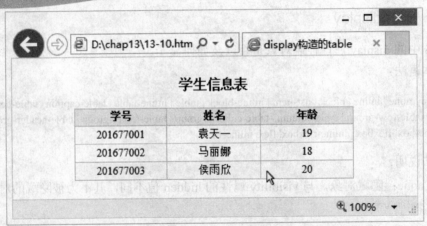

图 13-11 使用 display 构造表格的页面浏览效果

本例主体部分使用 div、h2 和 ul 元素，通过 CSS 的属性 display 将这些元素显示为表格的各个部分，整体呈现出一个带有标题 caption 和标题行的表格，并且表格行组中的表格行在鼠标经过时背景色变为淡黄色#ffffcc。

代码如下：

```
<!DOCTYPE html>
<html>
<head>
<title>display 构造的 table</title>
<style type="text/css">
body{
    font-size:13px;
    line-height:1.5;
    text-align:center;
}
.table{
    display:table;        /*显示为表格*/
    margin:0 auto;
    border-collapse:collapse;
    border:1px solid #ccc;
}
.table-caption{
    display:table-caption;    /*显示为表格标题*/
    font-size:16px;
    text-align:center;
}
.table-header-group{          /*显示为表格标题行*/
    display:table-header-group;
    background:#eee;
    font-weight:bold;
}
.table-row-group{             /*显示为表格行组*/
```

```css
        display:table-row-group;
}
.table-row{
        display:table-row;             /*显示为表格行*/
}
/*表格行组中的表格行鼠标经过时背景色为淡黄色#ffffcc*/
.table-row-group .table-row:hover{
        background:#ffffcc;
}
.table-cell{
        display:table-cell;    /*显示为表格单元格*/
        padding:0 5px;
        border:1px solid #ccc;
        width:100px;
}
</style>
</head>
<body>
<div class="table">
    <h2 class="table-caption">学生信息表</h2>
    <div class="table-header-group">
        <ul class="table-row">
            <li class="table-cell">学号</li>
            <li class="table-cell">姓名</li>
            <li class="table-cell">年龄</li>
        </ul>
    </div>
    <div class="table-row-group">
        <ul class="table-row">
            <li class="table-cell">201677001</li>
            <li class="table-cell">袁天一</li>
            <li class="table-cell">19</li>
        </ul>
        <ul class="table-row">
            <li class="table-cell">201677002</li>
            <li class="table-cell">马丽娜</li>
            <li class="table-cell">18</li>
        </ul>
        <ul class="table-row">
            <li class="table-cell">201677003</li>
            <li class="table-cell">侯雨欣</li>
            <li class="table-cell">20</li>
        </ul>
    </div>
</div>
</body>
</html>
```

在 IE11.0 中浏览，效果如图 13-11 所示。而如果不使用 CSS 样式，该示例在 IE11.0 中的浏览效果如图 13-12 所示。

图 13-12　未使用 display 时页面的浏览效果

13.2.4　浮动 float

float 是浮动属性，用来改变元素块的显示方式。前文曾经多次使用该属性，其效果有点儿类似于对齐方式，但又不完全相同，请读者在使用中自我感受。

基本语法：

float:none | left | right

语法说明：

➢　none：设置元素不浮动；
➢　left：设置元素浮在左边；
➢　right：设置元素浮在右边。

浮动就是一个 BOX 在当前行向左或向右偏移。任何浮动 BOX 都成为一个块级盒子，不断向左或向右偏移直到它的边缘接触到包含块的边缘或另一个浮动盒子的外边缘。

如果当前行没有足够的水平空间来包含该浮动盒子，则它逐行向下移动直到某一行有足够的空间来容纳它。

【例 13-11】使用浮动效果(13-11.html)，效果如图 13-13 所示。

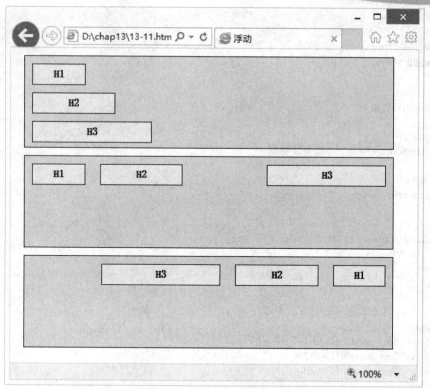

图 13-13　使用 float 浮动效果后页面浏览效果

例子中有三组九个盒子，每组都包含一个 h1 元素、一个 h2 元素和一个 h3 元素，h1、h2 和 h3 元素除了 width 和 float 其他所有属性均相同。

代码如下：

```
<!DOCTYPE html>
<html>
<head>
<title>浮动</title>
<style type="text/css">
section{
    width:500px;
    height:120px;
    border:1px solid #000;
    margin:10px;
    background:#f3de83;
}
h1,h2,h3{
    background:#daf6f7;
    margin:10px;
    padding:5px;
    border:1px solid #000;
    font-size:14px;
    text-align:center;
    height:auto;
}
h1{
```

```
        width:60px;
}
h2{
        width:100px;
}
h3{
        width:150px;
}
.float_none{
        float:none;          /*不浮动*/
}
.float_left{
        float:left;          /*浮动在左*/
}
.float_right{
        float:right;         /*浮动在右*/
}
</style>
</head>
<body>
<!--第一组的3个盒子浮动方式：不浮动-->
<section>
<h1 class="float_none">H1</h1>
<h2 class="float_none">H2</h2>
<h3 class="float_none">H3</h3>
</section>
<!--第二组的3个盒子浮动方式：前两个浮动在左，第3个浮动在右-->
<section>
<h1 class="float_left">H1</h1>
<h2 class="float_left">H2</h2>
<h3 class="float_right">H3</h3>
</section>
<!--第三组的3个盒子浮动方式：浮动在右-->
<section>
<h1 class="float_right">H1</h1>
<h2 class="float_right">H2</h2>
<h3 class="float_right">H3</h3>
</section>
</body>
</html>
```

在 IE11.0 中浏览，效果如图 13-13 所示。

代码分析：

(1) 第一组 3 个盒子均设置 "float:none"，是默认属性，自上而下的文档流顺序。

(2) 第二组前两个 "float:left"，第 3 个 "float:right"，H1 盒子在最左，H2 盒子紧挨着 H1 盒子在左(中间的空隙是 margin)。

(3) 第三组 3 个盒子设置 "float:right"，从右到左浮动的依次为 h1 盒子、h2 盒子和 h3 盒子。

读者可以变换不同的 float 属性感受其如何浮动，同样可以设置 section 元素的浮动属性。

13.2.5 清除 clear

浮动元素不再占用原文档的位置，它会对页面中其他元素的排版产生影响：
(1) 会覆盖其他元素，被其覆盖的区域不可见。
(2) 使用该属性可以实现内容的环绕效果。

如果不想让使用了 float 属性元素后边的其他元素浮动环绕在其周围，避免其他元素块跟着浮动的效果，可以使用属性 clear 清除。clear 属性可选的值为 none、left、right 和 both。

基本语法：

clear:none | left | right | both;

语法说明：
- none：允许两边都可以有浮动元素。
- both：不允许有浮动元素。
- left：不允许左边有浮动元素。
- right：不允许右边有浮动元素。

【例 13-12】使用清除浮动(13-12.html)，效果如图 13-14 所示。

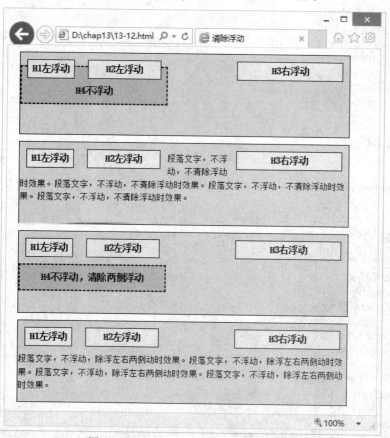

图 13-14 使用清除浮动后页面浏览效果

例子中有四组，每组都包含一个 h1 元素、一个 h2 元素和一个 h3 元素，h1 和 h2 盒子浮动在左侧，h3元素浮动在右侧。

第一组中 h4 元素不浮动，被浮动盒子 h1 和 h2 部分覆盖，第三组中 h4 元素 clear:both，两侧无盒子浮动不会被覆盖。

第二组中 p 元素不浮动，文字环绕浮动盒子，第四组中 p 元素 clear:both，文字在新的一行显示。

代码如下：

```
<!DOCTYPE html>
<html>
<head>
<title>清除浮动</title>
<style type="text/css">
section{
    width:500px;
    height:120px;
    border:1px solid #000;
    margin:10px;
    background:#f3de83;
}
h1,h2,h3{
    background:#daf6f7;
    margin:10px;
    padding:5px;
    border:1px solid #000;
    font-size:14px;
    text-align:center;
    height:auto;
}
h1{
    width:60px;
}
h2{
    width:100px;
}
h3{
    width:150px;
}
h4{
    width:200px;
    padding:10px;
    background:#f9aa9d;
    border:2px dashed #000;
    font-size:14px;
    text-align:center;
}
p{
    font:13px/1.5 宋体;
}
.float_none{
    float:none;          /*不浮动*/
}
.float_left{
    float:left;          /*浮动在左*/
```

```
    }
    .float_right{
        float:right;           /*浮动在右*/
    }
    .clear_both{              /*清除两侧浮动*/
        clear:both;
    }
</style>
</head>
<body>
<!--第一组的 4 个盒子浮动方式：前两个浮动在左，第 3 个浮动在右，第 4 个不浮动-->
<section>
<h1 class="float_left">H1 左浮动</h1>
<h2 class="float_left">H2 左浮动</h2>
<h3 class="float_right">H3 右浮动</h3>
<h4 class="float_none">H4 不浮动</h4>
</section>
<!--第二组的 3 个盒子浮动方式：前两个浮动在左，第 3 个浮动在右，段落不浮动-->
<section>
<h1 class="float_left">H1 左浮动</h1>
<h2 class="float_left">H2 左浮动</h2>
<h3 class="float_right">H3 右浮动</h3>
<p>段落文字，不浮动，不清除浮动时效果。段落文字，不浮动，不清除浮动时效果。段落文字，不浮动，不清除浮动时效果。段落文字，不浮动，不清除浮动时效果。</p>
</section>
<!--第三组的 4 个盒子浮动方式：前两个浮动在左，第 3 个浮动在右，第 4 个不浮动且不允许两侧浮动-->
<section>
<h1 class="float_left">H1 左浮动</h1>
<h2 class="float_left">H2 左浮动</h2>
<h3 class="float_right">H3 右浮动</h3>
<h4 class="float_none clear_both">H4 不浮动，清除两侧浮动</h4>
</section>
<!--第四组的 3 个盒子浮动方式：前两个浮动在左，第 3 个浮动在右，段落清除浮动-->
<section>
<h1 class="float_left">H1 左浮动</h1>
<h2 class="float_left">H2 左浮动</h2>
<h3 class="float_right">H3 右浮动</h3>
<p class="clear_both">段落文字，不浮动，除浮左右两侧动时效果。段落文字，不浮动，除浮左右两侧动时效果。段落文字，不浮动，除浮左右两侧动时效果。段落文字，不浮动，除浮左右两侧动时效果。</p>
</section>
</body>
</html>
```

在 IE11.0 中浏览，效果如图 13-14 所示。

13.3 综合案例——幼儿园页面设计

本案例将利用前文和本章所学内容完成一个幼儿园网页的布局，主要采用浮动布局。

【例 13-13】CSS 布局定位综合案例(13-13.html & css13-13.css)，页面效果如图 13-15 所示。

1. 案例分析

从页面效果看主要分了 7 个盒子，如果以横向分栏为主，从上到下为导航区、主内容的三个分栏和页脚区。

> 导航区主要包含文字和搜索用表单；
> 主内容横向第一栏左侧为公告栏，右侧为一个图像；
> 主内容横向第二栏左侧为文字(鼠标经过变色，暂时未加链接)，右侧为图文；
> 主内容横向第三栏为图像和超链接，超链接样式做一些修饰(如鼠标经过样式)；
> 页脚部分以非常简单的文字实现。

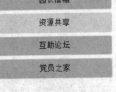

图 13-15　CSS 布局定位综合案例页面浏览效果

2. HTML 代码(13-13.html)

页面主体部分主要由 10 个 div 组成，第一代 1 个：父层 div 的 id 为 container；第二代 5 个：子 div 的 id 自上而下分别为 navi、main1、main2、main3 和 foot；第三代 4 个：main1 中包含 main1_left 和 main1_right 两个 div，main2 中包含 main2_left 和 main2_right 两个 div。

```html
<!DOCTYPE html>
<html>
<head>
<title>亲亲宝双语幼儿园</title>
<link href="css13-13.css" rel="stylesheet" type="text/css" />
</head>
<body>
<div id="container">
    <!--导航部分开始-->
    <div id="navi">
    <span>园内介绍</span>
        <span>家园互动</span>
        <span>宝贝风采</span>
        <span>特色课程</span>
        <span>教师天地</span>
        <span>信息中心</span>
        <span>健康快车</span>
        <form>
        <input class="sinput" type="text" />
        <input class="sbtn" type="button" value="查找" />
        </form>
    </div>
    <!--导航部分结束-->

    <!--主体部分第一栏开始-->
    <div id="main1">
    <div id="main1_left">
        <p>中秋节放假按国家规定为期二天，分别为 9 月 15、16 和 17 日，即周四、周五和周六，周日照常上课。预祝您节日愉快！</p>
        </div>
        <div id="main1_right">
        <img src="images/banner.jpg" />
        </div>
    </div>
    <!--主体部分第一栏结束-->

    <!--主体部分第二栏开始-->
    <div id="main2">
    <div id="main2_left">
        <ul>
        <li>园长信箱</li>
            <li>资源共享</li>
            <li>互助论坛</li>
            <li>党员之家</li>
```

```html
            </ul>
          </div>
          <div id="main2_right">
            <p><img src="images/btn1.png" /></p>
            <p>家长您好！经过近三周的幼儿园生活，孩子们到现在已经了解了一些幼儿园的常规，也认识了一些好朋友；对老师也很熟悉了。为了避免因放假时间较长，开学时影响孩子情绪。建议您在家经常和孩子聊聊幼儿园的事情。例如：幼儿园的老师；小朋友或者幼儿园的玩具等等。路过幼儿园时可以让孩子停留一会，增强孩子对幼儿园的感情。
            </p>
          </div>
        </div>
        <!--主体部分第二栏结束-->

        <!--主体部分第三栏开始-->
        <div id="main3">
          <p><img src="images/btn2.png" /></p>
          <ul>
            <li><a href="">今天：10 金秋十月，爱心传递——幼儿十月精彩图集大放送，萌娃的幼儿园生活，爸爸妈妈看过来(图)。</a></li>
            <li><a href="">9 月 20 日：快乐中秋，幸福童年——幼儿园大型月饼 DIY 活动纪实，看小厨师如何嗨翻天(图)。</a></li>
            <li><a href="">9 月 14 日：为留守儿童献爱心——9 月 12 日，幼儿园小朋友为留守儿童送出玩具和图书(图)。</a></li>
            <li><a href="">8 月 16 日：幼儿歌咏会——"我是小歌手"大型亲子演唱会 8 月 6 日隆重开唱(图)。</a></li>
            <li><a href="">5 月 15 日：快乐六一，欢乐童年——大一班小朋友积极排练木偶剧匹诺曹(图)。</a></li>
          </ul>
        </div>
        <!--主体部分第三栏结束-->

        <!--页脚部分开始-->
        <div id="foot">
          <small>版权所有&copy 清华大学出版社  本书编委</small>
        </div>
        <!--页脚部分结束-->
    </div>
  </body>
</html>
```

3. CSS 代码(css13-13.css)

创建 CSS 文件 css13-13.css，将文件保存在和 13-13.html 同一目录，通过 link 方式导入到 HTML 文件中。

```css
/*全局样式*/
body{
    text-align:center;
    margin:0px;
}
```

```css
p{
    margin:10px;
    font:13px/1.8 宋体;
    text-indent:2em;
    text-align:left
}
/*外部父 div 样式开始*/
#container{
    width:880px;
    margin:0 auto;
}
/*外部父 div 样式结束*/

/*导航区域样式开始*/
#navi{
    clear:both;              /*不允许两侧有浮动*/
    background:#00a8ce;
    margin:5px 15px;
    height:36px;
    border:3px #fff solid;
    border-radius:10px;
    box-shadow:0 0 2px 2px #CCCCCC;
}
#navi span{                  /*导航条中 span 元素样式*/
    display:block;           /*显示为块级元素*/
    float:left;              /*浮动在左*/
    width:80px;
    padding:5px;
    margin:10px 0px;
    font:14px 黑体;
    color:#FFF;
}
#navi form{                  /*导航区表单样式*/
    float:right;             /*浮动在右*/
    margin:3px;
}
.sinput{                     /*导航区表单文本框样式*/
    width:100px;
    height:21px;
    padding:4px 7px;
    color:#737272;
    background:#95e3f3;
    border:1px solid #787575;
    border-radius:3px 0 0 3px;
}
.sbtn {                      /*导航区表单搜索按钮样式*/
    width:60px;
    height:31px;
    margin-left:-10px;
    padding:0 12px;
```

```css
        border-radius:0px 3px 3px 0px;
        border:1px solid #787575;
        background-color:#4c4b4b;
        font-size:13px;
        color:#f3f7fc;
}
/*导航区域样式结束*/

/*主体部分横向第一栏样式开始*/
#main1{
        clear:both;              /*不允许两侧有浮动*/
        margin:2px;
        height:340px;
}
#main1_left{
        float:left;
        width:220px;
        height:340px;
        background:url(images/board.gif) no-repeat center top;
}
#main1_right{
        float:right;
        width:656px;
}
#main1_left p{
        margin:60px 50px;
}
/*内容部分横向第一栏样式结束*/

/*内容部分横向第二栏样式开始*/
#main2{
        clear:both;
        margin:2px;
        height:196px;
}
#main2_left{            /*内容部分横向第二栏左侧样式*/
        width:220px;
        float:left;              /*浮动在左*/
}
#main2_right{           /*内容部分横向第二栏右侧样式*/
        float:right;             /*浮动在右*/
        width:654px;
        border:1px #a4db18 solid;
        border-radius:5px;
}
#main2_left ul{         /*内容部分横向第二栏左侧列表样式*/
        margin:0;
        padding:0;
}
#main2_left ul li{      /*内容部分横向第二栏左侧列表项样式*/
```

```css
        list-style:none;
        font:13px/1.8 宋体;
        margin:5px auto;
        padding:3px;
        border:1px #ebf811 solid;
        background:#a4db18;
        width:85%;
        border-radius:4px;
}
#main2_left ul li:hover{       /*鼠标经过内容部分横向第二栏左侧列表项样式*/
        background:#ebf811;
}
/*内容部分横向第二栏样式结束*/

/*内容部分横向第三栏样式开始*/
#main3{
        clear:both;
        padding:0 10px;
        margin:2px;
        border:1px #a4db18 solid;
        border-radius:5px;
}
#main3 ul li{           /*内容部分横向第三栏列表项样式*/
        list-style-image:url(images/heart.png);
        margin:5px 0;
        font-size:13px;
        text-align:left;
        line-height:1.5;
}
#main3 a{               /*内容部分横向第三栏超链接样式*/
        text-decoration:none;
        color:black;
}
#main3 a:hover{         /*鼠标经过内容部分横向第三栏列表项样式*/
        text-decoration:underline;
        color:#e52355;
}
/*内容部分横向第三栏样式结束*/

/*页脚部分样式开始*/
#foot{
        clear:both;
        background:#a4db18;
        padding:20px 0;
        border-radius:5px;
}
/*页脚部分样式结束*/
```

4. 代码分析

(1) 总体布局示意：首先给出如图 13-16 所示的页面布局和样式示意图。

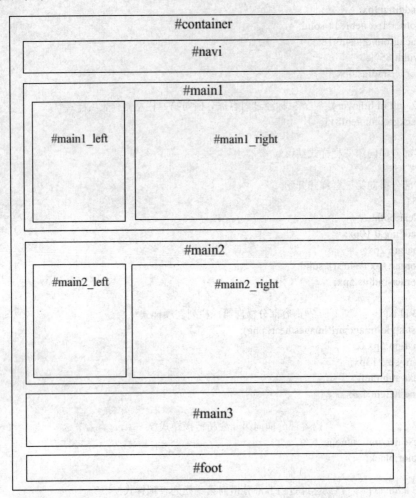

图 13-16　页面布局样式示意

(2) 全局适用的样式：样式 body 改写<body>标记样式，将页面内容设置为居中，页面边距为 0；样式 p 改变基本的段落样式。

```
body{
    text-align:center;
    margin:0px;
}
p{
    margin:10px;
    font:13px/1.8 宋体;
    text-indent:2em;
    text-align:left
}
```

(3) 父层#container 的样式：样式#container 对应 HTML 文档中父层，设置其宽高和左右外边距。

```
#container{
    width:880px;
    margin:0 auto;
}
```

(4) 导航区域#navi 的样式：
➢ 导航区进行背景色、边框、边框圆角、清除属性、盒子阴影、外边距设置。

```
#navi{
    clear:both;            /*不允许两侧有浮动*/
    background:#00a8ce;
    margin:5px 15px;
    height:36px;
    border:3px #fff solid;
    border-radius:10px;
    box-shadow:0 0 2px 2px #CCCCCC;
}
```

➢ 导航区通过<span>添加了文本(为简化细节，此处并未添加超链接，仅以普通文本表示)，#navi span 对此区域的 span 元素设置样式，特别注意 span 元素本身是行内样式，此处通过"display:block;"将其显示为块级元素，接下来就可对其设置浮动性、宽、内外边距属性。

```
#navi span{              /*导航条中 span 元素样式*/
    display:block;        /*显示为块级元素*/
    float:left;           /*浮动在左*/
    width:80px;
    padding:5px;
    margin:10px 0px;
    font:14px 黑体;
    color:#FFF;
}
```

➢ 导航区右侧有搜索框，和 11 章综合案例中的表单部分几乎相同，此处不做赘述，最大的区别是将表单设置浮动在右。

(5) 主体部分横向第一栏：
➢ 总体 div 对应的 id 样式为#main1 代码非常简单易懂。

```
#main1{
    clear:both;            /*不允许两侧有浮动*/
    margin:2px;
    height:340px;
}
```

➢ #main1 中包含两个 div 盒子#main1_left 和#main1_right，两者分别浮动在左侧和右侧，设置合适的大小，左侧盒子设置背景，在其中添加段落文本，右侧盒子中加入图像。

```
<div id="main1">
    <div id="main1_left">
            <p>中秋节放假按国家规定为期三天,分别为 9 月 15、16 和 17 日,即周四、周五和周六,
周日照常上课。预祝您节日愉快!</p>
    </div>
    <div id="main1_right">
        <img src="images/banner.jpg" />
    </div>
</div>
#main1_left{
    float:left;
    width:220px;
    height:340px;
    background:url(images/board.gif) no-repeat center top;
}
#main1_right{
    float:right;
    width:656px;
}
```

- #main1 中包含两个 div 盒子#main1_left 和#main1_right,两者分别浮动在左侧和右侧,设置合适的大小,左侧盒子设置背景,在其中添加段落文本,右侧盒子中加入图像。

(6) 主体部分横向第二栏:
- 总体 div 对应的 id 样式为#main2,代码非常简单易懂,与#main1 类似,不再赘述。
- #main2 中包含两个 div 盒子#main2_left 和#main2_right,两者分别浮动在左侧和右侧,设置合适的大小,左侧盒子设置背景,在其中添加段落文本,右侧盒子中加入图像。

```
<div id="main2">
    <div id="main2_left">
    <ul>
    <li>园长信箱</li>
    ……
    </ul>
    </div>
    <div id="main2_right">
        <p><img src="images/btn1.png" /></p>
        <p>家长您好!......
        </p>
    </div>
</div>
#main2_left{           /*内容部分横向第二栏左侧样式*/
    width:220px;
    float:left;                    /*浮动在左*/
}
#main2_right{          /*内容部分横向第二栏右侧样式*/
    float:right;              /*浮动在右*/
```

```css
    width:654px;
    border:1px #a4db18 solid;
    border-radius:5px;
}
```

➢ #main2 左侧部分的无序列表值得注意，此时列表项的样式表现为按钮样式，并设置鼠标经过时背景颜色变换。

```css
#main2_left ul{        /*内容部分横向第二栏左侧列表样式*/
    margin:0;
    padding:0;
}
#main2_left ul li{     /*内容部分横向第二栏左侧列表项样式*/
    list-style:none;
    font:13px/1.8 宋体;
    margin:5px auto;
    padding:3px;
    border:1px #ebf811 solid;
    background:#a4db18;
    width:85%;
    border-radius:4px;
}
#main2_left ul li:hover{    /*鼠标经过内容部分横向第二栏左侧列表项样式*/
    background:#ebf811;
}
```

(7) 主体部分横向第三栏：

第三栏#main3 和页脚因为没有包含子 div，本身的样式不复杂，我们可以把关注的目标放置在其中超链接的样式上：通过列表添加链接，设置列表项的样式和超链接的基本样式以及鼠标经过样式。

```css
#main3 ul li{           /*内容部分横向第三栏列表项样式*/
    list-style-image:url(images/heart.png);
    margin:5px 0;
    font-size:13px;
    text-align:left;
    line-height:1.5;
}
#main3 a{               /*内容部分横向第三栏超链接样式*/
    text-decoration:none;
    color:black;
}
#main3 a:hover{         /*鼠标经过内容部分横向第三栏列表项样式*/
    text-decoration:underline;
    color:#e52355;
}
```

(8) 页脚部分：页脚部分仅由文字组成，不做赘述。

13.4 习题

13.4.1 单选题

1. 使用 CSS 的 position 属性进行定位时(　　)表示相对定位。
   A. static　　　　B. relative　　　　C. absolute　　　　D. fixed
2. 使用 CSS 的 position 属性进行定位时(　　)表示和右边缘的距离。
   A. top　　　　　B. right　　　　　C. bottom　　　　　D. left
3. 在 CSS 中设置内容溢出时按需出现滚动条的代码为(　　)。
   A. overflow:auto;　　　　　　　　B. overflow:visible;
   C. overflow:hidden;　　　　　　　D. overflow:scroll;
4. CSS 中关于盒子定位属性 position 描述最贴切的是(　　)。
   A. static 为静态定位，是所有元素定位的默认值，一般不特别设定
   B. relative 相对定位，基准位置为其正常所在的位置，通常需要与 top、bottom、right、left 属性配合完成，设定元素相对于原来位置的偏移量
   C. fixed 称为固定定位，当出现滚动时，对象不会随着滚动，始终保持在窗口相对固定的位置显示
   D. 以上说法都正确
5. 利用清除属性可以设置某元素周围是否有浮动元素，若仅仅左边不允许有浮动元素，应设置为(　　)。
   A. clear:both;　　B. clear:left;　　C. clear:right;　　D. clear:none;
6. 能使 div 显示在最上面的 z-index 属性值设置是(　　)。
   A. z-index:0;　　B. z-index:-1;　　C. z-index:2;　　D. z-index:3;

13.4.2 填空题

1. 在 CSS 中，可以用_____设置元素的浮动效果。
2. 如果要使行内元素显示为块级元素，则可以设置_____。
3. 在 CSS3 中，使用_____属性针对绝对定位元素进行剪裁。

13.4.3 判断题

1. 定义了绝对定位的元素仍然保持其未定位前的形状，它原来所占的空间仍保留。(　　)
2. 固定定位，与 absolute 一致，偏移量定位一般以窗口为参考，当出现滚动条时，对象不会随着滚动。(　　)

3. 内容超过元素定义的大小时，可以用溢出 overflow 属性来定义其表现方式。（ ）
4. visibility:hidden 设置元素隐藏，不保留其占据的原有空间，影响页面的布局。（ ）

13.4.4 简答题

1. 网页的正常流向是如何呈现的？
2. 试述 float 和 clear 在网页布局中的作用。

第14章

网页布局

在阅读报纸杂志时，我们会发现，虽然涉及的内容很多，但是经过合理的排版布局，版面依然清晰易读。同样，在网页设计过程中，经常需要站在整个网页的角度，对网页中的多个板块进行合理的布局。本章基本不引入新的知识点，主要介绍使用 CSS 对网页进行排版布局的方法。

本章学习目标

◎ 理解网页布局思想。
◎ 理解 DIV+CSS 布局的方法和过程。
◎ 掌握 CSS 制作各种样式链接菜单的方法。
◎ 理解网页的版心和布局流程。
◎ 能够制作单列、两列、三列、通栏等各种布局版式的网页，并能在这些基础上布局出其他复杂版式。
◎ 能够使用 CSS 样式设置分块的位置和细节。

14.1 网页布局方法

网页布局是网页设计制作的基础，按照一定的规律把网页中的图像、文字、视频等页面元素排列到最佳位置。

14.1.1 网页布局基本思想

分割、组织页面进行分块，并传达重要信息使网页容易阅读，使页面更具有亲和力和可用性是网页设计最重要的目标。可以把网页中的内容看成是一个个的"盒子(矩形块)"，把多个"盒子"按照行和列的方式组织起来，就构成了一个网页。

图14-1所示是一个网页中盒子的排列和功能示意。

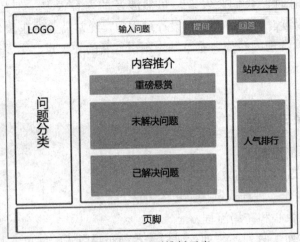

图14-1　网页排版示意

14.1.2 DIV+CSS 布局

DIV是网页布局中最为常用的一种盒子，目前DIV+CSS是定位和布局是较为有效的方式，这种方法排版具有灵活性、容易操作和功能强大等特点，越来越多用于网页布局中。

DIV是HTML语言中的一个标记，是一种常用的分块容器元素；CSS是一种用来表现HTML元素样式的计算机语言。DIV元素用来对页面内容进行分块，而CSS对这些分块进行样式控制。

当然这并不是说布局仅能使用DIV+CSS，广义地说应该是"BOX+CSS"，DIV只是布局中最常用的一种盒子而已，HTML5新增的结构标记<header>、<footer>、<nav>、<aside>、<section>等都是用于布局非常实用的BOX。

图14-2所示为DIV+CSS网页布局实现方法的示意图。

网页布局

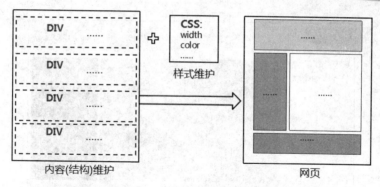

图 14-2　DIV+CSS 网页布局示意

从图示可以看出，布局主要是对 BOX 样式的控制，本书第 10 章已经对盒子进行了阐述，除了平面位置，我们还有必要关注一下盒子相关属性的立体关系，图 14-3 所示为 CSS 维护盒子样式的立体示意图。

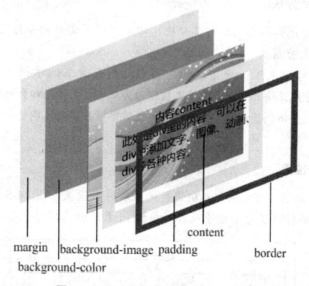

图 14-3　CSS 维护盒子样式 3D 示意图

> **注意**
> 虽然 DIV+CSS 布局使用 div 元素作为容器，但在实际布局中，并不仅仅局限于 div 盒子，而应该根据实际情况选择合适的 BOX。

14.1.3　DIV+CSS 分块方法

以实现图 14-4 所示的页面布局为例，学习 DIV+CSS 布局方法如何对页面进行分块。

【例 14-1】使用 DIV+CSS 分块(14-1.html)，效果如图 14-4 所示。

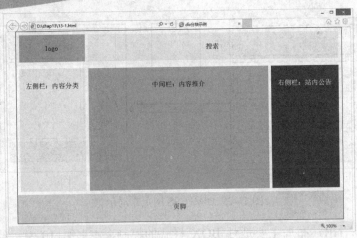

图 14-4　DIV+CSS 分块方法示意效果

1. 将页面用 div 分块

首先在整体上考虑如何用 div 对其分块，即考虑网页需要划分为几个部分，每个部分所显示的主要内容或功能。

网页排版通常可以采用上中下结构、左右结构或者三列结构。例如采用上中下结构，可以先把页面分成三块，从上到下依次排列为页眉块、主体块和页脚块，将这三个块放在一个父 div 中，方便整体调整和后期排版维护，最后根据具体内容调整分块中所包含的子块数目和布局方式。

2. 设计各分块位置

通过使用 CSS 语法，可以对 div 块进行定位和样式设置。图 14-5 给出了图 14-1 所对应的页面结构，明确标注了每个盒子及其对应的 id 名，id 名同时也是 CSS 样式。

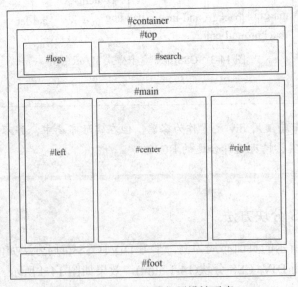

图 14-5　DIV 分块位置设计示意

3. 分块代码实现

```html
<!DOCTYPE html>
<html>
<head>
<title>div 分块示例</title>
<style type="text/css">
/*设置所有元素的样式*/
*{
    margin:0 auto;
    box-sizing:border-box;

}
/*设置 body 元素样式*/
body{
    padding:0px;
    margin:0px;
    text-align:center;
}
/*外层父 div 样式*/
#container{
    width:980px;
    border:1px solid black;
}
/*上中下三层样式*/
#top{
    width:100%;
    height:100px;
    padding:10px;
        background-color:#FFFFCC;
}
#main{
    width:100%;
    height:380px;
    padding:10px;
    background-color:#FFFFFF;
}
#foot{
    width:100%;
    height:auto;
    padding:30px;
    background-color:#BBE9E0;
    font-size:20px;
}
/*页眉左右分栏*/
#logo{
    width:200px;
    height:80px;
    float:left;
    font-size:20px;
```

```css
        background-color:#FF9391;
        padding-top:30px;
}
#search{
        width:750px;
        height:80px;
        float:right;
        font-size:20px;
        background-color:#F4ECE8;
        padding-top:30px;
}
/*主体部分横向三列分栏*/
#left{
        width:200px;
        height:360px;
        font-size:20px;
        background-color:#F4ECE8;
        float:left;
        padding-top:40px;
}
#center{
        width:540px;
        height:360px;
        float:left;
        margin-left:10px;
        font-size:20px;
        background-color:#FF9391;
        padding-top:40px;
}
#right{
        width:200px;
        height:360px;
        float:right;
        color:#FFFEFF;
        font-size:20px;
        background-color:#63433F;
        padding-top:40px;
}
    </style>
</head>
<body>
    <div id="container">                <!--全局父 div-->
        <!--页眉 div-->
        <div id="top">
            <div id="logo">logo</div>
            <div id="search">搜索</div>
        </div>
        <!--主内容区-->
        <div id="main">
```

```
                <div id="left">左侧栏：内容分类</div>
                <div id="center">中间栏：内容推介</div>
                <div id="right">右侧栏：站内公告</div>
            </div>
            <!--页脚div-->
            <div id="foot">页脚</div>
        </div>
    </body>
</html>
```

在IE11.0中浏览，效果如图14-4所示。

4. 设计各分块细节

分块完成后，就需要设计各块的细节，当然每个div中的细节内容也是各种各样的盒子，对这些盒子分块进行排版设计即可完成整个设计。

14.2 设计超链接样式

超链接是网页中使用比较频繁的HTML元素，因为网站的各种页面都是由超级链接串接而成。HTML部分学习的超链接主要是从它的作用和链接形式出发，本章在正式学习布局之前，我们有必要对超链接特别是导航部分超链接的样式进行了解。

14.2.1 超链接样式变换

在HTML语言中，超链接通过标记<a>实现，在默认浏览方式下，超链接的表现形式是蓝色的并且有下划线，已访问链接则为紫色。很多情况下，这种传统的链接样式无法满足网页设计者的多种需求。

通过CSS可以设置超链接的各种属性，如字体、颜色、背景、下划线样式等，链接相关伪类选择符如表14-1所示。

表14-1 超链接相关伪类

选择符	说明
a:link	超链接样式
a:visited	已访问超链接样式
a:hover	鼠标经过超链接时的样式
a:active	活动链接，也就是在超链接上单击处于"当前激活"状态的样式

> **注意**
> 激活状态"a:active"一般被显示的情况非常少，因此较少被使用。

【例 14-2】改变超链接样式 1(14-2.html)，效果如图 14-6 所示。

图 14-6　改变超链接样式 1 网页浏览效果

本例对超链接默认的样式进行了改变，仅给出了导航条部分的样式，网页其他部分并未涉及。导航条底色为暗红色，超链接文字呈现白色无下划线状态，已访问过的超链接(如：科学研究)呈现灰色，而鼠标经过的超链接(如：院系专业)则呈现为黄色有下划线修饰状态。

1. 代码

```
<!DOCTYPE html>
<html>
<head>
<title>改变超链接样式</title>
<style type="text/css">
body{
    text-align:center;
}
/*导航条的样式设置*/
nav{
    font-size:13px;
    margin:0 auto;
    background:#980300;
}

/*导航条中表格的样式设置*/
nav table{
    border:0;
    border-collapse:collapse;
    margin:0 auto;
    width:700px;
}
nav table td{            /*设定每个单元格的样式*/
    width:100px;
    padding:6px 0;
}

/*导航条中表格里的超链接各个状态的样式*/
nav table a:link{        /*超链接的样式*/
    color:white;
    text-decoration:none;    /*无下划线*/
}
```

```
        nav table a:visited{              /*访问过的超链接*/
            color:#d5d5d5;                /*灰色*/
            text-decoration:none;
        }
        nav table a:hover{                /*鼠标经过时的超链接*/
            color:#FFFF00;                /*黄色*/
            text-decoration:underline;    /*下划线*/
        }
    </style>
</head>
<body>
    <nav>
        <table>
            <tr>
                <td><a href="#">学校概况</a></td>
                <td><a href="#">管理机构</a></td>
                <td><a href="#">院系专业</a></td>
                <td><a href="#">人才培养</a></td>
                <td><a href="#">科学研究</a></td>
                <td><a href="#">师资队伍</a></td>
                <td><a href="#">招生就业</a></td>
            </tr>
        </table>
    </nav>
</body>
</html>
```

在 IE11.0 中浏览，效果如图 14-6 所示。

2. 代码分析

(1) 首先我们从布局结构上解析代码，本例导航条盒子使用<nav>元素，在<nav>中加入一行七列的表格布局超链接文本，图 14-7 是本例布局结构示意。虽然表格不被推荐用于布局，但是用表格进行局部数据控制是非常实用的。

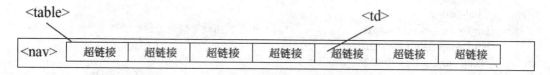

图 14-7 改变超链接示例的布局示意图

(2) 分析布局结构后我们仅需一步步使用 CSS 设置 body、nav、table、td、a:link、a:visited 和 a:hover 的样式即可。需要注意的是代码中有很多后代选择符，如 nav table、nav table a:hover。后代选择符可以限定范围 nav table，限制仅有出现在<nav>元素中的表格采用该样式，nav table a:hover 限定仅有出现在<nav>元素中的表格中的超链接在鼠标经过时才会使用该样式，这些限制可以避免影响其他位置的相同元素。

如下代码设置导航条部分表格里的超链接在鼠标经过时会显示为有下划线的黄色文本，而如果把选择符 nav table a:hover 修改为 a:hover，则该网页的其他部分如果有链接出现，如果有鼠标经过也会采用该样式。

```
nav table a:hover{              /*鼠标经过时的超链接*/
    color:#FFFF00;              /*黄色*/
    text-decoration:underline;  /*下划线*/
}
```

【例 14-3】改变超链接样式 2(14-3.html)，效果如图 14-8 所示。

图 14-8　改变超链接样式 2 页面浏览效果

本例对超链接默认的样式进行了改变，仅给出了导航条部分的样式，网页其他部分并未涉及。整个导航条底色为暗红色，链接无下划线，链接项之间由线条分隔。链接和已访问链接样式相同，鼠标经过超链接时背景色和前景色均改变，且同时文字变大。

1. 代码

```
<!DOCTYPE html>
<html>
<head>
<title>改变超链接样式</title>
<style type=text/css>
body{
    text-align:center;
}
/*导航条的样式设置*/
#navi{                          /*导航条盒子样式设置*/
    margin:0 auto;
    padding:6px;
    width:960px;
    border-top-left-radius:8px;     /*左上和右上角设置圆角边框*/
    border-top-right-radius:8px;
    background-color:#9f0833;
}
#navi a{                        /*链接通用样式*/
    font-size:14px;
    text-decoration:none;           /*无下划线*/
    padding:6px 12px;
    border-left:#cd335f 1px solid;  /*设置左边框为比底色稍浅颜色*/
    border-right:#59041c 1px solid; /*设置右边框为比底色稍深颜色*/
}
#navi a:link,#navi a:visited{   /*未访问和访问过超链接样式*/
    color:#c1deb9;
}
```

```
#navi a:hover{              /*鼠标经过超链接样式，鼠标经过改变背景色、前景色和文字大小*/
        color:white;
        background-color:#f26c4f;
        font-size:16px;
}
</style>
</head>
<body>
<div id="navi">
        <a href="#">动听音乐</a><a href="#">搞笑视频</a><a href="#">电视直播</a><a href="#">综合娱乐</a><a href="#">热门影视</a><a href="#">娱乐八卦</a>
</div>
</body>
</html>
```

2. 代码分析

（1）首先依然从布局结构上解析代码，使用div(样式#navi)中直接加入超链接的形式布局，结构非常简单。

（2）为营造出如图 14-9 的分隔线效果，经验是将链接左侧边框设置为比底色(#9f0833)深一些的颜色(#cd335f)，右侧为比底色重一些的颜色(#59041c)，两者靠近时能产生立体凹陷感。

图 14-9　分隔线效果细节

相关代码片段为：

```
#navi{                      /*导航条盒子样式设置*/
        ...
        background-color:#9f0833;
}
#navi a{                    /*链接通用样式*/
        ...
        border-left:#cd335f 1px solid;      /*设置左边框为比底色稍浅颜色*/
        border-right:#59041c 1px solid;     /*设置由边框为比底色稍深颜色*/
}
```

（3）链接通用的效果可直接用于 a 标记选择器，这样共同的部分不需要多次重复。#navi a:link,#navi a:visited 是多元素选择器的应用，在多个部分样式相同时非常实用。

```
#navi a:link,#navi a:visited{       /*未访问和访问过超链接样式*/
        color:#c1deb9;
}
```

14.2.2 按钮式超链接

很多网页上都有各种按钮式超链接，这些效果一般是采用图片作为按钮，图片链接不易于搜索引擎检索关键字，本节通过 CSS 样式来制作按钮效果。

【例 14-4】制作按钮式超链接(14-4.html)，效果如图 14-10 所示。

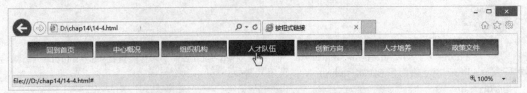

图 14-10 按钮式超链接的页面浏览效果

本例中超链接项背景色为渐变色，左边框和上边框颜色相同，右边框和下边框颜色相同，营造出按钮的视觉效果。当鼠标经过超链接时，背景色变深，左上和右下边框颜色做出对调，营造出按下去的视觉效果。

1. 代码

```
<!DOCTYPE html>
<html>
<head>
<title>按钮式链接</title>
<style type="text/css">
body{
    text-align:center;
}
/*导航条的样式设置*/
#navi{
    font-size:14px;
    margin:0 auto;
    width:960px;
}
/*导航条部分链接样式的设置*/
#navi a{                /*链接通用样式*/
    display:block;      /*显示为块级元素*/
    float:left;         /*浮动在左*/
    width:100px;        /*宽 100 像素*/
    font-family:微软雅黑,黑体,宋体;
    text-decoration:none;   /*无下划线*/
    margin:2px;         /*按钮的外边距*/
    padding:6px 15px;
}
#navi a:link,#navi a:visited{   /*未访问和访问链接样式*/
    color:#25110a;
    background-color:#b88751;
    /*左上边框颜色相同，右下边框颜色相同*/
    border-top:#cccccc 1px solid;
    border-left:#cccccc 1px solid;
```

```
            border-right:#0d0503 1px solid;
            border-bottom:#0d0503 1px solid;
        }
        #navi a:hover{          /*鼠标经过时的超链接*/
            color:#fff;
            background-color:#724b20;
            /*左上边框和右下边框颜色调换*/
            border-bottom:#cccccc 1px solid;
            border-right:#cccccc 1px solid;
            border-left:#0d0503 1px solid;
            border-top:#0d0503 1px solid;
        }
    </style>
</head>
<body>
<div id="navi">
    <a href="#">回到首页</a>
    <a href="#">中心概况</a>
    <a href="#">组织机构</a>
    <a href="#">人才队伍</a>
    <a href="#">创新方向</a>
    <a href="#">人才培养</a>
    <a href="#">政策文件</a>
</div>
</body>
</html>
```

在 IE11.0 中浏览，效果如图 14-10 所示。

2. 代码分析

（1）首先依然从布局结构上解析代码，使用 div(样式#navi)中直接加入超链接的形式布局，结构非常简单。

（2）通过 display:block 将超链接表现为块级元素，这样就可以对其进行宽高、边距、边框和浮动的设置，并且不会受 HTML 中输入链接时的换行产生的影响(【例 14-3】就存在这样的问题，请读者自行体会)。

```
#navi a{                    /*链接通用样式*/
    display:block;          /*显示为块级元素*/
    float:left;             /*浮动在左*/
    width:100px;            /*宽 100 像素*/
    color:white;
    font-family:微软雅黑,黑体,宋体;
    text-decoration:none;   /*无下划线*/
    margin:2px;             /*按钮的外边距*/
    padding:6px 15px;
    border-radius:2px;
}
```

（3）为营造如图 14-11 所示的按钮效果，本例中用到的方法主要是圆角边框、边框颜色、背景的变化等。未访问链接和访问过链接的样式设置了由深到浅的渐变色(#684621 到#ddaf7c)，左上边框使用浅灰色(#cccccc)，右下使用深色(#0d0503)。鼠标经过链接样式，背景色设置改变为深色(#724b20)，边框颜色左上和右下进行对调。

读者可以尝试更多的按钮效果，如使用盒子阴影、鼠标经过时渐变方向变化、多种颜色的渐变等，也可以在按钮中使用图像背景等效果。

图 14-11　按钮效果细节

```
#navi a:link,#navi a:visited{          /*未访问和访问链接样式*/
    background:linear-gradient(#684621,#ddaf7c);    /*渐变背景*/
    /*左上边框颜色相同，右下边框颜色相同*/
    border-top:#cccccc 1px solid;
    border-left:#cccccc 1px solid;
    border-right:#0d0503 1px solid;
    border-bottom:#0d0503 1px solid;
}
#navi a:hover{        /*鼠标经过时的超链接*/
    background:#724b20;
    /*左上边框和右下边框颜色调换*/
    border-bottom:#cccccc 1px solid;
    border-right:#cccccc 1px solid;
    border-left:#0d0503 1px solid;
    border-top:#0d0503 1px solid;
}
```

（4）如果要设计如图 14-12 所示的竖版菜单，只需要将#navi a 样式的 float:left 去掉即可，当然同时可以设置#navi 的宽度。

图 14-12　按钮式链接的垂直菜单效果

（5）将#navi a 样式的 margin 设置为 0，则变成通栏的导航栏效果，横向和垂直的效果如图 14-13 所示。

图 14-13 无外边距按钮式链接效果

14.2.3 使用列表制作菜单

当列表的项目符号通过 list-style-type 设置为 none 时,可以制作出各式各样的菜单和导航条,这也是列表最大的用处之一,结合 CSS 属性的变换可以达到意想不到的导航效果。

首先,我们结合列表和链接属性制作一个常用的垂直菜单.

【例 14-5】使用列表制作垂直菜单(14-5.html),效果如图 14-14 所示。

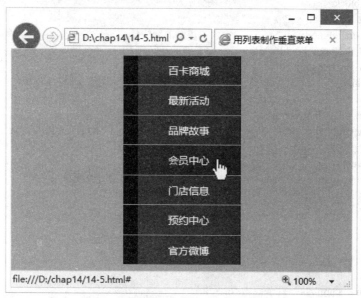

图 14-14 使用列表制作垂直菜单的页面浏览效果

本例中依然采用鼠标经过改变背景色的效果,菜单之间有分割线,且分割线横向贯穿整个超链接按钮部分。

1. 代码

```
<!DOCTYPE html>
<html>
<head>
<title>用列表制作垂直菜单</title>
<style type="text/css">
body{
    background-color:#6cc1ea;
    text-align:center;
}
```

```css
/*导航菜单样式设置*/
#navi{                          /*导航盒子的样式*/
    width:160px;
    font:14px 微软雅黑,黑体,宋体;
    margin:0 auto;
}
#navi ul{                       /*导航条中列表的样式*/
    list-style-type:none;       /*不显示项目符号*/
    margin:0 auto;
    padding:0px;
}
#navi li{                       /*导航条中列表项的样式*/
    border-bottom:1px solid #6cc1ea;   /*添加分隔线*/
}
#navi li a{                     /*链接通用样式*/
    display:block;              /*区块显示*/
    padding:10px;
    text-decoration:none;       /*无下划线*/
    border-left:20px solid #0f155f;    /*左边的粗边框*/
    border-right:1px solid #0f155f;    /*右侧边框*/
    color:white;
}
#navi li a:link, #navi li a:visited{
    background-color:#353eae;              /*已访问和未访问链接的背景色*/
}
#navi li a:hover{
    background-color:#2d3494;              /*鼠标经过链接时改变背景色*/
}
</style>
</head>
<body>
<div id="navi">
    <ul>
        <li><a href="#">百卡商城</a></li>
        <li><a href="#">最新活动</a></li>
        <li><a href="#">品牌故事</a></li>
        <li><a href="#">会员中心</a></li>
        <li><a href="#">门店信息</a></li>
        <li><a href="#">预约中心</a></li>
        <li><a href="#">官方微博</a></li>
    </ul>
</div>
</body>
</html>
```

在 IE11.0 中浏览，效果如图 14-14 所示。

2. 代码分析

(1) 首先依然从布局结构上解析代码，使用 div(样式#navi)中直接加入超链接的形式布局，结构非常简单，最大的改变是把超链接放在了列表项中。

(2) 设置列表没有项目符号。

```
#navi ul{                            /*导航条中列表的样式*/
    list-style-type:none;            /*无项目符号*/
    margin:0px;
    padding:0px;
}
```

(3) 设置超链接左、右边框颜色，并为列表项设置下边框作为分隔线。

```
#navi li{                            /*导航条中列表项的样式*/
    border-bottom:1px solid #6cc1ea;  /*添加分隔线*/
}
#navi li a{                          /*链接通用样式*/
    display:block;                   /*区块显示*/
    padding:10px;
    text-decoration:none;            /*无下划线*/
    border-left:20px solid #0f155f;  /*左边的粗边框*/
    border-right:1px solid #0f155f;  /*右侧边框*/
    color:white;
}
```

(4) 注意为列表项设置下边框和直接为超链接设置下边框效果是不同的，如果改为如下代码，则效果将从图14-15左边效果变为右边效果，请读者感受其区别。

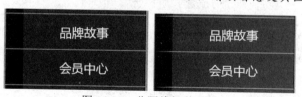

图14-15 分隔线细节对比

改变部分代码：

```
#navi li a{                          /*链接通用样式*/
    ...
    border-left:20px solid #0f155f;  /*左边的粗边框*/
    border-bottom:1px solid #6cc1ea; /*下边框*/
    border-right:1px solid #0f155f;  /*右侧边框*/
    ...
}
```

导航菜单不仅有垂直排列，更多的时候是水平展示，使用 CSS 属性的控制，可以轻松地实现横竖菜单的转换。

【例14-6】使用列表水平菜单(14-6.html)，效果如图14-16所示。

图 14-16　使用列表制作水平菜单的页面浏览效果

与垂直菜单相较，最主要的变化是垂直菜单变为水平菜单，这里需要使用浮动属性 float，通过 float:left;将各个列表项水平显示。

其他部分的样式可根据需要变化。

代码如下：

```
<!DOCTYPE html>
<html>
<head>
<title>用列表制作水平菜单</title>
<style type="text/css">
body{
    background-color:#6cc1ea;
    text-align:center;
}
/*导航菜单样式设置*/
#navi{                          /*导航盒子的样式*/
    width:960px;
    font:14px 微软雅黑,黑体,宋体;
    margin:0 auto;
}
#navi ul{                       /*导航条中列表的样式*/
    list-style-type:none;       /*无项目符号*/
    padding:0px;
}
#navi li{                       /*导航条中列表项的样式*/
    float:left;
    width:130px;
    margin:3px;
}
#navi li a{                     /*链接通用样式*/
    display:block;              /*区块显示*/
    padding:10px;
    text-decoration:none;       /*无下划线*/
    border-left:20px solid #0f155f;   /*左边的粗边框*/
    border-right:1px solid #0f155f;   /*右侧边框*/
    color:white;
}
#navi li a:link, #navi li a:visited{
        background-color:#353eae;         /*已访问和未访问链接的背景色*/
```

```
}
#navi li a:hover{
        background-color:#2d3494;        /*鼠标经过链接时改变背景色*/
}
</style>
</head>
<body>
<div id="navi">
    <ul>
        <li><a href="#">百卡商城</a></li>
        <li><a href="#">最新活动</a></li>
        <li><a href="#">品牌故事</a></li>
        <li><a href="#">会员中心</a></li>
        <li><a href="#">门店信息</a></li>
        <li><a href="#">预约中心</a></li>
        <li><a href="#">官方微博</a></li>
    </ul>
</div>
</body>
</html>
```

在 IE11.0 中浏览，效果如图 14-16 所示。

14.3 布局版式

网页的排版布局主要通过 CSS 实现，本节学习常用的布局版式，主要介绍基本的单列布局、两列布局、三列布局和通栏布局，其他复杂版式布局均可在此基础上扩展变化得来。

14.3.1 版心和布局流程

说到布局就不得不提到"版心"，因为网页中的大部分布局都需要在"版心"内完成，这和纸媒中的"版心"是相似的。所谓"版心"是指网页中主体内容所在的区域，图 14-17 所示为清华大学网站首页的页面版心示意，图 14-18 为新浪读书首页的页面版心示意。"版心"一般在浏览器窗口中水平居中显示，常见的宽度值为 960px、980px 和 1000px 等。

图 14-17 清华大学出版社首页版心示意

图 14-18 新浪读书首页版心示意

布局时通常要遵守一定的布局流程：

(1) 确定页面的版心。

(2) 分析页面中的行模块，分析每个行模块中的列模块。

(3) 通过 DIV+CSS 布局来控制各个模块的样式。

初学者可以多分析一些页面的结构，以从中获取灵感。

14.3.2 单列布局

单列布局是网页布局的基础，所有复杂的布局都可以在此基础上演变而来。

1. 单列布局基本版式

为了直观理解单列布局，减少网页细节内容的干扰，我们首先实现一个最基本的单列布局版式框架，为了便于观察结构，所有的 div 都设置黑色边框和外边距。

【例 14-7】实现单列布局的基本版式(14-7.html & css14-7.css)，效果如图 14-19 所示。

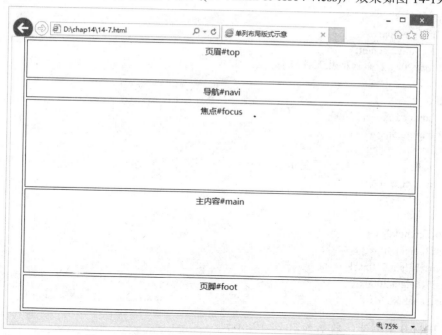

图 14-19　实现单列布局的基本版式的页面浏览效果

本例页面从上到下分别为页眉、导航栏、焦点图、主内容和页脚，其样式分别为 #top、#navi、#focus、#main 和#foot。另外为了便于控制仍然给它们添加父层#container，共需要 6 个 DIV。

HTML 代码(14-7.html)如下：

```
<!DOCTYPE html>
<html>
<head>
```

```html
<title>单列布局版式示意</title>
<link href="css14-7.css" type="text/css" rel="stylesheet" />
</head>
<body>
<div id="container">                    <!--全局父 div-->
    <div id="top">页眉#top</div>
    <div id="navi">导航#navi</div>
    <div id="focus">焦点#focus</div>
    <div id="main">主内容#main</div>
    <div id="foot">页脚#foot</div>
</div>
</body>
</html>
```

搭建完页面结构之后，书写相应的 CSS 样式。

CSS 代码(css14-7.css)如下：

```css
/*设置 body 元素样式*/
body{
    margin:0px;
    text-align:center;
    font:20px/2 微软雅黑,黑体,宋体;
}
div{
    border:1px solid #000;
    margin:5px;
}
#container{            /*外层父 div 样式*/
    margin:0 auto;
    width:980px;
}
#top{height:90px;}
#navi{height:40px;}
#focus{height:210px;}
#main{height:200px;}
#foot{height:80px;}
```

在 IE11.0 中浏览，效果如图 14-19 所示。

2. 使用单列布局的网页示例

在上一个例子的基础上，实现一个使用单列布局的完整网页，这就像在原来 HTML 的<div>元素中，以及其对应的 CSS 样式中"填空"。

【例 14-8】使用单列布局的网页(14-8.html & css14-8.css)，效果如图 14-20 所示。

网页布局

图 14-20 使用单列布局的页面浏览效果

本例是在例【14-7】的布局中添加相应的内容而成，从上到下由页眉(图像)、导航栏、焦点图、段落文字和页脚文字组成。

HTML 代码(14-8.html)如下：

```
<!DOCTYPE html>
<html>
<head>
<title>单列布局示意</title>
<link href="css14-8.css" type="text/css" rel="stylesheet" />
</head>
<body>
<div id="container">                    <!--全局父 div-->
    <div id="top">
    <img src="images/top1.jpg" />
    </div>
    <div id="navi">
    <a href="#">回到首页</a>
    <a href="#">公司简介</a>
        <a href="#">资质证书</a>
            <a href="#">新闻动态</a>
            <a href="#">人才招聘</a>
            <a href="#">在线留言</a>
    <a href="#">关于我们</a>
    </div>
    <div id="focus">
    <img src="images/focus1.jpg" />
    </div>
    <div id="main">
```

405

```html
        <h4>公司简介</h4>
            <p>唔咪信息技术有限公司始创于 2006 年 10 月，为专业从事卖萌领域的高科技公司。公司总部设在喵星，在上海、深圳、成都、西安、北京等地设有分公司和办事处。公司是中关村科技园区高新技术企业、中关村信用联盟星级会员、北京市守信企业、国家民盟标准 ISO90001A 质量体系认证企业、世界首席卖萌设计公司—MMQ 在中国首家的授权培训中心。公司还获得了国家表情管理局颁发的"卖萌专用表情产品销售许可证""卖萌表情电子产品生产定点单位"证书。
            </p>
            <p>自成立以来，公司一直专注于卖萌技术研发、市场开拓。公司拥有优秀的研发团队和坚实的技术储备，拥有强大的科研开发和创新能力。公司的产品已经形成系列，很多技术和产品已经形成产业化规模。
            </p>
            <p>
        公司以人为本、励精图治，管理水平不断跃上新的台阶。公司已拥有一支以高学历、高素质、年富力强、稳定的管理人才和专业技术人才团队。整个集团公司有 100 名员工，有博士后 2 人、博士 8 人、硕士 35 人、高级工程师 28 人。
            </p>
        </div>
        <div id="foot">
            <p>
        关于我们-服务条款-加盟我们-联系方式-唔咪推广<br />
                ICP 备案：喵 Z8-789123569<br />
        技术支持：科特数码
            </p>
        </div>
    </div>
</body>
</html>
```

CSS 代码(css14-8.css)如下：

```css
/*设置 body 元素样式*/
body{
    margin:0px;
    text-align:center;
}
/*外层父 div 样式*/
#container{
    margin:0 auto;
    width:980px;
    border:1px solid #F60;
}
/*页眉 top 样式开始*/
#top{
    height:90px;
    margin:0;
}
/*页眉 top 样式结束*/

/*导航 navi 部分样式开始*/
#navi{                          /*导航部分样式*/
    padding:0px 13px;
    height:40px;
}
```

```css
/*导航条部分链接样式的设置*/
#navi a{                    /*链接通用样式*/
    display:block;          /*显示为块级元素*/
    float:left;     /*浮动在左*/
    width:100px;            /*宽 100 像素*/
    color:white;
    font-family:微软雅黑,黑体,宋体;
    text-decoration:none;           /*无下划线*/
    margin:3px;                     /*按钮的外边距*/
    padding:6px 15px;
    border-radius:10px;
}
#navi a:link,#navi a:visited{           /*未访问和访问链接样式*/
    background:linear-gradient(#F60,#F93);      /*渐变背景*/
}
#navi a:hover{      /*鼠标经过时的超链接*/
    background:#724b20;
}
/*页眉 navi 部分样式结束*/

/*焦点 focus 样式开始*/
#focus{                 /*焦点部分样式*/
    margin:0;
    padding:0;
    height:210px;
}
/*焦点 focus 样式结束*/

/*主内容 main 样式开始*/
#main{
    padding:10px;
    text-align:left;
}
#main h4{
    background:#F93 url(images/little1.png) no-repeat left center;
    margin:0;
    padding:10px 60px;
}
#main p{
    font:13px/1.6 宋体;
    text-indent:2em;
}
/*主内容 main 样式结束*/

/*页脚 foot 样式开始*/
#foot{
    height:80px;
    font:12px/2 宋体;
    color:#FFF;
    background:linear-gradient(#F93,#F60);
}
/*页脚 foot 样式结束*/
```

在 IE11.0 中浏览,效果如图 14-20 所示。

代码分析：

(1) 页眉#top：页眉部分非常简单，加入图像，其样式仅设置了高度和外边距。

(2) 导航栏#navi：导航栏直接在盒子中加入超链接，利用上一节按钮式超链接方法建立，在此不再赘述。

(3) 焦点图#focus：该部分添加内容为图像，其样式设置了高度和内外边距。

(4) 主内容区#main：该部分添加了标题 h4 和段落，h4 元素设置了背景色和背景图像作为修饰。

(5) 页脚#foot：页脚部分由段落文字构成，背景色采用线性渐变色。

14.3.3 两列布局

单列布局简单清晰、统一有序，但有时不免有些呆板，并且在信息量大时会显得区域划分不够精细，此时可以考虑采用两列布局。两列布局和一列布局类似，只是网页内容被分为左右两部分。

1. 两列布局基本版式

同样，我们首先实现一个最基本的两列布局版式框架，为了便于观察结构，所有的 div 都设置黑色边框和外边距。

【例 14-9】实现两列布局的基本版式(14-9.html & css14-9.css)，效果如图 14-21 所示。

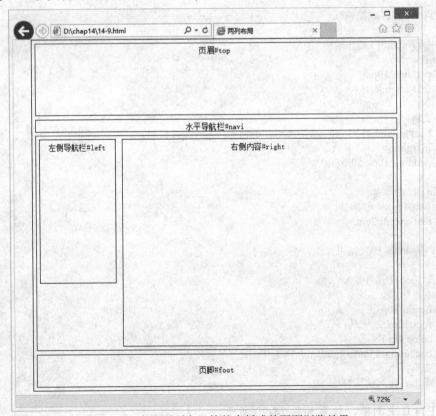

图 14-21　实现两列布局的基本版式的页面浏览效果

首先分析行模块，页面从上到下分别为页眉#top、水平导航栏#navi、主内容区(对应样式可命名为#main)和页脚#foot。

接着分析列模块，只有主内容分为了两列"左侧导航栏#left"和"右侧内容#right"，两者通过浮动属性float分别位于左侧和右侧。

另外为了便于控制仍然给它们添加父层#container。

共需要7个DIV，为了便于观察结构，所有的div都有黑色边框和外边距。

HTML 代码(14-9.html)如下：

```html
<!DOCTYPE html>
<html>
<head>
<title>两列布局</title>
<link href="css14-9.css" rel="stylesheet" type="text/css">
</head>
<body>
<div id="container">
    <div id="top">页眉#top</div>
    <div id="navi">水平导航栏#navi</div>
    <div id="main">
        <div id="left">左侧导航栏#left</div>
        <div id="right">右侧内容#right</div>
    </div>
    <div id="foot">页脚#foot</div>
</div>
</body>
</html>
```

CSS 代码(css14-9.css)如下：

```css
body{
    margin:0px;
    text-align:center;
    font:20px/2 微软雅黑,黑体,宋体;
}
div{
    border:1px solid #000;
    margin:9px;
}
#container{
    margin:0 auto;
    width:960px;
}
#top{height:180px;}
#navi{height:30px;}
#main{height:540px;}
```

```css
#left{
    float:left;
    width:200px;
    height:360px;
}
#right{
    float:right;
    width:700px;
    height:520px;
}
#foot{padding:20px;}
```

在 IE11.0 中浏览，效果如图 14-21 所示。

代码分析：

(1) 与单列布局相比较，中间内容部分中添加了两个 div。

```html
<div id="main">
    <div id="left">左侧导航栏#left</div>
    <div id="right">右侧内容#right</div>
</div>
```

(2) 两者通过设置 float 和宽高属性实现图 14-21 所示布局。

```css
#left{
    float:left;
    width:200px;
    height:360px;
}
#right{
    float:right;
    width:700px;
    height:520px;
}
```

2. 使用两列布局的网页示例

同样在【例 14-9】的基础上，实现一个使用两列布局的完整网页。

【例 14-10】使用两列布局的网页(14-10.html & css14-10.css)，效果如图 14-22 所示。

网页布局 14

图 14-22 使用两列布局的页面浏览效果

除了在上例中分析的版面结构,本案例最大的改变是在横向和左侧均有导航,我们把目光主要放在这两个导航的实现上。

横向导航栏:样式设置得相对简单,无下划线且表现为白色。

左侧导航栏:有装饰性图像和导航文字,左侧栏本身表现为圆角有阴影样式,超链接部分鼠标经过会改变底色。

HTML 代码(14-10.html)如下:

```
<!DOCTYPE html>
<html>
<head>
<title>两列布局</title>
<link href="css14-10.css" rel="stylesheet" type="text/css">
</head>
<body>
<div id="container">
    <div id="top">
        <img src="images/banner1.jpg" />
    </div>
    <div id="navi">
```

411

```html
            <span><a href="">走近夏至</a></span>
            <span><a href="">夏至餐饮</a></span>
            <span><a href="">闲叙咖啡</a></span>
            <span><a href="">加盟夏至</a></span>
            <span><a href="">夏至资讯</a></span>
            <span><a href="">招聘英才</a></span>
            <span><a href="">门店地图</a></span>
            <span><a href="">联系我们</a></span>
        </div>
        <div id="main">
            <div id="left">
                <img src="images/chat.png" />
                <ul>
                    <li><a href="">咖啡起源</a></li>
                    <li><a href="">咖啡文化</a></li>
                    <li><a href="">咖啡鉴赏</a></li>
                    <li><a href="">咖啡种类</a></li>
                </ul>
            </div>
            <div id="right">
                <p>
                    咖啡是用经过烘焙的咖啡豆制作出来的饮料，与可可、茶同为流行于世界的主要饮品。咖啡树是属茜草科常绿小乔木，日常饮用的咖啡是用咖啡豆配合各种不同的烹煮器具制作出来的，而咖啡豆就是指咖啡树果实里面的果仁，再用适当的方法烘焙而成，品尝起来是苦涩味道。
                </p>
                <p>
                    咖啡树原产于非洲埃塞俄比亚西南部的高原地区。据说一千多年以前一位牧羊人发现羊吃了一种植物后，变得非常兴奋活泼，进而发现了咖啡。还有说法称是因野火偶然烧毁了一片咖啡林，烧烤咖啡的香味引起周围居民注意。当地土著人经常把咖啡树的果实磨碎，再把它与动物脂肪掺在一起揉捏，做成许多球状的丸子。这些土著部落的人将这些咖啡丸子当成珍贵的食物，专供那些即将出征的战士享用。直到 11 世纪左右，人们才开始用水煮咖啡作为饮料。13 世纪时，埃塞俄比亚军队入侵也门，将咖啡带到了阿拉伯世界。因为伊斯兰教义禁止教徒饮酒，有的宗教界人士认为这种饮料刺激神经，违反教义，曾一度禁止并关闭咖啡店，但埃及苏丹认为咖啡不违反教义，因而解禁，咖啡饮料迅速在阿拉伯地区流行开来。咖啡 Coffee 这个词，就是来源于阿拉伯语 Qahwa，意思是"植物饮料"，后来传到土耳其，成为欧洲语言中这个词的来源。咖啡种植、制作的方法也被阿拉伯人不断地改进而逐渐完善。
                </p>
                <p>
                    17 世纪咖啡的种植和生产一直为阿拉伯人所垄断。当时主要被使用在医学和宗教上，医生和僧侣们承认咖啡具有提神、醒脑、健胃、强身、止血等功效；15 世纪初开始有文献记载咖啡的使用方式，并且在此时期融入宗教仪式中，同时也出现在民间作为日常饮品。因伊斯兰教严禁饮酒，因此咖啡成为当时很重要的社交饮品。1570 年，土耳其军队围攻维也纳，失败撤退时，有人在土耳其军队的营房中发现一口袋黑色的种子，谁也不知道是什么东西。一个曾在土耳其生活过的波兰人，拿走了这袋咖啡，在维也纳开了第一家咖啡店。16 世纪末，咖啡以"伊斯兰酒"的名义通过意大利开始大规模传入欧洲。相传当时一些天主教人士认为咖啡是"魔鬼饮料"，怂恿当时的教皇克莱门八世禁止这种饮料，但教皇品尝后认为可以饮用，并且祝福了咖啡，因此咖啡在欧洲逐步普及。起初咖啡在欧洲价格不菲，只有贵族才能饮用咖啡，咖啡甚至被称为"黑色金子"。直到 1690 年，一位荷兰船长航行到也门，得到几棵咖啡苗，在印度尼西亚种植成功。1727 年荷属圭亚那的一位外交官的妻子，将几粒咖啡种子送给一位在巴西的西班牙人，他在巴西试种取得很好的效果。巴西的气候非常适宜咖啡生长，从此咖啡在南美洲迅速蔓延。因大量生产而价格下降的咖啡开始成为欧洲人的重要饮料。
                </p>
            </div>
        </div>
        <div id="foot">
```

```html
        <p>关于我们 | 用户反馈 | 版权所有本书编委 豫 ICP 备 0810898789 号</p>
        <p>地址：印度尼西亚黑金大道 188 号附 6 号</p>
    </div>
</body>
</html>
```

CSS 代码(css14-10.css)如下：

```css
body{
    text-align:center;
}
/*父 div 样式*/
#container{
    margin:0 auto;
    width:960px;
    font-size:13px;
}
/*页眉样式*/
#top{
    height:180px;
}
/*导航栏样式*/
#navi{
    background-color:#d57504;
    color:white;
    padding:8px;
}
#navi span{
    padding:0 28px;
}
#navi a{
    text-decoration:none;
    color:#fff;
}
/*主内容区样式*/
#main{
    background-color:#E6E0C8;
    height:540px;
}
#left{
    float:left;
    width:200px;
    height:360px;
    color:#3e1c0d;
    background-color:#d57504;
    padding:8px;
    margin:10px;
    border:1px #96390d solid;
    border-radius:10px;
    box-shadow:2px 2px 2px gray;
```

```css
}
#right{
    float:right;
    width:700px;
    height:520px;
    padding:8px;
    text-align:left;
    line-height:22px;
    text-indent:2em;
}
/*页脚样式*/
#foot{
    background-color:#d57504;
    padding:20px;
    color:#fff;
}
/*左侧导航菜单样式*/
#left ul{
    padding:0px;
}
#left li{
    list-style-type:none;
    border-bottom:1px #E6E0C8 solid;
    padding:10px;
}
#left li:hover{
    background-color:#782a1d;
}
#left a{
    text-decoration:none;
    color:#fff;
}
```

在 IE11.0 中浏览，效果如图 14-22 所示。

代码分析：

(1) 横向导航栏：设置整个导航栏背景色、边距等基本属性，设置此部分链接无下划线且颜色为白色(否则为链接的默认颜色)。

```css
#navi a{
    text-decoration:none;
    color:#fff;
}
```

(2) 左侧导航栏：设置左侧栏的背景色、圆角、阴影等样式，设置此部分链接无下划线且颜色为白色，超链接部分鼠标经过会改变底色。特别注意因为 a 元素是行内元素，本身宽度为默认大小，不能占满整栏，如果鼠标经过链接时改变颜色则不是整个菜单栏横向变色，而如果设置经过 li 元素改变颜色，则因为 li 是块级元素，默认宽度100%，产生图 14-22 所示效果，请读者感受两者的区别。

```
#left li{
    list-style-type:none;
    border-bottom:1px #E6E0C8 solid;
    padding:10px;
}
#left li:hover{
    background-color:#782a1d;         /*鼠标经过列表项背景色变化*/
}
#left a{              /*此部分链接样式*/
    text-decoration:none;
    color:#fff;
}
```

使用浮动布局两列的版式相对来说是一种比较灵活的版式，例如对上述代码中的左右两侧的 float 属性进行简单的对换，就能实现图 14-23 所示的页面效果。

图 14-23　通过浮动属性的改变左右两侧后的页面浏览效果

14.3.4 三列布局

对于一些大型网站，由于内容分类较多，通常需要采用"三列布局"的页面排版方法。本质上三列布局和两列布局没有太大区别，只是在主体内容区分成了左、中、右三列。

1. 三列布局基本版式

同样，我们首先实现一个最基本的三列布局版式框架，为了便于观察结构，所有的div都设置黑色边框和外边距。

【例 14-11】实现三列布局的基本版式(14-11.html & css14-11.css)，效果如图 14-24 所示。

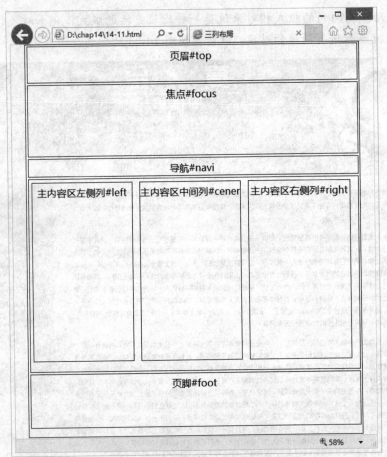

图 14-24　实现三列布局的基本版式的页面浏览效果

首先分析行模块，页面从上到下分别为页眉#top、焦点#focus、导航栏#navi、主内容区(对应样式可命名为#main)和页脚#foot。

接着分析列模块，主内容区#main 又包含了三列："左侧列#left""中间列#center"和"右侧列#right"，列位置通过浮动属性 float 控制。

另外，为了便于控制仍然给它们添加父层#container。

HTML 代码(14-11.html)如下：

```html
<!DOCTYPE html>
<html>
<head>
<title>三列布局</title>
<link href="css14-11.css" rel="stylesheet" type="text/css" />
</head>
<body>
<div id="container">
    <div id="top">页眉#top</div>
    <div id="focus">焦点#focus</div>
    <div id="navi">导航#navi</div>
    <div id="main">
    <div id="left">主内容区左侧列#left</div>
        <div id="center">主内容区中间列#cener</div>
        <div id="right">主内容区右侧列#right</div>
    </div>
    <div id="foot">页脚#foot</div>
</div>
</body>
</html>
```

CSS 代码(css14-11.css)如下：

```css
/*body 的样式*/
body{
    margin:0px;
    text-align:center;
    font:28px/2 微软雅黑,黑体,宋体;
}
div{
    border:1px solid #000;
    margin:5px;
}
/*父容器#container 的样式*/
#container{
    margin:0 auto;
    width:960px;
    height:1100px;
}

#top{height:100px;}
#focus{height:200px;}
#navi{height:50px;}
#main{height:540px;}
#left,#center,#right{        /*主内容区三个子 div 的样式*/
    float:left;
```

```
            width:290px;
            height:500px;
            margin:10px;
}
#foot{height:150px;}
```

代码分析：#main 的三个列在网页中占有相同的功用，样式也是一致的，这里通过 #left,#center, #right 组合选择器将其设置成相同的样式，包括 float 属性值都设置成了 left。在实际应用中，可根据需要调整不同的列宽和浮动方式。

2. 使用三列布局的网页示例

同样在【例 14-11】的基础上，实现一个使用三列布局的完整网页。

【例 14-12】使用三列布局的网页(14-12.html & css14-12.css)，效果如图 14-25、图 14-26 以及图 14-27 所示。

本例是固定背景，且背景覆盖整个浏览器窗口，图 14-25 和图 14-26 的效果是在 1366*768 分辨率下，使用 IE11.0 浏览器拖动滚动条在不同位置时得到的效果，图 14-26 所示是浏览器缩小到 53%的效果。

图 14-25　三列布局示例的页面顶部效果

网页布局

图 14-26 三列布局示例的页面底部效果

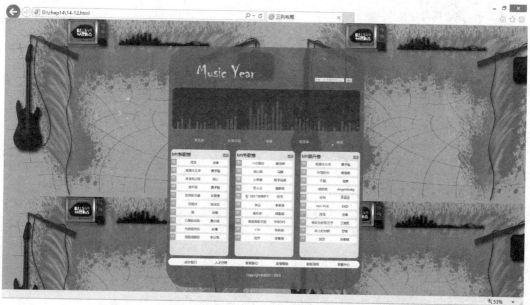

图 14-27 使用三列布局的页面浏览效果(IE11.0 缩放 53%大小)

本例中三列样式相同，从布局上没有太多变化，最大的变化在一些细节上：
- 网页背景是固定的，且充满整个浏览器窗口。
- 父层盒子有一定的透明度，能透视背景图像。
- 焦点图鼠标经过改变不透明度，营造出图像变清晰的视觉效果，导航链接和音乐榜的每一行均有鼠标经过变色。

HTML 代码(14-12.html)如下：

```html
<!DOCTYPE html>
<html>
<head>
<title>三列布局</title>
<link href="css14-12.css" rel="stylesheet" type="text/css" />
</head>
<body>
<div id="container">
    <!--页眉部分开始-->
    <div id="top">
    <section>Music Year</section>
        <form>
            <input id="s" type="search" name="user_search" placeholder="请键入您要搜索的内容" />
            <input id="btn1" type="submit" value="Go" />
        </form>
    </div>
    <!--页眉部分结束-->

    <!--焦点图部分结束-->
    <div id="focus"> </div>
    <!--焦点图部分结束-->

    <!--导航部分开始-->
    <div id="navi">
    <ul>
        <li><a href="#">音乐库</a></li>
        <li><a href="#">分类介绍</a></li>
        <li><a href="#">专辑</a></li>
        <li><a href="#">歌手库</a></li>
        <li><a href="#">榜单</a></li>
    </ul>
    </div>
    <!--导航部分结束-->

    <!--主内容部分开始-->
    <div id="main">
    <div id="left">
        <div class="list">MY 新歌榜</div>
        <div class="more"><a href="http://www.yinyuetai.com">更多</a></div>
            <div class="row">
                <div class="number1">01</div>
                <div class="song">河流</div>
                <div class="singer">汪峰</div>
            </div>
            <div class="row">
                <div class="number1">02</div>
                <div class="song">我是大主宰</div>
                <div class="singer">黄子韬</div>
```

```html
        </div>
        <div class="row">
            <div class="number1">03</div>
            <div class="song">单身狗之歌</div>
            <div class="singer">刘心</div>
        </div>
        <div class="row">
            <div class="number2">04</div>
            <div class="song">舍不得</div>
            <div class="singer">黄子韬</div>
        </div>
        <div class="row">
            <div class="number2">05</div>
            <div class="song">时间的力量</div>
            <div class="singer">尚雯婕</div>
        </div>
        <div class="row">
            <div class="number2">06</div>
            <div class="song">祝君好</div>
            <div class="singer">陈洁仪</div>
        </div>
        <div class="row">
            <div class="number2">07</div>
            <div class="song">满</div>
            <div class="singer">汪峰</div>
        </div>
        <div class="row">
            <div class="number2">08</div>
            <div class="song">心酸的成熟</div>
            <div class="singer">黄小琥</div>
        </div>
        <div class="row">
            <div class="number2">09</div>
            <div class="song">大秧歌序曲</div>
            <div class="singer">孙楠</div>
        </div>
        <div class="row">
            <div class="number2">10</div>
            <div class="song">很爱很爱的</div>
            <div class="singer">李行亮</div>
        </div>
</div>
<div id="center">
<div class="list">MY 热歌榜</div>
<div class="more"><a href="http://www.yinyuetai.com">更多</a></div>
    <div class="row">
        <div class="number1">01</div>
        <div class="song">一次就好</div>
        <div class="singer">杨宗纬</div>
    </div>
```

```html
<div class="row">
    <div class="number1">02</div>
    <div class="song">南山南</div>
    <div class="singer">马頔</div>
</div>
<div class="row">
    <div class="number1">03</div>
    <div class="song">小苹果</div>
    <div class="singer">筷子兄弟</div>
</div>
<div class="row">
    <div class="number2">04</div>
    <div class="song">恋人心</div>
    <div class="singer">魏新雨</div>
</div>
<div class="row">
    <div class="number2">05</div>
    <div class="song">默《何以笙箫默》</div>
    <div class="singer">那英</div>
</div>
<div class="row">
    <div class="number2">06</div>
    <div class="song">李白</div>
    <div class="singer">李荣浩</div>
</div>
<div class="row">
    <div class="number2">07</div>
    <div class="song">喜欢你</div>
    <div class="singer">邓紫棋</div>
</div>
<div class="row">
    <div class="number2">08</div>
    <div class="song">青春修炼手册</div>
    <div class="singer">TFBOYS</div>
</div>
<div class="row">
    <div class="number2">09</div>
    <div class="song">十年</div>
    <div class="singer">陈奕迅</div>
</div>
<div class="row">
    <div class="number2">10</div>
    <div class="song">泡沫</div>
    <div class="singer">邓紫棋</div>
</div>
</div>

<div id="right">
<div class="list">MY 飙升榜</div>
<div class="more"><a href="http://www.yinyuetai.com">更多</a></div>
```

```html
<div class="row">
    <div class="number1">02</div>
    <div class="song">我是大主宰</div>
    <div class="singer">黄子韬</div>
</div>
<div class="row">
    <div class="number1">02</div>
    <div class="song">片羽时光</div>
    <div class="singer">周笔畅</div>
</div>
<div class="row">
    <div class="number1">03</div>
    <div class="song">不服</div>
    <div class="singer">羽泉</div>
</div>
<div class="row">
    <div class="number2">04</div>
    <div class="song">绿罗裙</div>
    <div class="singer">Angelababy</div>
</div>
<div class="row">
    <div class="number2">05</div>
    <div class="song">落俗</div>
    <div class="singer">李荣浩</div>
</div>
<div class="row">
    <div class="number2">06</div>
    <div class="song">Hot Pink</div>
    <div class="singer">EXID</div>
</div>
<div class="row">
    <div class="number2">07</div>
    <div class="song">河流</div>
    <div class="singer">汪峰</div>
</div>
<div class="row">
    <div class="number2">08</div>
    <div class="song">青蛙也会变王子</div>
    <div class="singer">王俊凯</div>
</div>
<div class="row">
    <div class="number2">09</div>
    <div class="song">肩上的翅膀</div>
    <div class="singer">空城</div>
</div>
<div class="row">
    <div class="number2">10</div>
    <div class="song">泡沫</div>
    <div class="singer">邓紫棋</div>
</div>
```

```html
            </div>
        </div>
        <!--主内容部分结束-->

        <!--页脚部分开始-->
        <div id="foot">
        <section class="navi2">
            <span><a href="#">关于我们</a></span>
            <span><a href="#">人才招聘</a></span>
            <span><a href="#">联系我们</a></span>
            <span><a href="#">友情链接 </a></span>
            <span><a href="#">版权说明</a></span>
            <span><a href="#">客服中心</a></span>
        </section>
        <section class="copy">Copyright&copy;2015-2016</section>
        </div>
        <!--页脚部分结束-->
</div>
</body>
</html>
```

CSS 代码(css14-12.css)如下：

```css
/*body 的样式*/
body{
    background-image:url(images/bg1.jpg);
    background-attachment:fixed;
    background-size:cover;
    font-family:微软雅黑,黑体;
    color:#000;
    text-align:center;
}
/*父容器#container 的样式*/
#container{
    border-radius:100px;
    margin:120px auto 0 auto;
    width:960px;
    height:1160px;
    background-color:rgba(70,89,166,0.8);    /*父 div 的背景不透明度为 80%*/
    text-align:center;
}

/*页眉#top 的样式*/
#top{
    height:100px;
    padding-top:80px;
}
#top section{    /*页眉左侧文字 Music Year 所在的盒子样式*/
    float:left;
    height:100px;
    width:560px;
```

```css
        font-family:chiller;
        font-size:90px;
        line-height:90px;
        color:yellow;
}
#top form{        /*页眉右侧表单的样式*/
        float:right;
        height:40px;
        width:300px;
        padding-top:60px;
}

/*焦点图#focus 的样式*/
#focus{
        height:200px;
        background:url(images/music.jpg) center; /*设置背景图居中*/
        opacity:0.6;                    /*焦点图不透明度 60%*/
        margin:20px;
        border-radius:20px;
}
#focus:hover{                  /*焦点图不透明度 100%,图像清晰*/
        opacity:1;
}

/*导航栏#navi 的样式*/
#navi{
        height:50px;
        margin:0 30px;
        font-family:微软雅黑,黑体;
}
#navi ul{
        height:30px;
        list-style-type:none;
        padding:0px;
        float:right;
}
#navi li{
        float:left;
        width:160px;
        padding:5px 5px 5px 0.5em;
}
#navi li:hover{
        background-color:#0044BB;
}
#navi li a{
        text-decoration:none;
        color:yellow;
}

/*主内容区#main 的样式*/
```

```css
#main{
    margin;30px 0;
    height:540px;
    border-radius:10px;
}
#left,#center,#right{          /*主内容区三个子div的样式*/
    float:left;
    width:290px;
    height:500px;
    background-color:#FFEE99;
    padding-top:10px;
    border-radius:15px;
    margin:15px;
}
/*主内容区排行榜中各个分区的样式*/
.list{                /*歌榜名样式，如"MY新歌榜"*/
    float:left;
    font-size:20px;
    margin-left:5px;
}
.more{                /*歌榜名右侧"更多"二字的样式*/
    float:right;
    font-size:15px;
    margin-top:5px;
    margin-right:5px;
}
.row{                /*歌榜每一行的样式*/
    float:left;
    width:280px;
    height:30px;
    margin-top:10px;
    background-color:white;
    border-radius:10px;
}
.row:hover{
    background:#F66;
}
.number1{           /*歌榜前三数字的样式*/
    background-color:orange;
    width:30px;
    height:30px;
    color:white;
    text-align:center;
}
.number2{           /*歌榜后七名数字的样式*/
    background-color:#AAAAAA;
    width:30px;
    height:30px;
    color:white;
    text-align:center;
```

```css
}
.song{                    /*歌曲名的样式*/
    float:left;
    width:120px;
    height:30px;
    color:#0066FF;
    font-size:15px;
    margin:-25px 0 0 50px;
}
.singer{                  /*歌手名的样式*/
    float:right;
    width:80px;
    height:20px;
    font-size:15px;
    margin:-30px 20px 0 30px;
}

/*页脚#foot 样式*/
#foot{
    height:150px;
    border-radius:50px;
}
.navi2{                   /*页脚部分导航链接的样式*/
    margin:10px;
    background-color:#FFF;
    padding:7px;
    border-radius:20px;
}
.navi2 a:link{
    color:black;
    text-decoration:none;
}
.navi2 span{
    padding:0 28px;
    margin-left:30px;
    font-size:15px;
}
.copy{                    /*页脚部分版权信息的样式*/
    margin-top:30px;
    font-size:15px;
    color:white;
}
```

在 IE11.0 中浏览，效果如图 14-25、图 14-26 以及图 14-27 所示。

代码分析：本节布局结构没有特别需要分析的地方，我们对一些细节进行分析学习。

(1) 背景图像：背景图像采用固定 fixed 布局，并且通过 background-size:cover;将背景图像缩放直到一个方向覆盖盒子，所以我们在图 14-26 中看到背景图像横向始终覆盖整个浏览器窗口，纵向进行了重复。

```
body{
    background-image:url(images/bg1.jpg);
    background-attachment:fixed;
    background-size:cover;
    ...
}
```

(2) 父层盒子的透明度：这是一个非常简单而有视觉冲击力的效果，仅通过设置背景色的透明度而实现，采用CSS3新增的RGBA颜色模式。

```
#container
{
    ...
    background-color:rgba(70,89,166,0.8);    /*父div的背景不透明度为80%*/
}
```

(3) 焦点图鼠标经过改变不透明度：使用CSS3新属性opacity改变盒子的不透明度即可，鼠标经过前后效果如图14-28所示。当然目前焦点图更多的是利用Javascript代码制作成变换图像的效果，请读者自行搜索相关代码并尝试实现。

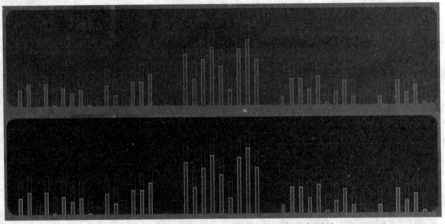

图14-28　鼠标经过焦点图前后不透明度对比

```
#focus{
    opacity:0.6;                /*焦点图不透明度60%*/
    ...
}
#focus:hover{                   /*焦点图不透明度100%,图像清晰*/
    opacity:1;
}
```

(4) 歌榜部分：歌榜部分的实现比较繁琐，使用了多个div布局，并将div的样式分类，如.song规定所有歌曲名的样式。这些在代码中有相应注释，读者也可尝试用表格实现歌曲排行榜。

14.3.5 通栏布局

目前主流网站更流行的一种做法是：将一些水平模块，如页眉、导航、焦点图或页脚等用通栏显示。

本节我们将前文单列布局和三列布局的案例改造成通栏布局。这里 HTML 文件几乎没有变化，我们把重点放在 CSS 文件，可以不再使用父层#container，分别对横向每个盒子设置 margin 和宽度属性，通栏的宽度设置为 100%。当然有些情况也保留#container 并将其设置为 100%，这些细节在设计时读者可自行决定。

1. 单列通栏布局基本版式

将【例 14-7】的页眉和页脚部分改变成通栏版式，我们用颜色标识不同的区域。

【例 14-13】实现单列通栏布局的基本版式(14-13.html & css14-13.css)，效果如图 14-29 所示。

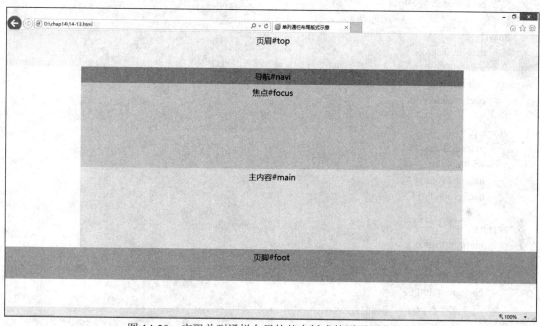

图 14-29　实现单列通栏布局的基本版式的页面浏览效果

HTML 代码(14-13.html)如下：

```
<!DOCTYPE html>
<html>
<head>
<title>单列通栏布局版式示意</title>
<link href="css14-13.css"type="text/css"rel= "stylesheet" />
</head>
<body>
<div id="top">页眉#top</div>
<div id="navi">导航#navi</div>
<div id="focus">焦点#focus</div>
```

```html
<div id="main">主内容#main</div>
<div id="foot">页脚#foot</div>
</body>
</html>
```

CSS 代码(css14-13.css)如下：

```css
/*设置 body 元素样式*/
body{
    margin:0px;
    text-align:center;
    font:20px/2 微软雅黑,黑体,宋体;
}
#top{
    width:100%;
    height:90px;
    background:#FF9;
}
#navi{
    margin:0 auto;
    width:980px;
    height:40px;
    background:#F66;
}
#focus{
    margin:0 auto;
    width:980px;
    height:210px;
    background:#FC9;
}
#main{
    margin:0 auto;
    width:980px;
    height:200px;
    background:#FF3;
}
#foot{
    width:100%;
    height:80px;
    background:#F96;
}
```

在 IE11.0 中浏览，效果如图 14-29 所示。

代码分析如下：

(1) HTML 部分去掉`<div id="container">...</div>`即可。

(2) CSS 部分改造每一行的高度和外边距，#top 和#foot 的宽度为 100%，其他几个设置宽度为 980px，同时保证外边距的左右为 auto，这样非通栏的盒子才可能在网页中居中。

2. 单列通栏布局网页示例

将【例14-8】的页眉和页脚部分改变成通栏版式。

【例14-14】实现单列通栏布局的网页(14-14.html & css14-14.css)，效果如图14-30所示。

本例需要修改的部分非常简单，只需要改变横向模块宽度、边距和背景等属性即可，此处仅给出 CSS 代码，HTML 代码见光盘。

CSS 代码(css14-14.css)如下：

```css
/*设置 body 元素样式*/
body{
    margin:0px;
    text-align:center;
}
/*外层父 div 样式*/

/*页眉 top 样式开始*/
#top{
    width:100%;
    height:90px;
```

图 14-30　使用单列通栏布局的页面浏览效果

```css
    margin:0;
    background:#F60;
}
/*页眉 top 样式结束*/

/*导航 navi 部分样式开始*/
```

```css
#navi{
    margin:0 auto;
    width:980px;
    padding:0px 13px;
    height:40px;
}
/*导航条部分链接样式的设置*/
#navi a{                    /*链接通用样式*/
    display:block;          /*显示为块级元素*/
    float:left;             /*浮动在左*/
    width:100px;            /*宽 100 像素*/
    color:white;
    font-family:微软雅黑,黑体,宋体;
    text-decoration:none;   /*无下划线*/
    margin:3px;             /*按钮的外边距*/
    padding:6px 15px;
    border-radius:10px;
}
#navi a:link,#navi a:visited{       /*未访问和访问链接样式*/
    background:linear-gradient(#F60,#F93);   /*渐变背景*/
}
#navi a:hover{              /*鼠标经过时的超链接*/
    background:#724b20;
}
/*页眉 navi 部分样式结束*/

/*焦点 focus 样式开始*/
#focus{                     /*焦点部分样式*/
    margin:0 auto;
    width:980px;
    padding:0;
    height:210px;
}
/*焦点 focus 样式结束*/

/*主内容 main 样式开始*/
#main{
    margin:0 auto;
    width:980px;
    padding:10px;
    text-align:left;
}
#main h4{
    background:#F93 url(images/little1.png) no-repeat left center;
    margin:0;
    padding:10px 60px;
}
#main p{
    font:13px/1.6 宋体;
    text-indent:2em;
```

```
}
/*主内容 main 样式结束*/

/*页脚 foot 样式开始*/
#foot{
    width:100%;
    height:80px;
    font:12px/2 宋体;
    color:#FFF;
    background:linear-gradient(#F93,#F60);
}
/*页脚 foot 样式结束*/
```

3. 三列通栏布局基本版式

将【例 14-11】的页眉、焦点、导航和页脚部分改变成通栏版式，我们用颜色标识不同的区域。

【例 14-15】实现三列通栏布局的基本版式(14-15.html & css14-15.css)，效果如图 14-31 所示。

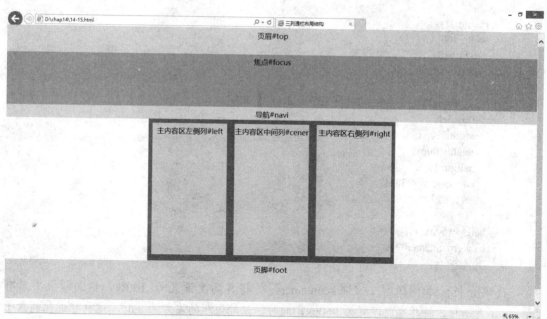

图 14-31 实现三列通栏布局的基本版式的页面浏览效果

本例 HTML 代码无本质改变，仅给出 CSS 代码，HTML 代码见光盘。
CSS 代码(css14-15.css)如下：

```
/*body 的样式*/
body{
    margin:0px;
    text-align:center;
    font:28px/2 微软雅黑,黑体,宋体;
```

```css
}
/*父容器#container 的样式*/
#container{
    margin:0;
    width:100%;
    height:1100px;
}

#top{
    height:100px;
    background:#cef091;
}
#focus{
    height:200px;
    background:#70c17f;
}
#navi{
    height:50px;
    background:#cef091;
}
#main{
    margin:0 auto;
    width:960px;
    height:540px;
    background:#7c5e46;
}
#left,#center,#right{    /*主内容区三个子 div 的样式*/
    float:left;
    width:290px;
    height:500px;
    margin:15px;
    background:#f3de47;
}
#foot{
    height:150px;
    background:#cef091;
}
```

代码分析：本例保留了父层#container，并将其高度设置为 100%，横向模块中只有#main 不是通栏，将其宽度设置为 960px，同时保证外边距的左右为 auto，这样非通栏的盒子才可能在网页中居中。

4．三列通栏布局网页示例

将【例 14-12】的页眉和页脚部分改变成通栏版式。

【例 14-16】实现单列通栏布局的网页(14-16.html & css14-16.css)，效果如图 14-32 所示。

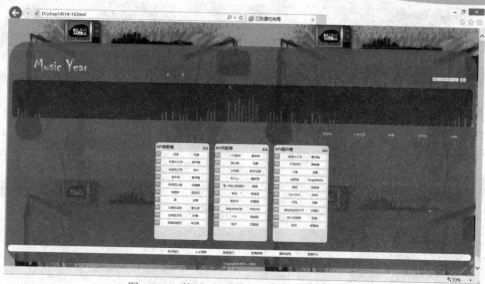

图14-32 使用三列通栏布局的页面浏览效果

本例需要修改的部分非常简单，只需要改变横向模块宽度、边距和背景等属性即可，此处仅给出 CSS 代码，HTML 代码见光盘。

(1) CSS 代码(css16-16.css)

```css
/*body 的样式*/
body{
    background-image:url(images/bg1.jpg);
    background-attachment:fixed;
    background-size:cover;
    font-family:微软雅黑,黑体;
    color:#000;
    text-align:center;
}
/*父容器#container 的样式*/
#container{
    border-radius:100px;
    margin:120px auto 0 auto;
    width:100%;
    height:1160px;
    background-color:rgba(70,89,166, 0.8);   /*父 div 的背景不透明度为 80%*/
    text-align:center;
}

/*页眉#top 的样式*/
#top{
    height:100px;
    padding-top:80px;
}
#top section{      /*页眉左侧文字 Music Year 所在的盒子样式*/
    float:left;
```

```css
        height:100px;
        width:560px;
        font-family:chiller;
        font-size:90px;
        line-height:90px;
        color:yellow;
}
#top form{            /*页眉右侧表单的样式*/
        float:right;
        height:40px;
        width:300px;
        padding-top:60px;
}

/*焦点图#focus 的样式*/
#focus{
        height:200px;
        background:url(images/music.jpg) center; /*设置背景图居中*/
        opacity:0.6;                    /*焦点图不透明度 60%*/
        margin:20px;
        border-radius:20px;
}
#focus:hover{                    /*焦点图不透明度 100%,图像清晰*/
        opacity:1;
}

/*导航栏#navi 的样式*/
#navi{
        height:50px;
        margin:0 30px;
        font-family:微软雅黑,黑体;
}
#navi ul{
        height:30px;
        list-style-type:none;
        padding:0px;
        float:right;
}
#navi li{
        float:left;
        width:160px;
        padding:5px 5px 5px 0.5em;
}
#navi li:hover{
        background-color:#0044BB;
}
#navi li a{
        text-decoration:none;
        color:yellow;
}
```

```css
/*主内容区#main 的样式*/
#main{
    margin:30px auto;
    width:960px;
    height:540px;
    border-radius:10px;
}
#left,#center,#right{        /*主内容区三个子 div 的样式*/
     float:left;
     width:290px;
     height:500px;
     background-color:#FFEE99;
     padding-top:10px;
     border-radius:15px;
     margin:15px;
}
/*主内容区排行榜中各个分区的样式*/
.list{                    /*歌榜名样式，如"MY 新歌榜"*/
     float:left;
     font-size:20px;
     margin-left:5px;
}
.more{                    /*歌榜名右侧"更多"二字的样式*/
     float:right;
     font-size:15px;
     margin-top:5px;
     margin-right:5px;
}
.row{                     /*歌榜每一行的样式*/
     float:left;
     width:280px;
     height:30px;
     margin-top:10px;
     background-color:white;
     border-radius:10px;
}
.row:hover{
    background:#F66;
}
.number1{                 /*歌榜前三数字的样式*/
    background-color:orange;
    width:30px;
    height:30px;
    color:white;
    text-align:center;
}
.number2{                 /*歌榜后七名数字的样式*/
    background-color:#AAAAAA;
    width:30px;
```

```css
        height:30px;
        color:white;
        text-align:center;
}
.song{                          /*歌曲名的样式*/
        float:left;
        width:120px;
        height:30px;
        color:#0066FF;
        font-size:15px;
        margin:-25px 0 0 50px;
}
.singer{                        /*歌手名的样式*/
        float:right;
        width:80px;
        height:20px;
        font-size:15px;
        margin:-30px 20px 0 30px;
}

/*页脚#foot 样式*/
#foot{
        height:150px;
        border-radius:50px;
}
.navi2{                         /*页脚部分导航链接的样式*/
        margin:10px;
        background-color:#FFF;
        padding:7px;
        border-radius:20px;
}
.navi2 a:link{
        color:black;
        text-decoration:none;
}
.navi2 span{
        padding:0 28px;
        margin-left:30px;
        font-size:15px;
}
.copy{                          /*页脚部分版权信息的样式*/
        margin-top:30px;
        font-size:15px;
        color:white;
}
```

(2) 代码分析

本例仅做出了两个位置的改变：

➢ 父层#container 宽度，由 width:960px 改为 width:100%，去掉 margin:0 auto。

> 主内容容器#main，将其宽度设置为 960px，增加 width:960px，同时保证外边距的左右为 auto，将 margin;30px 0;修改为 margin;30px auto;。

14.4 习题

14.4.1 单选题

1. DIV+CSS 页面排版一般使用( )元素对页面进行分块。
   A. <p></p>　　B. <div></div>　　C. <span></span>　　D. <ul></ul>
2. 以下超链接相关的伪类选择符中( )是最不经常使用的。
   A. a:link　　B. a:hover　　C. a:visited　　D. a:active
3. 以下代码可去掉已访问链接的下划线的是( )。
   A. a:visited{text-decoration:none;}　　B. a:visited{underline:none;}
   C. a:link{decoration:no underline;}　　D. a:link{text-decoration:no underline;}

14.4.2 填空题

1. HTML5 新增的结构标记<header>、_____、_____、<aside>、_____等都是用于布局非常实用的 BOX。
2. 当列表的项目符号通过 list-style-type 设置为_____时，可以制作出各式各样的菜单和导航条，这也是列表最大的用处之一。
3. _____是按照一定的规律把网页中的图像、文字、视频等页面元素排列到最佳位置。

14.4.3 判断题

1. DIV+CSS 进行页面排版时，首先要在整体上考虑如何用 div 分块。（ ）
2. 虽然 DIV+CSS 布局使用div 元素作为容器，但在实际布局中，并不仅仅局限于 div 盒子，而应该根据实际情况选择合适的 BOX。（ ）
3. 所谓"版心"是指网页中所有内容所在的区域，通常占满整个浏览器窗口。（ ）
4. 按钮式超链接必须使用图片才能实现。（ ）

14.4.4 简答题

1. 试述网页布局的方法和流程。
2. 常用的网页布局版式有哪些？分别适用于什么情况？

第15章
综合案例——旅游网站

随着互联网的发展，很多公司为了方便客户了解本公司的业务，都会创建属于自己公司的门户网站。不论哪种类型的网站都要提供给用户清晰的信息。目前通用的方法是既提供合理的布局，方便用户查找所需的信息内容；又提供丰富的图片和文字介绍，给用户更好的直观感受。本章重点介绍一种较为常用的网站静态页面设计案例。

本章学习目标

◎ 掌握基本的 DIV+CSS 布局方法。
◎ 能够使用样式表进行页面的布局与美化。

15.1 网页布局概述

DIV+CSS 是 WEB 设计标准，它是一种网页的布局方法。采用 DIV+CSS 重构的页面容量要比 TABLE 编码的页面文件容量小得多，代码更加简洁，前者一般只有后者的 1/2 大小。对于一个大型网站来说，可以节省大量带宽；易于维护和改版，样式的调整更加方便。内容和样式的分离，使页面和样式的调整变得更加方便，只要简单地修改几个 CSS 文件就可以重新设计整个网站的页面。

本章将以一个采用 DIV+CSS 布局的网站作为案例，通过分析其中的设计原理和过程，进一步将解这种布局设计方式。在这个案例中，所有页面全部采用了之前学过的 CSS 样式和当下流行的 DIV+CSS 布局的设计模式。

15.2 页面的设计

这是一个旅游网站的首页面的设计案例，接下来一起来分析这个案例页面对应的文件 index.html，其在 Opera38 中的浏览，效果如图 15-1 所示。

【例 15-1】页面的设计(index.html)，效果如图 15-1 所示。

本例是一个旅游网站的首页面。页面提供了该旅游网站的一些业务信息、旅游相关的一些咨询和客户旅游心得等资讯。

代码如下：

```
<!DOCTYPE html>
<html>
<head>
    <meta http-equiv="Content-Type" content="text/html; charset=utf-8" />
    <meta http-equiv="X-UA-Compatible" content="IE=EmulateIE7" />
    <title>旅游网站</title>
    <link rel="stylesheet" type="text/css" href="css/style.css" />
</head>
<body>
    <div id="container">
    <div id="top">
    <div id="link">
    <div id="links">
        <a href="#">网站首页</a>|
        <a href="#">会员中心</a>|
        <a href="#">English</a>
    </div>
    </div>
    <div id="menu">
        <ul class="main-menu">
            <li class="main-li"><a class="li-a" href="#">旅游</a></li>
            <li class="main-li">|</li>
```

综合案例——旅游网站

图 15-1　整体浏览效果

```html
            <li class="main-li"><a class="li-a" href="#">自驾</a></li>
            <li class="main-li">|</li>
            <li class="main-li"><a class="li-a" href="#">目的地</a></li>
            <li class="main-li">|</li>
            <li class="main-li"><a class="li-a" href="#">发现</a></li>
            <li class="main-li">|</li>
            <li class="main-li"><a class="li-a" href="#">大咖</a></li>
            <li class="main-li">|</li>
            <li class="main-li"><a class="li-a" href="#">精彩专题</a></li>
            <li class="main-li">|</li>
            <li class="main-li"><a class="li-a" href="#">预定</a></li>
            <li class="main-li">|</li>
            <li class="main-li"><a class="li-a" href="#">联系我们</a></li>
        </ul>
    </div>
    <div id="bannerwrap">
        <a href="#"><imgsrc="images/banner.jpg" width="968" height="190"/></a>
```

```html
            <div class="clear"> </div>
        </div>
    </div>
    <div id="main">
        <div id="login">
            <div class="userinfo">
                用户名<input type="text" name="username" size="14" class="input" /><br /><br />
                密  码<input type="text" name="username" size="14"class="input" />
            </div>
            <div class="ok"><input type="button" class="login_ok"/></div>
            <div class="register">
                <input type="image" src="images/reg.jpg" width="65" height="22"/>
                <input type="image" src="images/foundp.jpg" width="66" height="22"/>
            </div>
        </div>
        <div id="left">
            <div class="title">旅行家推荐<div class="more"><a href="#">
                <imgsrc="images/more.jpg" /></a></div>
            </div>
            <div id="leftcontent">
                <a href="#"><imgsrc="images/pic_08.jpg" width="174"/></a>
                <a href="#"><p>酷暑仲夏终于来了,白天我们蜷在空调房里盼望着夜晚的来临,可夜晚到了你有没有些……</p></a>
                <imgsrc="images/store.png" width="174"/>
                <imgsrc="images/charts.png" width="174"/>
            </div>
            <div class="clear"> </div>
        </div>
        <div id="center">
            <div class="title">
                最新活动<div class="more"><a href="#"><imgsrc="images/more.jpg" /></a></div>
            </div>
            <div id="centertop">
                <ul>
                    <li><a href="#"><imgsrc="images/pic_001.jpg" width="250" /><br/>
                    <span class="money">¥2639 起</span><s>¥3639</s>
                    <span class="satisfact">满意度 100%</span></a></li>
                    <li><a href="#"><imgsrc="images/pic_002.jpg" width="250" /><br/>
                    <span class="money">¥12639 起</span><s>¥15999</s>
                    <span class="satisfact">满意度 100%</span></a></li>
                </ul>
                <ul>
                    <li><a href="#"><imgsrc="images/pic_004.jpg" width="250" /><br/>
                    <span class="money">¥5639 起</span><s>¥7639</s>
                    <span class="satisfact">满意度 100%</span></a></li>
                    <li><a href="#"><imgsrc="images/pic_005.jpg" width="250" /><br/>
                    <span class="money">¥7426 起</span><s>¥9854</s>
                    <span class="satisfact">满意度 100%</span></a></li>
                </ul>
            </div>
            <div id="centerbottom">
                <div class="title">精彩游记
                <div class="more"><a href="#"><imgsrc="images/more.jpg" /></a></div>
```

```html
        </div>
        <div id="centerbtcont">
        <div class="pwrap">
            <p><img src="images/pic_07.jpg" class="imgwrap"/>很多人选择清迈或许是因为一部电影，
《泰囧》；又或许是因为一个人，邓丽君；再或者是一个日子，万人水灯节or泼水节。而我在年初毫不犹
豫地敲定清迈的行程，并不是因为这些，清迈真正吸引我的是那里有我心中所追寻的色彩。心中的清
迈，一个古朴的小城，没什么大风景，却处处充满色彩。</p>
            <p>那里有金碧辉煌的庙宇，那里有小清新的街道，那里有触手可及的蓝天，那里有色彩斑斓
的拜县，那里还有灯火辉煌的夜市……已经迫不及待地开启一段清迈之旅，追寻我心中清迈的色彩！我
是Nazario罗尼，爱生活，爱旅行，爱摄影，爱折腾自己的游记，希望大家喜欢！</p>
            <p><img src="images/pic_09.jpg" class="imgwrap2"/>Hello，Chiang Mai！
清迈，我们来了！
在一个并不完美的季节，
用我们的方式感受着小城清晨的古朴和宁静，
在下一转角邂逅金碧辉煌或安静清闲的佛寺，
在拜县假装很唯美，留下我们最美的光与影，
在因他农山翱翔天空，触碰那一片蓝天白云，
漫步在色彩斑斓的宁曼路，找寻那一抹清新，
迎着夕阳在夜市等待着华灯初上的那份妖娆。
清迈，我们曾经来过！</p>
            <p style="text-align:right; padding:3px 0 0; width:320px;"><a href="#">详细进入>></a></p>
            <div class="clear"> </div>
        </div>
        <div class="clear"> </div>
        </div>
        <div class="clear"> </div>
        </div>
        <div id="right">
        <div id="around">
        <div class="title">热门头条</div>
        <div class="more"><a href="#"><img src="images/more.jpg" /></a></div>
        </div>
            <ul>
                <li><a href="#">【爆款】上海迪士尼乐园门票买1送1</a></li>
                <li><a href="#">【特惠】三亚狂欢节第2人半价</a></li>
                <li><a href="#">【促销】暑期银行特惠部分减4000元</a></li>
                <li><a href="#">【惠游】欧洲第2人5折中行卡折上惠</a></li>
            </ul>
            <img src="images/hot.png" width="174"/>
        </div>
        <div id="domestic">
        <div class="title">国内游</div>
        <div class="more"><a href="#"><img src="images/more.jpg" /></a></div>
        </div>
            <ul>
                <li><a href="#">青山清水客家人</a></li>
                <li><a href="#">超详细三亚自由行游记</a></li>
                <li><a href="#">沿着海岸去纳凉</a></li>
                <li><a href="#">全家香港亲子游</a></li>
```

```html
            <li><a href="#">去玩哦旅游烟雨凤凰3日游</a></li>
            <li><a href="#">浪漫海滨辽宁四地5日</a></li>
            <li><a href="#">山不在高：浙江·台州之旅</a></li>
            <li><a href="#">维吾尔族的历史，你了解吗？</a></li>
          </ul>
        </div>
        <div id="abroad">
          <div class="title">出境游</div>
          <div class="more"><a href="#"><imgsrc="images/more.jpg" /></a></div>
          </div>
          <ul>
            <li><a href="#">北欧+峡湾9日冰纯天净之旅</a></li>
            <li><a href="#">热浪岛休闲度假6日游</a></li>
            <li><a href="#">爱尔摩沙度假村+云顶欢乐游</a></li>
            <li><a href="#">马尔代夫6日逍遥游</a></li>
            <li><a href="#">悠游巴厘岛半自助6日行</a></li>
            <li><a href="#">超值香港+长滩岛6日游</a></li>
            <li><a href="#">韩国济州休闲3日游</a></li>
            <li><a href="#">赴国际电影节主办地</a></li>
            <li><a href="#">暑假出境游回暖</a></li>
          </ul>
        </div>
        <div class="clear"> </div>
      </div>
    </div>
    <div id="footer">
      <ul>
        <li><a href="#">商家服务</a></li>
        <li>|</li>
        <li><a href="#">新手上路</a></li>
        <li>|</li>
        <li><a href="#">网站荣誉</a></li>
        <li>|</li>
        <li><a href="#">友情链接</a></li>
        <li>|</li>
        <li><a href="#">关注我们</a></li>
        <li><imgsrc="images/w_icon1.gif" />
            <imgsrc="images/w_icon2.gif" />
            <imgsrc="images/w_icon3.gif" />
        </li>
      </ul>
      <p>Copyright©2016-2017    All Rights Reserved</p>
    </div>
  </div>
</body>
</html>
```

style.css 的代码如下：

```css
*{
    margin:0;
    padding:0;
```

```css
}
img {
    border:none;
}
body {
    font-family:"宋体";
    font-size:12px;
    color:#666666;
    background:url(../images/bg.jpg) repeat-x scroll 0 0 #fcfcfc;
}
a{
    color:#666666;
    text-decoration:none;
}
a:hover {
    color:#000;
    text-decoration:underline;
}
#container {
    width:968px;
    margin:0 auto;
}
#top {
    width:968px;
}
#link {
    width:968px;
    height:28px;
    color:#fff;
    background:url(../images/link.jpg) no-repeat scroll right center;
}
#links {
    padding:9px 26px 0 0 ;
    text-align:right;
    letter-spacing:1px;
}
#links a {
    color:#fff;
    text-decoration:none;
}
#links a:hover{
    color:#fff;
    text-decoration:underline;
}
#menu {
    width:710px;
    height:38px;
    padding-left:258px;
    font-size:14px;
}
```

```css
#menu ul{
    list-style:none;
    padding-top:12px;
    height:20px;
}
#menu a{
    text-decoration:none;
    color:#525151;
}
#menu a:hover{
    text-decoration:underline;
    color:#525151;
}
.main-menu{
    width:710px;
}
.main-menu .main-li{
    float:left;
    height:30px;
    line-height:30px;
    position:relative;
    z-index:1;
    text-align:center;
}
.main-menu .main-li a{
    display:block;
    color:#525151;
    font-weight:bold;
}
.main-menu .main-li .li-a{
    float:left;
    width:80px;
}
.main-menu .main-li .sub-menu
{
    position:absolute;
    top:30px;
    display:none;
    z-index:2;
    left:0px;
    width:100px;
    text-align:center;
    background-color:#C6C6C6;
}

#bannerwrap{
    width:968px;
    height:190px;
    margin-top:3px;
}
```

```css
.clear {
    clear:both;
    font-size:0;
    height:0;
    line-height:0;
}
#main{
    width:968px;
    margin-top:5px;
}
#login {
    width:200px;
    height:190px;
    float:right;
    background:url(../images/login_bg.gif) no-repeat scroll 0 0;
}
.userinfo{
    padding:48px 0 0 20px;
}
.input {
    margin-left:5px;
}

.ok {
    padding:9px 0 0 60px;
}
.login_ok{
    background:url(../images/ok.jpg) no-repeat scroll 0 0;
    width:68px;
    height:22px;
    border:none;
    cursor:pointer;
}
.register {
    padding:15px 5px 0 31px;
}
#left {
    width:198px;//左边吃喝的宽度，高度根据内容自动增长
    border:1px solid #C8C8C8;
    float:left;
    display:inline;
    background-color:#F5F5F5;
}
#left .title{
    position:relative;
    text-indent:25px;
    color:#fff;
    font-size:14px;
    font-weight:bold;
    width:192px;
```

```css
        height:25px;
        margin-left:1px;
        line-height:25px;
        background:url(../images/title_bg.jpg) no-repeat scroll 0 0;
}
#left .more{
        position:absolute;
        top:6px;
        left:110px;
        width:49px;
        height:12px;
}
#leftcontent{
        width:154px;
        padding:5px 0 0 12px;
}
 #leftcontent   p{
        text-indent:2em;
        text-decoration:underline;
        line-height:1.2;
        padding:3px 10px 0 5px;
}
#leftcontentul{
        list-style-type:square;
        padding:12px 0 16px 5px;
        width:169px;
        list-style-position:inside;
 }
#leftcontent li {
        line-height:2.3;
        vertical-align:middle;
        border-bottom:1px dashed #C4C2C2;
}
#center{
        margin-left:7px;
        width:546px;
        float:left;
        background-color:#F5F5F5;
}
.money{
        color:red;
        font-size:20px;
        font-weight:bold;
        text-decoration:none;
}
.satisfact{
        color:#666666;
        padding:0 0 0 20px;
        text-decoration:none;
        font-size:15px;
```

```css
}
#centertop,#centerbottom{
    width:546px;
    height:449px;//中间图片的图层高度
    border:1px solid #C8C8C8;
}
#centertopul{
    list-style:none;
    padding:9px 0 0 12px;
}
#centertopli{
    padding:5px 5px 20px 5px;
    float:left;
    display:block;
}
#centerbottom {
    margin-top:5px;
    padding:6px 8px 0 3px;
    width:535px;
    height:242px;
}
#centerbottom .title,#center .title{
    position:relative;
    text-indent:25px;
    color:#fff;
    font-size:14px;
    font-weight:bold;
    width:535px;
    height:24px;
    line-height:24px;
    background:url(../images/title_bg02.jpg) no-repeat scroll 0 0 #25AA9E;
}
#centerbottom .more,#center .more{
    position:absolute;
    top:6px;
    left:452px;
    width:49px;
    height:12px;
}
#centerbtcont{
    width:510px;
    padding:6px 0 0 8px;
}
.imgwrap{
    float:left;
    border:1px solid blue;
    margin:5px;
}
.imgwrap2 {
    float:right;
    border:1px solid blue;
```

```css
        margin:5px;
}
#centerbtcont .pwrap{
        padding-top:5px;
}
#centerbtcont .pwrap p {
        text-indent:3em;
        line-height:1.5;
        width:525px;
}
 #right {
        width:202px;
        float:right;
        padding-right:3px;
        background-color:#F5F5F5;
}
 #right ul{
        padding:10px 0 0 30px;
        list-style-image:url(../images/icon.jpg);
}
 #right li{
        line-height:1.7;
}
 #domestic,#abroad,#around{
        width:202px;
        padding-left:1px;
        border:1px solid #C8C8C8;
}
#domestic .title,#abroad .title,#around .title{
        position:relative;
        text-indent:25px;
        color:#fff;
        font-size:14px;
        font-weight:bold;
        width:200px;
        height:25px;
        line-height:25px;
        background:url(../images/title_bg03.jpg) no-repeat scroll 0 0;
}
 #domestic .more, #abroad .more,#around .more{
        position:absolute;
        top:6px;
        left:120px;
        width:49px;
        height:12px;
}
 #footer{
        width:1004px;
        height:76px;
        border-top:1px solid #BFBCBC;
        margin:0 auto;
```

```
        margin-top:10px;
}
#footer ul{
    padding:20px 0 0 330px;
    list-style:none;
    width:704px;
    float:left;
}
#footer li{
    display:block;
    float:left;
    margin-right:10px;
}
#footer p{
    padding:5px 0 0 330px;
    width:704px;
    float:left;
}
```

页面布局为一个主区域 container 区中包含三个区域，分别为 top 区、main 区和 footer 区，然后在这三个区内再次进行更为精细的布局划分，如图 15-2 所示。后面会对这几个区域做详细介绍。

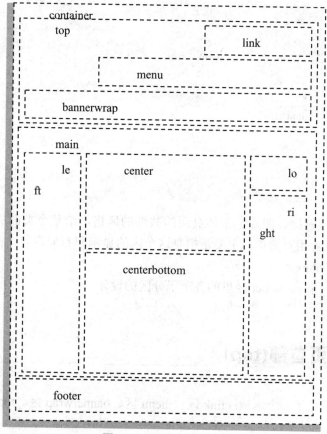

图 15-2　整体布局设计

15.3 全局样式设定

网页的最顶层是 container 区,其他所有的内容都包含在这个图层中。CSS 首先对这个顶层区域和整个页面的通用一些样式进行设定。

CSS 代码如下:

```
*{
        margin:0;
        padding:0;
}
img{
        border:none;
}
body{
    font-family:"宋体";
    font-size:12px;
    color:#666666;
    background:url(../images/bg.jpg) repeat-x scroll 0 0 #fcfcfc;
}
a{
    color:#666666;
    text-decoration:none;
}
a:hover{
    color:#000;
    text-decoration:underline;
}
#container{
        width:968px;
        margin:0 auto;
}
```

设置了页面超链接、图片、主体页面的共性的风格,给整个页面加了一个背景图。在 container 区设置相对简单,主要是控制这个区的显示和布局设置。在设置中,这个层的宽度被设定为 968px。

接下来介绍一下 container 区里的各个子分区的设计。

15.4 网页首部(top)

在 top 区中下分了三个区域:link 区、menu 区、bannerwrap 区。top 区对应的 CSS 代码如下:

综合案例——旅游网站

```
#top {
    width:968px;
}
```

样式表很简单，为 top 区设定了宽度。这个区放置了链接菜单(link)、导航菜单(menu)、网站的横幅广告(bannerwrap)三个小区域，如图 15-3 所示。

图 15-3 链接和导航菜单浏览效果

15.4.1 链接菜单(link)

链接菜单(link)区里用来放置链接菜单，图层嵌套了一个 links 的图层，在 links 图层中放置了三个超链接。

1. HTML 代码

```
<div id="link">
    <div id="links"><a href="#">网站首页</a> |
        <a href="#">会员中心</a> |
        <a href="#">English</a>
    </div>
</div>
```

2. CSS 代码

```
#link{
    width:968px;
    height:28px;
    color:#fff;
    background:url(../images/link.jpg) no-repeat scroll right center;
}
#links{
    padding:9px 26px 0 0 ;
    text-align:right;
    letter-spacing:1px;
}
#links a{
    color:#fff;
    text-decoration:none;
}
#links a:hover{
    color:#fff;
    text-decoration:underline;
}
```

设置了图层的宽度、高度、图片并没有网页中直接插入，而是在样式代码里嵌入了 link 图片，并且规定了图层中的文字所放的位置，和图层中超链接的相关样式，默认去掉下划线，当悬浮的时候出现下划线。

15.4.2 导航菜单(menu)

这个区域的作用就是放置网页的导航,使用无序列表的形式表现了菜单。

1. 内容代码

```html
<div id="menu">
    <ul class="main-menu">
        <li class="main-li"><a class="li-a" href="#">旅游</a></li>
        <li class="main-li">|</li>
        <li class="main-li"><a class="li-a" href="#">自驾</a></li><li class="main-li">|</li>
        <li class="main-li"><a class="li-a" href="#">目的地</a></li><li class="main-li">|</li>
        <li class="main-li"><a class="li-a" href="#">发现</a></li>
        <li class="main-li">|</li>
        <li class="main-li"><a class="li-a" href="#">大咖</a></li>
        <li class="main-li">|</li>
        <li class="main-li"><a class="li-a" href="#">精彩专题</a></li>
        <li class="main-li">|</li>
        <li class="main-li"><a class="li-a" href="#">预定</a></li>
        <li class="main-li">|</li>
        <li class="main-li"><a class="li-a" href="#">联系我们</a></li>
    </ul>
</div>
```

2. 样式代码

```css
#menu{
    width:710px;
    height:38px;
    padding-left:258px;
    font-size:14px;
}
 #menu ul{
    list-style:none;
    padding-top:12px;
    height:20px;
}
 #menu a{
    text-decoration:none;
    color:#525151;
}
 #menu a:hover{
    text-decoration:underline;
    color:#525151;
}
 .main-menu{
    width:710px;
}
 .main-menu .main-li{
    float:left;
    height:30px;
    line-height:30px;
```

```
        position:relative;
        z-index:1;
        text-align:center;
}
    .main-menu .main-li a{
        display:block;
        color:#525151;
        font-weight:bold;
}
    .main-menu .main-li .li-a{
        float:left;
        width:80px;
}
    .main-menu .main-li .sub-menu{
        position:absolute;
        top:30px;
        display:none;
        z-index:2;
        left:0px;
        width:100px;
        text-align:center;
        background-color:#C6C6C6;
}
```

在样式中，分别规定了图层 menu 的宽度、高度、内留白、字体的大小、列表、列表项，以及超链接中相关的颜色、尺寸、留白、位置等相关样式。

> **注意**
>
> float:left;是用来指定元素脱离普通的文档流而产生的特别的布局特性，并且这个 float 属性必须应用在块级元素之上，也就是说浮动不能应用于内联标记。换句话说，如果某个元素应用了 float，那么这个元素将被指定为块级元素。

15.4.3 网站的横幅广告(bannerwrap)

这个区域为网页放置广告图片或者宣传图片的地方，其浏览效果如图 15-4 所示。

图 15-4 banner 模块浏览效果

内容代码如下：

```
<div id="bannerwrap">
<a href="#"><imgsrc="images/banner.jpg" width="968" height="190"/></a>
<div class="clear"> </div>
```

```
</div>
```

样式代码：

```
#bannerwrap{
    width:968px;
    height:190px;
    margin-top:3px;
}
.clear{
    clear:both;
    font-size:0;
    height:0;
    line-height:0;
}
```

在以后的代码中，很多地方会出现这样一个图层<div class="clear"></div>，其功能是清除之前层的浮动设置。究其原因是之前有 div 的 float 设置成了 left 或 right，不清除浮动的话，父 div 的高度就不会随内容而增加了。

15.5 主内容区(main)

主内容区(main)是首页显示主要内容的区域，这里被划分为多个区域来显示不同的内容，其效果如图 15-5 所示。

图 15-5　主内容区(main)浏览效果

主内容区(main)是页面核心内容显示的区域,这个区域整体上分为 login、left、centertop、centerbottom、right 五个层,其中 right 区又划分了三个层。该区的样式设置主要是尺寸的设定,以及外边距设定。

样式代码:

```css
#main{
    width:968px;
    margin-top:5px;
}
```

15.5.1 登录区(login)

在这个层里,是一个用 form 表单设计的登录。其中,用户名和密码两个表单都是采用了 text 类型的文本框,表单的登录、会员注册和找回密码按钮使用了 image 类型,这种类型的外观主要取决于图片,所以设计者能利用五颜六色的图片来创造出一个有特点的按钮。效果如图 15-6 所示。

图 15-6　登录区(login)浏览效果

内容代码:

```html
<div id="login">
    <div class="userinfo">
        用户名<input type="text" name="username" size="14" class="input" />
        <br /><br />
        密  码<input type="text" name="username" size="14" class="input" />
    </div>
    <div class="ok"><input type="button" class="login_ok"/></div>
    <div class="register"><input type="image" src="images/reg.jpg" width="65" height="22"/></div>
    <input type="image" src="images/foundp.jpg" width="66" height="22"/>
</div>
```

样式代码:

```css
#login{
    width:200px;
    height:190px;
```

```css
        float:right;
        background:url(../images/login_bg.gif) no-repeat scroll 0 0;
}
.userinfo{
        padding:48px 0 0 20px;
}
.input{
        margin-left:5px;
 }
 .ok{
        padding:9px 0 0 60px;
}
.login_ok{
        background:url(../images/ok.jpg) no-repeat scroll 0 0;
        width:68px;
        height:22px;
        border:none;
        cursor:pointer;
}
.register{
        padding:15px 5px 0 31px;
}
```

15.5.2 左边内容区(left)

在这层中，可以展示当前的一些旅行家推荐和相关的周边产品等内容。由于是模拟网站，所以这区的户外商城和畅销排行榜是虚拟的图片。这区有第一行标记和下面的展示内容两部分，如图15-7所示。

内容代码：

```html
<div id="left">
        <div class="title">旅行家推荐<div class="more"><a href="#"><imgsrc="images/more.jpg" /></a></div></div>
        <div id="leftcontent">
                <a href="#"><imgsrc="images/pic_08.jpg" width="154"/></a>
                <a href="#"><p>酷暑仲夏终于来了，白天我们蜷在空调房里盼望着夜晚的来临，可夜晚到了你有没有些……</p></a>
                <imgsrc="images/store.png" width="154"/>
                <imgsrc="images/charts.png" width="154"/>
        </div>
        <div class="clear"> </div>
</div>
```

样式代码：

```css
#left{
        width:198px;
        border:1px solid #C8C8C8;
```

```
    float:left;
    display:inline;
    background-color:#F5F5F5;
```

图 15-7 左边内容区(left)浏览效果

```
}
#left .title{
    position:relative;
    text-indent:25px;
    color:#fff;
    font-size:14px;
    font-weight:bold;
    width:192px;
    height:25px;
    margin-left:1px;
    line-height:25px;
    background:url(../images/title_bg.jpg) no-repeat scroll 0 0;
}
#left .more{
    position:absolute;
```

```
        top:6px;
        left:110px;
        width:49px;
        height:12px;
}
#leftcontent{
        width:154px;
        padding:5px 0 0 12px;
}
#leftcontent  p{
        text-indent:2em;
        text-decoration:underline;
        line-height:1.2;
        padding:3px 10px 0 5px;
}
#leftcontentul{
        list-style-type:square;
        padding:12px 0 16px 5px;
        width:169px;
        list-style-position:inside;
}
#leftcontentli{
        line-height:2.3;
        vertical-align:middle;
        border-bottom:1px dashed #C4C2C2;
}
```

15.5.3 中间上部内容区(centertop)

在中间上部内容区中主要展示了"最新活动"，将热门旅游活动展示出来，主要包括图片、价格和满意度等相关内容，如图 15-8 所示。

图 15-8 中间上部内容区(centertop)浏览效果

综合案例——旅游网站

内容代码：

```
<div id="center">
    <div class="title">最新活动<div class="more"><a href="#"><img src="images/more.jpg" /></a></div></div>
    <div id="centertop">
        <ul>
            <li><a href="#"><imgsrc="images/pic_001.jpg" width="250" /><br/><span class="money">￥2639 起</span><s>￥3639</s><span class="satisfact">满意度 100%</span></a></li>
            <li><a href="#"><imgsrc="images/pic_002.jpg" width="250" /><br/><span class="money">￥12639 起</span><s>￥15999</s><span class="satisfact">满意度 100%</span></a></li>
        </ul>
        <ul>
            <li><a href="#"><imgsrc="images/pic_004.jpg" width="250" /><br/><span class="money">￥5639 起</span><s>￥7639</s><span class="satisfact">满意度 100%</span></a></li>
            <li><a href="#"><imgsrc="images/pic_005.jpg" width="250" /><br/><span class="money">￥7426 起</span><s>￥9854</s><span class="satisfact">满意度 100%</span></a></li>
        </ul>
    </div>
</div>
```

样式代码：

```
#center{
    margin-left:7px;
    width:546px;
    float:left;
    background-color:#F5F5F5;
}
.money{
    color:red;
    font-size:20px;
    font-weight:bold;
    text-decoration:none;
}
.satisfact{
    color:#666666;
    padding:0 0 0 20px;
    text-decoration:none;
    font-size:15px;
}
#centertop,#centerbottom{
    width:546px;
    height:449px;
    border:1px solid #C8C8C8;
}
#centertopul{
    list-style:none;
```

```
        padding:9px 0 0 12px;
    }
    #centertopli{
        padding:5px 5px 20px 5px;
        float:left;
        display:block;
    }
```

15.5.4 中间底部内容区(centerbottom)

在中间上部内容区中主要展示了"精彩游记",该区域是利用图文混排的样式规划的,如图 15-9 所示。

图 15-9 中间底部内容区(centerbottom)浏览效果

内容代码:

```
    <div id="centerbtcont">
        <div class="pwrap">
            <p><imgsrc="images/pic_07.jpg" class="imgwrap"/>很多人选择清迈或许是因为一部电影,《泰囧》;又或许是因为一个人,邓丽君;再或者是一个日子,万人水灯节 or 泼水节。而我在年初毫不犹豫的敲定清迈的行程,并不是因为这些,清迈正真吸引我的是那里有我心中所追寻的色彩。心中的清迈,一个古朴的小城,没什么大风景,却处处充满色彩。</p>
            <p>那里有金碧辉煌的庙宇,那里有小清新的街道,那里有触手可及的蓝天,那里有色彩斑斓的拜县,那里还有灯火辉煌的夜市……已经迫不及待的开启一段清迈之旅,追寻我心中清迈的色彩!我是 Nazario 罗尼,爱生活,爱旅行,爱摄影,爱折腾自己的游记,希望大家喜欢!</p>
            <p><imgsrc="images/pic_09.jpg" class="imgwrap2"/>Hello, Chiang Mai!
                清迈,我们来了!
                在一个并不完美的季节,
                用我们的方式感受着小城清晨的古朴和宁静,
                在下一转角邂逅金碧辉煌或安静清闲的佛寺,
                在拜县假装很唯美,留下我们最美的光与影,
                在因他农山翱翔天空,触碰那一片蓝天白云,
```

```
                    漫步在色彩斑斓的宁曼路，找寻那一抹清新，
                    迎着夕阳在夜市等待着华灯初上的那份妖娆。
                    清迈，我们曾经来过！</p>
                <p style="text-align:right; padding:3px 0 0 0; width:320px;"><a href="#">详细进入>></a></p>
                <div class="clear"> </div>
        </div>
            <div class="clear"> </div>
    </div>
```

样式代码：

```
#centerbottom{
        margin-top:5px;
        padding:6px 8px 0 3px;
        width:535px;
        height:242px;
}
#centerbottom .title,#center .title{
    position:relative;
    text-indent:25px;
    color:#fff;
    font-size:14px;
    font-weight:bold;
    width:535px;
    height:24px;
    line-height:24px;
    background:url(../images/title_bg02.jpg) no-repeat scroll 0 0 #25AA9E;
}
#centerbottom .more,#center .more {
    position:absolute;
    top:6px;
    left:452px;
    width:49px;
    height:12px;
}
#centerbtcont {
    width:510px;
    padding:6px 0 0 8px;
}
.imgwrap {
    float:left;
    border:1px solid blue;
    margin:5px;
}
.imgwrap2 {
    float:right;
    border:1px solid blue;
    margin:5px;
}
#centerbtcont .pwrap{
    padding-top:5px;
}
```

```css
#centerbtcont .pwrap p {
    text-indent:3em;
    line-height:1.5;
    width:525px;
}
```

centertop 区和 centerbottom 区中的有些样式设置一样，所以样式代码中没有彻底分开，可以将两部分的样式代码合在一起对比网页。

15.5.5 右边内容区(rigth)

在这个层里，展示当前的一些热点内容。由于内容类型很多，所以在这里使用了很多层来进行排版布局。包含了三层 around 区、domestic 区、abroad 区。首先看一下 right 区，该区对应的 CSS 代码如下：

```css
#right{
    width:202px;
    float:right;
    padding-right:3px;
    background-color:#F5F5F5;
}
#right ul{
    padding:10px 0 0 30px;
    list-style-image:url(../images/icon.jpg);
}
#right li{
    line-height:1.7;
}
```

由于这三个区的样式风格一样，所以先分别介绍这三个区的内容代码，再一起展示样式代码的设置。

1. around 区内容代码

around 区是展示热门头条的相关内容，里面的主要内容由列表和图片组成，如图 15-10 所示。

图 15-10 热门头条浏览效果

内容代码：

```html
<div id="around">
    <div class="title">热门头条
        <div class="more"><a href="#"><imgsrc="images/more.jpg" /></a></div>
    </div>
<ul>
<li><a href="#">【爆款】上海迪士尼乐园门票买1送1</a></li>
<li><a href="#">【特惠】三亚狂欢节第2人半价</a></li>
<li><a href="#">【促销】暑期银行特惠部分减4000元</a></li>
<li><a href="#">【惠游】欧洲第2人5折中行卡折上惠</a></li>
    </ul>
        <imgsrc="images/hot.png" width="174"/>
</div>
```

2. domestic 区内容代码

domestic 区是展示国内游的相关内容，里面的主要内容中列表组成，如图 15-11 所示。

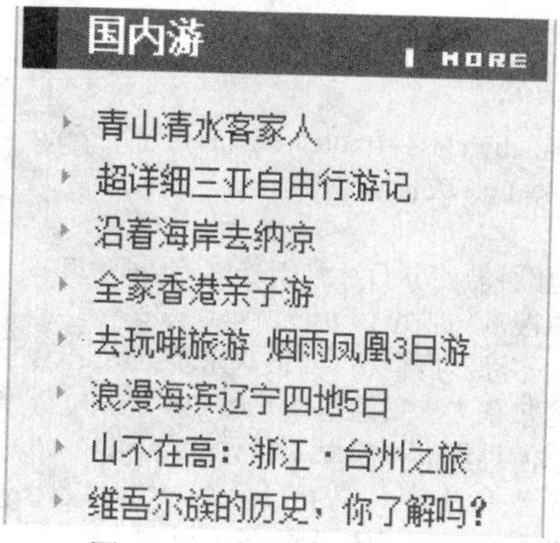

图 15-11　国内游浏览效果

内容代码：

```html
<div id="domestic">
    <div class="title">国内游<div class="more"><a href="#"><img src="images/more.jpg" /></a></div></div>
    <ul>
        <li><a href="#">青山清水客家人</a></li>
        <li><a href="#">超详细三亚自由行游记</a></li>
        <li><a href="#">沿着海岸去纳凉</a></li>
        <li><a href="#">全家香港亲子游</a></li>
        <li><a href="#">去玩哦旅游烟雨凤凰3日游</a></li>
        <li><a href="#">浪漫海滨辽宁四地5日</a></li>
        <li><a href="#">山不在高：浙江·台州之旅</a></li>
        <li><a href="#">维吾尔族的历史，你了解吗？</a></li>
    </ul>
</div>
```

3. aborad 区内容代码

aborad 区是展示境外游的相关内容，里面的主要内容由列表组成，如图 15-12 所示。

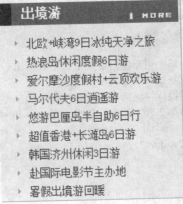

图 15-12　境外游浏览效果

内容代码：

```
<div id="abroad">
    <div class="title">出境游<div class="more"><a href="#"><img src="images/more.jpg" /></a></div></div>
    <ul>
        <li><a href="#">北欧+峡湾 9 日冰纯天净之旅</a></li>
        <li><a href="#">热浪岛休闲度假 6 日游</a></li>
        <li><a href="#">爱尔摩沙度假村+云顶欢乐游</a></li>
        <li><a href="#">马尔代夫 6 日逍遥游</a></li>
        <li><a href="#">悠游巴厘岛半自助 6 日行</a></li>
        <li><a href="#">超值香港+长滩岛 6 日游</a></li>
        <li><a href="#">韩国济州休闲 3 日游</a></li>
        <li><a href="#">赴国际电影节主办地</a></li>
        <li><a href="#">暑假出境游回暖</a></li>
    </ul>
</div>
```

4. around 区、domestic 区、abroad 区样式代码

```
#domestic,#abroad,#around{
    width:202px;
    padding-left:1px;
    border:1px solid #C8C8C8;
}
#domestic .title,#abroad .title,#around .title {
    position:relative;
    text-indent:25px;
    color:#fff;
    font-size:14px;
    font-weight:bold;
    width:200px;
```

```
            height:25px;
            line-height:25px;
            background:url(../images/title_bg03.jpg) no-repeat scroll 0 0;
}
#domestic    .more, #abroad    .more,#around .more{
            position:absolute;
            top:6px;
            left:120px;
            width:49px;
            height:12px;
}
```

15.6 页尾区(footer)

首页面的最下面是页尾区，一般情况下放置一些网站版权等其他信息，相对比较简单。实例中，没有添加很多内容，在实际使用中，可以酌情加入一些必要的信息进来，效果如图15-13所示。

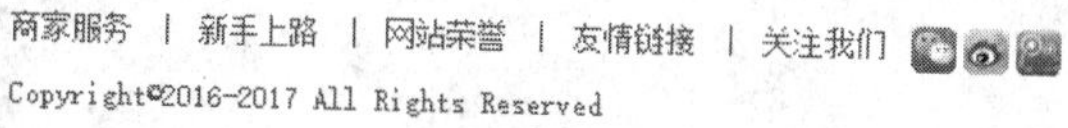

图 15-13　页尾区浏览效果

页尾区的网页代码结构：

```
<div id="footer">
    <ul>
        <li><a href="#">商家服务</a></li>
        <li>|</li>
        <li><a href="#">新手上路</a></li>
        <li>|</li>
        <li><a href="#">网站荣誉</a></li>
        <li>|</li>
        <li><a href="#">友情链接</a></li>
        <li>|</li>
        <li><a href="#">关注我们</a></li>
        <li><imgsrc="images/w_icon1.gif" /><imgsrc="images/w_icon2.gif" /><imgsrc="images/w_icon3.gif" /></li>
    </ul>
    <p>Copyright©2016-2015　All Rights Reserved</p>
</div>
```

样式代码：

```
#footer{
    width:1004px;
    height:76px;
    border-top:1px solid #BFBCBC;
```

```css
        margin:0 auto;
        margin-top:10px;
}
#footer ul{
        padding:20px 0 0 330px;
        list-style:none;
        width:704px;
        float:left;
}
#footer li{
        display:block;
        float:left;
        margin-right:10px;
}
#footer p{
        padding:5px 0 0 330px;
        width:704px;
        float:left;
}
```

第 16 章

综合案例——婚戒网站

随着互联网的发展，几乎所有的公司都会创建属于自己的门户网站。不论哪种类型的网站都要提供给用户清晰的信息，目前通用的方法是即提供丰富的图片和文字介绍，方便用户获取所需的信息；又提供合理的布局，给用户良好的视觉感受。本章参考 Darry Ring 网站设计制作一类常用网站的静态页面，重点是对布局版式的应用，图片和文字均来自网络。

本章学习目标

◎ 进一步熟悉 DIV+CSS 网页布局方法。
◎ 熟练掌握 html 编码和 CSS 编码的方法、要领和技巧。
◎ 将各个网页组合成一个整体的网站。

16.1 网站总体设计

我们从以下几个方面分析网站的总体设计。

1. 公司文化

戴瑞(Darry Ring)珠宝是一个专注求婚钻戒以及传播浪漫真爱文化的珠宝品牌，隶属香港戴瑞珠宝集团有限公司，为每位恋人提供至臻完美的钻石戒指。戴瑞珠宝以"一生仅一枚"的独特定制诠释"一生·唯一·真爱"的动人理念。

2. 网站风格

在过去几年里，网站设计领域发生了巨大变化，现代设计的发展趋势迅速流行扁平化的配色方案，整洁美观和简单易用是网页设计趋势的流行，本网站尽可能采用简洁大方的设计，这对搜索和加载速度也是极有利的。在配色上，采用粉色、紫色等柔和的女性色彩以及戴瑞官方 logo 的色彩，打造温馨浪漫之感。

3. 网站结构

为避免大量重复，本网站导航条有 5 个栏目，其中一个链接到外部网站，本章实现 4 个主要栏目对应的页面。每个页面拥有相同的导航条，可以在 4 个栏目之间任意跳转，且都可以链接到第 5 个栏目对应的外部网站。网站栏目和页面命名如图 16-1 所示。

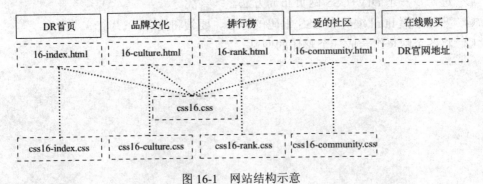

图 16-1 网站结构示意

4. 文档组织

图 16-1 标示出了每个栏目对应的 HTML 文件，每个 HTML 文件又对应一个专有的 CSS 文档，网站共用的样式保存在 css16.css 中，每个页面均可引用它。

5. 版面布局

合理的版面布局会表现出各构成要素间和谐的比例关系。页面布局主要以横向分栏为主，部分区域在纵向分列。首页部分栏目采用通栏设计，其他三个页面宽度限定为版心大小 960px。

16.2 首页设计

本节详细描述首页的实现。

16.2.1 首页页面效果

首页纵向幅面较大，图 16-2～图 16-6 给出了页面不同区域的浏览效果(在 IE11.0 中浏览，未保留浏览器窗口)。

图 16-2　DR 首页浏览效果(页眉+焦点图+导航)

图 16-3　DR 首页浏览效果(主内容区上半部分)

图 16-4 DR 首页浏览效果(主内容区中间部分三栏)

图 16-5 DR 首页浏览效果(主内容区底端部分)

图 16-6　DR 首页浏览效果(页脚)

16.2.2　首页版式布局

从上到下依次为页眉、焦点图、导航、主内容和页脚 5 个区域，主要采用 DIV 盒子容器，最外层添加#container 父 div。

(1) 页眉(#top)：效果如图 16-2 的顶端部分，纵向分两列(两个 div)，左侧部分 LOGO(#top_logo)和右侧的文字、链接和表单(#top_main)。

(2) 焦点图(#focus)：效果如图 16-2 的中间图像部分，纵向不分列，直接加入图像即可。

(3) 导航(#navi)：效果如图 16-2 的底端部分，纵向不分列，加入 5 个超链接即可。

(4) 主内容(#main)：效果如图16-3、图16-4 和图16-5 所示。纵向不分列，但水平方向上从上至下又分为 5 行，用 5 个 div 作为容器(#main1、#main2、#main3、#main4 和 #main5)。main1 如图 16-3 所示，加入图像和文字；main2、main3 和 main4 如图 16-4 所示，加入图像和文字，设定文字浮动方式；main5 如图 16-5 所示，设置图像背景并加入文字。

(5) 页脚(#foot)：效果如图 16-6 所示，在 div 容器中加入 1 行 6 列表格以及文字段落，并控制样式实现。

整个布局版式的示意图如图 16-7 所示。

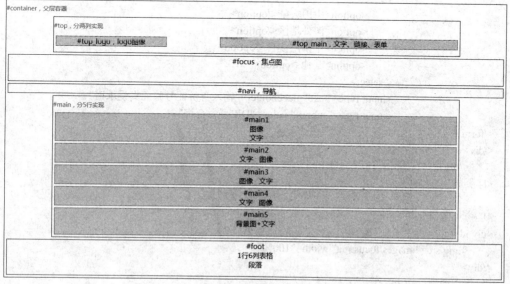

图 16-7　DR 首页版式布局示意

16.2.3 首页 HTML 代码实现

首页的 HTML 代码实现比较简单，总体上按照前文设计使用 div 作为容器，添加适当的内容，分别引用其对应的样式即可。

1. 代码(16-index.html)

```html
<!DOCTYPE html>
<html>
<head>
<title>DarryRing 克拉之恋</title>
<link href="css16.css" rel="stylesheet" type="text/css" />
<link href="css16-index.css" rel="stylesheet" type="text/css" />
</head>
<body>
<div id="container">
    <!--页眉部分开始-->
    <div id="top">
        <div id="top_logo"><img src="images/drlogo.png" /></div>
        <div id="top_main">
<a href="#">登录</a>   
<a href="#">加入 DR 族</a>   
<img src="images/tell.png" />Tel：400 0000 000    
<a href="#">帮助中心</a>   
<a href="#">DR 族 APP</a>   
<a href="#">所在城市查询</a>   
<br /><br /><br /><br />
<img src="images/only1.png" />
<form>
            <select>
                <option>中国大陆</option>
                <option>海外地区</option>
                <option>中国港澳台</option>
                <option>其他</option>
            </select>
            <input type="text" placeholder="输入身份证号验证真爱承诺" />
            <input type="submit" value="DR 真爱查询" />
</form>
        </div>
    </div>
    <!--页眉部分结束-->

    <!--焦点图部分开始-->
    <div id="focus">
        <img src="images/focus.jpg" width="100%" />
    </div>
    <!--焦点图部分结束-->
```

```html
<!--导航部分开始-->
<div id="navi">
        <a href="16-index.html">DR 首页</a>
<a href="16-culture.html">品牌文化</a>
<a href="16-rank.html">排行榜</a>
<a href="16-community.html">爱的社区</a>
<a href="http://www.darryring.com/">在线购买</a>
    </div>
<!--导航部分结束-->

<!--主内容部分开始-->
    <div id="main">
    <div id="main1">
        <img src="images/main_img1.jpg" width="100%"  />
            <div id="p1">
            爱情不是一时的甜蜜,而是繁华退却依然不离不弃;<br />
            幸福不是片刻的偎依,而是和你一起静静厮守到老去;<br />
            有些话,不要轻易说,有些戒指,不要轻易送。<br />
            一生仅一枚的 Darry Ring(DR 戒指),一旦送出便是一生一世的约定。<br />
            正如 I Swear 钻戒的承诺,需要用一生去证明。
            </div>
</div>
    <div id="main2">
        <div id="p2">
            谈一次恋爱容易,谈一次一辈子不分手的恋爱很难。<br />
            结婚很容易,但一生一世一双人很难。<br />
            毕竟,不是谁都有勇气,<br />
            敢定制一生唯一的 Darry Ring(DR 戒指)。<br />
            爱就如同 True Love 系列的甜蜜宣言,<br />
            真爱不是说说而已,一句我爱你,就是一辈子。<br />
            </div>
            <img src="images/main_img2.jpg" />
    </div>
<div id="main3">
        <div id="p3">
            叫一声老婆容易,叫一声老婆子很难;<br />
            牵一下手容易,执手相伴一生很难;<br />
            说一句我爱你容易,从此只对一人说很难;<br />
            买一枚戒指容易,而送出男人一生仅一枚的<br />
            Darry Ring(DR 戒指)却很难。<br />
            爱就是把心交给你,用一枚 My Heart 心形钻戒承诺,<br />
            我对你的爱不是一时兴起,而是决定在一起,便一生不分开。<br />
            </div>
            <img src="images/main_img3.jpg" />
    </div>
    <div id="main4">
        <div id="p4">
            如果可以,我想送你一件衣服,名字很通俗叫婚纱;<br />
```

```html
                如果可以，我想为你定制一枚；<br />
                Darry Ring(DR 戒指)，一生只能购买一次；<br />
                如果可以，用一枚 Forever 钻戒许诺，<br />
                让我们从天荒到地老，一生有你足矣。<br />
            </div>
        <img src="images/main_img4.jpg" />
    </div>
    <div id="main5">
            <div id="p5">
                是一枚很特别的戒指，<br />
                每位男士凭身份证一生仅能定制一枚。<br />
                每一枚都有专属编码，购前需签订一份真爱协议，<br />
                你和她的姓名永久性的被绑定。<br />
                终身可以查询到，并且永不能更改。<br />
                无论收到这枚戒指的女人还是送出这枚戒指的男人，<br />
                都是最幸福的。<br />
                因为女人的幸福是：他真的爱我；<br />
                男人的幸福是：她值得我爱。<br />
            </div>
        </div>
</div>
    <!--主内容部分结束-->

    <!--页脚部分开始-->
    <div id="foot">
        <table>
            <tr>
                <td>
                    <p class="first_line">关于我们</p>
                    <p>权威认证</p>
                    <p>合作专区</p>
                    <p>加入我们</p>
                </td>
                <td>
                    <p class="first_line">购物指南</p>
                    <p>购买流程</p>
                    <p>支付方式</p>
                    <p>配送流程</p>
                </td>
                <td>
                    <p class="first_line">售后服务</p>
                    <p>退货流程</p>
                    <p>办理售后</p>
                    <p>15 天退换</p>
                </td>
                <td>
                    <p class="first_line">帮助中心</p>
                    <p>注册流程</p>
```

```
                <p>联系客服</p>
                <p>网站地图</p>
            </td>
            <td>
                <p class="first_line">服务条款</p>
                <p>终生保养</p>
                <p>注册协议</p>
                <p>隐私声明</p>
            </td>
            <td>
                <p class="first_line">DR 资讯</p>
                <p>钻石百科</p>
                <p>产品百科</p>
                <p>求婚指南</p>
            </td>
        </tr>
    </table>
    <p>
        Copyright &copy;2006-2015 www.darryring.com 戴瑞珠宝 All Rights Reserved. 粤 ICP 备
11012085 号-2<br />
        ICP 经营许可证粤 B2-20140279 | 中国互联网违法信息举报中心 | 中国公安网络 110 报警
服务 | 本网站提供所售商品的正式发票
    </p>
</div>
<!--页脚部分结束-->
</div>
</body>
</html>
```

2. 代码分析

（1）需要注意的是本章实现的 4 个页面的导航和页脚部分相同，将两者的样式存放于共同使用的样式表 css16.css 中，每个 HTML 文档均引用它。同时也要引用首页特有的样式文件 css16-index.css。

```
<link href="css16.css" rel="stylesheet" type="text/css" />
<link href="css16-index.css" rel="stylesheet" type="text/css" />
```

（2）导航部分的链接将不同的页面联系起来，达到互相跳转的效果。

```
<div id="navi">
            <a href="16-index.html">DR 首页</a>
<a href="16-culture.html">品牌文化</a>
<a href="16-rank.html">排行榜</a>
<a href="16-community.html">爱的社区</a>
<a href="http://www.darryring.com/">在线购买</a>
        </div>
```

（3）导航和页脚部分的代码可以重用。

16.2.4 公用的 CSS 代码实现

前文提到本章实现的四个页面的导航和页脚部分相同,将两者的样式存放于共同使用的样式表 css16.css 中,每个 HTML 文档均引用它,本节给出该样式,后续章节中不再重复说明。

1. 代码(css16.css)

```css
/*几个网页共同所用的样式写在本文档*/

/*导航区样式开始*/
#navi{
    font:16px "微软雅黑","黑体","宋体";
    background-color:#ffcbd8;
    padding:15px 0px 6px 0px;
    border-bottom:#F6C 5px solid;
}
#navi a{
    text-decoration:none;
    padding:0 60px;
}
#navi a:link,a:visited{
    color:#946c59;
}
#navi a:hover{
    color:#F6C;
}
/*导航区样式结束*/

/*页脚部分样式开始*/
#foot{
    width:960px;
    height:auto;
    margin:0 auto;
    padding:20px 0;
    color:#e2a98f;
    background:#FFF;
}
#foot table{
    width:960px;
    height:150px;
    margin:0 auto;
    padding:10px 0px;
    border:0;
    border-collapse:collapse;
    font-size:13px;
}
```

```css
#foot table td{
    width:155px;
    border-left:#c67c59 thin dashed;
    border-right:#c67c59 thin dashed;
}
.first_line{        /*每个单元格中首行文字的样式*/
    color:#946c59;
font-size:14px;
    font-weight:bolder;
}
#foot>p{            /*最后一个段落的样式*/
    color:#a6958d;
    font-size:12px;
    padding-:20px 0px;
    line-height:1.5;
}
/*页脚部分样式结束*/
```

2. 代码分析

(1) #navi 设置了导航部分的字体样式、背景色、内边距和下边框的基本样式。

(2) 使用后代元素选择器和多元素选择器#navi a、#navi a:link,a:visited、和#navi a:hover 控制链接不同状态下的样式。

(3) #foot 控制页脚基本的宽高、内外边距和前景背景色。

(4) #foot table 规定页脚部分的表格的基本样式,主要是其宽高、内外边距、边框样式和文字内容等样式。

(5) #foot table td 规定页脚部分的表格中单元格样式,主要是单元格的宽度和左右边框。

(6) .first_line 控制每个单元格首行文字的样式。

(7) 子元素选择器#foot>p 控制页脚部分最后一个段落文字的样式,使用该选择器只能影响到#foot 的直接后代 p 元素,不会影响表格中的段落样式。

16.2.5 首页 CSS 代码实现

首页专用的 CSS 样式保存为文档 css16-index.css,控制首页其他位置的样式。

1. 代码(css16-index.css)

```css
body{
    margin:0;
    text-align:center;
    background:#fefefc url(images/bg1.jpg) no-repeat center bottom;
}

/*父层容器样式开始*/
#container{
    margin:0 auto;
    width:100%;
```

```css
}
/*父层容器样式结束

/*页眉部分样式开始*/
#top{
    height:160px;
    width:960px;
    margin:0 auto;
    padding-top:50px;
}
#top_logo{                    /*页眉部分 logo 样式*/
    float:left;
    width:260px;
    height:auto;
}
#top_main{                    /*页眉部分其他样式*/
    float:right;
    height:auto;
    width:560px;
    font-size:13px;
    text-align:right;
}
#top_main a{
    text-decoration:none;
    color:#000;
}
#top_main a:hover{
    color:#F6C;
}
/*页眉部分样式结束*/

/*焦点图像区样式开始*/
#focus{
    height:auto;
    border-top:4px solid #ffcbd8;
}
/*焦点图像区样式结束*/

/*主内容区样式开始*/
#main{
    margin:0 auto;
    width:960px;
    line-height:30px;
    font-size:13px;
}
#main1,#main2,#main3,#main4{
    background:#FFF;
}
#main2 img,#main3 img,#main4 img{
    width:300px;
    height:400px;
    margin:20px 0px;
}
```

```css
#main5{
    height:600px;
    background-image:url(images/certificate.jpg);
}
#p1{
    padding:50px 0px;
    letter-spacing:3px;
}
#p2{
    float:left;
    width:400px;
    text-align:right;
    padding:50px 0px;
    margin:100px 20px 100px 30px;
}
#p3{
    float:right;
    width:450px;
    height:200px;
    text-align:left;
    padding:80px 0px 30px;
    margin:100px 20px 100px 20px;
}
#p4{
    float:left;
    width:430px;
    height:200px;
    text-align:right;
    padding:80px 0px 30px;
    margin:100px 20px 100px 20px;
}
#p5{
padding:190px 50px 100px 620px;
    text-align:left;
}
/*主内容区样式结束*/
```

2. 代码分析

(1) body 改写整个页面的样式。设置 margin 为 0，这样浏览器和页面之间无间距；设置内容居中；设置背景颜色和位于底端下方的背景图像。

```css
body{
    margin:0;
    text-align:center;
    background:#fefefc url(images/bg1.jpg) no-repeat center bottom;
}
```

(2) #container 是父层样式，在本页面中宽度100%，是否存在都不影响最终效果。

```css
#container{
    margin:0 auto;
    width:100%;
}
```

(3) #top 控制页眉部分基本的宽高和内外边距属性。

(4) #top_logo 控制页面左侧的 logo 样式，主要是宽高和浮动在左设置。

```css
#top_logo{                /*页眉部分 logo 样式*/
    float:left;
    width:260px;
    height:auto;
}
```

(5) #top_main 控制页面右侧部分样式，主要是宽高和浮动在右设置。

```css
#top_main{                /*页眉部分其他样式*/
    float:right;
    height:auto;
    width:560px;
    font-size:13px;
    text-align:right;
}
```

(6) 通过子元素选择器#top_main a 和#top_main a:hover 控制页眉部分链接颜色和无下划线设置。

(7) #focus 设置焦点图边框和自动高度。

```css
#focus{
    height:auto;
    border-top:4px solid #ffcbd8;
}
```

(8) #main 设置主内容区外边距和宽度实现版心宽度和居中，并设置其中文本内容的样式。

```css
#main{
    margin:0 auto;
    width:960px;
    line-height:30px;
    font-size:13px;
}
```

(9) 多元素选择器#main1,#main2,#main3,#main4 实现主内容的前四个子行块背景色均为白色，#main5 设置主内容第五个子行块的背景图像。

```css
#main1,#main2,#main3,#main4{
    background:#FFF;
}
#main5{
    height:600px;
    background-image:url(images/certificate.jpg);
}
```

(10) 多元素选择器#main2 img,#main3 img,#main4 img 控制#main2、#main3 和#main4 部分的图像样式。

```
#main2 img,#main3 img,#main4 img{
    width:300px;
    height:400px;
    margin:20px 0px;
}
```

(11) #p1～#p5 控制主内容的五个子行块中段落的样式。

16.3 "品牌文化"页面设计

本节详细描述栏目"品牌文化"页面的实现。

16.3.1 "品牌文化"页面效果

"品牌文化"页面纵向幅面较大，且背景固定 fixed，图 16-8、图 16-9 和图 16-10 是在 1366*768 分辨率下，使用 IE11.0 浏览器拖动滚动条在不同位置时得到的效果，图 16-11 给出了去掉背景元素后版心部分的整体效果。

图 16-8 "品牌文化"页面浏览效果(顶部)

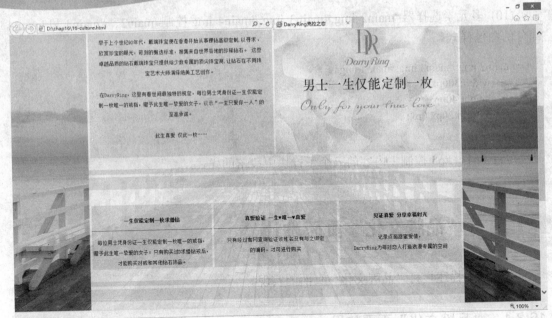

图16-9 "品牌文化"页面浏览效果(中部)

图16-10 "品牌文化"页面浏览效果(底部)

综合案例——婚戒网站 16

图 16-11 "品牌文化"版心部分效果(无背景)

16.3.2 "品牌文化"页面版式布局

从上到下依次为页眉、导航、主内容和页脚四个区域，主要采用 DIV 盒子容器，最外层添加#container 父 div。

(1) 页眉(#top)：加入 banner 图像即可。

(2) 导航(#navi)：同首页。

(3) 主内容(#main)：水平方向从上至下分为七行，用七个 div 作为容器(#main1、#main2、#main3、#main4、#main5、#main6 和#main7)。main1 添加分割线图 line1.png(见图 16-12)，main3、main5 和 main7 添加分割线图 line2.png(见图 16-13)。main2 左右分为两列(#main2_left 和#main2_right)；main4 左右分为三列(#main4_left、#main4_center 和#main4_right)；main6 左右分为五列(#main6_1、#main6_2、#main6_3、#main6_4 和#main6_5)。

图 16-12 分割线图 line1.png

图 16-13 分割线图 line2.png

(4) 页脚(#foot)：同首页。

整个布局版式如图 16-14 所示。

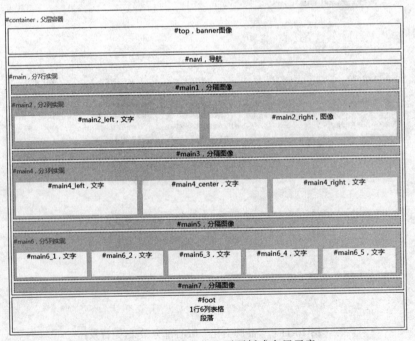

图 16-14 "品牌文化"页面版式布局示意

16.3.3 "品牌文化"页面 HTML 代码实现

首页的 HTML 代码实现比较简单，总体上按照前文设计使用 div 作为容器，添加适当的内容，分别引用其对应的样式即可。

1. 代码(16-culture.html)

```html
<!DOCTYPE html>
<html>
<head>
<title>DarryRing 克拉之恋</title>
<link href="css16.css" rel="stylesheet" type="text/css" />
<link href="css16-culture.css" rel="stylesheet" type="text/css" />
</head>
<body>
<div id="container">
    <!--页眉部分开始-->
    <div id="top">
    <img src="images/banner.png" width="960px">
    </div>
<!--页眉部分结束-->

    <!--导航部分开始-->
<div id="navi">
        <a href="16-index.html">DR 首页</a>
<a href="16-culture.html">品牌文化</a>
<a href="16-rank.html">排行榜</a>
<a href="16-community.html">爱的社区</a>
<a href="http://www.darryring.com/">在线购买</a>
    </div>
<!--导航部分结束-->

<!--主体部分开始-->
<div id="main">
        <div id="main1">
            <img src="images/line1.png" />
        </div>

<div id="main2">
            <div id="main2_left">
                <h4>一生仅能定制一枚</h4>
早于上个世纪 90 年代，戴瑞珠宝便在香港开始从事裸钻高级定制,以寻求、<br />
欣赏珍宝的眼光，苛刻的甄选标准，搜集来自世界各地的珍稀钻石。这些<br />
卓越品质的钻石戴瑞珠宝只提供给少数专属的顶尖珠宝商，让钻石在不同珠<br />
宝艺术大师演绎绝美工艺创作。<br /><br />
在 DarryRing,这里有着世间最独特的规定，每位男士凭身份证一生仅能定<br />
制一枚唯一的戒指，赠予此生唯一挚爱的女子，以示"一生只爱你一人"的<br />
至高承诺。<br /><br />
```

```html
        此生真爱仅此一枚......
      </div>
      <div id="main2_right">
          <img src="images/only2.jpg" />
              </div>
    </div>

    <div id="main3">
              <img src="images/line2.png" />
          </div>

          <div id="main4">
      <div id="main4_left">
<h4>一生仅能定制一枚求婚钻</h4>
每位男士凭身份证一生仅能定制一枚唯一的戒指，<br />
赠予此生唯一挚爱的女子；只有购买过 D 求婚钻戒后，<br />
才能购买对戒和其他钻石饰品。<br />
</div>
              <div id="main4_center">
<h4>真爱验证一生&hearts;唯一&hearts;真爱</h4>
只有经过官网查询验证该姓名没有与之绑定<br />
的编码，才可进行购买
</div>
<div id="main4_right">
<h4>见证真爱分享幸福时光</h4>
记录点滴甜蜜爱情，<br />
          DarryRing 为每对恋人打造浪漫专属的空间
</div>
</div>

          <div id="main5">
              <img src="images/line2.png" />
          </div>

<div id="main6">
      <div id="main6_1">
<h4>珠宝设计团队</h4>
每一款 Darrying 都倾诉着<br />
 "一生一世，一心一意" 的<br />
爱情观念，让更多相爱的人<br />
体验到爱的文化，爱的见证，<br />
是真爱幸福的标志！
</div>
<div id="main6_2">
<h4>品质工艺</h4>
每 1000 颗钻石中仅有一枚得以被<br />
选中，成为女孩子梦寐以求的<br />
          DarryRing
```

```html
            </div>
            <div id="main6_3">
    <h4>品质追求</h4>
            以苛求、欣赏珍宝的眼光,<br />
            苛刻的甄选标准,<br />
            搜集来自世界各地的珍稀钻石。<br />
                让钻石在不同珠宝艺术大师<br />
            演绎绝美工艺创造。<br />
                </div>
            <div id="main6_4">
    <h4>钻石 4C 标准</h4>
            DarryRing 遵循严谨的钻石<br />
            评定准则远高于简单的<br />
            "4C 标准",更制定出 Darry <br />
            Ring 专属的严谨规格及最高<br />
            的考量机制,为每对恋人打<br />
            造稀世珍宝。
            </div>
            <div id="main6_5">
    <h4>国际权威认证</h4>
            经过国际权威的独立钻石<br />
            认证机构——GTA(美国宝<br />
            石学院)认证。<br />
                </div>
            </div>

<div id="main7">
            <img src="images/line2.png" />
            </div>
</div>
    <!--主体部分结束-->

    <!--页脚部分开始-->
    <div id="foot">
    <table>
<tr>
        <td>
            <p class="first_line">关于我们</p>
            <p>权威认证</p>
            <p>合作专区</p>
            <p>加入我们</p>
        </td>
        <td>
            <p class="first_line">购物指南</p>
            <p>购买流程</p>
            <p>支付方式</p>
            <p>配送流程</p>
        </td>
```

```html
            <td>
                <p class="first_line">售后服务</p>
                <p>退货流程</p>
                <p>办理售后</p>
                <p>15 天退换</p>
            </td>
            <td>
                <p class="first_line">帮助中心</p>
                <p>注册流程</p>
                <p>联系客服</p>
                <p>网站地图</p>
            </td>
            <td>
                <p class="first_line">服务条款</p>
                <p>终生保养</p>
                <p>注册协议</p>
                <p>隐私声明</p>
            </td>
            <td>
                <p class="first_line">DR 资讯</p>
                <p>钻石百科</p>
                <p>产品百科</p>
                <p>求婚指南</p>
            </td>
        </tr>
    </table>
    <p>
        Copyright &copy;2006-2015 www.darryring.com 戴瑞珠宝 All Rights Reserved. 粤 ICP 备 11012085 号-2<br />
        ICP 经营许可证粤 B2-20140279 | 中国互联网违法信息举报中心 | 中国公安网络 110 报警服务 | 本网站提供所售商品的正式发票
    </p>
    </div>
<!--页脚部分结束-->
</div>
</body>
</html>
```

2. 代码分析

（1）本章实现的四个页面的导航和页脚部分相同，将两者的样式存放于共同使用的样式表 css16.css 中，每个 HTML 文档均引用它。同时也要引用首页特有的样式文件 css16-cultrue.css。

```html
<link href="css16.css" rel="stylesheet" type="text/css" />
<link href="css16-culture.css" rel="stylesheet" type="text/css" />
```

（2）导航和页脚部分的代码可以重用。

(3) 主内容区的文字标题用 h4 元素实现，后期会通过控制 h4 增加下边框实现分割线效果。

16.3.4 "品牌文化"页面 CSS 代码实现

公共代码 css16.css 前文已经给出，不再重复。"品牌文化"页面专用的 CSS 样式保存为文档 css16-culture.css，控制首页其他位置的样式。

1. 代码(css16-culture.css)

```css
body{
    margin:0;
    text-align:center;
    background:url(images/bg2.jpg) no-repeat fixed center;
    opacity:0.85;
}
/*父层容器样式开始*/
#container{
    margin:0 auto;
    width:960px;
}
/*父层容器样式结束*/

/*页眉部分(banner 图)样式开始*/
#top{
    width:100%;
    height:auto;
}
/*页眉部分(banner 图)样式结束*/

/*主体内容部分(自上而下分 7 行)样式开始*/
#main{
    font-size:13px;
    line-height:2;
    background:#fefefc;
}
#main1,#main3,#main5,#main7{    /*分割图所在盒子样式*/
    height:auto;
}
#main2{
    height:380px;
    margin:5px;
}
#main2_left{
    float:left;
    width:475px;
```

```css
        height:380px;
        background-color:#eddbfa;
}
#main2_right{
        float:right;
        width:470px;
        height:380px;
}

#main4{
        height:160px;
        margin:5px;
}
#main4_left{
        float:left;
        height:160px;
        width:312px;
        background-color:#ffd5df;
}
#main4_center{
        float:left;
        height:160px;
        width:315px;
        background-color:#eddbfa;
        margin:0px 5px;
}
#main4_right{
        float:right;
        height:160px;
        width:312px;
        background-color:#dbe8fa;
}

#main6{
        margin:5px 0px 5px 5px;
}
#main6_1,#main6_2,#main6_3,#main6_4,#main6_5{
        float:left;
        width:186px;
        height:240px;
        margin-right:5px;
}
#main6_1{
        background-color:#ffd5df;
}
#main6_2{
```

```
        background-color:#eddbfa;
    }
    #main6_3{
        background-color:#dbe8fa;
    }
    #main6_4{
        background-color:#eddbfa;
    }
    #main6_5{
        background-color:#ffd5df;
    }

    #main h4{
        padding:10px;
        border-bottom:1px dashed black;
    }
/*主体内容部分(自上而下分7行)样式
```

2. 代码分析

(1) body 改写整个页面的样式。设置 margin 为 0，这样浏览器和页面之间无间距；设置内容居中；设置背景居中图像不重复且固定；同时通过 opacity 属性设置页面内容的不透明度，达到一定的透视效果。

```
body{
    margin:0;
    text-align:center;
    background:url(images/bg2.jpg) no-repeat fixed center;
    opacity:0.85;
}
```

(2) #container 是父层样式，在本页面中设置为版心的宽度 960px，控制其居中。

```
#container{
    margin:0 auto;
    width:960px;
}
```

(3) #top 设置 banner 图像所在区域样式。

```
#top{
    width:100%;
    height:auto;
}
```

(4) #main 是主体内容部分样式，设置背景色和其中文字内容的样式。

```
#main{
    font-size:13px;
```

```
        line-height:2;
        background:#fefefc;
}
```

(5) 主内容区的七个子盒子，多元素选择器#main1,#main3,#main5,#main7 设置分隔图像区域的高度。#main2、#main4 和#main6 都还包含有子盒子，控制宽度、内外边距、浮动等属性实现布局。

(6) #main h4 控制主内容区所有的 4 级标题下有一条分割线，用 h4 元素的下边框实现。

```
#main h4{
        padding:10px;
        border-bottom:1px dashed black;
}
```

16.4 "排行榜"页面设计

本节详细描述栏目"排行榜"页面的实现。

16.4.1 "排行榜"页面效果

"排行榜"页面纵向幅面较大，且背景固定 fixed，图 16-15、图 16-16 和图 16-17 是在 1366*768 分辨率下，使用 IE11.0 浏览器拖动滚动条在不同位置时得到的效果，图 16-18 给出了去掉背景元素后版心部分的整体效果。

图 16-15 "排行榜"页面浏览效果(顶部)

图 16-16 "排行榜"页面浏览效果(中间节选)

图 16-17 "排行榜"页面浏览效果(底端)

图 16-18　"排行榜"版心部分效果(无背景)

16.4.2 "排行榜"页面版式布局

从上到下依次为页眉、导航、主内容和页脚四个区域,主要采用 DIV 盒子容器,最外层添加#container 父 div。

(1) 页眉(#top):加入 banner 图像即可。
(2) 导航(#navi):同首页。
(3) 主内容(#main):加入多个段落和图像即可。
(4) 页脚(#foot):同首页。

整个布局版式如图 16-19 所示。

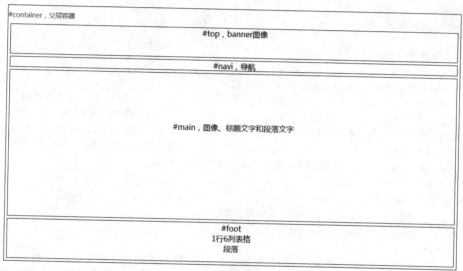

图 16-19 "排行榜"页面版式布局示意

16.4.3 "排行榜"页面 HTML 代码实现

首页的 HTML 代码实现比较简单,总体上按照前文设计使用 div 作为容器,添加适当的内容,分别引用其对应的样式即可。

1. 代码(16-rank.html)

```
<!DOCTYPE html>
<html>
<head>
<title>DarryRing 克拉之恋</title>
<link href="css16.css" rel="stylesheet" type="text/css" />
<link href="css16-rank.css" rel="stylesheet" type="text/css" />
</head>
<body>
<div id="container">
    <!--页眉部分开始-->
    <div id="top">
```

```html
            <img src="images/banner.png" width="960px"/>
        </div>
    <!--页眉部分结束-->

        <!--导航部分开始-->
    <div id="navi">
        <a href="16-index.html">DR 首页</a>
        <a href="16-culture.html">品牌文化</a>
        <a href="16-rank.html">排行榜</a>
        <a href="16-community.html">爱的社区</a>
        <a href="http://www.darryring.com/">在线购买</a>
    </div>
    <!--导航部分结束-->

    <!--主体部分开始-->
    <div id="main">
        <h1> 2015 年六大求婚钻戒品牌排行榜</h1>
        <p>倍受瞩目的 2015 年十大求婚钻戒品牌新鲜出炉！综合《国际珠宝》《时尚新娘》等业内的权威杂志评选榜单、并结合国际珠宝协会行业数据，珠宝行业媒体对全球求婚钻戒品牌进行了全方位调研！从品牌影响力、美誉度以及钻石品质及深刻价值意义，对珠宝市场的积极作用和在恋人心目中的喜爱地位，最终评选出 2015 十大求婚钻戒品牌！这些珠宝品牌有的因浪漫信仰而上榜，有的因至臻品质而迷人，一起看看都有那些钻戒品牌能够入围十大求婚钻戒榜单吧！
        </p>
        <img src="images/line2.png" />
        <h2>Top1:DarryRing(DR 真爱戒指)</h2>
        <img src="images/top1.jpg" />
        <p>
            从第一枚 DarryRing(DR 真爱戒指)诞生至今，便被赋予了"一生·唯一·真爱"的浪漫理念。这里有着全世界最浪漫独特的约定：每位男士凭身份证 ID 一生仅能定制一枚，赠予此生唯一挚爱之人。以一枚求婚戒指许诺神圣至高的承诺，堪称为传奇珍宝。<br />
            DarryRing 是天生的求婚钻戒，更是一生相守承诺的见证，被赞为女性一生中最不可或缺的珍宝。它是恋人们的一份唯一真爱信仰，不少名人明星亦为之疯狂。不过在纷杂的娱乐圈中，由于 DarryRing 一生仅一枚的独特性，它也一视平等地将许多明星拒之门外，唯有同样秉承真爱理念之人方能幸运拥有一枚。而这些追求"一心一意，一生一世"爱情的一群人自称为 DR 族，传播纯粹真爱正能量，具有极为浪漫非凡的意义。<br />
            DarryRing 以爱设计求婚钻戒，这里的每一件作品都是爱和美的艺术品。其中，心形求婚钻戒为 DarryRing 品牌的象征符号，而罕见的稀世粉钻更是极其少数人可以拥有，美轮美奂的设计，在加上深刻浪漫的蕴意，足够交给隽永时光去证明一份恒久不变的爱意。<br />
        </p>
        <h2>Top2:卡地亚 Cartier</h2>
        <img src="images/top2.jpg" />
        <p>
            卡地亚 Cartier 作为老牌钻戒品牌依旧强势，源起于法国的背景让其倍含浪漫气息，凭借深厚的文化底蕴，卡地亚在设计上独具匠心，拥有一千经典作品，并借助珍贵罕有的材质用心打造精美绝伦的珠宝作品。
            近年来，卡地亚重视中国市场，加快在中国内地进军的脚步，一批精品店旗舰店的开业加深了客户对于该品牌的印象，另外，卡地亚寻找魅力与气质兼修的明星，秉持精品路线，找到了最贴合品牌的推广路线。<br />
            目前，卡地亚的 TRINITYRUBAN 系列是其求婚钻戒品牌的代表作，独特的设计理念和精雕细琢的做工，令无数情侣陶醉其中。作为老牌奢侈品品牌，卡地亚本次入围榜单显然没有争议。
```

```html
            </p>
            <h2>Top3:蒂芙尼公司 Tiffany&amp;Co</h2>
            <img src="images/top3.jpg" />
        <p>
            自1837年以来，Tiffany蒂芙尼传奇杰作引领风格，见证着世间无数至臻至美的爱情故事，一直为客户提供优质的服务。凭借简约自然的设计风格，传承了多代经典作品。蒂芙尼的黄钻系列彰显了钻石的稀世珍贵，成为蒂芙尼钻石传承和精湛工艺的象征，是蒂芙尼杰出黄钻设计的灵感之源。对于很多浪漫人士来说，蒂芙尼的作品就像一枚打开梦想世界的钥匙，美轮美奂。佩戴蒂芙尼的作品对他们来说是荣耀，它并不是商品，而是艺术品。
        </p>
            <h2>Top4:宝格丽 Bvlgari</h2>
        <img src="images/top4.jpg" />
        <p>
            来自意大利，传承130年的经典品牌宝格丽，同样是求婚钻戒品牌的必要之选。宝格丽的特色在于除了优质的服务、卓越的品质之外，宝格丽的钻戒设计上屡有新颖性，作品非常时尚，随着时代特征而不断加入新的设计元素。<br />
            宝格丽珠宝作品以不同女性的特点入手，尊重个性，保留个体的独特性，同时在作品上体现了宝格丽独具一格的个性风格。<br />
            相信评价2015年十大求婚钻戒品牌，意大利经典——宝格丽一定会占据一席。<br />
            <h2>Top5:梵克雅宝 VanCleef&amp;Arpels </h2>
            <img src="images/top5.jpg" />
            梵克雅宝这一源于真实爱情故事的法国顶级珠宝品牌，在其百年的发展历程中见证了无数动人的爱情传奇，其Bridal婚嫁系列更因璀璨美钻和精湛工艺博得名媛淑女们的青睐。<br />
            梵克雅宝曾携旗下全新高级珠宝系列LesVoyagesExtraordinaires惊艳亮相第十五届巴黎古董双年展，瞬间绽放璀璨雍容。其中包含四款专为此次双年展特别设计的戒指，为了延展产品那创意无限的想象力，各色名贵宝石连袂舞动摄人心魄的奢美华尔兹，令人心神往之。<br />
            蕴含着巴黎浪漫设计理念的梵克雅宝钻戒，沁染着其独树一帜的设计理念的件件作品，相信一直是浪漫人士心中重要的标杆。<br />
        </p>
        <h2>Top6:伯爵 PIAGET</h2>
            <img src="images/top6.jpg" />
            <p class="top">
            伯爵以"永远做得比要求的更好"为品牌精神，也由此打造出来的每一件作品总是令人无限赞叹。它将精湛的工艺和创意融入每件作品，近乎完美的设计让所见之人都无法抗拒。伯爵作品有一种与生俱来的奢侈尊贵精神，而其中伯爵的玫瑰系列求婚钻戒更是受到万千恋人的喜爱，其优雅浪漫，为爱倾情绽放，足以动人。
            </p>
        <img src="images/line2.png" />
            </div>
        <!--主体部分结束-->

        <!--页脚部分开始-->
        <div id="foot">
            <table>
    <tr>
            <td>
                <p class="first_line">关于我们</p>
                <p>权威认证</p>
```

```html
            <p>合作专区</p>
            <p>加入我们</p>
        </td>
        <td>
            <p class="first_line">购物指南</p>
            <p>购买流程</p>
            <p>支付方式</p>
            <p>配送流程</p>
        </td>
        <td>
            <p class="first_line">售后服务</p>
            <p>退货流程</p>
            <p>办理售后</p>
            <p>15 天退换</p>
        </td>
        <td>
            <p class="first_line">帮助中心</p>
            <p>注册流程</p>
            <p>联系客服</p>
            <p>网站地图</p>
        </td>
        <td>
            <p class="first_line">服务条款</p>
            <p>终生保养</p>
            <p>注册协议</p>
            <p>隐私声明</p>
        </td>
        <td>
            <p class="first_line">DR 资讯</p>
            <p>钻石百科</p>
            <p>产品百科</p>
            <p>求婚指南</p>
        </td>
    </tr>
</table>
<p>
    Copyright &copy;2006-2015 www.darryring.com  戴瑞珠宝  All Rights Reserved.  粤 ICP 备 11012085 号-2<br />
    ICP 经营许可证粤 B2-20140279 | 中国互联网违法信息举报中心 | 中国公安网络 110 报警服务 | 本网站提供所售商品的正式发票
</p>
    </div>
<!--页脚部分结束-->
</div>
</body>
</html>
```

2. 代码分析

（1）本章实现的四个页面的导航和页脚部分相同，将两者的样式存放于共同使用的样式表 css16.css 中，每个 HTML 文档均引用它。同时也要引用首页特有的样式文件 css16-rank.css。

```
<link href="css16.css" rel="stylesheet" type="text/css" />
<link href="css16-rank.css" rel="stylesheet" type="text/css" />
```

(2) 导航和页脚部分的代码可以重用。

(3) 主内容区主要控制 h1、h2、p 和 img 元素的样式即可，实现方法非常简单，不再赘述。

16.4.4 "排行榜"页面 CSS 代码实现

公共代码 css16.css 前文已经给出，不再重复。"排行榜"页面专用的 CSS 样式保存为文档 css16-rank.css，控制首页其他位置的样式。

1. 代码(css16-rank.css)

```css
body{
    margin:0;
    text-align:center;
    background:url(images/bg3.jpg) no-repeat fixed center;
    opacity:0.85;
}

/*父层容器样式开始*/
#container{
    margin:0 auto;
    width:960px;
}
/*父层容器样式结束*/

/*页眉部分(banner 图)样式开始*/
#top{
    width:100%;
    height:auto;
}
/*页眉部分(banner 图)样式结束

/*主体内容部分样式开始*/
#main{
    width:960px;
    margin:0 auto;
    padding:10px 0px;
    background:#fefefc;
}
#main h1{
    color:#582C2C;
    font-size:24px;
}
#main h2{
```

```
        color:#630;
        font-size:20px;
}
#main p{
        text-indent:2em;
        text-align:left;
        color:#A46C35;
        font-size:13px;
        line-height:1.5;
}
```

2. 代码分析

（1）body 改写整个页面的样式，与"品牌文化"页面效果类似，只有背景图像不同，不再赘述。

（2）#container 是父层样式，在本页面中设置为版心的宽度 960px，且在页面中居中，与"品牌文化"页面效果一样。

（3）#top 设置 banner 图像所在区域样式，与"品牌文化"页面效果一样。

（4）主体内容部分主要是设置其中 h1、h2 和 p 元素样式。

```
#main h1{
        color:#582C2C;
        font-size:24px;
}
#main h2{
        color:#630;
        font-size:20px;
}
#main p{
        text-indent:2em;
        text-align:left;
        color:#A46C35;
        font-size:13px;
        line-height:1.5;
}
```

16.5 "爱的社区"页面设计

本节详细描述栏目"爱的社区"页面的实现。

16.5.1 "爱的社区"页面效果

"爱的社区"页面纵向幅面较大，且背景固定 fixed，图 16-20、图 16-21 和图 16-22 是在 1366*768 分辨率下，使用 IE11.0 浏览器拖动滚动条在不同位置时得到的效果，图 16-23 给出了去掉背景元素后版心部分的整体效果。

综合案例——婚戒网站

图 16-20　"爱的社区"页面浏览效果(顶部)

图 16-21　"爱的社区"页面浏览效果(中间节选)1

图 16-22　"爱的社区"页面浏览效果(中间节选)2

图 16-23 "爱的社区"版心部分效果(无背景)

16.5.2 "爱的社区"页面版式布局

从上到下依次为页眉、导航、主内容和页脚四个区域，主要采用 DIV 盒子容器，最外层添加#container 父 div。

(1) 页眉(#top)：加入 banner 图像即可。

(2) 导航(#navi)：同首页。

(3) 主内容(#main)：水平方向从上至下又分为七行，用七个 div 作为容器(#main1、#main2、#main3、#main4、#main5、#main6 和#main7)。main1 添加分割线图 line4.png(见图16-24)，main3 添加分割线图 line5.png(见图16-25)，main5 添加分割线图 line6.png(见图16-26)，main7 添加分割线图 line2.png(见图16-13)。main2 加入二行六列的表格，作为多个图像的布局容器；main4 加入一行四列的表格，作为多个图像的布局容器；main6 左右分为两列(#main6_left 和#main6_right)。

图 16-24　分割线图 line4.png

图 16-25　分割线图 line5.png

图 16-26　分割线图 line6.png

(4) 页脚(#foot)：同首页。

整个布局版式如图 16-27 所示。

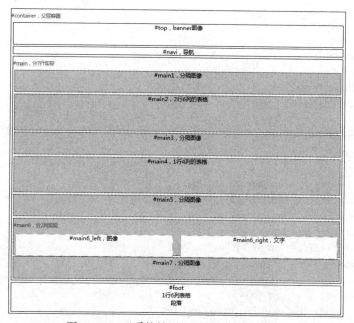

图 16-27　"爱的社区"页面版式布局示意

16.5.3 "爱的社区"页面 HTML 代码实现

首页的 HTML 代码实现比较简单，总体上按照前文设计使用 div 作为容器，添加适当的内容，分别引用其对应的样式即可。

1. 代码(16-community.html)

```html
<!DOCTYPE html>
<html>
<head>
<title>DarryRing 克拉之恋</title>
<link href="css16.css" rel="stylesheet" type="text/css" />
<link href="css16-community.css" rel="stylesheet" type="text/css" />
</head>
<body>
<div id="container">
    <!--页眉部分开始-->
    <div id="top">
        <img src="images/banner.png" width="960px"/>
    </div>
<!--页眉部分结束-->

    <!--导航部分开始-->
<div id="navi">
        <a href="16-index.html">DR 首页</a>
<a href="16-culture.html">品牌文化</a>
<a href="16-rank.html">排行榜</a>
<a href="16-community.html">爱的社区</a>
<a href="http://www.darryring.com/">在线购买</a>
    </div>
<!--导航部分结束-->

<!--主体部分开始-->
<div id="main">
        <div id="main1">
    <img src="images/line4.png" />
</div>
        <div id="main2">
        <table>
        <tr>
        <td><img src ="images/sq1.jpg" /></td>
        <td><img src ="images/sq2.jpg" /></td>
        <td><img src ="images/sq3.jpg" /></td>
        <td><img src ="images/sq4.jpg" /></td>
        <td><img src ="images/sq5.jpg" /></td>
        <td><img src ="images/sq6.jpg" /></td>
        </tr>
        <tr>
            <td><img src ="images/sq7.jpg" /></td>
        <td><img src ="images/sq8.jpg" /></td>
```

```html
                <td><img src ="images/sq9.jpg" /></td>
                <td><img src ="images/sq10.jpg" /></td>
                <td><img src ="images/sq11.jpg" /></td>
                <td><img src ="images/sq12.jpg" /></td>
            </tr>
            </table>
</div>
            <div id="main3">
    <img src="images/line5.png" />
</div>
            <div id="main4">
            <table>
            <tr>
            <td><img src ="images/dr14.jpg" width="100%"/></td>
            <td><img src ="images/dr12.jpg" width="100%"/></td>
            <td><img src ="images/dr13.jpg" width="100%"/></td>
            <td><img src ="images/dr11.jpg" width="100%"/></td>
            </tr>
            </table>
            </div>
<div id="main5">
    <img src="images/line6.png" />
        </div>
<div id="main6">
    <div id="main6_left">
    <img src ="images/certificate.png" />
    </div>
        <div id="main6_right">
            <h3>实名真爱鉴证一生•唯一•真爱</h3>
                Darry Ring 严格限制男士一生仅能定制一枚，<br />
                象征男人一生真爱的最高承诺;<br />
                只有经过官网查询验证该姓名没有与之绑定的钻戒编码，<br />
                才可以进行购买。<br />
                已购买过 Darry Ring 求婚钻戒的男士凭姓名和身份证号码<br />
                即可查询该定情信物和赠送的求婚对象信息；<br />
                每位男士最多只能赠送给一个心仪的她，<br />
                Darry Ring 为每位追求真爱的恋人提供免费鉴证服务。<br />
    </div>
    </div>
<div id="main7">
    <img src="images/line2.png" />
        </div>
    </div>
    <!--主体部分结束-->

    <!--页脚部分开始-->
    <div id="foot">
    <table>
<tr>
        <td>
```

```html
                <p class="first_line">关于我们</p>
                <p>权威认证</p>
                <p>合作专区</p>
                <p>加入我们</p>
            </td>
            <td>
                <p class="first_line">购物指南</p>
                <p>购买流程</p>
                <p>支付方式</p>
                <p>配送流程</p>
            </td>
            <td>
                <p class="first_line">售后服务</p>
                <p>退货流程</p>
                <p>办理售后</p>
                <p>15 天退换</p>
            </td>
            <td>
                <p class="first_line">帮助中心</p>
                <p>注册流程</p>
                <p>联系客服</p>
                <p>网站地图</p>
            </td>
            <td>
                <p class="first_line">服务条款</p>
                <p>终生保养</p>
                <p>注册协议</p>
                <p>隐私声明</p>
            </td>
            <td>
                <p class="first_line">DR 资讯</p>
                <p>钻石百科</p>
                <p>产品百科</p>
                <p>求婚指南</p>
            </td>
        </tr>
    </table>
    <p>
        Copyright &copy;2006-2015 www.darryring.com 戴瑞珠宝 All Rights Reserved. 粤 ICP 备
11012085 号-2<br />
            ICP 经营许可证粤 B2-20140279 | 中国互联网违法信息举报中心 | 中国公安网络 110 报警
服务 | 本网站提供所售商品的正式发票
    </p>
        </div>
<!--页脚部分结束-->
    </div>
    </body>
</html>
```

2. 代码分析

(1) 本章实现的四个页面的导航和页脚部分相同，将两者的样式存放于共同使用的样式表 css16.css 中，每个 HTML 文档均引用它。同时也要引用首页特有的样式文件 css16-community.css。

```html
<link href="css16.css" rel="stylesheet" type="text/css" />
<link href="css16-community.css" rel="stylesheet" type="text/css" />
```

(2) 导航和页脚部分的代码可以重用。

(3) 主内容区控制表格、图像和文字的样式。

16.5.4 "爱的社区"页面 CSS 代码实现

公共代码 css16.css 前文已经给出，不再重复。"排行榜"页面专用的 CSS 样式保存为文档 css16-community.css，控制首页其他位置的样式。

1. 代码(css16-community.css)

```css
body{
    margin:0;
    text-align:center;
    background:url(images/bg4.jpg) no-repeat fixed center;
    opacity:0.85;
}

/*父层容器样式开始*/
#container{
    margin:0 auto;
    width:960px;
}
/*父层容器样式结束*/

/*页眉部分(banner 图)样式开始*/
#top{
    width:100%;
    height:auto;
}
/*页眉部分(banner 图)样式结束*/

/*主体内容部分样式开始*/
#main{
    width:960px;
    margin:0 auto;
    font-size:13px;
    line-height:2;
    background:#fefefc;
}
#main1,#main2,#main3,#main4,#main5,#main6,#main7{
```

```
        height:auto;
        margin:0px;
}
#main2 img{
        width:155px;
}
#main6_left{
        float:left;
        width:40px;
        padding:10px 40px;
}
#main6_right{
        float:right;
        width:400px;
        padding:100px 40px 10px 100px;
}
```

2. 代码分析

(1) body 改写整个页面的样式，与"品牌文化"页面效果类似，只有背景图像不同，不再赘述。

(2) #container 是父层样式，在本页面中设置为版心的宽度 960px，在页面中居中，与"品牌文化"页面效果一样。

(3) #top 设置 banner 图像所在区域样式，与"品牌文化"页面效果一样。

(4) #main 是主体内容部分样式，设置其宽高、内外边距、内容样式、背景等基本样式。

(5) 选择器#main1,#main2,#main3,#main4,#main5,#main6,#main7 设置主体内容的子盒子都边距 0，高度自动。

```
#main1,#main2,#main3,#main4,#main5,#main6,#main7{
        height:auto;
        margin:0px;
}
```

附　　录

附录A　习题参考答案

第1章

一、单选题

1. B　2. C　3. D　4. B　5. B

二、填空题

1. HTML
2. 文本、图像、动画
3. 主内容区、页脚、导航栏
4. 浏览器

三、判断题

1. 错　2. 对　3. 对

四、简答题

1. Web 浏览器是什么？

浏览器是查看网页的一种工具，它可向服务器发送各种请求，并对从服务器发来的超文本信息和各种多媒体数据格式进行解释、显示和播放。用户需要在计算机上安装浏览器来"阅读"网页中的信息，这是使用因特网的基本条件之一，就像我们需要通过电视机来收看电视节目一样。

一般来说操作系统中都已经内置了浏览器，例如 Windows 操作系统内置有微软公司的 Internet Explorer(简称 IE)浏览器，用户也可以自行安装浏览器，其他浏览器还有 Mozilla 的 Firefox、Apple 的 Safari、Opera、Google Chrome、Green Browser 浏览器、360 安全浏览器、搜狗高速浏览器、傲游浏览器、百度浏览器、腾讯 QQ 浏览器等。

2. 简述 HTML 及其在网页设计制作中的作用。

网页呈现在用户面前的是各种文字、图像、动画、音频、视频等丰富的内容，而网页在本质上是文本文件和其相关的资源，网页最根本的语言是 HTML(HyperText Markup Language，超文本标记语言)。HTML 是 Web 编程的基础，是网页设计和开发领域的一个重要组成部分。HTML 指定如何在浏览器中显示网页，它是制作网页的一种标准语言。

HTML 是用于创建网页和设计其他可在网页浏览器中看到的信息的一种标记语言，它以纯文字格式为基础。可以使用任何文字编辑器或所见即所得的 HTML 编辑器来编辑 HTML 文件。HTML 被用来结构化信息——例如标题、段落、列表和图像等，主要负责网页的"内容"部分。

3. 简述静态网页与动态网页的定义和区别。

静态网页和动态网页的区别不体现在视觉效果上，而体现在两者所采用的技术。

静态网页是指没有后台数据库、不含程序的网页，你编写的是什么，它显示的就是什么，不会有任何改变。静态网页更新起来相对比较麻烦，适用于更新较少的展示型网站。静态网页有一个固定的 url，且以.htm、.html、.shtml、.xml 等形式为后缀。发布在服务器上的静态网页是事先保存在服务器上的文件，每个网页都是一个独立的文件，内容相对稳定，容易被搜索引擎检索。

动态网页一般使用 ASP、PHP、JSP、.NET 等网络编程语言编写，是运行于服务器端的代码，浏览时先将服务器端代码执行成 HTML 代码，然后再显示在客户端浏览器中(访客是无法看到这个文件的源代码的，看到的只是比如 ASP 代码通过服务器执行过后的 HTML 代码)。动态网页可以实现的功能较多，如用户注册、登录、在线调查、用户管理、订单管理、站内搜索、即时更新新闻、留言或书写评论等，一般以.asp、.jsp、.php 等常见形式为后缀，而且动态网页的网址中通常有一个标志性的？符号。

4. 网页制作常用的技术有哪些，分别有什么作用？

网页常用技术有网页标记语言 HTML，网页样式设计所使用的技术 CSS，最常用的脚本语言 JavaScript，以及动态网页编程技术 ASP、JSP 和 PHP 等。

HTML 是用于创建网页和设计其他可在网页浏览器中看到的信息的一种标记语言，它以纯文字格式为基础。可以使用任何文字编辑器或所见即所得的 HTML 编辑器来编辑 HTML 文件。HTML 被用来结构化信息——例如标题、段落、列表和图像等，主要负责网页的"内容"部分。

CSS 是 Cascading Style Sheet 的缩写，中文译为"层叠样式表"，简称"样式表"。W3C(World Wide Web Consortium,万维网联盟)创建 CSS 标准的目的是以 CSS 取代 HTML 表格式布局、帧和其他表现的语言，用来定义网页外观样式，特别是进行网页的排版布局。HTML 和 CSS 分别实现了网页内容和样式的设计，实现了结构和外观的分离，使站点的访问及维护更加容易。

脚本语言由 ASCII 码构成，是一种不必事先编译，只要利用适当的解释器就可以执行的简单程序。在网页中使用脚本语言，可以丰富网页的表现力，是网页设计中很重要的一种技术。目前常用的脚本语言有 JavaScript、VBScript 和 JScript，其中 JavaScript 是众多网页开发者首选的脚本语言。

网页的发展绝不满足于仅供用户单纯地浏览，更应该着重于用户的交互操作和对网站内容的便捷管理，这些都需要动态网页编程技术来实现。目前常用的动态网页编程技术有 JSP、ASP.NET 和 PHP 等。

第2章

一、填空题

1. 标记
2. \<head\>，\</head\>
3. \<html\>，\</html\>
4. \<!DOCTYPE html\>

二、判断题

1. 错 2. 错 3. 错 4. 对 5. 对

三、简答题

1. HTML5 文档的基本结构是什么？

```
<!DOCTYPEhtml>
<html>
<head>
...
</head>
<body>
...
</body>
</html>
```

2. HTML5 有什么新特性？

HTML5第一份正式草案已于2008年1月公布，现在仍处于完善之中，尽管目前HTML5的标准仍在开发中，但主流浏览器已经支持HTML5的许多新特性。HTML5的改变和特点主要如下：

- 良好的移植性。HTML5可以跨平台使用，具有良好的移植性。
- 摒弃过时标记。取消一些过时的HTML4及其之前版本的标记，如字体标记\<font\>、框架标记\<frame\>和\<frameset\>等。
- 更直观的结构。HTML5新增了一些新的HTML标记，如\<header\>(页眉)、\<footer\>(页脚)、\<nav\>(导航栏)等结构性新标记，为页面引入了更多实际语义，这些我们在本书后续章节详细解释。
- 内容和样式分离。HTML5规定基本内容，样式则由CSS等实现。如图像的环绕方式、边框、表格的宽度、高度、对齐方式等，均不再使用标记属性描述。
- 下一代表单。增加一些全新的表单输入对象，如date、color、url、email等。HTML5可以创建具有更强交互性、更加友好的表单。
- 音频和视频的支持。HTML5的新增标记可以轻松地在页面中嵌入音频和视频。
- 矢量图绘制。实现2D绘图的Canvas对象，使得用户可以脱离Flash等直接在浏览器中显示图形或动画。

3. HTML5 新增的结构标记有哪些？

在新的 HTML5 标准中，定义了一系列的结构化标记，帮助用户更语义化地定义页面层次和逻辑，主要包括\<header>、\<footer>和\<nav>。\<header>标记定义文档的页眉，\<footer>标记定义文档或章节的页脚，\<nav>标记定义导航链接的部分。

第 3 章

一、单选题

1. D 2. C 3. D 4. D 5. C 6. B 7. B 8. D

二、填空题

1. \
2. 列表
3. \©
4. x²=9
5. \<li>…\</li>

三、判断题

1. 错 2. 对 3. 错 4. 对 5. 错

四、简答题

1. 下面这行代码中的 HTML 标记并没有正确嵌套，请以正确的嵌套方式重新编写该行代码。

```
<p><strong><em>我是中国人！</p></em></strong>
```

```
<p><strong><em>我是中国人！</em></strong></p>
```

2. 什么是块级元素，什么是行内元素？

在文档\<body>部分出现的元素，它们可以被分为块级(block-lever)元素和行内(inline)元素。

块级元素在浏览器中显示时，就好像在它的首尾都有一个换行符。例如\<p>、\<h1>～\<h6>、\<pre>、\<address>、\<header>、\<nav>和\<footer>等都是块级元素，它们都在新的一行开始显示内容，并且这些元素之后的内容也会另起一个新行。

行内元素可以出现在某一行句子中而不必新起一行，例如\<b>、\<i>、\<em>、\<strong>、\<sup>、\<sub>、\<small>、\<ins>、\<del>和\<cite>等都是行内元素。

3. 使用 HTML 代码给"饕餮"添加注音？

```
<ruby>
    饕餮<rt>tāotiè</rt>
</ruby>
```

4. 简述什么是 HTML 中的语义元素？

语义即意义，HTML5 的语义元素能够为浏览器和开发者清楚地描述其意义。HTML5 中大部分标记都是语义元素，例如<body>、<header>、<b>、<small>和<p>等。

第 4 章

一、单选题

1. A 2. D 3. C 4. A 5. D

二、填空题

1. c:\my documents\my web\favorite.htm
2. JPG、GIF 和 PNG
3. <video>
4. <embed>

三、判断题

1. 错 2. 错 3. 对 4. 对 5. 错 6. 错 7. 错

四、简答题

1. 网页中常用的图像格式 jpg、gif 和 png 分别有什么不同？

图像可以使 html 页面美观生动且富有生机。浏览器支持的图像格式通常有 JPEG、GIF、PNG、BMP 等。其中 BMP 文件存储空间较大，并且传输较慢，在制作网页过程中通常不提倡使用，而对常用的 JPEG 和 GIF 格式的图像相比较，JPEG 图像可以支持数百万种颜色，即使在传输过程中有数据丢失现象，在质量上也不会有明显的影响，PNG 格式的图像具有高保真性和透明性以及文件体积小等特点，被广泛地应用于网页设计中。

2. 试述 source 元素的作用？

由于不同的浏览器对 HTML5 的支持各不相同，要获得所有兼容 HTML5 的浏览器的支持，至少需要提供两种格式以上的视频和音频。如何做到呢？这时就要用到 HTML5 的 source 元素了。通常，source 元素用于定义一个以上的媒体元素。

第 5 章

一、单选题

1. C 2. B 3. B 4. C 5. C 6. C 7. A

二、填空题

1. <base>
2. <area>

3. <a href="mailto:邮箱地址">文字或图像</a>
4. <iframe>
5. title

三、判断题

1. 对 2. 错 3. 对 4. 错 5. 错 6. 对 7. 对

四、简答题

1. 试述设置基准地址有什么作用？并举例说明。

<base>元素用来为当前页面中的所有相对 URL 规定一个默认地址或默认目标。通常情况下，浏览器会从当前文档的 URL 中提取相应的元素来填写相对的 URL，使用<base>可以改变这一点，浏览器将不再使用当前文档的 URL，而使用由<base>标记指定的基准 URL 来解析所有的相对 URL。

例如：

<base href="http://news.sina.com.cn" target="_self" />

会对网页中的相对 URL 前加上 http://news.sina.com.cn/，包括<a>、<img>、<link>和<form>标记。

2. 简述链接打开目标 target 属性有哪几种打开方式？

"target 属性"用于指定打开链接的目标窗口，其默认方式是原窗口，它的属性值可以是：

- _self: 默认值，被链接的目标加载到与该链接文字相同的窗口中。
- _blank:将被链接的目标加载到新的浏览器窗口中。
- _parent:将被链接的目标加载到父框架窗口中。
- _top: 被链接的目标加载到整个浏览器窗口中并删除所有框架。
- 浏览器窗口名称：在某个已经指定名称的浏览器窗口中打开链接。

3. href 属性的作用是什么？

Hypertext Reference 的缩写，意思是超文本引用，用来表示链接的目标地址。

第 6 章

一、单选题

1. C 2. A 3. C 4. B 5. B

二、填空题

1. <th>
2. <table></table>
3. rowspan

4. <thead><tfoot><tbody>

三、判断题

1. 对   2. 错   3. 对   4. 错   5. 错

四、简答题

1. 在 web 设计中，表格经常应用在有哪些地方？

答：网页设计中，表格的应用是最多的。一方面表格用最简洁的形式表达了复杂的内容，另一方面它还可以用来控制文本和图像在页面上出现的位置，把文字和图像规范地按照行或列对齐，使整个页面看上去整齐一致。对于网页排版来说，表格有很大的帮助。对于一个网页设计者来说，如果能够灵活地应用表格，就会使网页看上去美观大方且具有吸引力。

2. 试述表格<thead>、<tfoot>以及<tbody>元素的作用。

答：<thead>、<tfoot>和<tbody>这三个标记的作用是让网页设计者可以对表格的行进行分组。比如，一个表不但可以包含标题行，也可以有数据行，还会有位于底部的页脚行。这种行的分组划分让浏览器可以支持表格固定的标题和页脚，而只让表格正文滚动。同时，当超出屏幕高度的长表格被打印时，表格的表头和页脚会出现在印有表格数据行的每张页面上面。

在使用<thead>、<tfoot>和<tbody>这三个标记时，它们必须一起出现在页面里。同时，它们必须按照<thead>、<tfoot>、<tbody>这样的顺序出现在网页里面，只有这样浏览器才可以在收到所有表格数据前提前显示页脚的内容了。最后，必须在<table>标记的里面使用这些标记。

第 7 章

一、单选题

1. B   2. B   3. C   4. A   5. C   6. B   7. B   8.C

二、填空题

1. get，post
2. color
3. email
4. pattern
5. autofocus
6. form
7. placeholder
8. file
9. submit

10. checkbox

三、简答题

1. 在表单中，method 属性有 get 和 post 种方式，这两种方式有什么区别？

答：(1) 使用 get 方式提交信息时，表单中的信息作为字符串自动附加在 URL 的后面，会将该 URL 和后面的参数信息在浏览器的地址栏中显示出来。get 方式传输的数据量非常小，一般限制在 2KB 左右，但执行效率比较高。例如：

http://www.domain.com/test.html?name=myname&password=mypassword

(2) 使用 post 方式提交信息时，需要对输入的信息进行包装，存入单独的文件中(不附在 URL 后面)，等待服务器取走，这种方式对信息量没有限制。

2. 试述 required 属性的作用。

答：required 属性是一个可用于各种表单的通用属性，该属性的作用是检测输入的内容是否为空，但不负责验证数据是否合法。如果为空，否则不能提交并会显示错误提示信息。对于表单中的必填项都是要设置这个属性。

第 8 章

一、单选题

1. A   2. C   3. C   4. A   5. B

二、填空题

1. css

2. 行内

3. .

4. 表格中的 b 元素都表现为红色

三、判断题

1. 对   2. 对   3. 对   4. 错

四、简答题

1. 在 CSS3 中，有哪几种不同类型的选择器？

选择器是 CSS 中很重要的概念，它可以大幅度提高开发人员编写或修改样式表的工作效率。CSS3 提供了大量的选择器，大体上可以分为基本选择器、组合选择器、属性选择器、伪类选择器和伪对象选择器等。

基本选择器包括标记选择器、类选择器、id 选择器和通用选择器。

2. 在 HTML 文档中使用 CSS 的方法有哪些？

根据 CSS 在 HTML 文档中的使用方法和作用范围不同，CSS 样式表的使用方法分为三大类：行内样式、内部样式表和外部样式表，而外部样式表又可分为链入外部样式表和导入外部样式表。

第 9 章

一、单选题

1. A 2. C 3. D 4. C 5. C 6. C 7. D 8. D

二、填空题

1. color_name   HEX   RGB   RGBA   HSL   HSLA
2. font-size font-family
3. h1 {text-transform : uppercase; }
4. text-align vertical-align
5. 文本阴影为水平向右偏移 5 个像素，垂直向下偏移 6 个像素，阴影为灰色。
6. right

三、判断题

1. 对   2. 错   3. 对   4. 错

四、简答题

1. 请描述与列表项相关的属性。

CSS 属性 list-style-type 用来设置对象的列表项所使用的项目符号。

CSS 属性 list-style-image 用来设置对象的列表项使用图像作为项目符号。

CSS 属性 list-style-position 用来设置对象的列表符号的位置，或者可以说列表文本如何根据项目符号排列。

list-style 是复合属性，设置列表项目相关内容。可以同时设置 1 项或多项。若 list-style-image 属性为 none 或指定图像不可用时，list-style-type 属性将发生作用。

2. 字体复合属性 font 的赋值有什么要求？

在设计网页时，往往需要同时对字体的多个属性进行设置，例如定义字体的大小、粗体等，此时可以使用 font 属性一次性对多个属性进行设置。

基本语法：

font：font-style font-variant font-weight font-size font-family ;

语法说明：

font 属性中的属性值排列顺序是 font-style、font-variant、font-weight、font-size 和 font-family，各属性值之间使用空格隔开，并且 font-size 和 font-family 是不可忽略的。属性排列中，font-style、font-variant 和 font-weight 可以进行顺序的调换，而 font-size 和 font-family 则必须按照固定顺序出现，如果这两个顺序错误或者缺少，那么整条样式可能会被忽略。

另外，在字体大小属性值部分可以添加行高属性，以/分隔。例如："font:italic normal bold 13px/20px 宋体;"表示字体为斜体加粗的宋体、大小为 13 像素、行高为 20 像素。

第 10 章

一、单选题

1. C   2. C   3. A   4. A   5. B   6. B

二、填空题

1. padding
2. width   height
3. border-bottom-left-radius
4. border-style
5. box-shadow

三、判断题

1. 对   2. 错   3. 错   4. 对   5. 错

四、简答题

1. 试述 CSS 盒子模型的基本结构。

图 CSS 盒子模型

> 盒子模型的内部是实际的内容，直接包围内容的是内边距(padding)，内边距的边缘是边框(border)，边框以外是外边距(margin)，外边距默认是透明的，因此不会遮挡其后的任何元素。
> 内边距、边框和外边距都是可选的，默认值是零。
> border 属性设定边框线条样式，内边距和外边距都是相对于边框设定的。
> 内边距 padding 是指 border 与"内容"之间的距离。
> 外边距 margin 是指 border 与盒子外其他内容的距离。
> border、padding 和 margin 分别都有上右下左 4 个方向，每个方向的设置可以相同也可以单独设置。

2. 默认情况下，如何计算 CSS 盒子模型幅面大小？

根据目前多数主流高版本浏览器的盒子大小计算规则，width 和 height 默认指的是内容部分的宽高，是不包含 padding、margin 和 border 在内的，要想改变盒子大小的计算规则，则要使用 box-sizing 属性，此属性下一小节详解。

多数情况下，盒子所占据的真正大小是：

盒子所占宽度= width(内容宽度)+ padding(左右)+ margin(左右)+ border(左右)

盒子所占高度= height(内容高度)+ padding(上下)+ margin(上下)+ border(上下)

3. 试述下图网页中，可能使用的 CSS 样式。

- 背景颜色 background-color，颜色为深蓝色。
- 前景色 color，颜色值为 white。
- 元素边框 border，颜色 white、线型 solid、大小目测 10px。
- 图像设置浮动方式 float:right。

第 11 章

一、单选题

1. B   2. D   3. C   4. B

二、填空题

1. fixed
2. background-position:center bottom;
3. div{background-image:linear-gradient(#FFF, #666); }
4. background:url(bg.jpg) no-repeat right bottom;

三、判断题

1. 错   2. 对   3. 错   4. 对

四、简答题

1. 在设置盒子背景时，如果同时设置背景图像和背景颜色，不同情况下两者会有何种呈现方式？

在设置背景图像时，可以同时设置背景色，如果背景图像不可用，则背景色显示；如果背景图像可用，在背景图像有透明区域时，背景色可见。

```
background-image:url(……);/*页面背景图像*
background-color:颜色;/*页面背景颜色*/
```

2. 在设置多个背景时默认如何排列，如何进行位置的控制？

在 CSS3 中，可以对一个元素应用多个图像作为背景，需要用逗号来区别各个图像。默认情况下，第一个声明的图像定位在元素顶部，其他的图像按序在其下排列，配合 background-position 属性也可控制每个背景图像的位置，例如：

```
background:url(images/1.jpg) no-repeat top left,
          url(images/2.jpg) no-repeat top right,
          url(images/3.jpg) no-repeat bottom left,
          url(images/4.jpg) no-repeat bottom right,
          url(images/5.jpg) no-repeat center center;
```

第13章

一、单选题

1. B   2. B   3. A   4. D   5. B   6. D

二、填空题

1. float
2. display:block;
3. clip

三、判断题

1. 错   2. 对   3. 对   4. 错

四、简答题

1. 网页的正常流向是如何呈现的？

正常流向是预先设定的定位方式。默认情况下网页布局就是按文档流的正常流向，即按 HTML 的结构顺序。由上而下、由左至右这样的走向就是所谓的正常流向，浏览器也是依据这样的走向来解译我们的编码。

换个角度来说，在大部分的情况下，正常流向指的是网页中元素标记的方式。另外，多数的 HTML 元素都是属于行内元素或块级元素。块级元素里可以包含行内元素和块级元素，而行内元素里不能包含有块级元素。

在正常流向中，块级元素盒子会在其父对象盒子中自上而下排列，而行内元素盒子则会按照由左至右的顺序排列。

2. 试述 float 和 clear 在网页布局中的作用。

float 是浮动属性，用来改变元素块的显示方式。浮动就是一个 BOX 在当前行向左或向右偏移。任何浮动 BOX 都成为一个块级盒子，不断向左或向右偏移直到它的边缘接触到包含块的边缘或另一个浮动盒子的外边缘。如果当前行没有足够的水平空间来包含该浮动盒子，则它逐行向下移动直到某一行有足够的空间来容纳它。

浮动元素不再占用原文档的位置，它会对页面中其他元素的排版产生影响：

(1) 会覆盖其他元素，被其覆盖的区域不可见。

(2) 使用该属性可以实现内容的环绕效果。

如果不想让使用了 float 属性元素后边的其他元素浮动环绕在其周围，避免其他元素块跟着浮动的效果，可以使用属性 clear 清除。clear 属性可选的值为 none、left、right 和 both。

第 14 章

一、单选题

1. B 2. D 3. A

二、填空题

1. <footer><nav><section>

2. none

3. 网页布局

三、判断题

1. 对 2. 对 3. 错 4. 错

四、简答题

1. 试述网页布局的方法和流程。

网页布局是网页设计制作的基础，按照一定的规律把网页中的图像、文字、视频等页面元素排列到最佳位置。分割、组织页面进行分块，并传达重要信息使网页容易阅读，使页面更具有亲和力和可用性是网页设计最重要的目标。可以把网页中的内容看成是一个个的"盒子(矩形块)"，把多个"盒子"按照行和列的方式组织起来，就构成了一个网页。

DIV 是网页布局中最为常用的一种盒子，目前 DIV+CSS 是定位和布局是较为有效的方式，这种方法排版具有灵活性、容易操作和功能强大等特点，越来越多用于网页布局中。

(1) 将页面用 div 分块

首先在整体上考虑如何用 div 对其分块，即考虑网页需要划分为几个部分，每个部分所显示的主要内容或功能。

网页排版通常可以采用上中下结构、左右结构或者三列结构。例如采用上中下结构，可以先把页面分成三块，从上到下依次排列为页眉块、主体块和页脚块，将这三个块放在一个父 div 中，方便整体调整和后期排版维护，最后根据具体内容调整分块中所包含的子块数目和布局方式。

(2) 设计各分块位置

通过使用 CSS 语法，可以对 div 块进行定位和样式设置。

(3) 分块代码实现

(4) 设计各分块细节

分块完成后，就需要设计各块的细节，当然每个 div 中的细节内容也是各种各样的盒子，对这些盒子分块进行排版设计即可完成整个设计。

2. 常用的网页布局版式有哪些？分别适用于什么情况？

最常用最基本的单列布局、两列布局、三列布局和通栏布局，其他复杂版式布局均可在此基础上扩展变化得来。

单列布局是网页布局的基础，所有复杂的布局都可以在此基础上演变而来。单列布局简单清晰、统一有序，但有时不免有些呆板，并且在信息量大时会显得区域划分不够精细，此时可以考虑采用两列布局。两列布局和一列布局类似，只是网页内容被分为左右两部分。对于一些大型网站，由于内容分类较多，通常需要采用"三列布局"的页面排版方法。本质上三列布局和两列布局没有太大区别，只是在主体内容区分成了左、中、右三列。

另外，目前主流网站更流行的一种做法是：将一些水平模块，如页眉、导航、焦点图或页脚等用通栏显示。

附录B 颜色名称和颜色值

表B-1给出了主流浏览器支持的颜色名称及其对应的十六进制值,建议在使用过程中尽可能使用十六进制值而非名称来表示颜色。

表B-1 颜色名称和颜色值

颜色名称	颜色中文名称	十六进制颜色值	RGB颜色值
aliceblue	艾利斯兰色	#f0f8ff	240,248,255
antiquewhite	古董白色	#faebd7	250,235,215
aqua	浅绿色	#00ffff	0,255,255
aquamarine	碧绿色	#7fffd4	127,255,212
azure	天蓝色	#f0ffff	240,255,255
beige	米色	#f5f5dc	245,245,220
bisque	桔黄色	#ffe4c4	255,228,196
black	黑色	#000000	0,0,0
blanchedalmond	白杏色	#ffebcd	255,235,205
blue	蓝色	#0000ff	0,0,255
blueviolet	紫罗兰色	#8a2be2	138,43,226
brown	褐色	#a52a2a	165,42,42
burlywood	实木色	#deb887	222,184,135
cadetblue	军兰色	#5f9ea0	95,158,160
chartreuse	黄绿色	#7fff00	127,255,0
chocolate	巧可力色	#d2691e	210,105,30
coral	珊瑚色	#ff7f50	255,127,80
cornflowerblue	菊兰色	#6495ed	100,149,237
cornsilk	米绸色	#fff8dc	255,248,220
crimson	暗深红色	#dc143c	220,20,60
cyan	青色	#00ffff	0,255,255
darkblue	暗蓝色	#00008b	0,0,139
darkcyan	暗青色	#008b8b	0,139,139
darkgoldenrod	暗金黄色	#b8860b	184,134,11
darkgray(darkgrey)	暗灰色	#a9a9a9	169,169,169
darkgreen	暗绿色	#006400	0,100,0
darkkhaki	暗黄褐色	#bdb76b	189,183,107
darkmagenta	暗洋红色	#8b008b	139,0,139

(续表)

颜色名称	颜色中文名称	十六进制颜色值	RGB 颜色值
darkolivegreen	暗橄榄绿色	#556b2f	85,107,47
darkorange	暗桔黄色	#ff8c00	255,140,0
darkorchid	暗紫色	#9932cc	153,50,204
darkred	暗红色	#8b0000	139,0,0
darksalmon	暗肉色	#e9967a	233,150,122
darkseagreen	暗海兰色	#8fbc8f	143,188,143
darkslateblue	暗灰蓝色	#483d8b	72,61,139
darkslategray(darkslategrey)	暗瓦灰色	#2f4f4f	47,79,79
darkturquoise	暗宝石绿色	#00ced1	0,206,209
darkviolet	暗紫罗兰色	#9400d3	148,0,211
deeppink	深粉红色	#ff1493	255,20,147
deepskyblue	深天蓝色	#00bfff	0,191,255
dimgray(dimgrey)	暗灰色	#696969	105,105,105
dodgerblue	闪兰色	#1e90ff	30,144,255
feldspar	长石色	#d19275	209,146,117
firebrick	火砖色	#b22222	178,34,34
floralwhite	花白色	#fffaf0	255,250,240
forestgreen	森林绿色	#228b22	34,139,34
fuchsia	紫红色	#ff00ff	255,0,255
gainsboro	淡灰色	#dcdcdc	220,220,220
ghostwhite	幽灵白色	#f8f8ff	248,248,255
gold	金色	#ffd700	255,215,0
goldenrod	金麒麟色	#daa520	218,165,32
gray(grey)	灰色	#808080	128,128,128
green	绿色	#008000	0,128,0
greenyellow	黄绿色	#adff2f	173,255,47
honeydew	蜜色	#f0fff0	240,255,240
hotpink	热粉红色	#ff69b4	255,105,180
indianred	印第安红色	#cd5c5c	205,92,92
indigo	靛青色	#4b0082	75,0,130
ivory	象牙色	#fffff0	255,255,240
khaki	黄褐色	#f0e68c	240,230,140
lavender	淡紫色	#e6e6fa	230,230,250
lavenderblush	淡紫红色	#fff0f5	255,240,245
lawngreen	草绿色	#7cfc00	124,252,0
lemonchiffon	柠檬绸色	#fffacd	255,250,205

(续表)

颜色名称	颜色中文名称	十六进制颜色值	RGB 颜色值
lightblue	亮蓝色	#add8e6	173,216,230
lightcoral	亮珊瑚色	#f08080	240,128,128
lightcyan	亮青色	#e0ffff	224,255,255
lightgoldenrodyellow	亮金黄色	#fafad2	250,250,210
lightgray	亮灰色	#d3d3d3	211,211,211
lightgreen	亮绿色	#90ee90	144,238,144
lightpink	亮粉红色	#ffb6c1	255,182,193
lightsalmon	亮肉色	#ffa07a	255,160,122
lightseagreen	亮海蓝色	#20b2aa	32,178,170
lightskyblue	亮天蓝色	#87cefa	135,206,250
lightslateblue	亮灰蓝色	#8470ff	132,112,255
lightslategray	亮瓦灰色	#778899	119,136,153
lightsteelblue	亮钢兰色	#b0c4de	176,196,222
lightyellow	亮黄色	#ffffe0	255,255,224
lime	酸橙色	#00ff00	0,255,0
limegreen	橙绿色	#32cd32	50,205,50
linen	亚麻色	#faf0e6	250,240,230
magenta	红紫色	#ff00ff	255,0,255
maroon	粟色	#800000	128,0,0
mediumaquamarine	中绿色	#66cdaa	102,205,170
mediumblue	中兰色	#0000cd	0,0,205
mediumorchid	中粉紫色	#ba55d3	186,85,211
mediumpurple	中紫色	#9370db	147,112,219
mediumseagreen	中海蓝色	#3cb371	60,179,113
mediumslateblue	中暗蓝色	#7b68ee	123,104,238
mediumspringgreen	中春绿色	#00fa9a	0,250,154
mediumturquoise	中绿宝石色	#48d1cc	72,209,204
mediumvioletred	中紫罗兰红色	#c71585	199,21,133
midnightblue	中灰兰色	#191970	25,25,112
mintcream	薄荷色	#f5fffa	245,255,250
mistyrose	浅玫瑰色	#ffe4e1	255,228,225
moccasin	鹿皮色	#ffe4b5	255,228,181
navajowhite	纳瓦白	#ffdead	255,222,173
navy	海军色	#000080	0,0,128
oldlace	老花色	#fdf5e6	253,245,230
olive	橄榄色	#808000	128,128,0
olivedrab	深绿褐色	#6b8e23	107,142,35
orange	橙色	#ffa500	255,165,0
orangered	红橙色	#ff4500	255,69,0
orchid	淡紫色	#da70d6	218,112,214
palegoldenrod	苍麒麟色	#eee8aa	238,232,170

(续表)

颜色名称	颜色中文名称	十六进制颜色值	RGB 颜色值
palegreen	苍绿色	#98fb98	152,251,152
paleturquoise	苍宝石绿色	#afeeee	175,238,238
palevioletred	苍紫罗蓝色	#d87093	219,112,147
papayawhip	番木色	#ffefd5	255,239,213
peachpuff	桃色	#ffdab9	255,218,185
peru	秘鲁色	#cd853f	205,133,63
pink	粉红色	#ffc0cb	255,192,203
plum	洋李色	#dda0dd	221,160,221
powderblue	粉蓝色	#b0e0e6	176,224,230
purple	紫色	#800080	128,0,128
red	红色	#ff0000	255,0,0
rosybrown	褐玫瑰红色	#bc8f8f	188,143,143
royalblue	皇家蓝色	#4169e1	65,105,225
saddlebrown	重褐色	#8b4513	139,69,19
salmon	鲜肉色	#fa8072	250,128,114
sandybrown	沙褐色	#f4a460	244,164,96
seagreen	海绿色	#2e8b57	46,139,87
seashell	海贝色	#fff5ee	255,245,238
sienna	赭色	#a0522d	160,82,45
silver	银色	#c0c0c0	192,192,192
skyblue	天蓝色	#87ceeb	135,206,235
slateblue	石蓝色	#6a5acd	106,90,205
slategrey	灰石色	#708090	112,128,144
snow	雪白色	#fffafa	255,250,250
springgreen	春绿色	#00ff7f	0,255,127
steelblue	钢兰色	#4682b4	70,130,180
tan	茶色	#d2b48c	210,180,140
teal	水鸭色	#008080	0,128,128
thistle	蓟色	#d8bfd8	216,191,216
tomato	西红柿色	#ff6347	255,99,71
turquoise	青绿色	#40e0d0	64,224,208
violet	紫罗兰色	#ee82ee	238,130,238
violetred	紫罗兰红色	#D02090	208,32,144
wheat	浅黄色	#f5deb3	245,222,179
white	白色	#ffffff	255,255,255
whitesmoke	烟白色	#f5f5f5	245,245,245
yellow	黄色	#ffff00	255,255,0
yellowgreen	黄绿色	#9acd32	154,205,50

附录C HTML5的主要改变

表 C-1、表 C-2、表 C-3、表 C-4 标出了 HTML5 与 HTML4 主要的改变。

表 C-1 HTML5 的主要新标记

标 记	描 述
<article>	指明可存在于页面上下文环境之外的独立内容
<aside>	定义与页面内容侧面相关的内容
<audio>	定义声音,比如音乐或其他音频流
<bdi>	设置一段文本,使其脱离其父元素的文本方向设置
<canvas>	在文档中定义一个可脚本编程的位图画布
<command>	定义命令按钮,比如单选按钮、复选框或按钮
<details>	用于描述文档或文档某个部分的细节
<figcaption>	定义<figure>元素的标题,<figcaption>元素应该被置于<figure>元素的第一个或最后一个子元素的位置
<figure>	用于对元素进行组合
<footer>	为文档或文档小节定义页脚
<header>	定义文档的页眉
<hgroup>	用于对网页或区段(section)的标题进行组合
<keygen>	定义生成密钥
<mark>	定义带有记号的文本
<meter>	定义度量衡,仅用于已知最大和最小值的度量
<nav>	定义导航链接的部分
<output>	定义不同类型的输出,比如脚本的输出
<progress>	定义运行中的进度(进程)
<rp>	在 Ruby 注释中使用,以定义不支持<ruby>元素的浏览器所显示的内容
<rt>	定义字符(中文注音或字符)的解释或发音
<ruby>	定义<Ruby>注释(中文注音或字符)
<section>	定义文档中的节(section、区段),比如章节、页眉、页脚或其他部分
<track>	为媒体元素(比如<audio>和<video>)规定外部文本轨道
<video>	定义视频,比如电影片段或其他视频流
<wbr>	规定在文本中的何处适合添加换行符

表 C-2 新的 input 元素类型

标记	描述
<color>	定义颜色类型的输入表单项
<date>	定义选择日、月、年日期类型的输入表单项
<datetime>	定义选择日期时间类型的输入表单项
<datetime-local>	定义选择本地日期时间类型的输入表单项
<email>	定义 Email 类型的输入表单项
<month>	定义选择月年日期类型的输入表单项
<number>	定义数字类型的输入表单项
<search>	定义搜索类型的输入表单项
<tel>	定义电话号码类型的输入表单项
<time>	定义选择时间类型的输入表单项
<range>	定义数值范围类型的输入表单项
<url>	定义 URL 类型的输入表单项
<week>	定义选择周日期类型的输入表单项

表 C-3 HTML5 废弃的标记

标记	描述
<acronym>	标记一个首字母缩写
<applet>	嵌入 Java Apple，在 HTML4 中已经不赞成使用
<basefont>	定义基准字体，在 HTML4 中已经不赞成使用
<big>	呈现大号字体效果
<center>	定义居中显示
<dir>	定义目录列表，在 HTML4 中已经不赞成使用
<font>	规定文本的字体、字体尺寸、字体颜色，在 HTML5 中这些特性由 CSS 实现
<frame>	定义<frameset>中的一个特定的窗口(框架)
<frameset>	定义一个框架集
<noframes>	定义对于那些不支持<frameset>元素的浏览器使用的 HTML
<strike>	定义加删除线的文本，在 HTML4 中已经不赞成使用
<tt>	定义打字机文本
<u>	定义下划线

表 C-4 HTML5 废弃的属性

标记	属性
<a>	charset、coords、rev、shape
<area>	nohref
<body>	alink、background、bgcolor、link、text、vlink
 	clear

(续表)

标记	属性
<caption>	align
<col>	align、char、charoff、valign、width
<colgroup>	align、char、charoff、valign、width
<div>	align
<dl>	compact
<head>	profile
<hn>	align
<hr>	align、noshade、size、width
<html>	version
<iframe>	align、frameborder、longdesc、marginheight、marginwidth、scrolling
<img>	align、hspace、longdesc、name、vspace
<input>	align
<legend>	align
<li>	type
<link>	charset、rev、target
<menu>	compact
<meta>	scheme
<object>	align、archive、border、classid、codebase、codetype、declare、space、standby、vspace、hspace
<ol>	compact
<p>	align
<param>	type、valuetype
<pre>	width
<table>	align、bgcolor、cellpadding、cellspacing、rules、summary、width、frame
<tbody>	align、char、charoff、valign
<td>	abbr、align、axis、bgcolor char、charoff、height、nowrap、scope、valign、width
<tfoot>	align char、charoff、valign
<th>	abbr、align、axis、bgcolor char、charoff、height、nowrap、valign、width
<thead>	align、char、charoff、valign
<tfoot>	align、char、charoff、valign
<tr>	align、bgcolor、char、charoff、valign
<ul>	compact、type

附录D 特殊字符

在 HTML 中，特殊字符可以用字符实体表示，可以是数字或名称的方式，以&开头，以分号结尾。有些符号并未得到所有浏览器的支持，所以要确保在几种不同的浏览器中对页面进行测试，确保能够正确显示。

表 D-1、表 D-2、表 D-3 列出了常见的特殊字符及其表示方式。

表 D-1 ISO 8859-1 字符的字符实体引用

符 号	描 述	实体名称	数字编码
	无中断空白		
¡	倒感叹号	&iexcl;	&#161;
¢	美分符号	&cent;	&#162;
£	英镑符号	&pound;	&#163;
¤	货币符号	&curren;	&#164;
¥	元符号	&yen;	&#165;
¦	断条=中断的垂直条	&brvbar;	&#166;
§	小节符号	&sect;	&#167;
¨	分音符号=间隔分音符号	&uml;	&#168;
©	版权符号	&copy;	&#169;
ª	女性顺序指示符	&ordf;	&#170;
«	左向双尖引用符=左向曲引号	&laquo;	&#171;
¬	非符号	&not;	&#172;
SHY	软连字符=自由连字符	&shy;	&#173;
®	注册符=注册商标符号	&reg;	&#174;
¯	长音符号=间隔长音符号=上划线=APL 上划线	&macr;	&#175;
°	度符号	&deg;	&#176;
±	正-负符号=加-减符号	&plusmn;	&#177;
²	上角标 2=上角标数字 2=平方	&sup2;	&#178;
³	上角标 3=上角标数字 3=立方	&sup3;	&#179;
´	重音符号=间隔重音	&acute;	&#180;
µ	微符号	&micro;	&#181;
¶	段落符号	&para;	&#182;
·	中点=格鲁吉亚逗号=希腊中点	&middot;	&#183;

(续表)

符　号	描　述	实体名称	数字编码
¸	变音符号=空间变音符号	&cedil;	&#184;
¹	上角标 1=上角标数字 1	&sup1;	&#185;
º	男性顺序指示符	&ordm;	&#186;
»	右向双尖引用符=右向曲引号	&raquo;	&#187;
¼	普通四分之一分数=四分之一分数	&frac14;	&#188;
½	普通二分之一分数=二分之一分数	&frac12;	&#189;
¾	普通四分之三分数=四分之三分数	&frac34;	&#190;
¿	倒问号=旋转后的问号	&iquest;	&#191;
À	带有下斜音标的大写拉丁字母 A	&Agrave;	&#192;
Á	带有重音符号的大写拉丁字母 A	&Aacute;	&#193;
Â	带有抑扬音标的大写拉丁字母 A	&Acirc;	&#194;
Ã	带有波浪音标的大写拉丁字母 A	&Atilde;	&#195;
Ä	带有分音符号的大写拉丁字母 A	&Auml;	&#196;
Å	顶部带有圆环符号的大写拉丁字母 A	&Aring;	&#197;
Æ	大写拉丁字母 AE	&AElig;	&#198;
Ç	带有变音符号的大写拉丁字母 C	&Ccedil;	&#199;
È	带有下斜音标的大写拉丁字母 E	&Egrave;	&#200;
É	带有重音符号的大写拉丁字母 E	&Eacute;	&#201;
Ê	带有抑扬音标的大写拉丁字母 E	&Ecirc;	&#202;
Ë	带有分音符号的大写拉丁字母 E	&Euml;	&#203;
Ì	带有下斜音标的大写拉丁字母 I	&Igrave;	&#204;
Í	带有重音符号的大写拉丁字母 I	&Iacute;	&#205;
Î	带有抑扬音标的大写拉丁字母 I	&Icirc;	&#206;
Ï	带有分音符号的大写拉丁字母 I	&Iuml;	&#207;
Ð	大写拉丁字母 ETH	&ETH;	&#208;
Ñ	带有波浪音标的大写拉丁字母 N	&Ntilde;	&#209;
Ò	带有下斜音标的大写拉丁字母 O	&Ograve;	&#210;
Ó	带有重音符号的大写拉丁字母 O	&Oacute;	&#211;
Ô	带有抑扬音标的大写拉丁字母 O	&Ocirc;	&#212;
Õ	带有波浪音标的大写拉丁字母 O	&Otilde;	&#213;
Ö	带有分音符号的大写拉丁字母 O	&Ouml;	&#214;
×	乘法符号	&times;	&#215;
Ø	带有斜划线的大写拉丁字母 O	&Oslash;	&#216;
Ù	带有下斜音标的大写拉丁字母 U	&Ugrave;	&#217;
Ú	带有重音符号的大写拉丁字母 U	&Uacute;	&#218;
Û	带有抑扬音标的大写拉丁字母 U	&Ucirc;	Û0

(续表)

符 号	描 述	实体名称	数字编码
Ü	带有分音符号的大写拉丁字母 U	&Uuml;	&#220;
Ý	带有重音符号的大写拉丁字母 Y	&Yacute;	&#221;
Þ	大写拉丁字母 THORN	&THORN;	&#222;
ß	小写拉丁字母高音 s=ess-zed	&szlig;	&#223;
à	带有下斜音标的小写拉丁字母 a	&agrave;	&#224;
á	带有重音符号的小写拉丁字母 a	&aacute;	&#225;
â	带有抑扬音标的小写拉丁字母 a	&acirc;	&#226;
ã	带有波浪音标的小写拉丁字母 a	&atilde;	&#227;
ä	带有分音符号的小写拉丁字母 a	&auml;	&#228;
å	顶部带有圆环符号的小写拉丁字母 a	&aring;	&#229;
æ	小写拉丁字母 ae=小写拉丁捆绑 ae	&aelig;	&#230;
ç	带有变音符号的小写拉丁字母 c	&ccedil;	&#231;
è	带有下斜音标的小写拉丁字母 e	&egrave;	&#232;
é	带有重音符号的小写拉丁字母 e	&eacute;	&#233;
ê	带有抑扬音标的小写拉丁字母 e	&ecirc;	&#234;
ë	带有分音符号的小写拉丁字母 e	&euml;	&#235;
ì	带有下斜音标的小写拉丁字母 i	&igrave;	&#236;
í	带有重音符号的小写拉丁字母 i	&iacute;	&#237;
î	带有抑扬音标的小写拉丁字母 i	&icirc;	&#238;
ï	带有分音符号的小写拉丁字母 i	&iuml;	&#239;
ð	小写拉丁字母 eth	&eth;	&#240;
ñ	带有波浪音标的小写拉丁字母 n	&ntilde;	&#241;
ò	带有下斜音标的小写拉丁字母 o	&ograve;	&#242;
ó	带有重音符号的小写拉丁字母 o	&oacute;	&#243;
ô	带有抑扬音标的小写拉丁字母 o	&ocirc;	&#244;
õ	带有波浪音标的小写拉丁字母 o	&otilde;	&#245;
ö	带有分音符号的小写拉丁字母 o	&ouml;	&#246;
÷	除法符号	&divide;	&#247;
ø	带有斜划线的小写拉丁字母 o	&oslash;	&#248;
ù	带有下斜音标的小写拉丁字母 u	&ugrave;	&#249;
ú	带有重音符号的小写拉丁字母 u	&uacute;	&#250;
û	带有抑扬音标的小写拉丁字母 u	&ucirc;	&#251;
ü	带有分音符号的小写拉丁字母 u	&uuml;	&#252;
ý	带有重音符号的小写拉丁字母 y	&yacute;	&#253;
þ	小写拉丁字母 thorn	&thorn;	&#254;
ÿ	带有分音符号的小写拉丁字母 y	&yuml;	&#255;

表 D-2 符号、数学符号以及希腊字母的字符实体引用

符号	描述	实体名称	数字编码
拉丁语扩展-B			
ƒ	带钩子的小写拉丁字母 f=函数=弗洛林	&fnof;	&#402;
希腊语			
Α	大写希腊字母 alpha	&Alpha;	&#913;
Β	大写希腊字母 beta	&Beta;	&#914;
Γ	大写希腊字母 gamma	&Gamma;	&#915;
Δ	大写希腊字母 delta	&Delta;	&#916;
Ε	大写希腊字母 epsilon	&Epsilon;	&#917;
Ζ	大写希腊字母 zeta	&Zeta;	&#918;
Η	大写希腊字母 eta	&Eta;	&#919;
Θ	大写希腊字母 theta	&Theta;	&#920;
Ι	大写希腊字母 lota	&Iota;	&#921;
Κ	大写希腊字母 kappa	&Kappa;	&#922;
Λ	大写希腊字母 lambda	&Lambda;	&#923;
Μ	大写希腊字母 mu	&Mu;	&#924;
Ν	大写希腊字母 nu	&Nu;	&#925;
Ξ	大写希腊字母 xi	&Xi;	&#926;
Ο	大写希腊字母 omicron	&Omicron;	&#927;
Π	大写希腊字母 pi	&Pi;	&#928;
Ρ	大写希腊字母 rho	&Rho;	&#929;
Σ	大写希腊字母 sigma	&Sigma;	&#931;
Τ	大写希腊字母 tau	&Tau;	&#932;
Υ	大写希腊字母 upsilon	&Upsilon;	&#933;
Φ	大写希腊字母 phi	&Phi;	&#934;
Χ	大写希腊字母 chi	&Chi;	&#935;
Ψ	大写希腊字母 psi	&Psi;	&#936;
Ω	大写希腊字母 omega	&Omega;	&#937;
α	小写希腊字母 alpha	&alpha;	&#945;
β	小写希腊字母 beta	&beta;	&#946;
γ	小写希腊字母 gamma	&gamma;	&#947;
δ	小写希腊字母 delta	&delta;	&#948;
ε	小写希腊字母 epsilon	&epsilon;	&#949;
ζ	小写希腊字母 zeta	&zeta;	&#950;
η	小写希腊字母 eta	&eta;	&#951;
θ	小写希腊字母 theta	&theta;	&#952;

(续表)

符 号	描 述	实体名称	数字编码
ι	小写希腊字母 lota	&iota;	&#953;
κ	小写希腊字母 kappa	&kappa;	&#954;
λ	小写希腊字母 lambda	&lambda;	&#955;
μ	小写希腊字母 mu	&mu;	&#956;
ν	小写希腊字母 nu	&nu;	&#957;
ξ	小写希腊字母 xi	&xi;	&#958;
ο	小写希腊字母 omicron	&omicron;	&#959;
π	小写希腊字母 pi	&pi;	&#960;
ρ	小写希腊字母 rho	&rho;	&#961;
ς	小写希腊字母最终的 sigma	&sigmaf;	&#962;
σ	小写希腊字母 sigma	&sigma;	&#963;
τ	小写希腊字母 tau	&tau;	&#964;
υ	小写希腊字母 upsilon	&upsilon;	&#965;
φ	小写希腊字母 phi	&phi;	&#966;
χ	小写希腊字母 chi	&chi;	&#967;
ψ	小写希腊字母 psi	&psi;	&#968;
ω	小写希腊字母 omega	&omega;	&#969;
θ	小写希腊字母 theta 符号	&thetasym;	&#977;
ϒ	带有钩子的希腊字母 upsilon	&upsih;	&#978;
ϖ	希腊 pi 符号	&piv;	&#982;
通用标点			
•	项目符号=黑色小圆	&bull;	&#8226;
…	水平省略号=三个前置点	&hellip;	&#8230;
′	单引号=分钟符号=英尺	&prime;	&#8242;
″	双引号=秒符号=英寸	&Prime;	&#8243;
‾	上划线=间隔上划线	&oline;	&#8254;
⁄	分数线	&frasl;	&#8260;
字母式符号			
℘	脚本大写字母 P=幂集=魏尔施特拉斯 P	&weierp;	&#8472;
ℑ	黑体大写 I=虚部	&image;	&#8465;
ℜ	黑体大写 R=实部	&real;	&#8476;
TM	商标符号	&trade;	&#8482;
ℵ	阿莱夫符号=第一个超限基数	&alefsym;	&#8501;
箭头			
←	左箭头	&larr;	&#8592;

(续表)

符 号	描 述	实体名称	数字编码
↑	上箭头	&uarr;	&#8593;
→	右箭头	&rarr;	&#8594;
↓	下箭头	&darr;	&#8595;
↔	左右箭头	&harr;	&#8596;
↵	带有向左拐角的下箭头=回车	&crarr;	&#8629;
⇐	左双箭头	&lArr;	&#8656;
⇑	上双箭头	&uArr;	&#8657;
⇒	右双箭头	&rArr;	&#8658;
⇓	下双箭头	&dArr;	&#8659;
⇔	左右双箭头	&hArr;	&#8660;
数学运算符			
∀	对所有	&forall;	&#8704;
∂	偏微分	&part ;	&#8706;
∃	存在	&exist;	&#8707;
∅	空集=直径	&empty;	&#8709;
∇	Nabla=倒微分算子	&nabla;	&#8711;
∈	集合成员	&isin;	&#8712;
∉	非集合成员	&notin;	&#8713;
∋	作为成员包含	&ni;	&#8715;
∏	元积=乘积符号	&prod;	&#8719;
∑	加和符号	&sum;	&#8721;
−	减法符号	&minus;	&#8722;
∗	星号	&lowast;	&#8727;
√	平方根符号=根号	&radic;	&#8730;
∝	比例因子	&prop;	&#8733;
∞	无穷	&infin;	&#8734;
∠	角度	&ang;	&#8736;
∧	逻辑与=上楔形	&and;	&#8743;
∨	逻辑或=下楔形	&or ;	&#8744;
∩	交集=顶	&cap;	&#8745;
∪	联合=杯	&cup;	&#8746;
∫	积分	&int;	&#8747;
∴	因此	&there4;	&#8756;
∼	波浪符号=随变=类似于	&sim;	&#8764;

(续表)

符号	描述	实体名称	数字编码
≅	约等于	&cong;	&#8773;
≈	几乎等于=渐进于	&asymp;	&#8776;
≠	不等于	&ne;	&#8800;
≡	恒等于	&equiv;	&#8801;
≤	小于或等于	&le;	&#8804;
≥	大于或等于	&ge;	&#8805;
⊂	子集	&sub;	&#8834;
⊃	超集	&sup;	&#8835;
⊄	非子集	&nsub;	&#8836;
⊆	子集或等于	&sube;	&#8838;
⊇	超集或等于	&supe;	&#8839;
⊕	包围加=直接加和	&oplus;	&#8853;
⊗	包围乘=向量积	&otimes;	&#8855;
⊥	上图钉=正交于=垂直	&perp;	&#8869;
·	点符号	&sdot;	&#8901;

其他技术

符号	描述	实体名称	数字编码
⌈	左天花板=apl 上阶梯	&lceil;	&#8968;
⌉	右天花板	&rceil;	&#8969;
⌊	左地板=apl 下阶梯	&lfloor;	&#8970;
⌋	右地板	&rfloor;	&#8971;
〈	左向尖括号=bra	&lang;	&#9001;
〉	右向尖括号=ket	&rang;	&#9002;

几何学形状

符号	描述	实体名称	数字编码
◊	菱形	&loz;	&#9674;

其他符号

符号	描述	实体名称	数字编码
♠	黑桃	&spades;	&#9824;
♣	黑梅花=三叶草	&clubs;	&#9827;
♥	黑心=情人	&hearts;	&#9829;
♦	黑方块	&diams;	&#9830;

表 D-3 重要标记以及国际化字符的字符实体引用

符号	描述	实体名称	数字编码
"	引号=APL 引用	&quot;	&#34;
&	与符号	&amp;	&#38;

(续表)

符 号	描 述	实体名称	数字编码
<	小于符号	&lt;	&#60;
>	大于符号	&gt;	&#62;
Œ	拉丁大写捆绑 OE	&OElig;	&#338;
œ	拉丁小写捆绑 oe	&oelig;	&#339;
Š	带有抑扬符号的拉丁大写字母 S	&Scaron;	&#352;
š	带有抑扬符号的拉丁小写字母 s	&scaron;	&#353;
Ÿ	带有分音符号的拉丁大写字母 Y	&Yuml;	&#376;
空间修饰符			
ˆ	修饰字母抑扬音调	&circ;	&#710;
˜	小波浪线	&tilde;	&#732;
通用标点			
	En 空格		
	Em 空格		
	窄空格		
ZWNJ	0 宽度非连接器	&zwnj;	&#8204;
ZWJ	0 宽度连接器	&zwj;	&#8205;
LRM	由左向右标记	&lrm;	&#8206;
RLM	由右向左标记	&rlm;	&#8207;
–	En 横线	&ndash;	&#8211;
—	Em 横线	&mdash;	&#8212;
'	左单引号	&lsquo;	&#8216;
'	右单引号	&rsquo;	&#8217;
‚	单低 9 引号	&sbquo;	&#8218;
"	左双引号	&ldquo;	&#8220;
"	右双引号	&rdquo;	&#8221;
„	双低 9 引号	&bdquo;	&#8222;
†	剑号	&dagger;	&#8224;
‡	双剑号	&Dagger;	&#8225;
‰	千分号	&permil;	&#8240;
‹	左向单尖引号(已提议，但尚未成为标准)	&lsaquo;	&#8249;
›	右向单尖引号(已提议，但尚未成为标准)	&rsaquo;	&#8250;
€	欧元符号	&euro;	&#8364;

附录E MIME类型

多用途互联网邮件扩展(MIME)是计算机系统使用的一种扩展名类型。这个标准使指定文件类型变得更容易,也能保证其他计算机可以正确识别文件。

表 E-1 列出了常用的 MIME 类型,在创建网页时可能遇到这些文件类型。

表 E-1 MIME 类型

MIME 类型	文件扩展名	名称和描述
application/excel application/msexcel	.xl .xls .xlsx	Microsoft Excel(电子表格)
application/mac-binhex40	.hqx	Macintosh Binhex Format(文件压缩)
application/msword	.doc .word .docx	Microsoft Word Document(文字处理)
application/octet-stream	.exe	Windows/DOS 程序
application/ogg	.ogg	Ogg 多媒体文件
application/pdf	.pdf	Adobe 便携文档格式(PostScript/打印友好的文件)
application/postscript	.ai .eps .ps	PostScript 文档
application/powerpoint application/mspowerpoint	.ppt .pps .ppa .ppz	Microsoft PowerPoint 文档
application/rss+xml	.xml	RSS 订阅源
application/rtf	.rtf	富文本格式(文字处理)
application/vnd.m-realmedia	.rm	RealMedia 文件(音频和视频)
application/javascript	.js	JavaScript 文件
application/x-macbinary	.bin	Macintosh 二进制文件(文件压缩)
application/x-shockwave-flash	.swf	Macromedia Flash 2.0+文件(演示文稿/动画/多媒体)

(续表)

MIME 类型	文件扩展名	名称和描述
application/x-stuffit	.sit	Stuffit 归档(文件压缩)
application/zip	.zip	ZIP 归档(文件压缩)
audio/aiff	.aif .aiff .aife	音频交换文件格式
audio/basic	.au .snd	AU/基本音频
audio/midi	.mid	乐器数字接口(MIDI)声音文件
audio/mpeg	.mp2 .mp3 .m2a .m3u .mpg	MP2/MP3 音频文件
audio/mp4	.mp4	MP4 音频文件
audio/ogg	.ogg .oga	Ogg Vorbis、Speex、Flac 或其他音频文件
audio/vnd.rn-realaudio	.ra .ram	RealAudio 文件
audio/vorbis	.ogg .oga	Vorbis 编码的音频文件
audio/vnd.wav	.wav	Windows Waveform 音频文件
audio/webm	.webm	WebM 音频文件
audio/xm	.xm	Extended Module 音频文件
audio/x-pn-realaudio	.ra .ram	RealAudio 文件
audio/x-pn-realaudio-plugin	.rpm	RealAudio 插件页面
image/gif	.gif	图像互换格式(GIF)
image/jpeg	.jpeg .jpg	联合图像专家小组(JPEG)
image/pict	.pic .pict	Macintosh 图片
image/png	.png	可移植网络图形
image/svg+xml	.svg	可缩放矢量图形

(续表)

MIME 类型	文件扩展名	名称和描述
image/tiff	.tif .tiff	标签图像文件格式
image/x-bitmap image/bmp image/x-windows-bmp	.xbm .bmp .bm	Windows 位图格式(BMP)
image/x-icon image/vnd.microsoft.icon	.ico	图标图片格式(计算机图标)
text/css	.css	层叠样式表文档
text/csv	.csv	以逗号分隔的值
text/html	.html .htm .shtm .shtml .xhtml	超文本标记语言(HTML)
text/plain	.txt	普通文本文档(没有格式)
text/vcard	.vcard	联系人信息
text/xml	.xml	可扩展标记语言文档(XML)
video/mpeg	.mpg .mpeg .mpe .wmv .m1v .m2v .mp2 .mp3	MPEG 视频文件
video/mp4	.mp4	MP4 视频文件
video/ogg	.ogg .ogv	Ogg Theora 或其他视频文件
video/quicktime	.qt .mov	QuickTime 既指文件格式，也指播放该文件格式的辅助应用或插件
video/vnd.m-realvideo	.rv	RealVideo 文件
video/webm	.webm	WebM 视频文件
video/x-flv	.flv	Flash 视频文件
video/x-msvideo	.avi	音频/视频交错格式是标准的非流式 Microsoft Windows 视频格式

附录F 语言代码

表 F-1 列出了可以用于在 lang 特性中声明文档所用语言的双字母 ISO 639 语言代码。它涵盖了世界上的很多主要语言。

表 F-1 ISO 639 语言代码

语 言	ISO 代 码
Abkhazian(阿布哈西亚语)	AB
Afan (Oromo)(阿凡(奥罗莫语))	OM
Afar(阿法尔)	AA
Afrikaans(阿非利堪斯语)	AF
Albanian(阿尔巴尼亚语)	SQ
Amharic(阿姆哈拉语)	AM
Arabic(阿拉伯语)	AR
Armenian(亚美尼亚语)	HY
Assamese(阿萨姆语)	AS
Aymara(艾马拉语)	AY
Azerbaijani(阿塞拜疆语)	AZ
Bashkir(巴什基尔语)	BA
Basque(巴斯克语)	EU
Bengali; Bangla(孟加拉语)	BN
Bhutani(不丹语)	DZ
Bihari(比哈尔语)	BH
Bislama(比斯拉马语)	BI
Breton(布列塔尼语)	BR
Bulgarian(保加利亚语)	BG
Burmese(缅甸语)	MY
Byelorussian(白俄罗斯语)	BE
Cambodian(柬埔寨语)	KM
Catalan(加泰罗尼亚语)	CA
Chinese(中文)	ZH
Corsican(科西嘉语)	CO
Croatian(克罗地亚语)	HR

(续表)

语　　言	ISO 代码
Czech(捷克语)	CS
Danish(丹麦语)	DA
Dutch(荷兰语)	NL
English(英语)	EN
Esperanto(世界语)	EO
Estonian(爱沙尼亚语)	ET
Faroese(法罗群语)	FO
Fiji(斐济语)	FJ
Finnish(芬兰语)	FI
French(法语)	FR
Frisian(弗利然语)	FY
Galician(加里西亚语)	GL
Georgian(格鲁吉亚语)	KA
German(德语)	DE
Greek(希腊语)	EL
Greenlandic(格陵兰语)	KL
Guarani(瓜拉尼语)	GN
Gujarati(古吉拉特语)	GU
Hausa(豪萨语)	HA
Hebrew(希伯来语)	HE
Hindi(印地语)	HI
Hungarian(匈牙利语)	HU
Icelandic(冰岛语)	IS
Indonesian(印尼语)	ID
Interlingua(国际语)	IA
Interlingue(国标语)	IE
Inuktitut(因纽特语)	IU
Inupiak(伊努帕克语)	IK
Irish(爱尔兰语)	GA
Italian(意大利语)	IT
Japanese(日语)	JA
Javanese(爪哇语)	JV
Kannada(坎那达语)	KN
Kashmiri(克什米尔语)	KS
Kazakh(哈萨克语)	KK

(续表)

语　　言	ISO 代码
Kinyarwanda(卢旺达语)	RW
Kirghiz(吉尔吉斯语)	KY
Korean(朝鲜语)	KO
Kurdish(库尔德语)	KU
Kurundi(布隆迪语)	RN
Laothian(老挝语)	LO
Latin(拉丁语)	LA
Latvian; Lettish(拉脱维亚语)	LV
Lingala(林加拉语)	LN
Lithuanian(立陶宛语)	LT
Macedonian(马其顿语)	MK
Malagasy(马拉加斯加语)	MG
Malay(马来语)	MS
Malayalam(马拉亚姆语)	ML
Maltese(马耳他语)	MT
Maori(毛利语)	MI
Marathi(马拉地语)	MR
Moldavian(摩尔多瓦语)	MO
Mongolian(蒙古语)	MN
Nauru(瑙鲁语)	NA
Nepali(尼泊尔语)	NE
Norwegian(挪威语)	NO
Occitan(奥克语)	OC
Oriya(奥里雅语)	OR
Pashto; Pushto(普什图语)	PS
Persian (Farsi)(波斯语)	FA
Polish(波兰语)	PL
Portuguese(葡萄牙语)	PT
Punjabi(旁遮普语)	PA
Quechua(盖丘亚语)	QU
Rhaeto-Romance(里托罗曼斯文)	RM
Romanian(罗马尼亚语)	RO
Russian(俄语)	RU
Samoan(萨摩亚语)	SM
Sangho(桑戈语)	SG

(续表)

语　　言	ISO 代 码
Sanskrit(梵文)	SA
Scots Gaelic(苏格兰盖尔语)	GD
Serbian(塞尔维亚语)	SR
Serbo-Croatian(塞尔维亚-克罗地亚语)	SH
Sesotho(塞索托语)	ST
Setswana(塞茨瓦纳语)	TN
Shona(修纳语)	SN
Sindhi(信德语)	SD
Singhalese(锡兰语)	SI
Siswati(席瓦地语)	SS
Slovak(斯洛伐克语)	SK
Slovenian(斯洛文尼亚语)	SL
Somali(索马里语)	SO
Spanish(西班牙语)	ES
Sudanese(苏丹语)	SU
Swahili(斯瓦希里语)	SW
Swedish(瑞典语)	SV
Tagalog(塔加拉族语)	TL
Tajik(塔吉克语)	TG
Tamil(泰米尔语)	TA
Tatar(鞑靼语)	TT
Telugu(泰卢固语)	TE
Thai(泰语)	TH
Tibetan(藏语)	BO
Tigrinya(提格里尼亚语)	TI
Tonga(汤加语)	TO
Tsonga(聪加语)	TS
Turkish(土耳其语)	TR
Turkmen(土库曼语)	TK
Twi(契维语)	TW
Uigur(维吾尔语)	UG
Ukrainian(乌克兰语)	UK
Urdu(乌尔都语)	UR
Uzbek(乌兹别克语)	UZ
Vietnamese(越南语)	VI

(续表)

语　　言	ISO 代码
Volapuk(沃拉普克语)	VO
Welsh(威尔士语)	CY
Wolof(沃洛夫语)	WO
Xhosa(科萨人使用的班图语)	XH
Yiddish(意第绪语)	YI
Yoruba(约鲁巴语)	YO
Zhuang(壮族)	ZA
Zulu(祖鲁语)	ZU